21世纪全国高职高专土建立体化系列规划教材

建筑施工组织项目式教程

主　编　杨红玉
副主编　陈剑峰　吉临凤
主　审　赵志缙　应惠清

内容简介

本书以具体的工程项目为背景，系统介绍了建筑施工组织的基本理论和方法。本书根据行业的基本规范，针对土木建筑类职业教育的特点，结合注册建造师考试大纲的有关要求编写而成。内容上，理论紧密联系实际，便于读者对理论知识的实际运用。形式上，章后配有习题，并在书的最后附有综合应用案例和施工组织设计实例，便于读者更好地掌握与运用建筑施工组织的理论与方法。

本书共分5章，内容包括建筑施工组织概述、典型工程背景、单位工程施工组织设计的编制、施工组织总设计的编制以及综合应用案例。

本书主要适用于高职高专建筑工程技术等土建类专业教学用书，也可作为岗位培训教材或供专业技术人员学习参考。

图书在版编目(CIP)数据

建筑施工组织项目式教程/杨红玉主编．—北京：北京大学出版社，2012.1

(21世纪全国高职高专土建立体化系列规划教材)

ISBN 978-7-301-19901-5

Ⅰ.①建…　Ⅱ.①杨…　Ⅲ.①建筑工程—施工组织—高等职业教育—教材　Ⅳ.①TU 721

中国版本图书馆CIP数据核字(2011)第260396号

书　　名：建筑施工组织项目式教程

著作责任者：杨红玉　主编

策划编辑：赖　青　杨星璐

责任编辑：杨星璐

标准书号：ISBN 978-7-301-19901-5/TU・0207

出 版 者：北京大学出版社

地　　址：北京市海淀区成府路205号　100871

网　　址：http://www.pup.cn　http://www.pup6.com

电　　话：邮购部62752015　发行部62750672　编辑部62750667　出版部62754962

电子邮箱：pup_6@163.com

印 刷 者：三河市博文印刷有限公司

发 行 者：北京大学出版社

经 销 者：新华书店

787毫米×1092毫米　16开本　23.25印张　549千字

2012年1月第1版　2016年1月第3次印刷

定　　价：44.00元

北大版·高职高专土建系列规划教材
专家编审指导委员会

序

“建筑施工组织”是高等职业院校建筑工程类专业的一门专业课程，主要介绍建筑工程施工组织、流水施工原理、网络计划、单位工程施工组织设计和施工组织总设计等内容。培养学生毕业参加工作后，能理论联系实际，具备编制工程施工组织设计和技术标书等能力，也具有较好的分析问题和解决问题的能力，能更好地组织工程施工。这对于高职高专毕业生尤为重要，因为这些学校的学生毕业后，大多从事建筑工程施工现场的施工组织和技术管理工作。

阅读该书后获益匪浅，感到有以下特点。

（1）该书由高等职业院校教师和建筑集团公司工程技术管理人员合作编写，这在过去是少有的。这种合作编写能够更好地理论联系实际，增加很多典型工程施工案例，实用性大大增强，这对于高职高专院校的学生十分重要。

（2）该书有大量的典型工程实例，包括各种用途的混合结构、多层和高层框架、单层工业厂房等，通过案例分析，讲解详细而具体，使学生学习后有启发和参考作用。

（3）该书在每个章节都明确了教学要求、知识要点，还附有常用参考数据、习题、综合实训案例等，便于学生学习和知识巩固。

（4）书中介绍了一些工程施工新技术、技术经济分析、绿色施工措施、质量保证体系以及总承包管理与协调等内容，有利于增强学生在工程施工组织、经济和管理方面的基本知识，有利于将来在工程实践中推广应用。

总之，这是一本有一定特色的教学用书，对高职高专院校的学生是有益的。

同济大学教授

赵志缙 2011.4.10

前　言

“建筑施工组织”是建筑工程技术等高职土建类专业的专业核心课程，是学生进入工作岗位的敲门砖。本课程的实践性很强。要求学生在学习理论知识的同时具备或积累一定的实践知识，也只有学好理论知识才能更好地服务于今后的实践工作。

本课程实践性和操作性很强，要求理论与实践互动，建筑行业对本课程的要求也很高。大部分的学生在走向工作岗位后，都直接或间接地从事着施工组织工作，把课堂教学和工程项目结合起来，实现理论教学与就业的零距离对接。这不仅符合住建部建筑工程技术专业高职高专层次的培养目标，也是学生的渴望，实施项目法教学是实现这一目标的最好方法。

施工组织设计是施工企业编制的一份集技术、经济、管理于一体的技术经济文件，“建筑施工组织”课程最终的教学目标是使学生具有编制施工组织设计和相关技术标书的能力，通过对编制过程中知识的理解和融会贯通，让学生学习运用施工组织设计，掌握施工组织的过程，提高分析问题和解决问题的能力。建筑工程的单体性很强，把理论教学与具体的工程项目融合起来，是实施项目法教学的基本点。

本书以具体的工程为背景，系统地介绍了施工组织设计的有关概念、编制的内容和方法，按照“需要与够用”的基本理念，把复杂的理论融于工程实践，真正实现理实一体。书中引用了大量案例和例题，深入浅出，通俗易懂，力求体现高等职业教育的特色，实现教学与工作岗位的零距离的对接，达到培养高等技术应用型专门人才的目标。

本书由南通职业大学杨红玉任主编，南通职业大学陈剑峰、南通华新建工集团吉临凤任副主编。具体分工如下：第 1 章、第 3 章由杨红玉编写，第 2 章由吉临凤编写，第 4 章由陈剑峰编写，第 5 章由杨红玉、吉临凤和陈剑峰共同编写，全书由杨红玉统稿。同济大学教授赵志缙为本书作序，并提出了修改建议，同济大学应惠清教授对全书进行了审核并提出了修改建议，对两位专家的帮助与支持表示最深的敬意和最诚挚的谢意。本书在编写过程中还得到了南通职业大学陆俊，南通华新建工集团钱忠勤、沙峰峰和南通中房建筑设计院陈磊的大力支持，在此表示衷心的感谢。在本书的编写过程中，我们参考了相关专家和学者的著作，在此深表谢意！

1. 学时安排

本书推荐学时见下表。

课程学时安排表

教学模块	教学内容	各教学环节学时分配			
		总课时	理论教学	现场教学	基本训练
1	课程概述	4	2		2
2	项目背景	8	4		4
3	单位工程施工组织设计的编制	36	20	6	10
4	施工组织总设计	6	2	2	2
5	技术参数与指标	4	2		2
6	专项能力实训（专用周）	28			28
合　计		86	30	8	48

2. 项目模块与能力目标分解

项目模块与能力目标分解表

项目模块	能力目标
课程概述	对本课程的性质、地位、作用的认识
项目背景	读图的能力
	综合掌握工程背景的能力
	把工程背景与施工组织设计相联系的能力
单位工程施工组织设计的编制	撰写施工方案的能力
	编制横道图的能力
	编制网络图的能力
	横道图与网络图结合运用的能力
	项目组织管理形式的运用能力
	施工准备工作计划的编制能力
	项目各项资源需要量计划的编制能力
	编制施工平面布置图的能力
	项目技术经济指标的运用与分析能力
施工组织总设计	施工组织总设计的阅读与运用能力
	项目水电管网的设计与计算能力
技术参数与指标	技术参数与指标的应用能力
专项能力实训（专用周）	处理工程实务的能力

由于经验不足，水平有限，书中难免有不少的缺点和不足之处，诚挚地希望读者不吝赐教。

编　者

2011 年 10 月

目　　录

第1章 建筑施工组织概述

教学目标

学习建筑施工组织的基本理论，了解建筑施工组织的概念、性质、地位、作用及其分类，熟悉基本建设程序，熟悉施工组织设计编制的依据和程序，掌握施工组织设计的内容，激发学生学习的积极性与学习热情。

教学要求

能力目标	知识要点	权　重
了解基本建设的程序	建设项目的概念及其组成基本建设的程序	20%
熟悉建筑施工组织的基本理论	施工组织设计的概念、作用、分类施工组织设计编制的依据、程序	50%
掌握施工组织设计的内容	施工组织设计的内容	30%

▶▶引例

目前，一般基本建设程序是：业主项目建议书可行性研究(获取土地)→业主委托设计(包括初步设计、技术设计、施工图设计)→进行招标(编制含投标须知在内的招标文件并发放给有投标资格的投标人)→投标人进行投标(一般投标文件有商务标和技术标两部分组成。简单地说，商务标是报价，技术标就是投标人编制的施工组织设计)→中标后签订施工合同(投标人也就变成了承包人或承包商)→施工准备(在一系列的准备工作中，必须向监理工程师提交施工组织设计并获得批准方能开始施工)→组织施工(在施工组织设计的指导下进行)→组织验收→进行工程结算(施工组织设计是工程结算的重要依据之一)→维修与回访。思考一下：进行施工组织、编制施工组织设计的地位、作用，从事建筑工程管理没有理由不熟悉施工组织设计。

1.1 施工组织设计的概念、作用与分类

1.1.1 施工组织设计的含义

施工组织设计是规划和指导拟建工程从施工准备到竣工验收全过程的一个综合性的技术经济文件，是沟通工程设计和施工之间的桥梁，它既要体现拟建工程的设计和使用要求，又要符合建筑施工的客观规律，对施工的全过程起到战略部署或战术安排的作用。

建筑施工组织就是针对建筑工程施工的复杂性，研究工程建设的统筹安排与系统管理的客观规律，根据工程项目(产品)单件性生产的特点，进行特有的资源配置的生产组织。

不同的建筑物或构筑物均有不同的施工方法，即使同一个标准设计的建筑物或构筑物，因为建造地点的不同，其施工方法也不可能完全相同，所以根本没有完全统一的、固定不变的施工方法可供选择。应根据不同的拟建工程，编制不同的施工组织设计。因此，必须详细地研究工程的特点、地区环境和施工条件的特征，从施工的全局和技术经济的角度出发，遵循施工工艺的要求，合理地安排施工过程的空间布置和时间排列，科学地组织物质资源的供应和消耗，把施工中各单位、各部门及各施工阶段之间的关系更好地协调起来。这就需要在拟建工程开工之前，进行统一部署，并通过施工组织设计科学地表达出来。

1.1.2 施工组织设计的作用

施工组织设计的根本性作用是全面指导施工，具体地表现在以下几个方面。

(1) 施工组织设计可以指导工程投标与签订工程承包合同，并作为投标书的内容和合同文件的一部分。

(2) 施工组织设计是工程设计与施工之间的纽带，既要体现建筑工程的设计和使用要求，又要符合建筑施工的客观规律，衡量根据设计方案施工的可能性和经济合理性。

(3) 施工组织设计是对拟建工程施工的全过程实行科学管理的重要手段，是检查工程施工进度、质量、成本、安全四大目标的依据。

(4) 通过施工组织设计的编制，确定施工方法、施工顺序、劳动组织和技术组织措施等，提高综合效益。

(5) 施工组织设计是施工准备工作的重要组成部分，对施工过程实行科学管理，以确保各施工阶段的准备工作按时进行。

(6) 便于协调各施工单位、各工种、各种资源、资金、时间等方面在施工流程、施工现场布置和施工工艺等的合理关系，促进资源的合理配置。

(7) 施工组织设计是工程报价、工程结算的重要依据之一。

特别提示

- 这些重要作用还有待读者在今后的学习与工作中进一步体会。
- 施工组织设计就是要充分体现建筑工程组织管理的思想，所谓“三分技术，七分管理”的道理亦在于此。

1.1.3 施工组织设计的分类

施工组织设计按设计阶段的不同、编制对象范围的不同和编制内容的繁简程度，有以下分类方式。

1. 按设计阶段的不同分类

1) 标前设计

标前设计是以投标与签订工程承包合同为服务范围，在投标前由经营管理层编制，标前设计的水平是能否中标的关键因素。

2) 标后设计

标后设计是以施工准备至施工验收阶段为服务范围，在签约后、开工前，由项目管理层编制，用以指导和规划部署整个项目的施工。

两类施工组织设计的区别见表1-1。

表1-1 施工组织设计阶段

种类	服务范围	编制时间	编制者	主要特征	追求主要目标
标前设计	投标与签约	投标前	经营管理层	规划性	中标和经济效益
标后设计	施工准备至验收	签约后开工前	项目管理层	作业性	施工效率与效益

2. 按编制对象范围的不同分类

施工组织设计按编制对象范围的不同可分为施工组织总设计、单位(或单项)工程施工组织设计及分部分项工程施工组织设计。

1) 施工组织总设计

施工组织总设计是以一个建筑群或一个建设项目为编制对象，用以指导整个建筑群或建设项目施工全过程的各项施工活动的技术、经济和组织的综合性文件。施工组织总设计一般在初步设计或扩大初步设计被批准之后，在总承包企业的总工程师主持下，会同建设、设计及分包单位共同编制。

2）单位(或单项)工程施工组织设计

单位(或单项)工程施工组织设计是以一个单位工程(一个建筑物或构筑物)为编制对象，用以指导其施工全过程的技术、经济和组织的指导性文件。单位工程施工组织设计一般在施工图设计完成之后，拟建工程开工之前，在工程项目部技术负责人的主持下进行编制。

3）分部分项工程施工组织设计

分部分项工程施工组织设计是以施工难度较大或技术较复杂的分部分项工程为编制对象，用以具体实施其施工全过程的各项施工活动的技术、经济和组织的综合性文件。分部分项工程施工组织设计一般是与单位工程施工组织设计的编制同时进行，并由单位工程的技术人员负责编制。

知识链接

为了满足建设项目分解管理的需要，可将建设项目分解为单项工程、单位工程、分部工程和分项工程。

▶▶应用案例

以一个学校建设项目为例，其分解如图1.1所示。

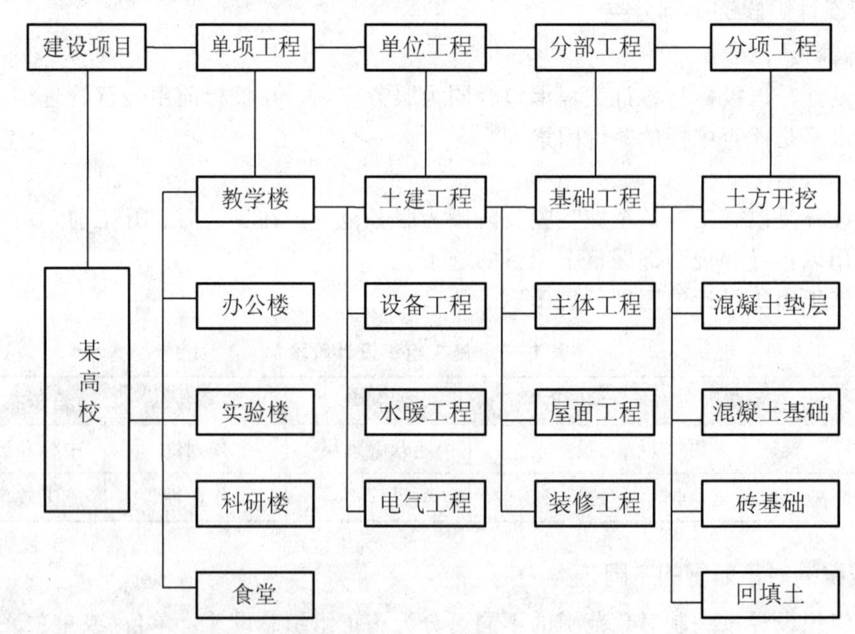

图1.1 某高校建设项目的分解

3. 按编制内容的繁简程度分类

1）完整的施工组织设计

对于重点的、工程规模大、结构复杂、技术水平高、采用新结构、新技术、新材料和新工艺的工程项目，必须编制内容详尽、比较全面的施工组织设计。

2）简明的施工组织设计

对于工程规模小、结构简单、技术水平要求不高的工程项目，可以编制一般仅包括施工方案、施工进度计划和施工平面图等内容粗略、简单的施工组织设计。

1.2 施工组织设计的内容

单位工程施工组织设计的内容，根据工程性质、规模、结构特点技术繁简程度的不同，其内容和深广度要求也应不同，但内容必须要具体、实用，简明扼要，有针对性，使其真正能起到指导现场施工的作用。

施工组织设计的内容是由应回答和解决的问题组成的，无论是单位工程还是群体工程，其基本内容可以概括为以下几方面。

1. 工程概况

为了对工程有大致的了解，应先对拟建工程的概况及特点进行分析并加以简述，这样做可使编制者对症下药，也让使用者心中有数，同时使审批者对工程有概略认识。

工程概况包括拟建工程的性质、规模，建筑、结构特点，建设条件，施工条件，建设单位及上级的要求等。

2. 施工组织策划

施工组织策划主要包括施工现场项目组织机构的建立、确定项目管理岗位职责、确定项目施工目标、施工质量管理策划、质量运行记录及职能分配等内容。

3. 施工方案

施工方案的选择是施工单位在工程概况及特点分析的基础上，结合自身的人力、材料、机械、资金和可采用的施工方法等生产因素进行相应的优化组合，全面、具体地布置施工任务，再对拟建工程可能采用的几个方案进行技术经济的对比分析，选择最佳方案，包括安排施工流向和施工顺序，确定施工方法和施工机械，制订保证成本、质量、安全的技术组织措施等。

4. 施工进度计划

施工进度计划是工程进度的依据，它反映了施工方案在时间上的安排，包括划分施工过程，计算工程量，计算劳动量或机械量，确定工作天数及相应的作业人数或机械台数，编制进度计划表及检查与调整等。通常采用横道图或网络计划图作为表现形式。

5. 施工准备工作计划与各种资源需要量计划

施工准备工作计划主要是明确施工前应完成的施工准备工作的内容、起止期限、质量要求等。各种资源需要量计划主要包括资金、劳动力、施工机具、主要材料、半成品的需要量及加工供应计划。

6. 施工平面图

施工平面图是施工方案和施工进度计划在空间上的全面安排，主要包括各种材料、构件、半成品堆放安排、施工机具布置、各种必需的临时设施及道路、水电等安排与布置。

7. 主要技术经济指标

对确定的施工方案、施工进度计划及施工平面图的技术经济效益进行全面的评价。主要指标通常有施工工期、全员劳动生产率、资源利用系数、机械使用总台班量等。

8. 其他方面

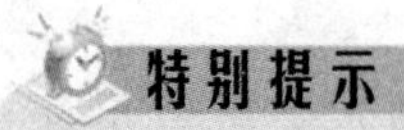
特别提示

特别是标前施工组织设计，应完全响应业主的要求，必要的内容应在施工组织设计中体现。

1.3 单位工程施工组织设计的编制依据

单位工程施工组织设计的编制依据主要有以下几个方面。

(1) 招标文件或施工合同：包括对工程的造价、进度、质量等方面的要求，双方认可的协作事项和违约责任等。

(2) 设计文件(如已进行图纸会审的，应有图纸会审记录)：包括本工程的全部施工图纸及设计说明，采用的标准图和各类勘察资料等。较复杂的工业建筑、公共建筑及高层建筑等，应了解设备、电器和管道等设计图纸内容，了解设备安装对土建施工的要求。

(3) 施工组织总设计：当该工程属群体工程的组成部分时，其单位工程施工组织设计必须按照总设计的要求进行编制。

(4) 工程预算、报价文件及有关定额：要有详细的分部、分项工程量，最好有分层、分段、分部位的工程量以及相应的定额。

(5) 建设单位可提供的条件：包括可配备的人力、水电、临时房屋、机械设备和技术状况，职工食堂、浴室、宿舍等情况。

(6) 施工现场条件：包括场地的占用、地形、地貌、水文、地质、气温、气象等资料，现场交通运输道路、场地面积及生活设施条件等。

(7) 本工程的资源配备情况：包括施工中需要的人力情况，材料、预制构件的来源和供应情况，施工机具和设备的配备及其生产能力。

(8) 有关的国家规定和标准：国家及建设地区现行的有关建设法律、法规、技术标准、质量标准、操作规程、施工验收规范等文件。

特别提示

- 除了依据上述因素以外，参考类似工程的施工组织设计实例也是一个很好的办法。
- 只要是与工程相关的信息，都可以作为依据来考虑，考虑的问题越周全，施工组织设计越具有指导性。
- 编制施工组织设计时，应充分结合建筑产品的特点和建筑施工的特点，使其更具有针对性。

知识链接

1. 建筑工程产品的特点

1）建筑产品的固定性

建筑产品在选定的地点建造和使用，直接与地基基础连接，而无法转移。建筑产品的这种在空间固定的属性，叫做建筑产品的固定性。固定性是建筑产品与一般工业产品的重要区别。

2）建筑产品的庞大性

建筑产品一般体积庞大，消耗大量的建筑材料及能源，占据了一定的空间，这种庞大性是一般工业产品所不能具备的。

3）建筑产品的多样性

建筑产品不能像一般工业产品批量生产，而是根据建筑物的使用要求、规模、建筑设计、结构类型等各不相同，即使是同一类型的建筑产品，由于自然条件、地点、人员的变化而各不相同。这就体现了建筑产品的多样性。

4）建筑产品的整体性

一个建筑产品往往涉及若干专业如土建、水暖通风空调设备、电气设备、工艺设备、机电设备、消防报警设备、智能系统等，建筑、结构、装饰等彼此紧密相关，只有协调配合才能发挥建筑产品的功能。

2. 建筑工程施工的特点

1）建筑产品生产的流动性

建筑产品的固定性决定了建筑产品生产的流动性。一般工业生产产品是在生产线上流动的，生产地点、生产设备、生产人员是固定的。而建筑产品的生产与此相反，建筑产品是固定的，施工人员、机械设备是随着建筑产品的生产地点的改变而流动，而且随着建筑产品施工部位的改变而在空间上流动。建筑产品生产的流动性要求施工前应统筹规划，建立适合建筑产品特点的施工组织设计，使建筑产品的生产能连续、均衡的进行，达到预定的目标。

2）建筑产品生产周期长

建筑产品的庞大性决定建筑产品生产周期长。与一般工业产品相比，生产周期较长，少则几个月，多则几年，甚至几十年。建筑产品在建造过程中要投入大量的人员、材料、机械设备等，不可预见因素多。

3）建筑产品生产的唯一性

建筑产品的多样性决定了建筑产品生产的唯一性。一般工业生产是在一定时期内按一定的工艺流程批量生产某一种产品，而建筑产品即使成千上万，但每一个产品都是唯一的——不同的地点、不同的设计、不同的自然环境、不同的施工工艺、不同的建造者、不同的业主等，这就要求根据建筑产品的特点制订科学可行的施工组织设计，进行“定单生产”。

4）建筑产品生产的复杂性

建筑产品的整体性决定了建筑产品生产的复杂性。建筑产品生产露天作业多，受气候影响大，工人的劳动条件艰苦。建筑产品的高空作业多，强调安全防护。建筑产品手工作业多，机械化水平低，工人的劳动强度大。建筑产品地区的差异性使得建筑产品的生产必然受到建设地区的自然、技术、经济和社会条件的约束。建筑产品的流动性及唯一性必然造成建筑产品生产的复杂性。这就要求施工组织设计应从全局出发，从技术、质量、工期、资源、劳力、成本、安全的角度全面制订保证措施，确保生产的顺利进行。

1.4 施工组织设计编制的程序

施工组织设计的编制程序是指对其各组成部分形成的先后顺序及相互制约关系的处理。由于单位工程施工组织设计是施工单位用于指导施工的文件，必须结合具体工程实际，在编制前应会同有关部门和人员，在调查研究的基础上，共同研究和讨论其主要的技术措施和组织措施。单位工程施工组织设计的编制程序如图 1.2 所示。

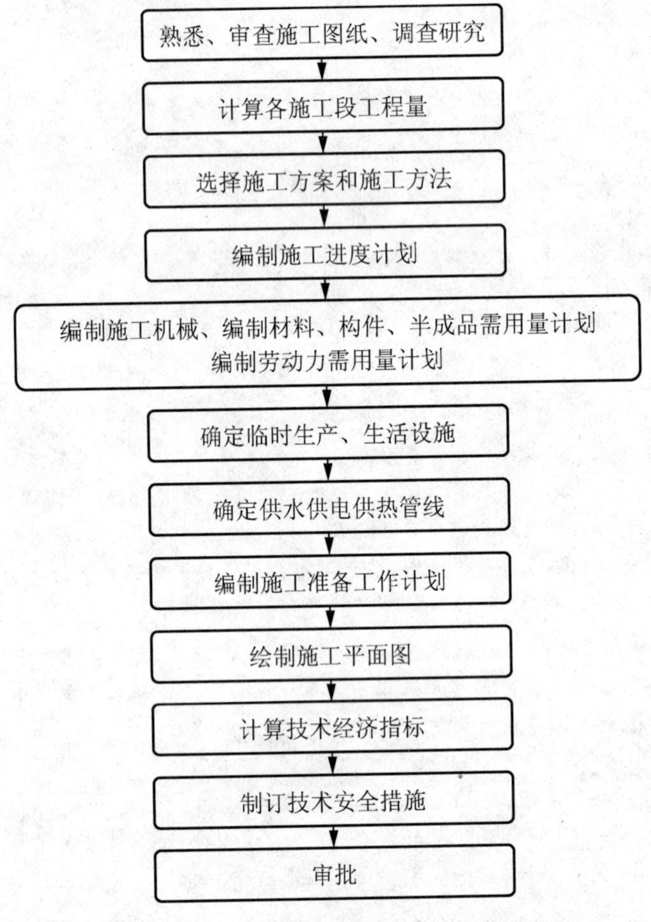

图 1.2 单位工程施工组织设计的编制程序

施工组织设计实际上就是组织施工的整体计划，我国古代留下很多有益的格言，如“凡事预则立，不预则废”、“良好的开端是成功的一半”等，说的都是组织计划的重要性。办事、想问题，事先都应有个计划考虑。合理的计划，周密的考虑，正确的措施，能使要办的事顺利进行，收到事半功倍的效果。

每个工程都有其自身的特点，就像哲学家所说“人不可能同时踏进同一条河流”一样，世界上也没有完全相同的两个工程。宋代学者沈括在他的《梦溪笔谈》一书中，有一篇《一举而三役济》的文章，其大意是：由于大火烧毁宫中殿堂，皇上任命丁谓主持宫殿修复工作。修复工程需要砖，但烧砖需要取土的地方太远，于是丁谓下令挖道路取土。很快，道路挖成了沟，丁谓又下令将附近的汴水引入沟中，将沟作为运输通道(水运成本要比陆运成本低)，在沟中用竹筏和船只来运送各地征集来的各种建筑材料。待宫殿修复完工之后，丁谓又下令将破损的瓦砾及泥土等建筑垃圾重新填入沟中，大沟又变回了街道。这样的施工组织方案在当时运输手段原始落后、完全手工操作、社会分工很差的条件下是十分合理的，同时解决了取土、运输、处理建筑废渣三项工作。这实际上就是根据工程特点，合理组织与安排，取得了降低费用、少用人工和缩短工期的良好效果。古人尚能如此，在社会发展与进步的今天，我们又何故而不能呢？

本章小结

本章对施工组织的研究对象及其分类、施工组织设计的作用、内容、编制的依据、编制的程序作了较详细的阐述。

建筑施工组织设计按阶段不同可分为标前和标后施工组织设计。针对不同的工程对象又可分为：施工组织总设计，单位或单项工程施工组织设计，分部分项工程施工组织设计。

施工组织设计的作用体现在组织施工过程的各个方面，这些方面可以通过施工组织设计的内容来体现。

施工组织设计在编制时应依据科学的依据、科学的程序编制，只有这样，才能使其具有科学性、针对性和可操作性。

习 题

一、单选题

1. 建设项目的管理主体是(　　)。

A. 建设单位　　B. 设计单位　　C. 监理单位　　D. 施工单位

2. 施工项目的管理主体是(　　)。

A. 建设单位　　B. 设计单位　　C. 监理单位　　D. 施工单位

3. 具有独立的施工条件，并能形成独立使用功能的建筑物及构筑物称为(　　)。

A. 单项工程　　B. 单位工程　　C. 分部工程　　D. 分项工程

4. 建筑装饰装修工程属于(　　)。

A. 单位工程　　B. 分部工程　　C. 分项工程　　D. 检验批

5. 建设准备阶段的工作中心是(　　)。

A. 勘察设计　　B. 施工准备　　C. 工程实施阶段

6. 施工准备工作基本完成后，具备了开工条件，应由(　　)向有关部门交出开工报告。

A. 施工单位　　B. 设计单位　　C. 建设单位　　D. 监理单位

7. 以一个施工项目为编制对象，用以指导整个施工项目全过程的各项施工活动的技术、经济和组织的综合性文件叫(　　)。

A. 施工组织总设计　　B. 单位工程施工组织设计

C. 分部分项工程施工组织设计　　D. 专项施工组织设计

8. 一个学校的教学楼的建设属于(　　)。

A. 单项工程　B. 单位工程　C. 分部工程　D. 分项工程

二、 多选题

1. 建筑产品的特点是(　　)。

A. 固定性　B. 流动性　C. 多样性
D. 综合性　E. 单件性

2. 建设项目的组成有(　　)。

A. 工程项目　B. 单位工程　C. 分部工程
D. 分项工程　E. 检验批

3. 建设程序可划分为(　　)。

A. 项目建议书　B. 可行性研究　C. 建设准备阶段
D. 工程实施阶段　E. 竣工验收

4. 施工项目管理程序由(　　)各环节组成。

A. 编制施工组织设计　B. 编制项目管理实施规划　C. 验收、交工与竣工结算
D. 项目考核评价　E. 项目风险管理

三、 简答题

1. 简述建筑产品及施工的特点。
2. 简述施工组织设计的作用。
3. 简述施工组织设计的分类。
4. 简述施工组织设计的内容和编制依据。

第2章

典型工程背景

教学目标

通过木章的学习，使学生了解一般工程背景的基本内容，了解不同工程背景条件的区别，掌握并深刻体会不同工程背景对于施工组织设计的影响。

教学要求

能力目标	知识要点	权　重
了解工程背景的基本表现形式	工程背景的基本表现形式 不同工程背景的表现形式不同	30%
熟悉工程背景的基本内容	工程背景的内容，工程图纸的阅读或设计	30%
掌握工程背景与施工组织设计的必然联系	工程特点、技术要求、环境要求、工作量对施工组织设计的影响	40%

▶▶引例

某工程地下室1层，地下建筑面积4 000m^2，场地面积14 000m^2。基坑采用土钉墙支护，于5月份完成了土方作业，制订了雨季施工方案。

计划雨期主要施工部位：基础SBS改性沥青卷材防水工程、基础底板钢筋混凝土工程、地下室1层至地上3层结构、地下室土方回填。

施工单位认为防水施工一次面积太大，分两块两次施工。在第一块施工完成时，一场雨淋湿了第二块垫层，SBS改性沥青卷材防水采用热熔法施工需要基层干燥。未等到第二快垫层晒干，又下雨了。施工单位采取排水措施如下，让场地内所有雨水流入基坑，在基坑内设一台DN25水泵向场外市政污水管排水。由于水量太大，使已经完工的卷材防水全部被泡，经过太阳晒后有多处大面积鼓包。由于雨水冲刷，西面临近道路一侧土钉墙支护的土方局部发生塌方。事后，施工单位被业主解除了施工合同。

试分析：在这样的工程背景下，施工企业被最终解除施工合同的原因。

2.1 背景一 多层混合结构办公楼

1. 建筑物概况

本工程为某省××公司的办公楼，位于××市郊××公路边，建筑总面积为6 262m^2，平面形式为L型，南北方向长61.77m，东西方向总长39.44m。该建筑物大部分为5层，高18.95m，局部6层，高22.45m，附楼(F～L轴)带地下室，在⑾轴线处有一道温度缝，在F轴线处有一道沉降缝。

本工程承重结构除门厅部分为现浇钢筋混凝土半框架结构外，皆采用砖混结构。基础埋深1.9m，在C15素混凝土垫层上砌条形砖基础，基础中设有钢筋混凝土地圈梁，实心砖墙承重，每层设现浇钢筋混凝土圈梁；内外墙交接处和外墙转角处设抗震构造柱；除厕所、盥洗室采用现浇楼板外，其余楼板和屋面均采用预制钢筋混凝土多孔板，大梁、楼梯及挑檐均为现浇钢筋混凝土构件。

室内地面除门厅、走廊、试验室、厕所、后楼梯、踏步为水磨石面层外，其他皆采用水泥砂浆地面。室内装修主要采用白灰砂浆外喷106涂料，室外装修以涂料为主。窗间墙为干粘石，腰线、窗套为贴面砖。散水为无筋混凝土一次抹光。

屋面保温为炉渣混凝土，上做二毡三油防水层，铺绿豆砂。上人屋面部分铺设预制混凝土板。

设备安装及水、暖、电工程配合土建施工。

2. 地质及环境条件

根据勘测报告：土壤为Ⅰ级大孔性黄土，天然地基承载力为150kN/m^2，地下水位在地表下7～8m。本地区土壤最大冻结深度为0.5m。

建筑场地南侧为已建成建筑物，北侧西侧为本公司地界的围墙，东侧为××公路，距路牙3m内的人行道不得占用，沿街树木不得损伤。人行道一侧上方尚有高压输电线及电话线通过(见总平面图)。

3. 施工工期

本工程定于2011年4月1日开工，要求在2011年12月30日竣工。限定总工期9个月，日历工期为275天。

4. 气象条件

施工期间主导风向偏东，雨季为9月份，冬季为12月到第二年的1月份和2月份。

5. 施工技术经济条件

施工任务由市建×公司承担，该公司分派一个施工队负责。该队瓦工20人，木工16人，以及其他辅助工种工人如钢筋工、机工、电工及普工等共计140人。根据施工需要有部分民工协助工作。装修阶段可从其他施工队调入抹灰工，最多调入70人。

施工中需要的电、水均从城市供电供水网中引入。建筑材料及预制品件可用汽车运入工地。多孔板由市建总公司预制厂制作(运距10km)，木制门窗由市木材加工厂制作(运距7km)。

临建工程除工人宿舍可利用已建成的家属公寓楼外，其他所需临时设施均应在现场搭建。

可供施工选用的起重机有QT1－6型塔式起重机，QT1－2型塔式起重机。汽车除解放牌(5t)外，尚有黄河牌(8t)可以使用。卷扬机、各种搅拌机、木工机械、混凝土振捣器、脚手架、板可根据计划需要进行供应。

6. 主要项目实物工程量

主要项目实物工程量见表2－1。

表2－1 主要项目实物工程量

分部分项工程名称		工程量	
		单位	数量
基础工程	机械挖土	m^3	4 032
	混凝土垫层	m^3	289
	砖基础	m^3	368
	基础圈梁、构造柱	m^3	94
	基础回填土及房心	m^3	2 450
屋面工程	屋面板上找平	m^2	1 425
	冷底子油	m^2	1 425
	两道热玛碲脂	m^2	1 425
	炉渣保温层	m^2	116
	保温层上砂浆找平	m^2	1 465
	卷材防水层	m^2	1 465
	上人屋面混凝土板	m^2	334

续表

分部分项工程名称		工程量	
		单位	数量
楼地面工程	地下室混凝土地面	m^2	160
	水泥砂浆楼地面	m^2	4 320
	水磨石地面	m^2	1 866
装饰工程	内墙面抹灰	m^2	19 933
	顶棚抹灰	m^2	5 287
	外墙贴马赛克	m^2	6 424
	干粘石	m^2	520
	贴面砖	m^2	435
	室内喷白	m^2	20 470
其他	厕所木隔断	m^2	250
	木门窗安装	m^2	1 897
	木门窗油漆	m^2	1 897
	玻璃安装	m^2	1 270
	台阶散水	m^2	362
	搭(拆)外脚手架	m^2	4 500

7. 主体结构工程量明细表

主体结构工程量明细表见表 2-2。

表 2-2 主体结构工程量明细表

前楼(1－11 轴线) 工程项目	工程量						
	单位	1 层	2 层	3 层	4 层	5 层	屋顶	总计
1. 砌砖墙	m^3	205	205	185	185	185	34	999
2. 现浇柱								
模板	m^2	66	66	50	50	50		282
钢筋	t	0.78	0.78	0.6	0.6	0.6		3.36
混凝土	m^3	5.92	5.92	4.48	4.48	4.48		25.28
3. 现浇楼梯								
模板	m^2	51	51	51	51			204
钢筋	t	0.61	0.61	0.61	0.61			2.44
混凝土	m^3	5	5	5	5			20

续表

前楼(1－11轴线) 工程项目	工程量							
	单位	1层	2层	3层	4层	5层	屋顶	总计
4. 现浇圈、大梁、挑檐								
模板	m^2	233	222	155	155	155		920
钢筋	t	2.8	2.67	1.86	1.86	1.86		11.05
混凝土	m^3	28.6	22.2	15.5	15.5	15.5		97.3
5. 安装楼板	块	253	253	262	262	278		1 308
6. 楼板灌缝	m^3	13.2	13.2	13.2	13.2	14.6		67.4

续表

前楼(11－22轴线) 工程项目	工程量							
	单位	1层	2层	3层	4层	5层	6层	总计
1. 砌砖墙	m^3	154	157	157	157	157	126	908
2. 现浇柱								
模板	m^2	138	111	110	110	110	115	694
钢筋	t	1.89	1.33	1.3	1.3	1.3	1.38	8.5
混凝土	m^3	12.4	9.13	9.12	9.12	9.12	9.48	58.37
3. 现浇楼梯								
模板	m^2	63.2	63.2	63.2	63.2	63.2		316
钢筋	t	0.75	0.75	0.75	0.75	0.75		3.75
混凝土	m^3	6.2	6.2	6.2	6.2	6.2		31
4. 现浇圈、大梁、挑檐								
模板	m^2	243	193	170	170	170	206	1 152
钢筋	t	2.66	2.3	1.94	1.94	1.94	2.38	13.16
混凝土	m^3	24	18.8	15.5	15.5	15.5	20	109.3
5. 安装楼板	块	91	91	91	91	91	129	584
6. 楼板灌缝	m^3	9.6	9.6	9.6	9.6	9.6	11.5	59.5

续表

后楼 工程项目	工程量							
	单位	地下室	1层	2层	3层	4层	5层	屋顶	总计
1. 砌砖墙	m^3	220	190	182	151	151	135	20	1 049
2. 现浇柱									
模板	m^2	48	32	32	22	22	22		178
钢筋	t	0.57	0.37	0.37	0.26	0.26	0.26		2.09

续表

后楼 工程项目	工程量								
	单位	地下室	1层	2层	3层	4层	5层	屋顶	总计
混凝土	m^3	4.34	2.86	2.86	1.95	1.95	1.95		15.91
3. 现浇楼梯									
模板	m^2	158	134	134	120	130	154		820
钢筋	t	1.9	1.61	1.61	1.44	1.44	1.85		9.85
混凝土	m^3	5.8	13.4	13.4	13.4	12	14		82
4. 现浇圈、大梁、挑檐									
模板	m^2	36.7							
钢筋	t	0.43							
混凝土	m^3	3.6							
5. 安装楼板	块	141	149	149	149	149	149		886
6. 楼板灌缝	m^3	12.3	12.4	12.4	12.4	12.4	12.4		74.3

特别提示

学生应根据已学的其他专业知识，对项目的其他条件或背景进行假设，在需要的情况下进行相关图纸设计，但对于工程的假设应科学、严谨。

2.2 背景二 多层混合结构教学楼

【工程背景】本工程为4层4单元砖混结构的房屋，每层建筑面积为1 560m^2。基础采用钢筋混凝土条形基础，主体结构为砖混结构，楼板为现浇钢筋混凝土，屋面工程为现浇钢筋混凝土屋面板，贴一毡二油防水，外加架空隔热层。装修工程为铝合金窗、胶合板门，外墙用白色外墙砖贴面，内墙为中级抹灰，外加106涂料饰面。本工程计划工期为110天，工程已经具备施工条件。其总劳动量见表2-3。

表2-3 某幢四层砖混结构房屋劳动量一览表

序 号	分项名称	劳动量/工日
一	基础工程	
1	基槽挖土	180
2	混凝土垫层	20
3	基础扎筋	40
4	基础混凝土	100

续表

序　号	分项名称	劳动量/工日
5	素混凝土墙基础	35
6	回填土	50
二	主体结构	
7	脚手架	102
8	构造柱筋	68
9	构造柱墙	1 120
10	构造柱模板	80
11	构造柱混凝土	280
12	梁板模板(含梯)	528
13	拆柱梁板模板(含梯)	120
14	梁板筋(含梯)	200
15	梁板混凝土(含梯)	600
三	屋面工程	
16	屋面防水层	54
17	屋面隔热层	32
四	装修工程	
18	楼地面及楼梯抹灰	190
19	天棚中级抹灰	220
20	墙中级抹灰	156
21	铝合金窗	24
22	胶合板门	20
23	外墙面砖	240
24	油漆	19
六	水电工程	

特别提示

学生应根据已学的其他专业知识，对项目的其他条件或背景进行假设，在需要的情况下进行相关图纸设计，但对于工程的假设应科学、严谨。

2.3　背景三　多层框架结构教学楼

【工程背景】本工程为4层高校教学楼，建筑面积为1 850m^2。基础采用钢筋混凝土条形基础，主体结构为现浇框架结构。屋面工程为现浇钢筋混凝土屋面板，贴一毡二油防水，外加架空隔热层。装修工程为铝合金窗、胶合板门，外墙用白色外墙砖贴面，内墙为中级抹灰，外加106涂料饰面。本工程计划工期为120天，工程已经具备施工条件。其总劳动量见表2-4。

表2-4 某幢四层框架结构教学楼劳动量一览表

序 号	分项名称	劳动量/工日
一	基础工程	
1	基槽挖土	200
2	混凝土垫层	16
3	基础扎筋	48
4	基础混凝土	100
5	素混凝土墙基础	60
6	回填土	64
二	主体结构	
7	脚手架	112
8	柱筋	80
9	柱梁模板(含梯)	960
10	柱混凝土	320
11	梁板筋(含梯)	320
12	梁板混凝土(含梯)	720
13	拆模	160
14	砌墙(含门窗框)	720
三	屋面工程	
15	屋面防水层	56
16	屋面隔热层	36
四	装修工程	
17	楼地面及楼梯水泥砂	480
18	天棚墙面中级抹灰	640
19	天棚墙面106涂料	46
20	铝合金窗	80
21	胶合板门	48
22	外墙面砖	450
23	油漆	45

续表

序 号	分项名称	劳动量/工日
五	室外工程	
六	水电工程	
24	卫生设备安装	
25	电气设备安装	

特别提示

学生应根据已学的其他专业知识，对项目的其他条件或背景进行假设，在需要的情况下进行相关图纸设计，但对于工程的假设应科学、严谨。

2.4 背景四 多层混合结构住宅楼

2.4.1 编制说明

1. 编制说明

本施工组织设计根据我公司现有技术实力和同类工程施工经验为基础；按照公司“注重主体结构，加强细部处理，消除质量通病，提高服务意识”的创精品观念；坚持科学合理、优化创新、事前策划的思想；以切合实际为主、提纲挈领的为作业指导书和技术交底定出总体原则。

2. 编制范围

以施工现场已做好三通一平，施工过程无外界意外干扰。

招标文件提供的工程招标范围。

3. 编制依据

（1）经济适用住房1、2、3号楼施工图纸。

（2）经济适用住房1、2、3号楼工程招标文件及答疑。

（3）公司按照《GB/T 19000—2000 idt ISO 9000：2000质量管理体系——基础和术语》、《GB/T 19001—2000 idt ISO 9001：2000质量管理体系要求》、《GB/T 24001—1996 idt ISO 14001：1996环境管理体系规范及使用指南》、《GB/T 28001—2001职业健康安全管理体系规范》制定的《质量/环境/职业健康安全管理体系文件》HBEJ/QESM－A（A版）。

（4）有关国家和军队施工质量验收规范、操作技术规程、施工工艺标准；标准图集、国家及地方法规、条例。

（5）公司同类工程施工经验。

2.4.2 工程概况

本工程为×××经济适用住房工程，位于×××市×××路×××号，混凝土结构，1号、2号楼地下一层，地上4层、局部5层，建筑面积826.72m²，建筑物长14.1m，总宽11.0m，建筑物高度为16m，3号楼地下一层，地上5层、局部6层，建筑面积4037.30m²，建筑物总长54.7m，总宽12.8m，建筑物高17.80m。

建筑物结构设计使用年限为50年，结构安全等级为二级，抗震设防为丙类建筑。

1. 建筑设计

1号、2号楼为军职楼，层高：地下室为2.5m，1至4层为3.3m，5层为4.7m。

3号楼为师职楼，层高：地下室为3.25m，1至5层为3.2m，6层为3.3m。

外装修：1层以下为外墙砖，以上大部分为干粘石，少部分为抹灰刷涂料。

内装修：内墙面、顶棚做法，1号、2号楼的地下室、卧室、客厅、门厅、储藏室、活动室、楼梯间及3号楼的地下室、卧室、客厅为抹灰刷涂料，1号、2号楼卫生间及3号楼阳台、卫生间为贴砖；地面做法：1号、2号楼卧室、门厅、储藏室、活动室、楼梯间及3号楼卧室、客厅、楼梯间为花岗岩，1号、2号楼的卫生间及3号楼卫生间及阳台为地砖。

本工程外门窗为塑钢门窗，内门为木门。

屋面做法：1号、2号楼屋面保温为60厚聚苯乙烯板，3号楼屋面保温为60厚聚苯乙烯板和180厚水泥蛭石，防水层均为高聚物改性沥青卷材。

2. 结构设计

本工程地基采用夯实水泥土桩处理，桩长大于5m，伸入第四层土细砂层，基础形式：1号、2号楼为钢筋混凝土条形基础，3号楼大部分为钢筋混凝土条形基础，少部分为柱下独立基础。基底标高为−3.5m，100厚素混凝土垫层。墙体材料，±0.000以下为烧结实心砖。水泥砂浆砌筑，±0.000以上为烧结多孔砖。混合砂浆砌筑。混凝土标号：垫层为C10，室内混凝土全部采用C25，室外楼梯、雨篷、挑沿等采用C30。

3. 给排水设计

本工程给排水工程包括冷水、热水、太阳能、污水排水及冷凝水排水。

给水系统水源来自院内清水池及加压泵房，院内室外管网输送。1号、2号楼在北面引入地下室，在楼梯道处设立管及水表分供各层各户；3号楼由南面分两个单元引入地下室，在楼梯处设分户水表供各层各户。1号、2号楼为越层设计，每户下层一厨一卫，一个洗漱间，上层为两个卫生间，3号楼一梯两户，每户一厨两卫，一个洗漱间。

4. 采暖设计

本工程采暖系统采用一户一表并联形式。热表集中设于楼梯间，每户设有切断阀，户内散热器设有调温阀。1号、2号楼越层结构采用上供下回式，3号楼户内采用双管上供上回，散热器选用TZY3−6−6柱翼型，窗下半暗装，墙上明装。

5. 电气设计

1）强电系统

强电系统包括配电及照明系统、防雷接地系统。

供电电源380/220V，进线采用VV22型电缆埋地引至总配电箱，接地保护采用TN-S系统。

照明管线暗敷于墙、板内，各类不同用途导线按有关规范采用不同颜色以示区分。

利用基础钢筋做接地极，利用构造柱内钢筋作防雷引下线，屋面设避雷线。接地电阻不大于1Ω。

在电源入口处做总等电位联结，设有总等电位联结端子板，所有进出建筑物的金属管道均接地。卫生间内做局部等电位联结，设有镀锌接地极板。

2）弱电系统

弱电系统包括电话通信系统、有线电视系统、网络系统、对讲系统。电话通讯系统进线采用HYA型电缆暗敷，支线采用RVB型导线暗敷。

有线电视系统干线采用SYV－75－9型电缆，支线采用SYV－75－5型电缆暗敷，用户终端电平为73±5dB。

网络系统、对讲系统仅做预埋。

特别提示

学生应根据已学的其他专业知识，对项目的其他条件或背景进行假设，在需要的情况下进行相关图纸设计，但对于工程的假设应科学、严谨。

2.5 背景五 多层框架结构教学楼

【工程背景】

（1）本工程为一高校教学楼。工程建筑面积为5 782.45m²，全长67.2m，最宽处18.6m，零标高以上5层，檐高为19.75m。所有门窗均采用塑钢门窗。外墙采用45mm×195mm的面砖，楼地面、楼梯、厕所均采用彩色水磨石地面，电力照明线路均采用暗线。本工程为桩基础，主体结构为现浇钢筋混凝土结构，现浇楼板。水文地质条件正常。本地区的雨季在5月份，冬季施工从2011年11月25日至2012年2月5日。

（2）本工程工期为180天。

（3）灌注桩工程已由建设单位指定分包商完成。现场已具备施工条件。

（4）主要项目的实物工程量见表2－5。

表2－5 主要项目的实物工程量

序号	分部分项工程名称	计量单位	工程数量	时间定额
1	基础工程	m³	1 039.2	0.91
2	绑柱钢筋	t	94.624	4.4
3	梁、板、楼梯模板	m²	7 018.9	0.159
4	梁、板、楼梯钢筋	t	62.51	7.96
5	浇筑混凝土	m³	849.9	1.45

续表

序号	分部分项工程名称	计量单位	工程数量	时间定额
6	拆模	m^2	7 018.9	0.053
7	砌墙	m^3	901.62	0.55
8	屋面防水层	m^2	1 257.28	0.05
9	屋面保温层	m^2	1 053.9	0.05
10	屋面隔热层	m^2	1 257.28	0.025
11	水磨石楼地面	m^2	5 021.5	0.35
12	天棚抹灰	m^2	4 860.4	0.1
13	内墙抹灰	m^2	6 162.2	0.09
14	吊顶安装	m^2	681.75	0.11
15	外墙面砖	m^2	120.84	0.296
16	门窗安装	m^2	1 359.6	0.2
17	玻璃	m^2	1 360	0.06
18	油漆	m^2	850	0.14
19	柱贴大理石	m^2	217.6	4.4
20	水磨石楼梯	m^2	268.5	1.8
21	水磨石台阶	m^2	34.38	0.13
22	混凝土散水	m^2	280.4	0.12
23	搭拆脚手架	m^2	5 541.75	0.081
24	水电安装			
25	其他	m^2		0.2

(5) 施工现场平面图、平面图、立面图、剖面图自行设计。

特别提示

学生应根据已学的其他专业知识，对项目的其他条件或背景进行假设，在需要的情况下进行相关图纸设计，但对于工程的假设应科学、严谨。

2.6 背景六 多层框架结构住宅楼

【工程概况】

(1) 本工程位于江苏省南通市观音山镇盘香沟村，属于某开发公司开发建设的世纪新城小区(经济适用房)项目的最后一幢房屋建筑物。建筑面积 6 340.24m^2，总投资 680 万元，6层框架结构，其中：一二层设计为商铺，3～6层为住宅。

(2) 由于地基软弱，设计采用预制管桩及C30混凝土独立基础，管桩施工已经完成。

(3) 本工程的装饰标准为普通住宅标准：内墙为1:1:6中级抹灰，普通内墙涂料两度；外墙为1:1:6中级抹灰，外墙弹性涂料两度；塑钢门窗；水泥砂浆楼地面；坡屋顶，普通水泥瓦。

(4) 根据设计要求，按照节能建筑的要求施工。

(5) 本工程的给排水系统、消防系统、低压配电系统、弱电系统均纳入小区或城市综合管网系统。

(6) 本地区雨季在6月份，冬季在12月份。计划开工日期为2011年5月25日。

(7) 本工程位于整个小区的最北侧，商铺亦位于北侧，但南侧的市政道路尚未形成(据政府信息资料：该规划道路可能与本工程同时施工)，本工程东、南两侧的建筑物均已交付并入住。

(8) 本工程中标工期为200天，质量等级为一次性验收合格。

(9) 主要工程的工程量见表2-6。

表2-6 主要工程的工程量

序号	项目名称	计量单位	工程量
1	场地平整	m^2	1 177.76
2	挖基础土方	m^3	977.33
3	带形基础(含垫层)	m^3	46.63
4	接桩	根	369
5	独立基础	m^3	355.96
6	砖基础	m^3	53.14
7	土方回填	m^3	238.36
8	砌筑工程	m^3	1 280.63
9	钢筋工程	t	268.42
10	钢筋混凝土矩形柱	m^3	470.39
11	钢筋混凝土圈梁、过梁	m^3	13.92
12	钢筋混凝土有梁板(含平板)	m^3	1004.79
13	直形楼梯	m^2	336.38
14	雨篷、阳台板	m^2	701.24
15	其他构件	m	284.96
16	散水、坡道	m^2	201.76
17	模板	$10m^2$	1 775
18	瓦屋面	m^2	648.67

续表

序号	项目名称	计量单位	工程量
19	屋面刚性防水	m^2	539.6
20	屋面卷材防水	m^2	1 493.30
21	屋面变形缝	m	56.36
22	水泥砂浆楼地面	m^2	6 897.91
23	天棚抹灰	m^2	5 306.96
24	内墙抹灰	m^2	14 435.86
25	外墙抹灰(含25厚聚苯颗粒保温砂浆)	m^2	1 920.85
26	内墙油漆工程	m^2	17 356.43
27	外墙涂料	m^2	3 146.91
28	塑钢门窗	m^2	1 287.41
29	脚手架工程	/	/
30	水电安装工程	/	/
31	其他零星工程	/	占总工作量的2%

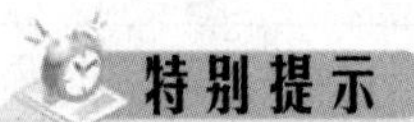

学生应根据已学的其他专业知识，对项目的其他条件或背景进行假设，在需要的情况下进行相关图纸设计，但对于工程的假设应科学、严谨。

本章小结

本章介绍了6个典型的工程背景，通过对这些工程背景的学习，使学生能够对工程概况有一个总体的认识，为编制单位工程施工组织设计提供项目任务和理论基础。

习　题

1. 工程背景描述一般包含哪些内容？
2. 根据已知的项目任务，搜集一份类似工程的施工组织设计，并了解它的基本内容。

第 3 章

单位工程施工组织设计的编制

教学目标

通过本章内容的学习，熟练掌握单位工程施工组织设计的内容以及编制的基本方法，能够独立编制一份施工组织设计。

教学要求

能力目标	知识要点	权　重
熟悉工程概况的编制	工程特点、建设地点特点、施工条件	5
熟悉项目策划	施工现场项目组织机构、确定项目施工目标、对施工目标控制进行策划	10
掌握施工方案的选择	组织施工的基本方式、几种常见结构的施工顺序、施工方法和施工机械的选择	20
掌握施工进度计划的编制	横道图的编制原理、方法，流水施工的参数及组织方式；网络图的编制原理、方法，横道图和网络图的应用	25
熟悉施工准备工作计划	施工准备工作计划的编制	5
各项资源需要量计划的编制	各项资源需要量计划的编制	5
掌握施工平面图的绘制	施工平面图绘制的原则、步骤、方法	20
熟悉各项技术组织措施计划	技术组织措施计划的内容及计划编制	5
熟悉技术经济指标分析	技术经济指标体系及其应用	5

▶▶引例

某29层写字楼工程建设项目，其初步设计已经完成，建设用地和筹资也已落实，某300人的建筑工程公司，凭借150名工程技术人员，10名国家一级资质的项目经理的雄厚实力，以及近5年来的优秀业绩，与另一个一级企业联合，通过竞标取得了该项目的总承包任务，并签订了工程承包合同。开工前，承包单位编制了施工组织设计，内容如下。

(1) 工程概况包括工程地点、建设地点及环境特征、施工条件、项目管理特点及总体要求、施工项目的目录清单。

(2) 施工部署包括项目的质量、安全、进度成本目标；拟投入的最高人数和平均人数、分包计划、劳动力使用计划、材料供应计划、机械设备供应计划；施工程序；项目管理总体安排。

(3) 施工项目组织构架包括对专业性施工任务的组织方案(如怎样进行分包，材料和设备的供应方式等)、项目经理部的人选方案。

(4) 施工进度计划。施工进度计划说明、施工进度计划图(表)、施工进度管理规划。

(5) 劳动力供应计划包括管理人员、技术工人、特种岗位人员、安全员等。

(6) 施工准备工作计划包括施工准备工作组织和时间安排、技术准备和编制质量计划、施工现场准备、作业队伍和管理人员准备、物资准备、资金准备。

(7) 施工平面图包括施工平面图说明、施工平面图、施工平面图管理规划。

(8) 技术组织措施计划包括保证进度目标的措施、保证质量和安全目标的措施、保证成本目标的措施、保证季节施工的措施、保护环境的措施、文明施工措施。

(9) 文明施工及环境保护规划包括文明施工和环境保护特点、组织体系、内容及其技术组织措施。

(10) 项目通信管理包括信息流通系统、信息中心的建立规划、项目管理软件的选择与使用规划、信息管理实施规划。

(11) 技术经济指标分析包括规划指标、规划指标水平高低的分析和评价、实施难点的对策。规划指标包括总工期、质量标准、成本指标、资源消耗指标、其他指标(如机械化水平等)。

思考：这份施工组织设计有无不妥之处?

单位工程施工组织设计是规划和指导拟建工程从施工准备到竣工验收全过程施工活动的技术经济文件。它既施工前的一项重要准备工作，也是施工企业实现生产科学管理的重要手段。它既要体现拟建工程的设计和使用要求，又要符合建筑施工的客观规律，对施工过程起战略部署或战术安排的作用。

编制单位工程施工组织设计时，要结合具体的工程背景，依据其编制的原则、方法、内容及程序编制。

3.1 工程概况描述

工程概况是对拟建工程的工程特点、建设地点特征和施工条件等所做的一个简明扼要的介绍。

3.1.1 工程特点

1. 工程建设概况

工程建设概况应说明拟建工程的建设单位、工程名称、性质、规模、用途、作用、资金来源及投资额、工期要求、设计单位、监理单位、施工单位、施工图纸情况、工程合同、主管部门有关文件及要求、组织施工的指导思想和具体原则要求等。

2. 工程设计概况

1）建筑设计特点

主要说明拟建工程的平面形状、平面组合和使用功能划分、平面尺寸、建筑面积、层数、层高、总高、室内外装饰情况等，并可附平、立、剖面简图。

2）结构设计特点

主要说明拟建工程的基础类型与构造、埋置深度、土方开挖及支护要求、主体结构类型及墙体、柱、梁板主要构件的截面尺寸和材料，新材料、新结构的应用要求、工程抗震设防程度。

3）设备安装设计特点

主要说明拟建工程的建筑给排水、采暖、建筑电气、通信、通风与空调、消防、电梯安装等方面的设计参数和要求。

3. 工程施工概况

应概括指出拟建工程的施工特点、施工重点与难点，以便在施工准备工作、施工方案、施工进度、资源配置及施工现场管理等方面制订相应的措施。

不同类型的建筑、不同条件下的工程，均有其不同的特点。如砖混结构住宅建筑的施工特点是砌筑和抹灰工程量大，水平与垂直运输量大，主体施工占整个工期35%左右，应尽量使砌筑与楼板混凝土工程流水施工，装修阶段占整个工期50%左右，工种交叉作业，应尽量组织立体交叉平行流水施工。而现浇钢筋混凝土结构高层建筑的施工特点是基坑、地下室支护结构工程量大、施工难度高，结构和施工机具设备的稳定性要求严，钢材加工量大，混凝土浇筑烦琐，脚手架、模板系统需进行设计，安全问题突出，应有高效率的垂直运输设备等。

3.1.2 建设地段特征

建设地段特征主要说明拟建工程的位置、地形，工程地质与水文地质条件，不同深度土壤结构分析；冬期冻结起止时间和冻结深度变化范围；地下水位、水质，气温；冬雨期施工起止时间，主导风力、风向；地震烈度等。

3.1.3 施工条件及其他情况

重点说明施工现场的道路、水、电及场地平整情况，现场临时设施、场地使用范围及四周环境情况，当地交通运输条件、地材供应、预制构件加工能力，当地建筑业企业数量和水平，施工企业机械、设备、车辆的类型和型号及可供程度，施工项目组织形式，施工单位内部承包方式及劳动力组织形式，类似工程的施工经历等。

特别提示

- 对于工程概况，可以用文字分段落进行描述，也可以采用表格的形式进行说明。
- 参考表格见表3-1、表3-2、表3-3、表3-4。

表3-1 工程建设概况一览表

工程名称		工程地点	
建设单位		勘察单位	
设计单位		监理单位	
建设工期		总投资金额	
质量标准		总建筑面积	
结构形式		资金来源	

表3-2 建筑设计概况一览表

<table>
<tr><td colspan="2">占地面积</td><td></td><td rowspan="3">层高</td><td>1层</td><td></td><td>建筑面积</td><td></td></tr>
<tr><td colspan="2">首层建筑面积</td><td></td><td>2层</td><td></td><td>建筑总高度</td><td></td></tr>
<tr><td colspan="2">层数</td><td></td><td></td><td></td><td></td><td></td></tr>
<tr><td rowspan="7">装饰装修</td><td colspan="2">外墙</td><td></td><td></td><td></td><td></td><td></td></tr>
<tr><td rowspan="2">楼地面</td><td>地面</td><td></td><td></td><td></td><td></td><td></td></tr>
<tr><td>楼面</td><td></td><td></td><td></td><td></td><td></td></tr>
<tr><td colspan="2">内墙面</td><td></td><td></td><td></td><td></td><td></td></tr>
<tr><td colspan="2">顶棚</td><td></td><td></td><td></td><td></td><td></td></tr>
<tr><td colspan="2">门窗</td><td></td><td></td><td></td><td></td><td></td></tr>
<tr><td colspan="2">楼梯</td><td></td><td></td><td></td><td></td><td></td></tr>
<tr><td colspan="3">防水</td><td></td><td></td><td></td><td></td><td></td></tr>
<tr><td colspan="3">屋面工程</td><td></td><td></td><td></td><td></td><td></td></tr>
<tr><td colspan="3">保温节能</td><td></td><td></td><td></td><td></td><td></td></tr>
<tr><td colspan="3">绿化环境保护</td><td></td><td></td><td></td><td></td><td></td></tr>
</table>

表3-3 结构设计概况一览表

<table>
<tr><td rowspan="4">地基基础</td><td rowspan="3">桩基</td><td>类型</td><td>桩径</td><td>总桩数</td></tr>
<tr><td colspan="2">单桩竖向承载力设计值</td><td>混凝土强度等级</td></tr>
<tr><td>持力层</td><td>试桩</td><td>桩长</td></tr>
<tr><td>承台、地梁</td><td colspan="2">地面标高</td><td>断面</td></tr>
</table>

续表

主体结构	主要结构尺寸	柱
		梁
		板厚
		混凝土墙厚
	混凝土强度等级	
	钢筋	
	焊条	
	钢筋接头	
	砖墙	

表3-4 施工条件、总体安排一览表

工地条件简介		施工安排说明		
项目	说明	项目		说明
场地面积概量		总工期		日历工期 天 计划工期 天
场地优势		其中	地下工期	
场内外道路			主体工期	
场内地表土质			装修工期	
施工用水		单方耗日/工日/m^2		
施工用电		总工日数		
热源条件		季节性施工安排		
施工用电话号码		总体施工方法		
地下障碍物		垂直运输		
地上障碍物		混凝土构件		
空中障碍物		钢构件		
周围环境		打桩		
防火条件		土方		
现场预制条件		地下水		
可代暂设房屋		吊装方法		
就地取材		内脚手架		
占地要求		外脚手架		
毗邻建筑情况		关键		

应用示例

表 3-5 某地下人防工程概况与特征表

工程概况	总建筑面积/m^2	6372	地上层数/层	0	标准层高/m	
	其中：地下室建筑面积/m^2	6372	地下层数/层	1	檐高/m	3.3
	结构类型	剪力墙	工程用途	地下人防	投资性质	私有
	开工时间	9/1/2010	竣工时间	12/31/2010	工程所在地	通州
土建工程特征	基础	C30厚商品混凝土整板基础		楼地面	水泥砂浆	
	外墙	C35钢筋混凝土剪力墙		内墙	C35钢筋混凝土剪力墙、部分240砖墙	
	外墙面	1.5厚911聚氨酯、30厚挤塑板保护保湿层		内墙面	J01—2005—4/5	
	天棚	表面处理、刷白色乳胶漆两遍		柱、梁、板	C35商品混凝土	
	屋面	无		门窗	甲乙级防火门、钢筋混凝土密闭门	
安装工程特征	给排水	镀锌钢管压力排水管、自动喷淋、消火栓系统				
	电气	镀锌钢管/铜芯线、火灾自动报警				
	暖通	无机不燃玻璃钢管				
	智能	无				

3.2 施工组织策划

施工组织策划主要包括确定项目施工目标、建立施工现场项目组织机构、对施工目标控制进行策划等内容。

3.2.1 明确工程项目施工目标

根据施工合同及企业管理目标要求，制订项目部施工质量目标、工期目标、安全目标、文明施工目标、降低施工成本目标。

特别提示

(1) 若编制的是标前施工组织设计，其项目目标在业主的招标文件中已有明确要求的，应完全响应业主要求；若编制的是标后施工组织设计，应遵从投标承诺。

(2) 项目目标不得低于国家或地方规定的标准。

(3) 安全目标一般定为零伤亡事故。

3.2.2 项目组织机构的建立

根据工程规模、复杂程度、专业特点以及企业的管理模式及要求，按照合理分工与合作、精干高效原则确定项目组织机构，并按因事设岗、因岗选人的原则配备项目管理班子。

一般的情况下，项目的组织形式有以下几种。

1. 直线式

图 3.1 为直线式组织形式。

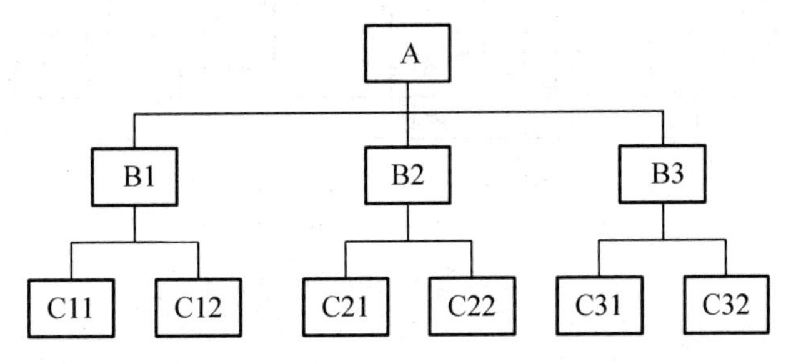

图 3.1 直线式组织形式示意图

1）特征

直线式组织形式是一种线性组织机构，其本质就是使命令线性化，即每一个工作部门，每一个工作人员都只有一个上级。

2）优点

直线式组织形式具有结构简单、职责分明、指挥灵活等优点。

3）缺点

项目经理的责任重大，往往要求其是全能式人物。

4）适用范围

这种组织形式比较适合于中小型项目。

为了加快命令传递的过程，直线式组织形式要求组织结构的层次不要过多，否则会妨碍信息的有效沟通。

2. 工作队式

图 3.2 为工作队式组织形式。

1）特征

(1) 项目经理一般由企业任命或选拔，由项目经理在企业内招聘或抽调职能部门的人员组成项目经理部。

(2) 项目经理部成员在项目工作过程中，由项目经理领导，原单位领导只负责业务指导，不能干预其工作或调回人员。

(3) 项目结束后项目经理部撤销，所有人员仍回原在部门。

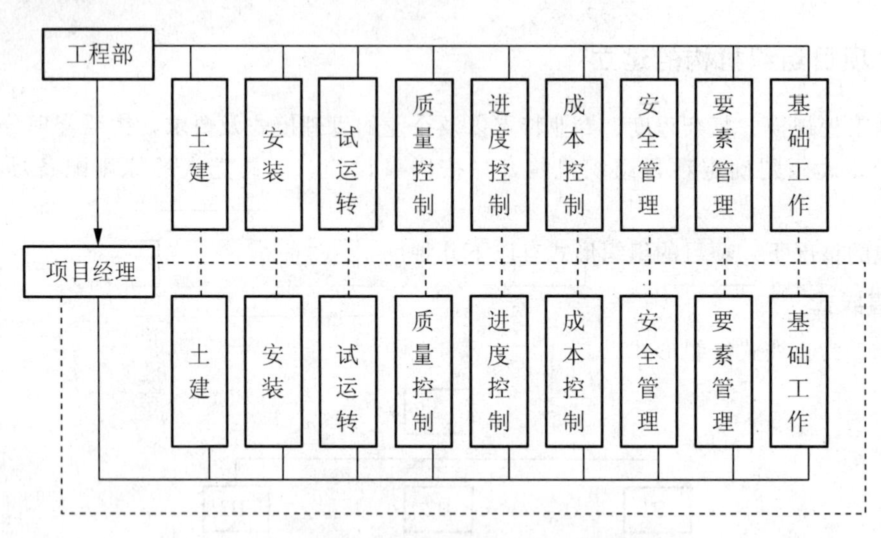

图 3.2 工作队式组织形式示意图

注：虚线框内为项目经理部

2）优点

(1) 项目经理部成员来自企业各职能部门，熟悉业务，各有专长，协同工作，能充分发挥其作用。

(2) 各种人才都在现场，解决问题迅速，减少了扯皮和等待时间，办事效率高。

(3) 项目经理权力集中，受干扰少，决策及时，指挥灵便。

(4) 不打乱企业的原建制。

3）缺点

(1) 各类人员来自不同部门，彼此不够熟悉，工作需要一段磨合期。

(2) 各类人员在同一时期内所担负的管理工作任务可能有很大差别，很容易产生忙闲不均，导致人员浪费。

(3) 由于项目施工一次性特点，有些人员容易产生临时观点。

(4) 由于同一专业人员分配于不同项目，相互交流困难，专业职能部门的优势难以发挥。

4）适用范围

这种组织形式适合于大型施工项目，工期要求紧的施工项目，或要求多工种、多部门密切配合的施工项目。

3. 部门控制式

图 3.3 为部门控制式组织形式。

1）特征

按职能原则建立施工项目经理部，在不打乱企业现行建制的条件下，企业将施工项目委托给某一专业部门或施工队，由专业部门或施工队领导在本单位组织人员组成项目经理部，并负责实施施工项目管理。

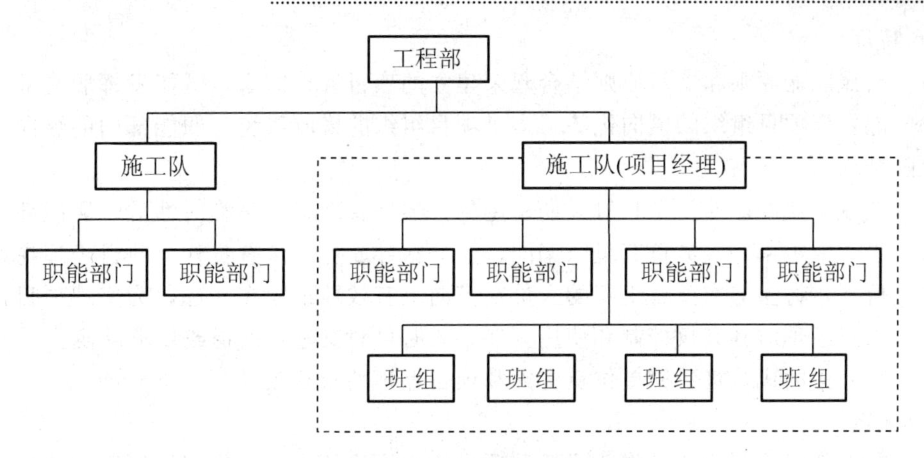

图 3.3　部门控制式组织形式示意图

注：虚线框内为项目经理部

2）优点

（1）从接受任务到组织运转，机构启动快。

（2）人员熟悉，业务熟悉，职责明确，关系容易协调，工作效率高。

3）缺点

（1）人员固定，不利于精简机构。

（2）不能适应大型复杂项目或者涉及各个部门的项目，局限性较大。

4）适用范围

适用于小型的、专业性较强、不需涉及众多部门的项目。例如煤气管道施工、电缆敷设等项目。

4. 矩阵式

矩阵式组织形式是现代大型项目管理中应用最为广泛的新型组织形式，是目前推行项目法施工的一种较好的组织形式。图 3.4 为矩阵式组织形式。

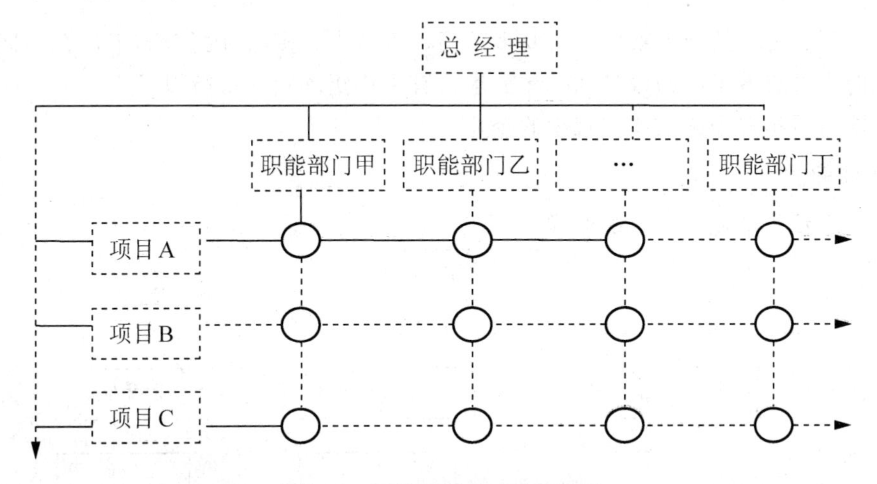

图 3.4　矩阵式组织形式示意图

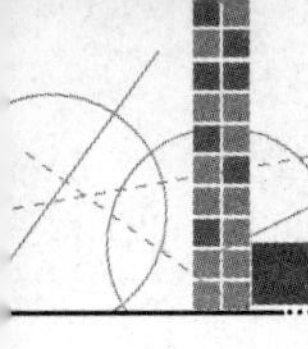

1）特征

(1) 按照职能原则和项目原则结合起来建立的项目管理组织，既能发挥职能部门的纵向优势又能发挥项目组织的横向优势，多个项目组织的横向系统与职能部门的纵向系统形成了矩阵结构。

(2) 企业专业职能部门是相对长期稳定的，项目管理组织是临时性的。职能部门负责人对项目组织中本单位人员负有组织调配、业务指导、业绩考查责任。项目经理在各职能部门的支持下，将参与本项目组织的人员在横向上有效地组织在一起，为实现项目目标协同工作，项目经理对其有权控制和使用，在必要时可对其进行辞退或要求调换。

(3) 矩阵中的成员接受原单位负责人和项目经理的双重领导。

2）优点

(1) 兼有部门控制式和工作队式两种项目组织形式的优点，将职能原则和项目原则融为一体，实现了企业长期例行性管理和项目一次性管理的一致。

(2) 以尽可能少的人力实现多个项目的高效管理。通过职能部门的协调，可根据项目的需求配置人才，防止人才短缺或浪费，项目组织有较好的弹性和应变能力。

(3) 打破了一个职工只接受一个部门领导的原则，大大加强了部门之间的协调，便于集中各种专业知识、技能和人才，迅速完成某个工程项目，提高了管理组织的灵活性。

3）缺点

(1) 矩阵式项目组织的结合部多，组织内部的人际关系、业务关系、沟通渠道等都较复杂，容易造成信息量膨胀，引起信息流不畅或失真，需要依靠有力的组织措施和规章制度规范管理。

(2) 由于人员来自职能部门，且仍受职能部门控制，这样就影响了他们在项目上积极性的发挥，项目的组织作用大为削弱。

(3) 双重领导造成的矛盾使当事人无所适从，影响工作。

(4) 在项目施工高峰期，一些人员身兼多职造成管理上顾此失彼。

4）适用范围

(1) 大型、复杂的施工项目，需要多部门、多技术、多工种配合施工，在不同施工阶段，对不同人员有着不同的数量和搭配需求，宜采用矩阵式项目组织形式。

(2) 同时承担多个施工项目管理的企业。

5. 事业部式

图 3.5 所示为事业部式组织形式。

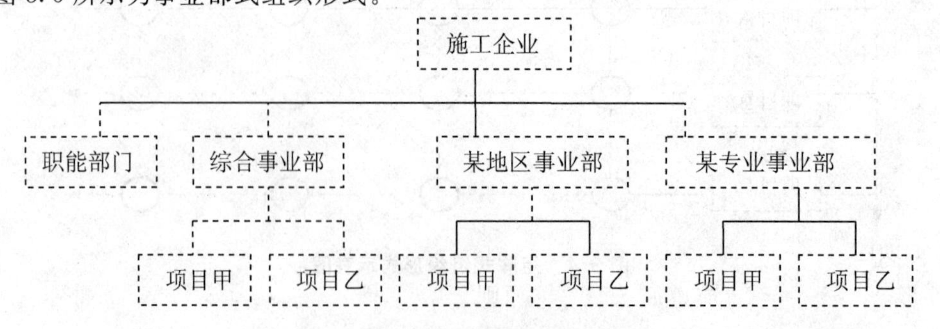

图 3.5　事业部式组织形式示意图

1）特征

（1）在企业内部按地区、工程类型或经营内容设立事业部，事业部对内是一个职能部门，对外则享有相对独立的经营权，可以是一个独立单位。如图 3.5 中的地区事业部，可以是公司的驻外办事处，也可以是公司在外地设立的具有独立法人资格的分公司；专业事业部是公司根据其经营范围成立的事业部，如桩基础公司、装饰公司、钢结构公司等。

（2）事业部中的工程部或开发部下设项目经理部。项目经理由事业部委派，一般对事业部负责，经特殊授权时，也可直接对业主负责。

2）优点

（1）事业部式项目经理部能充分调动发挥事业部的积极性和独立经营作用，便于延伸企业的经营职能，有利于开拓企业的经营业务领域。

（2）事业部式项目经理部能迅速适应环境变化，提高公司的应变能力，既可以加强公司的经营战略管理，又可以加强项目管理。

3）缺点

（1）企业对项目经理部的约束力减弱，协调指导机会减少，以致有时会造成企业结构松散。

（2）事业部的独立性强，企业的综合协调难度大，必须加强制度约束和规范化管理。

4）适用范围

适合大型经营型企业承包施工项目时采用，特别适用于远离企业本部的施工项目、海外工程项目。

需要注意的是，一个地区只有一个项目没有后续工程时，不宜设立地区事业部，即它适用于在一个地区有长期市场或有多种专业化施工力量的企业采用。在这种情况下，事业部与地区市场寿命相同，地区没有项目时，该事业部应予以撤销。

6. 项目经理部组织形式的选择

施工企业在选择项目经理部的组织形式时，应考虑项目的规模、业务范围、复杂性等因素，分析业主对项目的要求、标准规范、合同条件等情况，结合企业的类型、员工素质、管理水平、环境条件、工作基础等，选择适宜的项目管理组织形式。一般来讲，可按下列思路选择。

（1）人员素质高、管理基础强、可以承担复杂项目的大型综合企业，宜采用矩阵式、工作队式、事业部式组织形式。

（2）简单项目、小型项目、承包内容单一的项目，宜采用直线式、部门控制式组织形式。

（3）在同一企业内部，可以根据具体情况将几种组织形式结合使用，如事业部式与矩阵式、工作队式与事业部式结合使用，但不能同时采用矩阵式与工作队式，以免造成混乱。

7. 项目经理部的设置原则

项目经理部的设置应遵循下列基本原则。

(1) 要根据所设计的项目组织形式设置项目经理部。项目组织形式与企业对施工项目的管理方式有关，与企业对项目经理部的授权有关。不同的组织形式对项目经理部的管理力量和管理职责提出了不同要求，也提供了不同的管理环境。

(2) 要根据施工项目的规模、复杂程度和专业特点设置项目经理部。例如大型项目经理部可以设职能部、处，中型项目经理部可以设处、科，小型项目经理部一般只需设职能人员即可。

(3) 项目经理部是为特定工程项目组建的，必须是一个具有弹性且一次性全过程的管理组织，随着工程项目的开工而组建，随着工程项目的竣工而解体，在其存在期间还应按工程管理需要的变化而调整。

(4) 项目经理部的人员配置应面向施工项目现场，满足现场的计划与调度、技术与质量、成本与核算、劳务与物资、安全与文明施工的需要，而不应设置专管经营与咨询、研究与发展、政工与人事等与项目施工关系较少的非生产性管理部门。

主要类型组织机构形式优缺点见表3-6。

表3-6 主要类型组织机构形式优缺点比较

组织结构形式	优点	缺点	适用范围
直线式	1. 命令统一 2. 权责明确 3. 组织稳定 4. 决策迅速 5. 隶属关系明确	1. 缺乏横向联系 2. 权力过于集中 3. 对变化反应慢	1. 小型组织 2. 简单环境
工作队式	1. 高专业化管理 2. 轻度分权 3. 利于培养人才	1. 多头领导 2. 权责不明	专业化组织
部门控制式	1. 命令统一 2. 权责明确 3. 分工清楚 4. 稳定性高 5. 积极参谋	1. 部门间缺乏交流 2. 直线与参谋冲突 3. 系统缺乏灵敏性	大中型组织
矩阵式	1. 密切配合 2. 反应灵敏 3. 节约资源 4. 高效工作	1. 双重领导 2. 素质要求高 3. 组织部稳定	1. 协作性组织 2. 复杂性组织
事业部式	1. 有利于规避风险 2. 有利于锻炼人才 3. 有利于内部竞争 4. 有利于加强控制 5. 有利于专业管理	1. 需要大量的管理人员 2. 企业缺乏内部沟通 3. 资源利用率低	1. 大中型组织 2. 特大型组织

知识链接

组织机构的形式除了有以上组织形式外，我国还有一种特殊的管理形式——工程建设指挥部。如：苏通长江大桥工程项目的组织，就采用的工程建设指挥部的形式。

应用示例

某直线式项目经理部组织结构如图3.6所示。

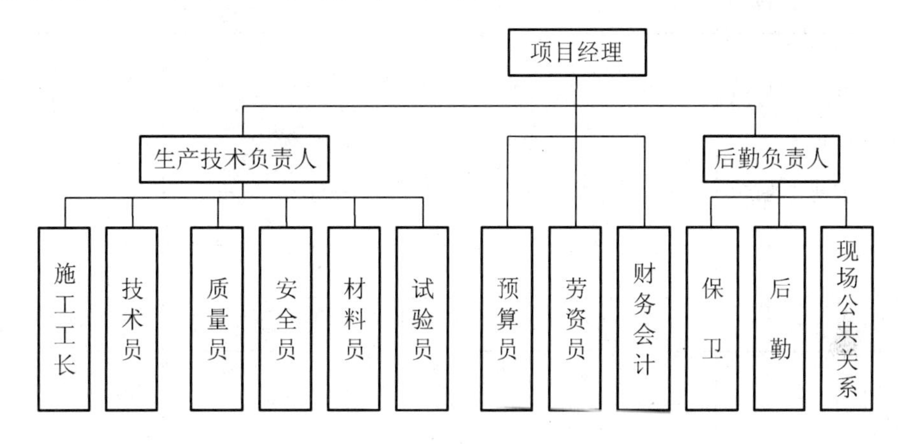

图3.6 某直线式项目经理部组织结构图

3.2.3 项目施工质量管理策划

1. 质量目标的分解

按项目施工质量目标的要求，对项目工程的分部工程质量和观感质量进行目标分解。确定各分项工程的验收检验批划分方法，明确各分部工程、分项工程的施工质量目标和观感质量要求。制订分部、分项工程施工质量目标分解计划和单位工程观感质量目标分解计划表，见表3-7和表3-8。

表3-7 分部、分项工程施工质量目标分解计划表

序号	分部工程名称	分项工程名称	检验批划分	分项工程质量等级	分部工程质量等级
1	地基与基础				
2					
1	主体结构				
2					
1	建筑装修				
2					

续表

序号	分部工程名称	分项工程名称	检验批划分	分项工程质量等级	分部工程质量等级
1	建筑屋面				
2					
1	建筑给水、排水及采暖				
2					
1	建筑电气				
2					
1	智能建筑				
2					
1	节能与保温				
2					
1	通风与空调				
2					
1	电梯				

表 3-8 单位工程观感质量目标分解计划表

序号	项目		质量目标
1	建筑与结构	室外墙面	
2		变形缝	
3		水落管、屋面	
4		室内墙面	
5		室内顶棚	
6		室内地面	
7		楼梯、踏步、护栏	
8		门窗	
1	给排水与采暖	管道接口、坡度、支架	
2		卫生器具、支架、阀门	
3		检查口、扫除口、地漏	
4		散热器、支架	

续表

序号	项目		质量目标
1	建筑电气	配电箱、盘、板、接线盒	
2		设备器具、开关、插座	
3		防雷、接地	
1	通风与空调	风管、支架	
2		风口、分阀	
3		风机、空调设备	
4		阀门、支架	
5		水班、冷却塔	
6		绝热	
1	节能与保温	节能材料	
2		保温测试	
1	电梯	运行、平层、开关门	
2		层门、信号系统	
3		机房	
1	智能建筑	机房设备安装与布局	
2		现场设备安装	
3			

特别提示

实际施工中应根据工程实际情况对项目内容进行调整。

2. 工程试验检验计划

1）制订材料、构件取样送检计划

为严格控制进场材料的质量情况，坚决杜绝伪劣产品进入现场，保证施工质量。在工程施工过程中，项目部应按使用材料的规格、数量，并按有关试验的取样要求，分阶段提出各种材料、构件取样送检计划，明确取样的批量大小、取样的部位、样品的制作方法等。

知识链接

检验试验流程如图3.7所示。

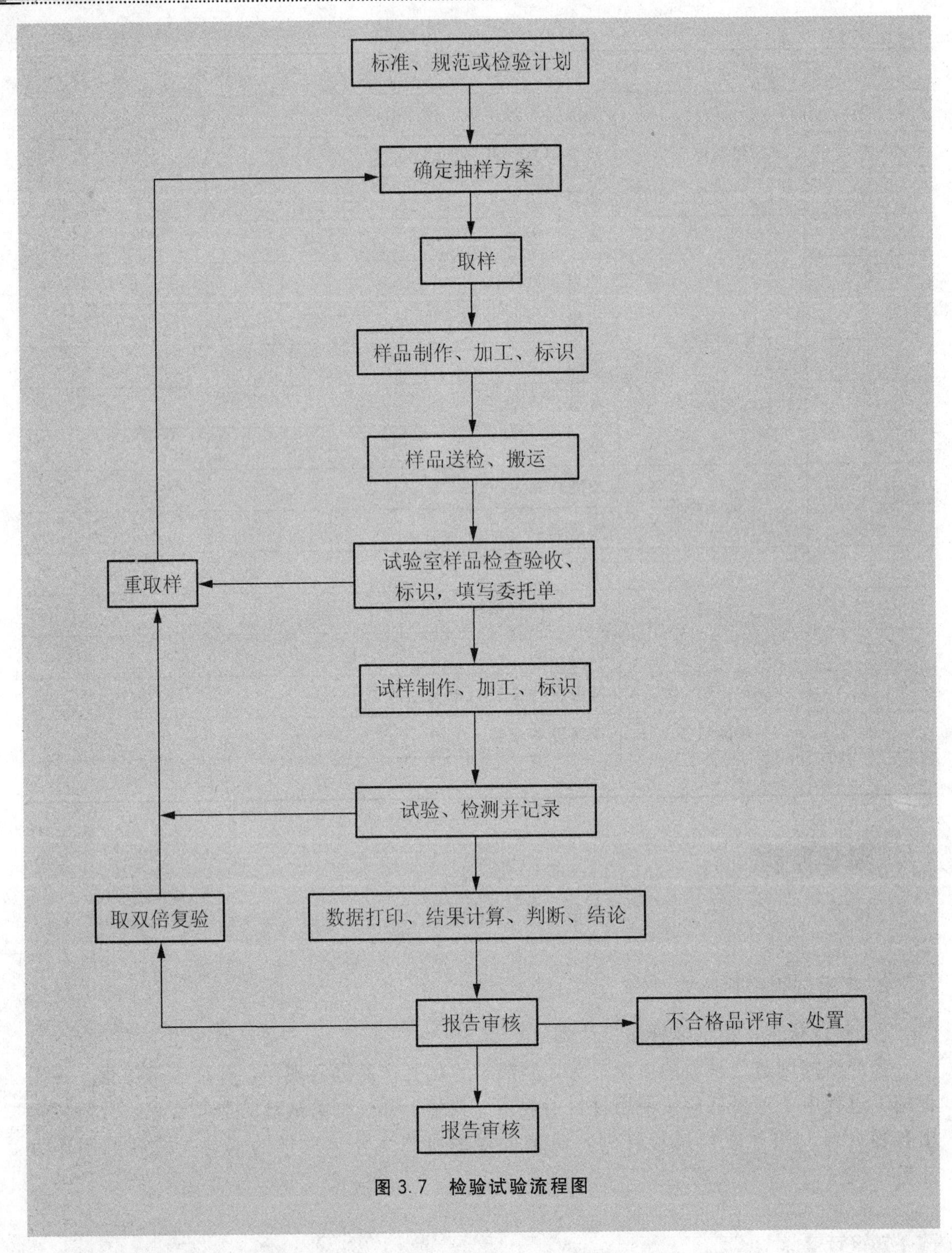

图 3.7 检验试验流程图

2）混凝土取样计划

制订各种构件、各种等级的混凝土试块取样表，见表 3－9，明确各种构件、各种强度等级的混凝土试块取样部位、取样方法、取样数量、养护方法及用途。

表 3－9 混凝土取样计划表

部位		混凝土强度等级	取样数量	常规检测	同条件试块	拆模试块	见证检验
灌注桩							
承台底版							
主体结构	框架柱						
	剪力墙						
	梁板						

3）砂浆取样计划

制订各种砂浆试块取样表，见表 3－10，明确各种砂浆试块取样部位、取样方法、取样数量、养护方法及用途。

表 3－10 砂浆取样计划表

序号	试验项目	取样部位	工程量	等级	常规取样组数	见证取样组数
1	楼地面水泥砂浆找平					
2	砌筑砂浆					

4）工程安全与功能检验计划

制订涉及使用功能与安全要求的项目试验、检验计划表，见表 3－11，并明确时间。

表 3－11 工程安全与功能检验计划表

序号	项目	安全与功能检查项目	检验时间
1	建筑与结构	屋面淋水实验记录	
2		地下室防水效果检查记录	
3		有防水要求的地面蓄水试验记录	
4		建筑物垂直度、标高、全高测量记录	
5		抽气(风)道检查记录	
6		幕墙及外窗气密性、水密性、耐风压检测报告	
7		建筑物沉降观测测量记录	
8		节能、保温测试记录	
9		室内环境检测报告	
1	给排水与采暖	给水管道通水试验记录	
2		暖气管道、散热器压力试验记录	
3		卫生器具满水试验记录	
4		排水干管通球试验记录	
5		消防管道压力试验记录	

续表

序号	项目	安全与功能检查项目	检验时间
1	电气	照明全负荷试验记录	
2		大型灯具牢固性试验记录	
3		线路、插座、开关、接地检验记录	
4		避雷接地电阻测试记录	
1	通风与空调	通风空调系统试运行记录	
2		风量、温度测试记录	
3		洁净室内洁净度测试记录	
4		制冷机组试运行调试记录	
1	电梯	系统试运行记录	
2		电梯安全装置检测报告	
1	智能建筑	系统试运行记录	
2		系统电源及接地检测报告	

特别提示

实际施工中应根据工程实际情况对项目内容进行调整。

3. 质量运行记录及职能分配

质量运行记录及职能分配应按照企业的质量管理手册要求进行，见表3-12和表3-13。

表3-12 项目经理部质量管理体系运行记录

标准条款	编号	记录名称
4 质量管理体系	1	质量记录清单
	2	在用有效文件清单
	3	收文登录
	4	发文登录
5 管理职责	5	项目经理部质量职责、质量目标及其分解
6 资源管理	6	管理人员资质证书登记表(附岗位证书)
	7	特殊工种人员名单(附操作证书)
	8	劳动力调拨与施工进度相等
	9	大型施工机械需用申请表

续表

标准条款	编号	记录名称
6 资源管理	10	项目工程机械设备明细表
	11	机械设备使用运转记录卡及运转状态标志
	12	小型机械调度表
	13	各类施工机具验收合格单
	14	安全管理目标及其分解
	15	三级安全教育
	16	安全技术交底
	17	安全巡检记录
	18	安全检查通报
	19	安全隐患通知单、反馈单
	20	职工伤亡事故月报
	21	伤亡事故登记表、事故调查报告
	22	JGJ 59—99《建筑施工安全检查标准》相关表格
	23	施工管理人员安全目标管理考察表
	24	班组长安全目标考察表
	25	特种作业人员安全目标管理考察表
7 产品实现	26	施工合同、分包合同及补充协议
	27	施工组织设计(项目质量计划)
	28	专项施工方案(含安全)
	29	图纸自审、会审纪要
	30	开工报告
	31	施工日记
	32	生产计划
	33	施工记录交底记录 (技术部、主任工程师、项目技术负责人及各专业施工员分别交底)
	34	采购产品、施工半产品的防护措施(针对工程特点)
	35	工程预算书
	36	检测设备选用表
	37	现场检测设备选用表
	38	物资需要计划
	39	月度材料申请计划表

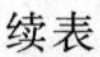

续表

标准条款	编号	记录名称
7 产品实现	40	现场材料表(接)收记录及材料标志
	41	顾客提供材料明细表
	42	供料通知单、领料小票
	43	库存物资盘存表
	44	月材料收、发、存明细表
	45	月分类材料收、发、存汇总表
	46	劳务分承包合同
	47	外协试验检验申请表
	48	材料试验检验计划表
	49	施工过程试验检验计划表
8 测量、分析与改进	50	现场劳务班组控制记录
	51	劳务分承包方管理工作考察表
	52	工程施工联系单
	53	设计变更、洽商记录
	54	测量控制网基准点及移交手续
	55	工程定位测量、放线记录
	56	地基处理记录
	57	施工记录
	58	特殊过程施工记录
	59	材料、预制构件、设备出厂合格证书及进场检(试)验报告及见证检测报告
	60	施工试验报告(记录)及见证检测报告
	61	实验报告台账、实验结果统计分析
	62	隐蔽工程验收记录
	63	技术复核记录
	64	工序自检、专职检验记录
	65	工序交接检验记录
	66	地基基础、主体结构检验及抽样检测资料
	67	预检记录
	68	检验批质量验收记录
	69	分项工程质量验收记录

续表

标准条款	编号	记录名称
8测量、分析与改进	70	分部(子分部)工程质量验收记录
	71	单位(子单位)工程竣工验收记录
	72	单位(子单位)工程质量控制资料核查记录
	73	单位(子单位)工程安全和功能检验资料核查及主要功能抽查记录
	74	单位(子单位)工程观感质量检查记录
	75	工程分承包项目完成情况考核表
	76	工程质量问题通知单及整改反馈单
	77	纠正措施报告表
	78	预防措施报告表
	79	质量检查通报
	80	工程质量事故处理记录
	81	新材料、新工艺施工记录
	82	管材管件进场抽样调查
	83	阀门强度及严密性试验
	84	管道设备严密性试验
	85	排水管道灌水试验
	86	系统清洗记录
	87	给水道管通水试验记录
	88	卫生管具满水试验记录
	89	排水干管通水试验记录
	90	设备开箱检查记录
	91	水泵试运转测试检查记录
	92	焊缝外观质量检查记录
	93	接地电阻测试记录
	94	绝缘电阻测试记录
	95	照明系统通电试验记录
	96	电器设备(系统)试运行记录
	97	照明全负荷实验记录
	98	线路、插座、开关接线检验记录
	99	材料、工程质量报验单

表 3-13 项目部质量管理体系职能分配表

标准条款	项目经理	技术负责人	质检员	施工员	安全员	资料员	试验员	材料员	仓管员
4 质量管理体系	●								
4.1 总要求	○	●							
4.2 文件要求									
5 管理职责									
5.1 管理承诺	●								
5.2 以顾客为关注焦点	●								
5.3 质量方针	●								
5.4 策划	●	○	○	○	○	○			
5.5 职责、权限与沟通	●		○	○	○	○	○	○	○
5.6 管理评审	●								
6 资源管理	●	○				○	○		
6.1 资源提供	●								
6.2 人力资源	●								
6.3 基础设施	●								
6.4 工作环境	●								
7 产品实现									
7.1 产品实现的策划	○	●							
7.2 与顾客有关的过程	●	○	○	○	○				
7.3 设计和开发	●	○							
7.4 采购	●							○	
7.5 生产和服务的提供	●	○	○	○	○			○	○
7.6 监视和测量设备的控制		●	○	○	○		○		
8 测量分析与改进									
8.1 总则	●								
8.2 监视与测量									
8.3 不合格的控制	●	○	○	○	○	○	○	○	○
8.4 数据分析	●	○	○	○	○				
8.5 改进	●	○	○	○	○	○	○	○	○

说明：● 表示主要实施责任 ○表示协助实施责任

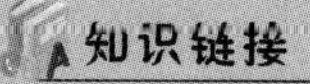
知识链接

标准条款指的是ISO 19001：2008标准条款。

3.3 施工方案

施工方案的基本内容，一般应包括确定组织施工的方式、确定施工开展程序、划分施工区段、确定施工起点与流向、确定施工顺序，选择施工方法和施工机械等。确定施工方案的过程，是一个综合的、全面的分析和对比决策过程，既要考虑施工的技术措施，又必须考虑相应的施工组织措施。在制订与选择施工方案时，必须满足以下基本要求。

(1) 切实可行。制订施工方案首先要从实际出发，能切合当前实际情况，并有实现的可能性。否则，任何方案均是不可取的。施工方案的优劣，首先不取决于技术上是否先进，后工期是否最短，而是取决于是否切实可行。只能在切实可行，有实现可能性范围内，求技术的先进或快速。

(2) 施工期限满足(工程合同)要求。确保工程按期投产或交付使用，迅速的发挥投资效益。

(3) 工程质量和安全生产有可行的技术措施保障。

(4) 施工费用最低。

3.3.1 确定组织施工的方式

1. 组织施工的4种方式

任何一个建筑工程都是由许多施工过程组成的，而每一个施工过程可以组织一个或多个施工队组来进行施工。如何组织各施工队组的先后顺序和平行搭接施工，是组织施工中的一个基本问题。通常，组织施工有依次施工、平行施工、流水施工和搭接施工4种基本方式。

▶▶应用案例

某四幢相同的砖混结构房屋的基础工程，划分为基槽挖土、混凝土垫层、砌砖基础、回填土四个施工过程。每个施工过程安排一个施工队组，一班制施工，其中每幢楼挖土方工作队由16人组成，2天完成；垫层工作队由30人组成，1天完成；砌基础工作队由20人组成，3天完成；回填土工作队由10人组成，1天完成。

1) 组织依次施工

依次施工的组织方式，是将拟建工程项目的整个建造过程分解成若干个施工过程，按照一定的施工顺序，前一个施工过程完成后，后一个施工过程开始施工；或前一个工程完成后，后一个工程才开始施工。它是一种最基本、最原始的施工组织方式，如图3.8和图3.9所示。

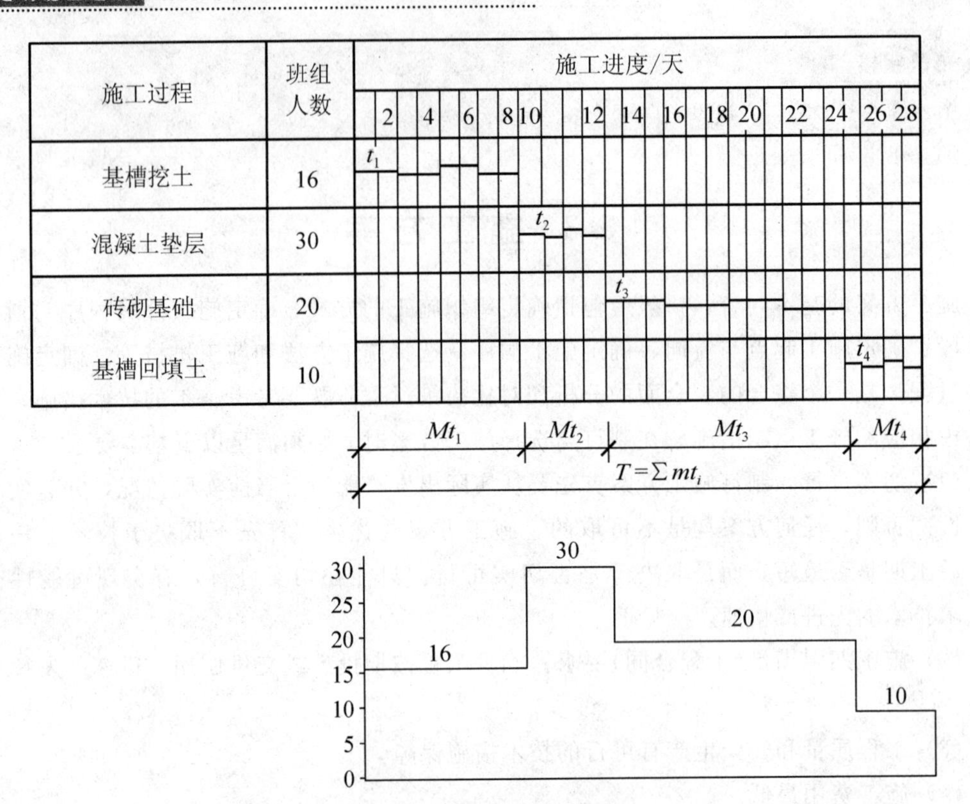

图 3.8 按幢(或施工段)组织依次施工

图 3.9 按施工过程组织依次施工

由图 3.9 可以看出，依次施工组合方式具有以下特点。

(1) 没有充分利用工作面进行施工，工期较长。

(2) 如果按专业成立工作队，各专业工作队不能连续作业，有时间间歇，劳动力及施工机具等无法均衡使用。

(3) 如果由一个工作队完成所有施工任务，不能实现专业化施工，不利于提高劳动生产率和工程质量。

(4) 单位时间投入的资源量(劳动力、施工机具、材料等)较少，有利于资源供应的组织。

(5) 施工现场的组织、管理比较简单。

适用范围：工程规模小、工作面有限的工程。

2) 组织平行施工

平行施工的组织方式，是将拟建工程项目的整个建造过程分解成若干个施工过程，在工程任务十分紧迫、工作面允许以及资源保证供应的条件下，可以组织几个相同的工作队，在同一时间、不同的空间上进行施工。

由图3.10可以看出，平行施工组合方式具有以下特点。

(1) 充分地利用工作面进行施工，工期短。

(2) 如果每一个施工对象均按专业成立工作队，则各专业队不能连续作业，劳动力及施工机具等资源无法均衡使用。

(3) 如果由一个工作队完成一个施工对象的全部施工任务，则不能实现专业化施工，不利于提高劳动生产率和工程质量。

(4) 单位时间内投入的劳动力、施工机具、材料等资源量成倍地增加，不利于资源供应。

(5) 施工现场的组织、管理比较复杂。

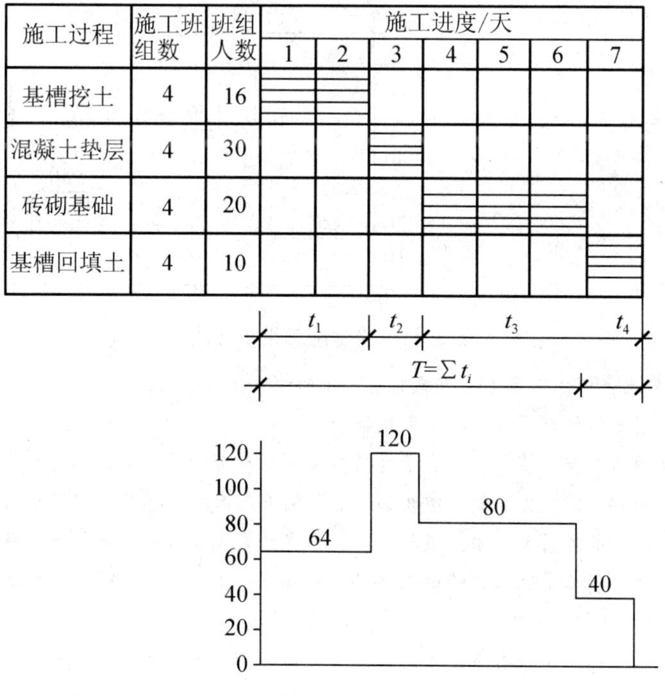

图 3.10 平行施工

适用范围：由于平行施工，全部施工任务在各施工段上同时开完工的方式。这种方式可以充分利用工作面，缩短工期。但单位时间里需提供的劳动资源成倍增加，经济效果不好。适用于工期紧规模大的建筑群。

3）流水施工组织方式

流水施工组织方式，是将工程项目的整个建造工程划分为若干个施工过程，每个施工过程划分为若干个施工段，各个施工过程陆续开工，陆续竣工，使各施工班组能连续均衡施工，不同施工过程尽可能平行搭接施工的组织方式。

在例 3-1 中，如果采用流水施工组织方式，在各施工过程连续施工的条件下，把 4 项基础工程作为劳动量大致相同的施工段，组织施工专业队伍在建造过程中最大限度地相互搭接起来，陆续开工，陆续完工，就是流水施工。流水施工是以接近恒定的生产率进行生产的，保证了各工作队(组)的工作和物资资源的消耗具有连续性和均衡性，其施工进度计划如图 3.11 所示。从图 3.11 中可以看出，流水施工方法能克服依次和平行施工方法的缺点，同时保留了它们的优点。

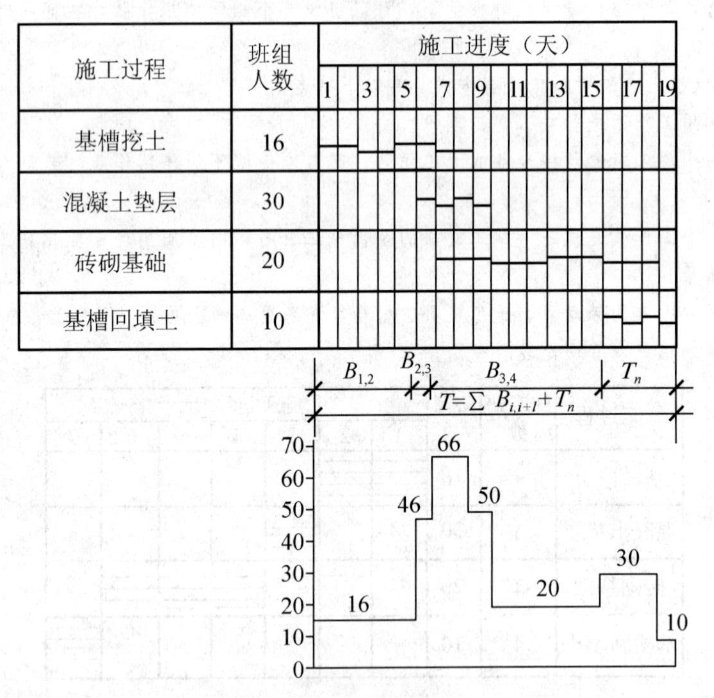

图 3.11 流水施工组织方式

由图 3.11 可以看出，流水施工组合方式具有以下特点。

(1) 尽可能地利用工作面进行施工，工期比较短。

(2) 各工作队实现了专业化施工，有利于提高技术水平和劳动生产率，也有利于提高工程质量。

(3) 专业工作队能够连续施工，同时使相邻专业队的开工时间能够最大限度地搭接。

(4) 单位时间内投入的劳动力、施工机具、材料等资源量较为均衡，有利于资源供应的组织。

(5) 为施工现场的文明施工和科学管理创造了有利条件。

4）搭接施工组织方式

搭接施工是指对施工项目中的各个施工过程，按照施工顺序和工艺过程的自然衔接关系进行安排的一种方法。它既不是将 M 段施工过程依次进行施工，也不是平行施工，而是陆续开工，陆续竣工，同时把各施工过程最大限度地搭接起来。因此，前后施工过程之间安排紧凑，充分利用工作面，有利于缩短工期。但有些施工过程会出现不连续的现象。这种方法是最常见的组织方法，如图 3.12 所示。

施工过程	班组人数	1	3	5	7	9	11	13	15	17	19
基础挖土	16										
混凝土垫层	30										
砖砌基础	20										
基槽回填土	10										

图 3.12 搭接施工组织方式

▶▶应用案例

有 m 幢相同的房屋的施工任务，每幢房屋施工工期为 t 天。

若采用依次施工时，就是当第一幢房屋竣工后才开始第二幢房屋的施工，即按着次序一幢接一幢地进行施工，则总工期为 $T=mt$。施工组织方式如图 3.13(a)所示。

如果采用平行施工组织方式，其施工进度计划如 3.13(b)图所示。

如果采用流水施工组织方式，其施工进度计划如 3.13(c)图所示。

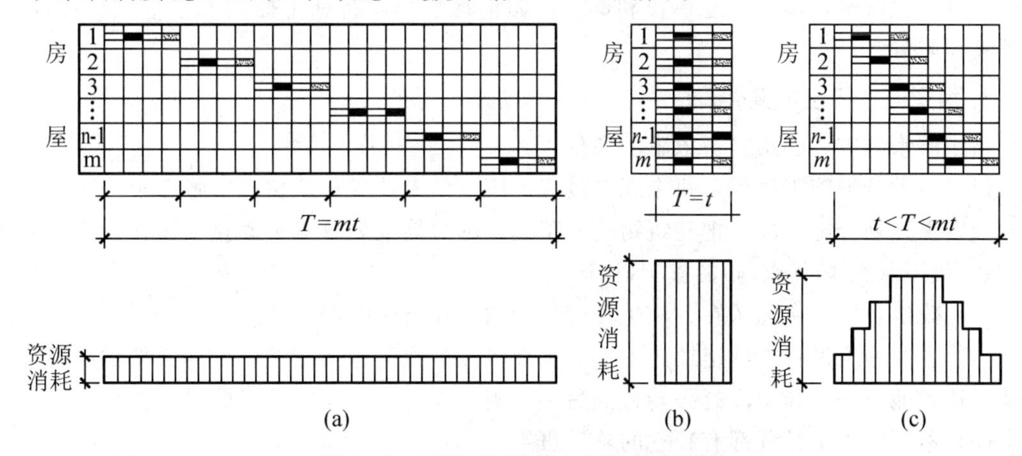

图 3.13 三种不同的施工组织方式比较

(a)依次施工；(b)平行施工；(c)流水施工

2. 流水施工的技术经济效果

通过比较四种施工组织方式可以看出，流水施工是先进、科学的施工组织方式。流水施工由于在工艺划分、时间安排和空间布置上进行了统筹安排，体现出较好的技术经济效果。主要表现为以下 5 个方面。

1）施工连续、均衡，工期较短

流水施工前后施工过程衔接紧凑，克服了不必要的时间间歇，使施工得以连续进行，后续工作尽可能提前在不同的工作面上开展，从而加快施工进度，缩短工程工期。根据各施工企业开展流水施工的效果比较，比依次施工总工期可缩短 1/3 左右。

2）实现专业化生产，可以提高施工技术水平和劳动生产率，保障工程质量

由于流水施工中，各个施工过程均采用专业班组操作，可提高工人的熟练程度和操作技能，从而提高工人的劳动生产率，同时，工程质量也易于保证和提高。

3）有利于资源的组织和供应

采用流水施工，使得劳动力和其他资源的使用比较均衡，从而可避免出现劳动力和资源的使用大起大落的现象，减轻施工组织者的压力，为资源的调配、供应和运输带来方便。

4）可以保证施工机械和劳动力得到充分、合理的利用，有利于改善劳动组织，改进操作方法和施工机具。

5）降低工程成本，提高承包单位的经济效益

由流水施工工期缩短、工作效率提高，资源消耗均衡等因素共同作用，可以减少临时设施及其他一些不必要的费用，从而减少工程的直接费用而最终降低工程总造价。

上述技术经济效果都是在不需要增加任何费用的前提下取得的。可见，流水施工是实现施工管理科学化的重要组成内容，是与建筑设计标准化、构配件生产工厂化、施工机械化等现代施工内容紧密联系、相互促成的，是实现施工企业进步的重要手段。流水施工的节奏性、均衡性和连续性，减少了时间间歇，使工程项目尽早地竣工。劳动生产率提高，可以降低工程成本，增加承建单位利润。资源消耗均衡，有利于提高承建单位经济效益，保证工程质量。

3. 组织流水施工的条件

组织流水施工，必须具备以下的条件。

(1) 科学分解施工过程，每个施工过程由固定的专业工作队负责实施完成。

(2) 正确划分施工段，把建筑物的施工过程尽可能地划分成劳动量或工作量大致相等(误差一般控制在15%以内)的施工段(区)。

(3) 确定各施工专业队在各施工段(区)内的工作持续时间。

(4) 主要施工过程能够连续施工，各工作队按一定的施工工艺，配备必要的机具，依次地、连续地由一个施工段(区)转移到另一个施工段(区)，反复地完成同类工作。

(5) 不同的施工过程都有独立的施工班组。

(6) 不同的施工过程尽可能平行搭接施工，不同专业工作队之间的关系，表现在工作空间上的交接和工作时间上的搭接，搭接的目的是缩短工期。

特别提示

在组织施工流水施工时，应考虑以下因素。

(1) 把工作面合理分成若干段(水平段、垂直段)。

(2) 各专业施工队按工序进入不同施工段。

(3) 确定每一施工过程的延续时间，工作量大致相等。

(4) 各施工段连续、均衡施工。

(5) 要充分考虑各工种（工序）之间合理的逻辑关系。

4. 流水施工的分级

根据流水施工组织范围划分，流水施工通常可分为以下 4 种。

1）分项工程流水施工

分项工程流水施工，它是在一个专业工种内部组织起来的流水施工。在项目施工进度计划表上，它是一条标有施工段或工作队编号的水平进度指示线段或斜向进度指示线段。

2）分部工程流水施工

分部工程流水施工，它是在一个分部工程内部、各分项工程之间组织起来的流水施工。在项目施工进度计划表上，它由一组标有施工段或工作队编号的水平进度指示线段或斜向进度指示线段组成。

3）单位工程流水施工

单位工程流水施工，它是在一个单位工程内部、各分部工程之间组织起来的流水施工。在项目施工进度计划表上，它是若干组分部工程的进度指示线段，并由此构成一张单位工程施工进度计划。

4）群体工程流水施工

群体工程流水施工，它是在若干单位工程之间组织起来的流水施工。在项目施工进度计划表上，是一张项目施工总进度计划。

流水施工分级如图 3.14 所示。

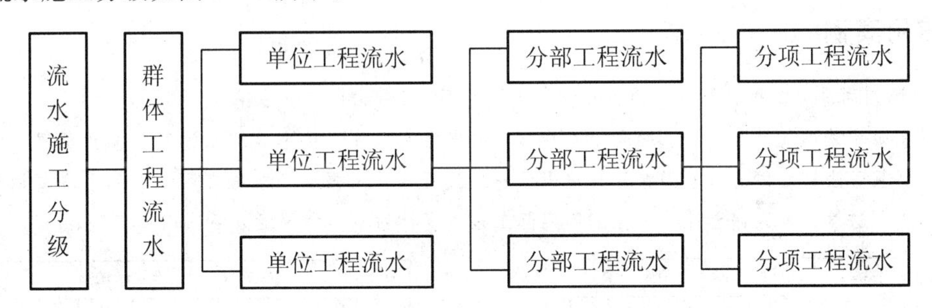

图 3.14 流水施工分级示意图

5. 流水施工的表达方式

流水施工进度计划图表是反映工程流水施工时各施工过程按其工艺上的先后顺序、相互配合的关系和它们在时间、空间上开展情况的图表。目前应用最广泛的流水施工进度计划图表有横道图和网络图，如图 3.15 所示。

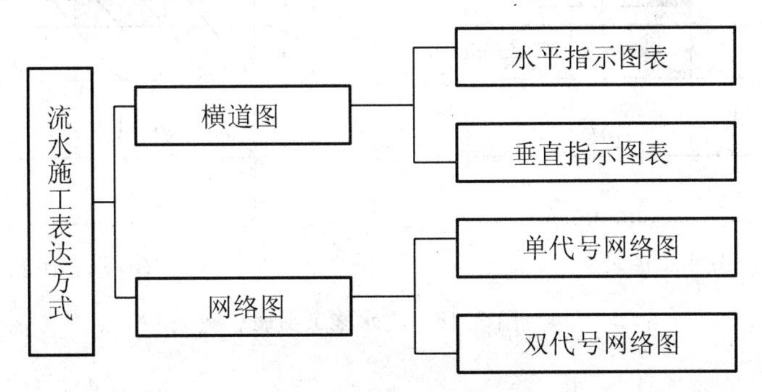

图 3.15 流水施工分级表达方式

1）横道图

流水施工的工程进度计划图表采用横道图表示时，按其绘制方法的不同可分为水平指示图表和垂直指示图表(又称斜线图)。

(1) 水平指示图表。横坐标表示流水施工的持续时间；纵坐标表示开展流水施工的施工过程、专业工作队的名称、编号和数目；呈梯形分布的水平线段表示流水施工的开展情况。

▶▶应用案例

某 m 幢相同房屋工程流水施工的水平指示图表如图 3.16(a)所示。图中的横坐标表示流水施工的持续时间；纵坐标表示施工过程的名称或编号。n 条带有编号的水平线段表示 n 个施工过程或专业工作队的施工进度安排，其编号 1，2，…，m 表示不同的施工段。

横道图表示法的优点是：绘图简单，施工过程及其先后顺序表达清楚，时间和空间状况形象直观，使用方便，因而被广泛用来表达施工进度计划。

(2) 垂直指示图表。横坐标表示流水施工的持续时间；纵坐标表示开展流水施工所划分的施工段编号；n 条斜线段表示各专业工作队或施工过程开展流水施工的情况。应该注意，垂直图表中垂直坐标的施工对象编号是由下而上编写的。

▶▶应用案例

某 m 幢相同房屋工程流水施工的垂直指示图表如图 3.16(b)所示。

垂直图表示法的优点是：垂直图表能直观地反映出在一个施工段中各施工过程的先后顺序和相互配合关系，而且可由其斜线的斜率形象地反映出各施工过程的流水强度。在垂直图表中还可方便地进行各施工过程工作进度的允许偏差计算。但编制实际工程进度计划不如横道图方便。

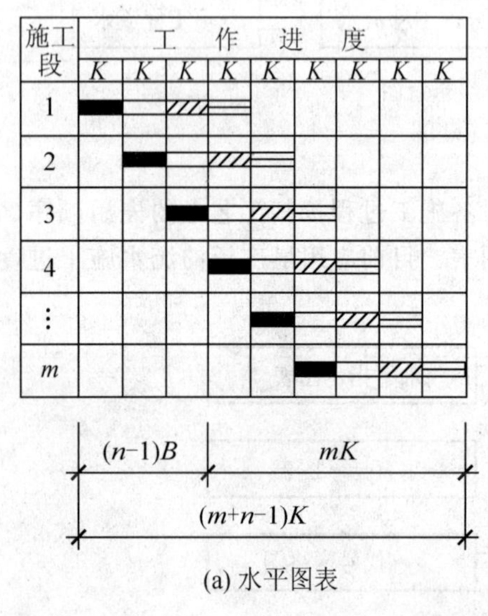

(a) 水平图表

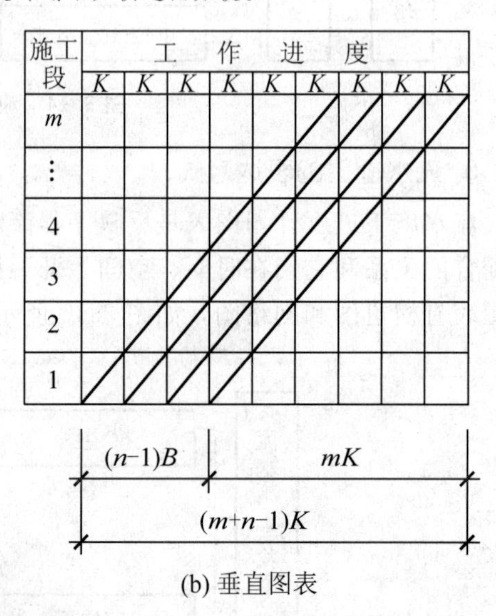

(b) 垂直图表

图 3.16 流水施工图表

特别提示

图 3.11 中，上半部分就是实际工作中的施工进度计划，又称横道图；下半部分为劳动力动态曲线图，它们对应出现，使管理工作更加形象化，也便于经常性的对比分析。

2）流水施工网络图表示法(本书 3.4 节详细阐述)

6. 流水施工参数的确定

在组织项目流水施工时，用以表达流水施工在施工工艺、空间布置和时间排列方面开展状态的参量，统称为流水参数。它包括工艺参数、空间参数和时间参数 3 类。

知识链接

工艺参数主要是指在组织流水施工时，用以表达流水施工在施工工艺上开展顺序及其特征的参数；或是在组织流水施工时，将拟建工程项目的整个建造过程分解为施工过程的种类、性质和数目方面的总称。通常，工艺参数包括施工过程数和流水强度两种。

1）施工过程数(n)

组织建设工程流水施工时，根据施工组织及计划安排而将计划任务划分成的子项称为施工过程，施工过程划分的粗细程度根据实际需要而定。当编制控制性施工进度计划时，组织流水施工的施工过程可以划分得粗一些，施工过程可以是单位工程，也可以是分部工程；当编制实施性施工进度计划时，施工过程可以划分得细一些，施工过程可以是分项工程，甚至是将分项工程按照专业工种不同分解而成的施工工序。施工过程的数目一般用 n 表示。施工过程数目 n 的多少，主要依据项目施工进度计划在客观上的作用、采用的施工方案、项目的性质和建设单位对项目建设工期的要求等进行确定。

在施工过程划分时，应该以主导施工过程为主，如住宅工程前期是主体结构(砌墙、装楼板等)起主导作用，后期是装饰工程起主导作用。组织流水施工时，一般只考虑主导施工过程，保证这些过程的流水作业，如砌墙工程中的脚手架搭设和材料运输等都是配合砌墙这个主要施工过程而进行的，它不占绝对工期，故不能看做是主导作用的施工过程，而砌墙本身，则应作为主导过程而参与流水作业。若在施工过程划分时，施工过程数过多使施工组织太复杂，那么所定立的组织计划失去弹性；若过少又使计划过于笼统，所以合适的施工过程数对施工组织很重要。因此我们在施工过程划分时，并不需要将所有的施工过程都组织到流水施工中，只有那些占有工作面，对流水施工有直接影响的施工过程才作为组织的对象。

根据工艺性质不同，整个建造项目可分为制备类、运输类和砌筑安装类 3 种施工过程。

制备类施工过程是指预先加工和制造建筑半成品、构配件等的施工过程，如预制构配件、钢筋的制作等属于制备类施工过程；运输类施工过程是指把材料和制品运到工地仓库或再转运到现场操作地点的过程；建造类施工过程是指对施工对象直接进行加工而形成建筑产品的过程，如墙体的砌筑、结构安装等。前两类施工过程一般不占有施工项目空间，也不影响总工期，一般不列入施工进度计划；砌筑安装类施工过程占有施工对象空间并影响总工期，必须列入施工进度计划。

因此，在施工过程划分时，应考虑以下因素。

(1) 施工过程数应结合房屋的复杂程度、结构的类型及施工方法。对复杂的施工内容应分得细些，简单的施工内容分得不要过细。

(2) 根据施工进度计划的性质确定，控制性施工进度计划时，组织流水施工的施工过程可以划分得粗一些；实施性施工进度计划时，施工过程可以划分得细一些。

(3) 施工过程的数量要适当，以便于组织流水施工的需要。施工过程数过少，也就是划分得过粗，达不到好的流水效果；反之施工过程数过大，需要的专业队(组)就多，相应的需要划分的流水段也多，同样也达不到好的流水效果。

(4) 要以主要的建造类施工过程为划分依据，同时综合考虑制备类和运输类施工过程。

2) 流水强度

流水强度是指在组织流水施工时，某施工过程(或专业工作队)在单位时间内所完成的工程量，也称为流水能力或生产能力。流水强度又可分为机械施工和手工施工过程流水强度两种。

(1) 机械施工工程流水强度：

$$V = \sum_{i=1}^{X} R_i S_i \tag{3-1}$$

式中 R_i——投入到第 i 施工过程的某种主要施工机械的台数；

S_i——该种施工机械的产量定额；

X——投入到第 i 施工过程的某种主要施工机械的种类。

【例 3-1】 某铲运机铲运土方工程，推土机 2 台，S_1=1 562.5m^3/台班，铲运机 3 台，S_2=223.2m^3/台班。求这一施工过程的流水强度。

解：$V = \sum_{i=1}^{X} R_i S_i = 2\times 1\,562.5 + 3\times 223.2 = 3\,794.6m^3$/台班

(2) 手工施工过程的流水强度：

$$V = \sum_{i=1}^{X} R_i S_i \tag{3-2}$$

式中 R_i——投入到第 i 施工过程的施工人数；

S_i——投入到第 i 施工过程的每人工日定额；

X——投入到第 i 施工过程的人工的种类。

空间参数是指在组织流水施工时，用以表达流水施工在空间布置上开展状态的参数。通常包括工作面、施工段两种。

3) 工作面(A)

某专业工种在加工建筑产品时所必须具备的活动空间，称为该工种的工作面。工作面的大小，表明能安排施工人数或机械台数的多少。每个作业的工人或每台施工机械所需工作面的大小，取决于单位时间内其完成的工程量和安全施工的要求。工作面确定的合理与

否，直接影响专业工作队的生产效率。因此，必须合理确定工作面。工作面相关参数见表3-14。

表3-14　主要工种工作面参考数据

序号	工作项目	单位	工作面	说明
1	砖基础	m/人	7.6	以1砖半计，2砖乘以0.8，3砖乘以0.55
2	砌砖墙	m/人	8.5	以1砖计，1砖半乘以0.71，3砖乘以0.55
3	混凝土柱、墙基础	m^3/人	8	机拌、机捣
4	混凝土设备基础	m^3/人	7	机拌、机捣
5	现浇钢筋混凝土柱	m^3/人	2.45	机拌、机捣
6	现浇钢筋混凝土梁	m^3/人	3.2	机拌、机捣
7	现浇钢筋混凝土墙	m^3/人	5	机拌、机捣
8	现浇钢筋混凝土楼板	m^3/人	5.3	机拌、机捣
9	预制钢筋混凝土柱	m^3/人	3.6	机拌、机捣
10	预制钢筋混凝土梁	m^3/人	3.6	机拌、机捣
11	预制钢筋混凝土屋架	m^3/人	2.7	机拌、机捣
12	混凝土地坪及面层	m^2/人	40	机拌、机捣
13	外墙抹灰	m^2/人	16	
14	内墙抹灰	m^2/人	18.5	
15	卷材屋面	m^2/人	18.5	
16	防水水泥砂浆屋面	m^2/人	16	

特别提示

(1) 实际运用时，应结合工程情况灵活掌握，不应也不必拘泥于甚至是小数点的干扰。

(2) 以下各表的运用亦是如此。

4) 施工段(m)

(1) 施工段的含义。通常把拟建工程项目在平面上划分成若干个劳动量大致相等的施工段落，这些施工段落称为施工段。施工段的数目以m表示。

(2) 划分施工段的原则。由于施工段内的施工任务由专业工作队依次完成，因而在两个施工段之间容易形成一个施工缝而影响工程质量；同时，由于施工段数量的多少，将直接影响流水施工的效果。为使施工段划分得合理，一般应遵循下列原则。

① 施工段的数目要适宜。过多施工段使其能容纳的人数减少，工期增加；过少施工段使作业班组无法连续施工，工期增加。

② 以主导施工过程为依据。

③ 同一专业工作队在各个施工段上的劳动量应大致相等，相差幅度不宜超过10%～

15%，目的是劳动班组相对固定。

④ 每个施工段内要有足够的工作面，以保证相应数量的工人、主导施工机械的生产效率，满足合理劳动组织的要求。

⑤ 施工段的界限应尽可能与结构界限(如沉降缝、伸缩缝等)相吻合，或设在对建筑结构整体性影响小的部位，以保证建筑结构的整体性。

⑥ 当组织流水施工的对象有层间关系时，施工段的数目要满足合理的组织流水施工的要求，即必需满足 $m \geqslant n$ 的条件。一般 m 和 n 存在下列关系。

当 $m=n$ 时，各施工班组连续施工，无工作面闲置，是最理想的方式。

当 $m>n$ 时，施工班组连续工作，有停歇的工作面，但不一定有害。

当 $m<n$ 时，虽工作面无停歇，但施工班组不能连续工作。

【例 3-2】 一个工程有 5 个施工过程(砌墙、绑扎钢筋、支模板、浇筑混凝土、盖楼板)，若分成 5 个施工段(即 $m=n$)，则可以 5 个工种同时生产，其工作面利用率为 100%，若分成 5 个以上施工段(即 $m>n$)则就会有工作面处于停歇状态，但每个施工队仍能连续作业；若分成小于 5 个施工段(即 $m<n$)，则就会出现施工队不能连续作业的现象，造成窝工。因此施工段数 m 不可以小于施工过程数 n，否则对组织流水作业是不利的。

⑦ 对于多层建筑物、构筑物或需要分层施工的工程，应既分施工段，又分施工层。各专业工作队依次完成第一施工层中各施工段任务后，再转达入第二施工层的施工段上作业，以此类推。以确保相应专业队在施工段与施工层之间，组织连续、均衡、有节奏地流水施工。

在组织流水施工时，用以表达流水施工在时间排列上所处状态的参数，称为时间参数。它一般包括：流水节拍、流水步距、技术间歇、组织间歇和平行搭接时间和流水施工工期等 6 种。

5) 流水节拍(K)

在组织流水施工时，每个专业工作队在各个施工段上完成相应的施工任务所需要的工作延续时间，称为流水节拍，一般用 K 表示。

流水节拍是流水施工的主要参数之一，它表明流水施工的速度和节奏性。流水节拍的大小，反映施工速度的快慢、投入的劳动力、机械以及材料用量的多少。

(1) 确定流水节拍应考虑的因素。

① 施工班组人数要适宜。满足最小劳动组合和最小工作面的要求。

② 工作班制要恰当。对于确定的流水节拍采用不同的班制，其所需班组人数是不同。当工期较紧或工艺限制时我们可采用两班制或三班制。

③ 以主导施工过程流水节拍为依据。

④ 充分考虑机械台班效率或台班产量的大小及工程质量的要求。

⑤ 节拍值一般取整。为避免浪费工时，流水节拍在数值上一般可取半个班的整数倍。

(2) 流水节拍的确定方法。

① 根据每个施工过程的工期要求确定流水节拍。

a. 若每个施工段上的流水节拍要求不等，则用估算法。

b. 若每个施工段上的流水节拍要求相等，则每个施工段上的流水节拍为

$$K=\frac{T}{m} \tag{3-3}$$

式中 T——每个施工过程的工期(持续时间)；

m——每个施工过程的施工段数。

② 根据每个施工段的工程量计算(根据工程量、产量定额、班组人数计算)：

$$K_i=\frac{Q}{S\cdot R\cdot Z}=\frac{P}{R\cdot Z} \tag{3-4}$$

式中 K_i——施工段 i 流水节拍，一般取 0.5 天的整数倍；

Q——施工段 i 的工程量；

S——施工段 i 的人工或机械产量定额；

R——施工段 i 的人数或机械的台、套数；

P——施工段的劳动量需求值；

Z——施工段 i 的工作班次。

【例 3-3】 人工挖运土方工程：$Q=2\,450\text{m}^3$，$S=24.5\text{m}^3$/工日，(1)若 $R=20$ 人，流水节拍 K 为多少？(2)若 $R=50$ 人，则流水节拍 K 为多少？

解： $P=\frac{2\,450}{24.5}=100$(工日)

(1) $R=20$ 人 $K=\frac{100}{20}=5$(天)

(2) $R=50$ 人 $K=\frac{100}{50}=2$(天)

③ 根据各个施工段投入的各种资源来确定流水节拍：

$$K_i=\frac{Q_i}{N_i}$$

式中 Q_i——各施工段所需的劳动量或机械台班量；

N_i——施工人数或机械台数。

④ 经验估算法。它是根据以往的施工经验进行估算。一般为了提高其准确程度，往往先估算出每个施工段的流水节拍的最短值(a)、最长值(b)和正常值(c)(即最可能)3 种时间，然后据此求出期望时间作为某专业工作队在某施工段上的流水节拍。本法也称为三时估算法。这种方法多适用于采用新工艺、新方法和新材料等没有定额可循的工程或项目。

6) 流水步距(B)

在组织流水施工时，相邻两个专业工作队在保证施工顺序、满足连续施工、最大限度搭接和保证工程质量要求的条件下，相继投入施工的最小时间间隔，称为流水步距。一般用符号 $B_{i,i+1}$，表示，通常也取 0.5 天的整数倍。当施工过程数为 n 时，流水步距共有 $n-1$ 个。

流水步距的大小，应考虑施工工作面的允许，施工顺序的适宜，技术间歇的合理以及施工期间的均衡。大小取决于相邻两个施工过程(或专业工作队)在各个施工段上的流水节拍及流水施工的组织方式。

(1) 流水步距与流水节拍的关系。

① 当流水步距 $B>K$ 时，会出现工作面闲置现象(如混凝土养护期，后一工序不能立即进入该施工段)。

② 当流水步长 $B<K$ 时，就会出现两个施工过程在同一施工段平行作业。

总之，在施工段不变的情况下，流水步距小，平行搭接多，工期短，反之则工期长。

（2）确定流水步距的基本要求。

① 始终保持各相邻施工过程间先后的施工顺序。

② 满足各施工班组连续施工、均衡施工的需要。

③ 前后施工过程尽可能组织平行搭接施工，以缩短工期。

④ 考虑各种间歇和搭接时间。

⑤ 流水步距的确定要保证工程质量、满足安全生产和组织要求。

（3）流水步距与工期的关系：如果施工段不变，流水步距越大，则工期越长；反之，工期则越短。

7）平行搭接时间 T_{d}

包括平行搭接时间和技术搭接时间两种。在组织流水施工时，有时为了缩短工期，在工作面允许的条件下，如果前一个专业工作队完成部分施工任务后，能够提前为后一个专业工作队提供工作面，使后者提前进入前一个施工段，两者在同一施工段上平行搭接施工，这个搭接时间称为平行搭接时间。

在组织流水施工时，除要考虑相邻专业工作队的流水步距外，有时根据建筑材料或现浇构件等工艺性质，还要考虑合理的工艺等待时间，这个等待时间称为技术搭接时间。如混凝土的养护时间、砂浆抹面和油漆面的干燥时间。

8）间歇时间 T_{j}

在组织流水施工时，由于施工技术或施工组织原因，造成的在流水步距以外增加的间歇时间，如机器转场、验收等。

9）流水施工工期

流水施工工期是指从第一个专业工作队投入流水施工开始，到最后一个专业工作队完成流水施工为止的整个持续时间。流水施工工期用 T 表示。由于一项建设工程往往包含有许多流水组，故流水施工工期一般均不是整个工程的总工期。流水施工工期应根据各施工过程之间的流水步距以及最后一个施工过程中各施工段的流水节拍等确定。

$$T=\sum B_i+t_n+\sum T_{\mathrm{j}}-\sum T_{\mathrm{d}}$$

特别提示

在以上的流水施工参数中。m、n、B、K 是最基本的参数，也是最主要的参数。

7. 流水施工的组织方式

根据各施工过程的各施工段流水节拍的关系，可以组织有节奏流水和非节奏流水施工方式。

有节奏流水是指同一施工过程在每一个施工段上的流水节拍都相等的流水施工组织方式。按不同施工过程中每个施工段的流水节拍相互关系又可以分为全等节拍流水施工、成倍节拍流水施工和异节拍流水施工三种方式。

组织流水施工时，一般按以下三个步骤进行：

① 确定流水施工的参数（m、n、B、K）。

② 计算工期。

③ 画横道图。

1）全等节拍流水施工

在组织流水施工时，各施工过程在每一个施工段上的流水节拍相等，且不同施工过程的每一个施工段上的流水节拍互相相等的流水施工组织方式，即 $K_i=B$。或在组织流水施工时，如果所有的施工过程在各个施工段上的流水节拍彼此相等，这种流水施工组织方式称为全等节拍专业流水，也称固定节拍流水或同步距流水。它是一种最理想的流水施工组织方式。

(1) 基本特点。

① 所有流水节拍都彼此相等。

② 所有流水步距都彼此相等，而且等于流水节拍，即 $B=K$。

③ 每个专业工作队都能够连续作业，施工段没有间歇时间。

④ 专业工作队数目等于施工过程数目。

特别提示

组织全等节拍流水施工，由于 $B=K$，$t_n=mK$，且有 $n-1$ 个 B，所以

$$T=\sum B_i+t_n+\sum T_j-\sum T_d=(m+n-1)K+\sum T_j-\sum T_d$$

【例 3-4】 某分部工程有 A、B、C、D 四个施工过程，每个施工过程分为 5 个施工段，流水节拍均为 3 天，试组织全等节拍流水节拍。

解： (1)计算流水施工工期

因为　$m=5$，$n=4$，$K=3$

所以　$T=(n-1)K+mt=(n-1)K+mK=(m+n-1)K=(5+4-1)\times3=24$(天)

(2) 用横道图绘制流水施工进度计划，如图 3.17 所示。

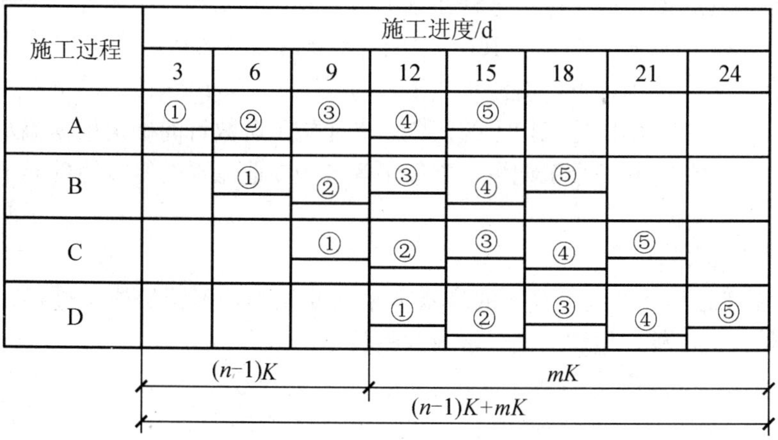

施工过程	施工进度/d							
	3	6	9	12	15	18	21	24
A	①	②	③	④	⑤			
B		①	②	③	④	⑤		
C			①	②	③	④	⑤	
D				①	②	③	④	⑤

$(n-1)K$　　mK

$(n-1)K+mK$

图 3.17　无间歇和搭接的全等节拍流水施工横道图计划

【例 3-5】 某分部工程划分为 A、B、C、D、E 五个施工过程和 4 个施工段，流水节拍均为 4 天，其中 A 和 D 施工过程各有 2 天的技术间歇时间，C 和 B、D 和 C 施工过程各

有 2 天的搭接，试组织全等节拍流水施工。

解：(1) 计算流水工期

因为　　$m=4$，$n=5$，$K=4$，$\sum T_j=4$ 天，$\sum T_d=4$ 天

所以　　$T=(m+n-1)K+\sum T_j-\sum T_d=(4+5-1)\times 4+4-4=32$(天)

(2) 用横道图绘制流水施工进度计划，如图 3.18 所示。

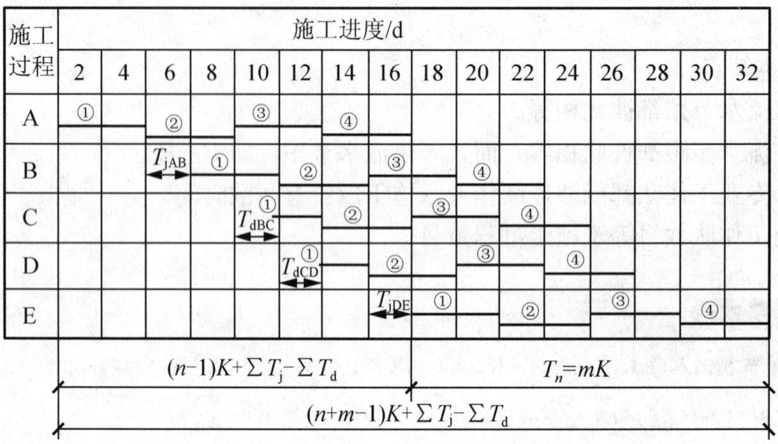

施工过程	施工进度/d															
	2	4	6	8	10	12	14	16	18	20	22	24	26	28	30	32
A	①		②		③		④									
B			T_{jAB}	①		②		③		④						
C					T_{dBC} ①		②		③		④					
D						T_{dCD} ①		②		③		④				
E								T_{jDE}	①		②		③		④	

$(n-1)K+\sum T_j-\sum T_d$　　$T_n=mK$

$(n+m-1)K+\sum T_j-\sum T_d$

图 3.18　有间歇和搭接的全等节拍流水施工横道图计划

(2) 适用范围：全等节拍流水施工能保证各专业班组的工作连续，工作面能充分利用，实现均衡施工，但由于它要求各施工过程的每一个施工段上的流水节拍都要相等，这对于一个工程来说，往往很难达到这样的要求。所以，在单位工程组织施工时应用较少，往往用于分部工程或分项工程。

2) 成倍节拍流水施工

在组织流水施工时，同一施工过程在各个施工段上的流水节拍相等，不同施工过程如果在每个施工段上的流水节拍均为其中最小流水节拍的整数倍，为了加快流水施工的速度，在资源供应满足的前提下，对流水节拍长的施工过程，组织几个同工种的专业工作队来完成同一施工过程在不同施工段上的任务，专业施工队数目的确定根据流水节拍的倍数关系而定，从而就形成了一个工期短，类似于等节拍专业流水的等步距的异节拍专业流水施工方案。

(1) 基本特点。

① 同一施工过程在各施工段上的流水节拍彼此相等，不同的施工过程在同一施工段上的流水节拍彼此不等，但均为某一常数的整数倍；

② 流水步距彼此相等，且等于流水节拍的最大公约数；

③ 各专业工作队能够保证连续施工，施工段没有空闲；

④ 专业工作队数大于施工过程数，即 $N>n$。

(2) 组织步骤。

特别说明的三个方面：

① 确定流水步距，按下式计算：

$$B_0 = \text{最大公约数}\{K_1，K_2，\cdots，K_n\}$$

② 确定专业工作队数：

$$n_i = \frac{K_i}{B_0} \tag{3-5}$$

$$N = \sum_{i=1}^{n} n_i \tag{3-6}$$

③ 工期：

$$T = (m + N - 1)B_0 + \sum T_{\mathrm{j}} - \sum T_{\mathrm{d}} \tag{3-7}$$

式中　N——各施工过程施工队数之和，其他符号含义同前。

【例 3-6】 拟兴建四幢大板结构房屋，施工过程为：基础、结构安装、室内装修和室外工程，每幢为一个施工段。其流水节拍分别为 5 天、10 天、10 天和 5 天。试按专业工作队连续组织成倍节拍流水施工(横道图如图 3.19 所示)。

组织步骤如下：

(1) 计算流水步距。

流水步距等于流水节拍的最大公约数，即

$$K_0 = \min[5，10，10，5] = 5$$

(2) 确定专业工作队数目。

每个施工过程成立的专业工作队数目可按公式 (3-5) 计算。

各施工过程的专业工作队数目分别为

Ⅰ(基础工程)：$n_1 = \frac{5}{5} = 1$；Ⅱ(结构安装)：$n_2 = \frac{10}{5} = 2$；Ⅲ(室内装修)：$n_3 = \frac{10}{5} = 2$；Ⅳ(室外工程)：$n_4 = \frac{5}{5} = 1$

参与该工程流水施工的专业工作队总数可按公式(3-6)计算：$N = 1+2+2+1 = 6$

(3) 绘制加快的成倍节拍流水施工进度计划如图 3.19 所示。

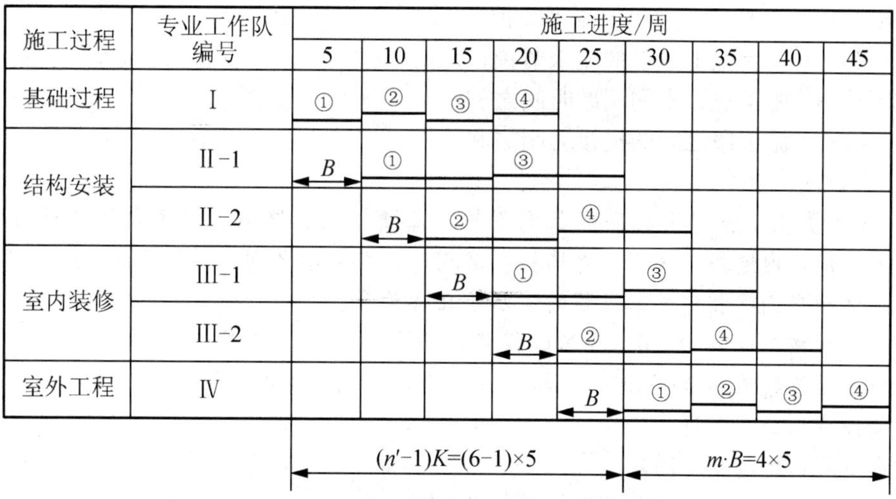

施工过程	专业工作队编号	施工进度/周								
		5	10	15	20	25	30	35	40	45
基础过程	Ⅰ	①	②	③	④					
结构安装	Ⅱ-1	B	①		③					
	Ⅱ-2		B	②		④				
室内装修	Ⅲ-1			B	①		③			
	Ⅲ-2				B	②		④		
室外工程	Ⅳ					B	①	②	③	④

$(n'-1)K=(6-1)\times 5$　　$m \cdot B=4\times 5$

图 3.19　成倍节拍流水施工进度计划

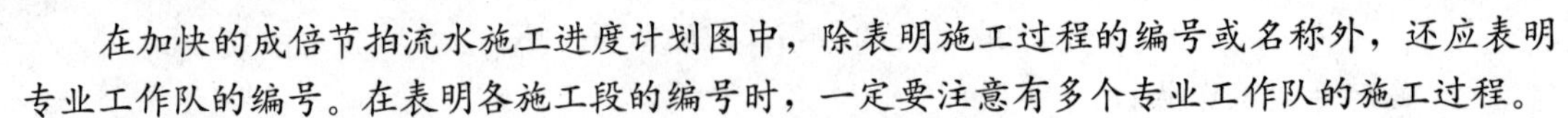

在加快的成倍节拍流水施工进度计划图中，除表明施工过程的编号或名称外，还应表明专业工作队的编号。在表明各施工段的编号时，一定要注意有多个专业工作队的施工过程。

各专业工作队连续作业的施工段编号不应该是连续的，否则，无法组织合理的流水施工。

(4) 确定流水施工工期

由题干可知，本项目没有组织间歇、工艺间歇及提前插人时间，故根据公式（3—7）可计算出流水施工工期为

$$T=(m+N-1)B_0+\sum T_j-\sum T_d=(4+6-1)\times 5=45\text{ 天。}$$

与一般异节拍相比，加快的流水施工的工期缩短了15天。

特别提示

公式中的 N 为专业施工队的个数。

(3) 成倍节拍流水施工的适用范围：比较适用于线型工程(如道路、管道等)的施工。

3) 异节拍流水施工

异节拍流水是指各施工过程在各施工段上的流水节拍相等，但相互之间不完全相等的流水施工组织方式。

异节拍流水具有以下特点。

① 同一施工过程在各施工段上的流水节拍均相等。

② 不同施工过程的流水节拍部分或全部不相等。

③ 各施工过程可按专业工作队(时间)连续或工作面连续组织施工，但不能同时连续。

特别指出的是，计算 B 时，可采用以下方法。

(1) 图上分析法：根据编制的横道图计划分析每个相邻施工过程的流水步距。

(2) 理论公式计算法。

当 $K_{i-1}\leqslant K_i$ 时，$B_i=K_{i-1}+T_j-T_d$

当 $K_{i-1}>K_i$ 时，$B_i=mK_{i-1}-(m-1)K_i+T_j-T_d$

式中 K_{i-1}——前面施工过程的流水节拍；

K_i——紧后施工过程的流水节拍；

T_j——施工过程中的间歇时间之和；

T_d——施工段之间的搭接时间之和。

$i\geqslant 2$

【例3-7】 有6幢完全相同的住宅装饰，每幢住宅装饰施工的主要施工过程划分为：室内地平1周，内墙粉刷3周，外墙粉刷2周，门窗油漆2周，并按上述先后顺序组织流水施工。试问它们各相邻施工过程的流水步距各为多少？

解： 流水施工段数 $m=6$，施工过程数 $n=4$

各施工过程的流水节拍分别为 $K_{地平}=1$ 周，$K_{内墙}=3$ 周，$K_{外墙}=2$ 周，$K_{油漆}=2$ 周。将上述条件代入公式可得

流水步距：$B_{1-2}=1$(周)

$B_{2-3}=6\times 3-(6-1)\times 2=8$(周)

$B_{3-4}=2$(周)

按上述两种方法组织施工，都有明显不足，根本原因在于各施工过程之间流水节拍不一致。

【例 3-8】 例 3-6 也可组织异节拍流水施工(横道图如图 3.20 所示)，流水施工工期为 60 天。

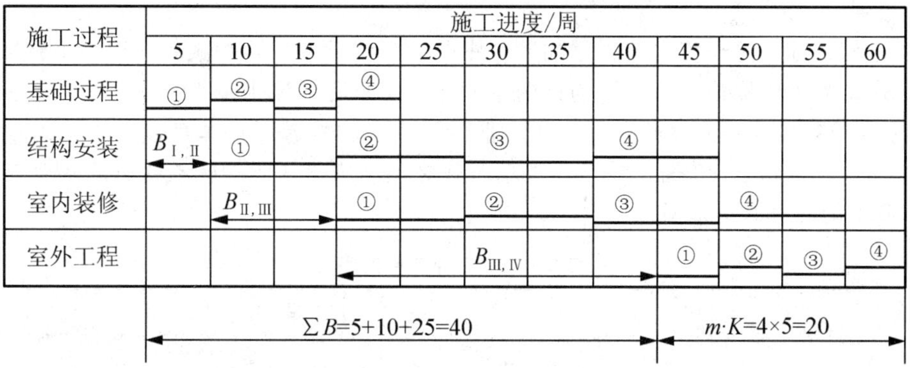

施工过程	施工进度/周											
	5	10	15	20	25	30	35	40	45	50	55	60
基础过程	①	②	③	④								
结构安装	$B_{\text{I},\text{II}}$	①		②		③		④				
室内装修		$B_{\text{II},\text{III}}$		①		②		③		④		
室外工程						$B_{\text{III},\text{IV}}$			①	②	③	④

$\sum B=5+10+25=40$　　$m \cdot K=4\times5=20$

图 3.20 按一般异节奏组织流水施工(按专业工作队连续)

(2) 异节拍流水施工的适用范围。

异节拍流水施工方式比较适用于分部工程或单位工程流水施工，由于不同的施工过程可以有不同的流水节拍，在编制进度计划时比较灵活，因此，有比较广泛的应用。

4) 无节奏流水施工

在实际施工中，通常每个施工过程在各个施工段上的工程量彼此不相等，或者各个专业工作队的生产效率相差悬殊，造成多数流水节拍彼此不相等，不可能组织等节拍专业流水或异节拍专业流水。在这种情况下，往往利用流水施工的基本原理，在保证施工工艺、满足施工顺序要求和按照专业工作队连续的前提下，按照一定的计算方法，确定相邻专业工作队之间的流水步距，使其在开工时间上最大限度地、合理地搭接起来，形成每个专业工作队都能连续作业的流水施工方式。这种施工方式称为非节奏流水，也叫做分别流水，它是流水施工的普遍形式。

(1) 基本概念：无节奏流水是指各施工过程在各施工段上的流水节拍不等，相互之间无规律可循的流水施工组织形式。

(2) 基本要求：必须保证每一个施工段上的工艺顺序是合理的，且每一个施工过程的施工是连续的，即工作队一旦投入施工是不间断的，同时各个施工过程施工时间的最大搭接，也能满足流水施工的要求。但必须指出，这一施工组织在各施工段上允许出现暂时的空闲，即暂时没有工作队投入施工的现象。

(3) 基本特点。

① 各个施工过程在各个施工段上的流水节拍，通常不相等。

② 在多数情况下，流水步距彼此不相等，而且流水步距与流水节拍之间存在着某种函数关系。

③ 每个专业工作队都能够连续作业，施工段可能有间歇空闲。

④ 专业工作队数目等于施工过程数目。

(4) 组织步骤。

组织无节奏流水的关键就是正确计算流水步距。计算流水步距可用累加斜减取大法，由于该方法是由苏联专家潘特考夫斯基提出的，所以又称潘氏方法。这种方法简捷、准确，便于掌握。具体方法如下。

① 对每一个施工过程在各施工段上的流水节拍依次累加，求得各施工过程流水节拍的累加数列。

② 将相邻施工过程流水节拍累加数列中的后者错后一位，相减后求得一个差数列。

③ 在差数列中取最大值，即为这两个相邻施工过程的流水步距。

【例 3－9】 现有一座桥梁分Ⅰ、Ⅱ、Ⅲ、Ⅳ、Ⅴ、Ⅵ六个施工段，每个施工段又分为立模、扎筋、浇混凝土 3 道工序，各工序工作时间见表 3－15。确定最小流水步距、并求总工期和绘制其施工进度图。

表 3－15 三种工序时间表

施工过程	施工段					
	一	二	三	四	五	六
1(立模)	3	3	2	2	2	2
2(扎筋)	4	2	3	2	2	3
3(浇混凝土)	2	2	3	3	3	2

分析：上述工程有三个施工过程，划分 6 个施工段，各施工过程在各施工段上的流水节拍均不同。因此，该工程属于非节奏流水施工。

解：(1) 计算 B_{12}

① 将第一道工序的工作时间依次累加后得：3 6 8 10 12 14

② 将第二道工序的工作时间依次累加后得：4 6 9 11 13 15

③ 将上面两步得到的二行错位相减，取大差得 B_{12}

3 6 8 10 12 14

一) 4 6 9 11 13 15

3 2 2 1 1 1 －15 $B_{12}=3$

(2) 计算 B_{23}

① 将第二道工序的工作时间依次累加后得：4 6 9 11 13 15

② 将第三道工序的工作时间依次累加后得：2 4 7 10 13 15

③ 将上面两步得到的二行错位相减，取大差得 B_{23}

4 6 9 11 13 15

一) 2 4 7 10 13 15

4 4 5 4 3 2 －15 $B_{23}=5$

(3) 计算总工期 T

$$T=\sum B_{i,\ i+1}+t_n+\sum T_{\mathrm{j}}-\sum T_{\mathrm{d}}=B_{12}+B_{23}+t_e$$

$$=3+5+(2+2+3+3+3+2)=23(\text{天})$$

(4) 绘制施工进度图，如图 3.21 所示。

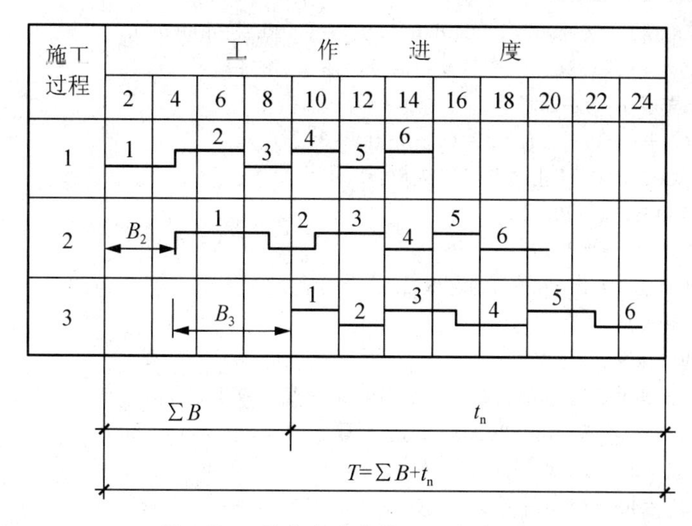

图 3.21 非节奏流水施工进度计划图

特别提示

组织流水施工时，应根据流水施工的四个最基本的参数(m、n、B、K)来选择相应的施工方式，其中计算K、确定B是关键步骤。

(5) 适用范围。

非节奏流水施工适用于各种不同结构性质和规模的工程施工组织。由于它不像有节奏流水施工有时间规律的约束，在进度安排上比较灵活、自由，因而是流水施工中应用最多的一种方式。

▶▶应用案例

已知数据见表 3-16。

表 3-16 案例数据

施工过程	总工程量		产量定额	班组人数		流水段数
	单位	数量		最高	最低	
A	m^2	600	$5m^2$/工日	10	15	4
B	m^2	960	$4m^2$/工日	12	20	4
C	m^2	1 600	$5m^2$/工日	20	40	4

试求如下几项。

(1) 若工期规定为 18 天，试组织全等节拍的流水施工，并分别画出其横道图、劳动力动态变化曲线及斜线图。

(2) 若工期不规定，试组织不等节拍的流水施工，并分别画出其横道图、劳动力动态变化曲线及斜线图。

(3) 试比较两种流水方案，采用哪一种较为有利？

解： 根据已知资料可知：$n=3$，$m=4$。各施工过程在每一施工段上的工程量如下。

$Q_a=600/4=150(m^2)$，$Q_b=960/4=240(m^2)$，$Q_c=1\,600/4=400(m^2)$

(1) 若工期规定为18天，试组织全等节拍的流水施工(图略)。

$T=18$ 天，流水节拍 K 为一常数。

根据公式 $T-k(m+n-1)$ 得：$K=18/(4+3-1)=3$(天)

又根据公式 $K=Q/SR$，可求出各组所需人数：

$R_a=Q_a/S_aK=150/5\times3=10$(人)，可行。

$R_b=Q_b/S_bK=240/4\times3=20$(人)，可行。

$R_c=Q_c/S_cK=1\,400/5\times3=26.6$(人)，取27人，可行。

流水步距 $=K=3$(天)

(2) 不等节拍的流水施工(图略)。

首先根据各班组最高和最低限制人数，求出各施工过程的最小和最大的流水节拍。

$K_{amin}=Q_a/S_aR_{amax}=150/5\times15=2$(天)，$K_{amax}=Q_a/S_aR_{amin}=150/5\times10=3$(天)

$K_{bmin}=Q_b/S_bR_{bmax}=240/4\times20=3$(天)，$K_{bmax}=Q_b/S_bR_{bmin}=240/4\times12=5$(天)

$K_{cmin}=Q_c/S_cR_{amax}=400/5\times40=2$(天)，$K_{cmax}=Q_c/S_cR_{amin}=400/5\times20=4$(天)

考虑到尽量缩短工期，并且使各班组人数变化趋于均衡，因此，取：

$K_a=2$(天)，$R_a=15$(人)

$K_b=3$(天)，$R_a=20$(人)

$K_c=4$(天)，$R_a=20$(人)

确定流水步距，因为 $K_a<K_b<K_c$，根据公式 $B_{i,i+1}=K_i\,(K_i\leqslant K_{i+1})$

$$B_{1,2}=K_a=2。B_{2,3}=K_b=3$$

计算流水工期：$T=\sum B_{i,\,i+1}+mt_n=2+3+4\times4=21$(天)

(3) 比较上述两种情况，前者工期18天，劳动力峰值为57人，总计消耗劳动量684工日，劳动力最大变化幅度为27人，施工节奏性好。后者工期21天，劳动力峰值为55人，总计消耗劳动量680工日，劳动力最大变化幅度为20人。两种情况相比，有关劳动力资源的参数和指标相差不大，且均满足最低劳动组合人数和最高工作面限制人数的要求，但前者工期较后者提前3天，因此采用第一种方法稍好。

8. 流水施工的应用

在建筑工程施工中，流水施工是一种行之有效的科学组织施工的计划方法。编制施工进度计划时应根据施工对象的特点，选择适当的流水施工组织方式组织施工，以保证施工的节奏性、均衡性和连续性。

选择流水施工方式的思路如下。

(1) 根据工程具体情况，将单位工程划分为若干个分部工程流水，然后根据需要再划分成若干分项工程流水，然后根据组织流水施工的需要，将若干个分项工程划分成若干个劳动量大致相等的施工段，并在各个流水段上选择施工班组进行流水施工。

(2) 若分项工程的施工过程数目不宜过多，在工程条件允许的条件下尽可能组织等节奏的流水施工方式。因为全等节拍的流水施工方式是一种最理想、最合理的流水方式。

(3) 若分项工程的施工过程数目过多，要使其流水节拍相等比较困难。因此，可考虑流水节拍的规律，分别选择异节拍、加快成倍节拍和非节奏流水的施工组织方式。

选择流水施工方式的前提条件如下。

(1) 施工段的划分应满足要求。

(2) 满足合同工期、工程质量、安全的要求。

(3) 满足现有的技术和机械设备和人力的现实情况。

▶▶应用案例

以第2章背景三为例分析计算如下。

本工程是由基础分部、主体分部、屋面分部、装修分部、水电分部组成。因各分部的各分项工程的劳动量差异较大，无法按等节奏流水施工方式组织流水，故我们可采取一般异节奏方式组织流水，保证各分部工程的各分项工程的施工过程施工节奏相同。这样可以使各专业班组在各施工过程的施工段上施工连续，无窝工现象。然后再考虑各分部之间的相互搭接施工。

根据施工工艺和组织要求，一般来说，本工程的水电部分一般随基础、主体结构的施工同步进行。它在工程进度关系上属于非主导施工过程，所以我们不将它列入施工进度中去，而将它随其他工程施工穿插进行。室外工程一般在工程的后期再进行施工，往往工程量不太大，属于零星工作，故仍按水电施工组织方式组织。所以本工程我们仅考虑基础分部、主体分部、屋面分部、装修分部组织流水施工，具体组织方法如下。

1) 基础工程

基础工程包括基槽挖土、浇筑混凝土垫层、绑扎基础钢筋(含侧模安装)、浇筑基础混凝土、浇素混凝土基础墙基、回填土等施工过程。考虑到基础混凝土垫层劳动量比较小，可与挖土合并为一个施工过程，又考虑到基础混凝土与素混凝土墙基是同一工种，班组施工可合并为一个施工过程。

基础工程经过合并共为四个施工过程($n=4$)，我们可以组织全等节拍流水，考虑到工作面的因素，将其划分为两个施工段($m=2$)，流水节拍和流水施工工期计算如下。

基槽挖土和垫层的劳动量之和为216工日，安排27人组成施工班组，采用一班作业，根据工艺要求垫层施工完后需要养护一天，则流水节拍为

$$K_{基、垫}=Q_{基、垫}/(\text{每班劳动量}\times\text{施工段数})$$
$$=\frac{200+16}{27\times 2}=4(\text{天})$$

基础绑扎钢筋(含侧模安装)为48工日，安排6人组成施工班组，采用一班作业，则流水节拍为

$$K_{扎筋}=Q_{扎筋}/(\text{每班劳动量}\times\text{施工段数})$$
$$=\frac{48}{6\times 2}=4(\text{天})$$

基础混凝土和素混凝土墙基劳动量共为160工日，施工班组人数为20人，采用一班制，基础混凝土完成后需要养护一天，则流水节拍为

$$K_{混凝土}=Q_{混凝土}/(\text{每班劳动量}\times\text{施工段数})$$
$$=\frac{160}{20\times 2}=4(\text{天})$$

基础回填其劳动量为64工日，施工班组人数为8人，采用一班制，混凝土墙基完成后间歇一天回填，则流水节拍为

$$K_{基础回填}=Q_{基础回填}/(\text{每班劳动量}\times\text{施工段数})$$
$$=\frac{64}{8\times 2}=4(\text{天})$$

2) 主体结构

主体工程包括脚手架、立柱筋、柱梁模板(含梯)支模、浇柱混凝土、安装梁板筋(含梯)、浇梁板混凝土(含梯)、拆模、砌墙(含门窗框)等分项过程。脚手架工程可穿插进行。由于每个施工施工过程的劳动量相差较大，不利于按等节奏方式组织施工，故采取异节奏流水施工方式。

由于基础工程采取两个施工段组织施工，所以主体结构每层也考虑按两个施工段组织施工，即$n=7$，$m=2$，$m<n$。根据流水施工原理，我们可以发现：按此方式组织施工，工作面连续，专业工作队有窝工现象。但本工程只要求模板专业工作队施工连续，就能保证工程能够顺利进行，其余的班组人员可

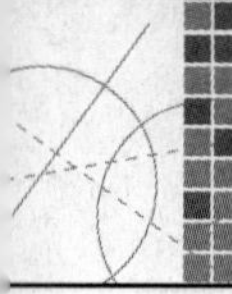

根据现场情况统一调配。

根据上述条件和施工工艺的要求，在组织流水施工时，为加快施工进度，我们既考虑工艺要求，也适当采用搭接的施工方式，所以本分部工程施工的流水节拍按如下方式确定。

绑扎柱钢筋的劳动量为80工日，施工班组人数10人，采用一班制，则流水节拍为

$$K_{扎柱钢}=Q_{扎柱钢}/(每班劳动量\times施工段数)$$
$$=\frac{80}{10\times2\times4}=1(天)$$

安装柱、梁、板模板(含楼梯模板)的劳动量为960工日，施工班组人数20人，采用一班制，则流水节拍为

$$K_{支模}=Q_{支模}/(每班劳动量\times施工段数)$$
$$=\frac{960}{20\times2\times4}=6(天)$$

浇柱混凝土的劳动量为320工日，施工班组人数20人，采用二班制，其流水节拍计算如下：

$$K_{浇柱混}=Q_{浇柱混}/(每班劳动量\times施工段数\times班次)$$
$$=\frac{320}{20\times2\times4\times2}=1(天)$$

绑扎梁、板钢筋(含楼梯钢筋)的劳动量为320工日，施工班组人数20，采用一班制，其流水节拍计算如下：

$$K_{梁、板钢筋}=Q_{梁、板钢筋}/(每班劳动量\times施工段数)$$
$$=\frac{320}{20\times2\times4}=2(天)$$

浇梁、板混凝土(含楼梯混凝土)的劳动量为720工日，施工班组人数30人，采用三班制，其流水节拍计算如下：

$$K_{浇梁、板混凝土}=Q_{浇梁、板混凝土}/(每班劳动量\times施工段数\times班次)$$
$$=\frac{720}{20\times2\times4\times3}=1(天)$$

拆除柱、梁、板模板(含楼梯模板)的劳动量为160工日，施工班组人数10人，采用一班制，其流水节拍计算如下：

$$K_{拆柱、梁、板模}=Q_{拆柱、梁、板模}/(每班劳动量\times施工段数)$$
$$=\frac{160}{10\times2\times4}=2(天)$$

砌空心砖墙的劳动量为720工日，施工班组人数30人，采用一班制，其流水节拍计算如下：

$$K_{砌砖墙}=Q_{砌砖墙}/(每班劳动量\times施工段数)$$
$$=\frac{720}{30\times2\times4}=3(天)$$

3) 屋面工程

屋面工程包括屋面防水层和隔热层，考虑屋面防水要求高，所以防水层和隔热层不分段施工，即各自组织一个班组独立完成该项任务。

防水层劳动量为56工目，施工班组人数为8人，采用一班制，其施工延续时间为

$$K_{防水层}=Q_{防水层}/(每班劳动量\times施工段数)$$
$$=\frac{56}{8\times1}=7(天)$$

屋面隔热层劳动量为36工日，施工班组人数为18人，采用一班制，其施工延续时间为

$$K_{隔热层}=Q_{隔热层}/(每班劳动量\times施工段数)$$
$$=\frac{36}{18\times1}=2(天)$$

4）装饰工程

装饰工程包括楼地面及楼梯地面；铝合金窗、胶合板门；外墙用白色外墙砖贴面；天棚墙面为中级抹灰，外加106涂料和油漆等。由于装饰阶段施工过程多，工程量相差较大，组织等节拍流水比较困难，而且不经济，因此可以考虑采用异节拍流水或非节奏流水方式。从工程量中发现，工程泥瓦工的工程量较多，而且比较集中，因此可以考虑组织连续式的异节拍流水施工。

楼地面及楼梯地面抹灰合为一个施工过程、天棚墙面中级抹灰合为一个施工过程、铝合金窗为一个施工过程、胶合板门为一个施工过程、天棚墙面106涂料为一个施工过程、油漆为一个施工过程、外墙面砖为一个施工过程，共分7个施工过程，组织7个独立的施工班组进行施工。根据工艺和现场组织要求，可以考虑先进行1～6项组织流水施工方式，7项穿插进行。由于本装饰工程共分4层，则施工段数可取4段，各施工过程的班组人数，工作班制及流水节拍依次如下。

楼地面及楼梯地面抹灰的劳动量为480工日，安排30人为一施工班组，采用一班作业，每班劳动量为30工日，则流水节拍为

$$K_{地面}=Q_{地面}/(每班劳动量\times施工段数)$$
$$=\frac{480}{30\times4}=4(天)$$

天棚墙面中级抹灰的劳动量为640工日，安排40人为一施工班组，采用一班作业，每班劳动量为40工日，则流水节拍为

$$K_{抹灰}=Q_{抹灰}/(每班劳动量\times施工段数)$$
$$=\frac{640}{40\times4}=4(天)$$

铝合金窗的劳动量为80工日，安排10人为一施工班组，采用一班作业，每班劳动量为10工日，则流水节拍为

$$K_{铝合金窗}=Q_{铝合金窗}/(每班劳动量\times施工段数)$$
$$=\frac{80}{10\times4}=2(天)$$

胶合板门的劳动量为48工日，安排6人为一施工班组，采用一班作业，每班劳动量为6工日，则流水节拍为

$$K_{胶合板门}=Q_{胶合板门}/(每班劳动量\times施工段数)$$
$$=\frac{48}{6\times4}=2(天)$$

天棚墙面106涂料的劳动量为46工日，安排6人为一施工班组，采用一班作业，每班劳动量为6工日，则流水节拍为

$$K_{涂料}=Q_{涂料}/(每班劳动量\times施工段数)$$
$$=\frac{46}{6\times4}\approx2(天)$$

油漆的劳动量为45工日，安排6人为一施工班组，采用一班作业，每班劳动量为6工日，则流水节拍为

$$K_{油漆}=Q_{油漆}/(每班劳动量\times施工段数)$$
$$=\frac{45}{6\times4}\approx2(天)$$

外墙面砖的劳动量为450工日，安排30人为一施工班组，采用一班作业，每班劳动量为30工日，该施工过程自上而下不分层连续进行施工，则持续时间为

$$K_{外墙砖}=Q_{油漆}/每班劳动量=\frac{450}{30\times1}=15(天)$$

流水施工进度计划表如图3.22所示。

序号	分项名称	劳动量/工日	人数	班制	天数	施工进度（天）
	基础工程					
1	基础挖土（含垫层）	216	27	1	8	
2	基础扎筋	48	6	1	8	
3	基础混凝土（含墙基）	160	20	1	8	
4	回填土	64	8	1	8	
	主体工程					
5	脚手架	112				
6	柱筋	80	10	1	8	
7	柱梁板模板（含梯）	960	20	1	48	
8	柱混凝土	320	20	2	8	
9	梁板筋（含梯）	320	20	1	16	
10	梁板混凝土（含梯）	720	30	3	8	
11	拆模	160	10	1	16	
12	砌墙（含门窗框）	720	30	1	24	
	屋面工程					
13	屋面防水层	56	8	1	7	
14	屋面隔热层	36	18	1	2	
	装修工程					
15	楼地面及楼梯水泥砂浆	480	30	1	16	
16	天棚墙面中级抹灰	640	40	1	16	
17	铝合金窗扇	80	10	1	8	
18	胶合板门	48	6	1	8	
19	天棚墙面106涂料	46	6	1	8	
20	油漆	45	6	1	8	
21	外墙面砖	450	30	1	15	
22	水电					
23	室外工程					

图3.22 流水施工进度计划表

从图3.22中可以看出整个计划的工期为110天，满足合同规定的要求。若整个工程按既定的计划不能满足合同规定的工期要求，我们可以通过调整每班的作业人数、工作班次或工艺关系来满足合同规定的要求。

3.3.2 确定施工开展程序

施工程序是指单位工程不同施工阶段，各分部工程之间的先后顺序。

在单位工程施工组织设计中，应结合具体工程的结构特征、施工条件和建设要求，合理确定该建筑物的各分部工程之间的施工程序，一般有以下程序可供选择。

(1) 先地下、后地上。

使用该方式时，通常应首先完成管道、管线等地下设施，土方工程和基础工程，然后开始地上工程施工。对于地下工程，也按先深后浅的顺序进行，以免造成施工返工，或对上部工程施工的干扰。

(2) 先主体、后围护。

施工时应先进行框架主体结构施工，然后进行围护结构施工。如单层工业厂房先进行结构吊装工程的施工，然后再进行柱间的砖墙砌筑。

(3) 先结构、后装饰。

施工时先进行主体结构施工，然后进行装饰工程施工。但随着新建筑体系的不断涌现和建筑工业化水平的提高，某些装饰与结构构件均在工厂完成，运至施工现场安装。

(4) 先土建、后设备。

该方式指一般的土建与水、暖、电、卫等工程的总体施工程序，施工时某些工序可能要穿插工土建的某工序之前进行，这是施工顺序问题，并不影响总体施工程序。

特别提示

对某些特殊的工程或随着新技术、新工艺的发展，施工程序往往不一定完全遵循一般规律，如工业化建筑中的全装配式民用房屋施工，某些地下工程采用的“逆作法”施工等，这些均是打破了一般传统的施工程序。因此，施工程序应根据实际的工程施工条件和采用的施工方法来确定。

3.3.3 划分施工区段

1. 划分施工区段（*m*）的目的

由于建筑产品生产的单件性，可以说它不适合于组织流水作业。但是，建筑产品体型庞大的固有特征，又为组织流水施工提供了空间条件。可以把一个体型庞大的“单件产品”划分成具有若干个施工段、施工层的“批量产品”，使其满足流水施工的基本要求。在保证工程质量的前提下，使不同工种的专业队在不同的工作面上进行作业，以充分利用空间，使其按流水施工的原理，集中人力、物力，迅速地、依次地、连续地完成各段的任务，为相邻专业工作队尽早地提供工作面，达到缩短工期的目的。

2. 划分施工区段的方法

实际施工过程中，以下几种方法可供参考。

(1) 按工作量大致相等的原则划分施工段(一般以轴线为界)。

(2) 按轴线划分施工段，特别是一些工业厂房可以采用这种方法。

(3) 按结构界限划分施工段，如把施工段划分到伸缩缝、沉降缝处。

(4) 按房屋单元来划分，这种划分方法在民用住宅中常常用到。

(5) 按单位工程来划分，当施工的建设任务在两个或以上的单位工程时，可以一个单位工程作为一个施工段来考虑组织流水施工。

3.3.4 确定施工起点与流向

单位工程施工起点与流向是指施工活动在平面上和竖向上施工开始的部位和进展的方向，解决单个建筑物(构筑物)在空间上的合理施工顺序的问题。对单层建筑应分区分段确定出平面上的施工起点与流向；多层建筑除要确定平面上的起点与流向外，还要确定竖向上的流向。施工起点与流向涉及一系列施工活动的开展和进程，这是施工组织的重要一环。

确定单位工程的施工起点与流向时，应考虑以下几个方面。

(1) 建筑物的生产工艺流程或使用要求。如生产性建筑物生产工艺流程上先期投入生产或需先期投入使用的，要先施工。

(2) 建设单位对生产和使用的要求。

(3) 平面上各部分施工的繁简程度，如地下工程的深浅及地质复杂程度，设备安装工程的技术复杂程度等。对技术复杂，工期较长的分部分项工程优先施工。

(4) 房层高低层和高低跨。如高低跨并列的单层工业厂房的结构安装中，应先从高低跨并列处开始吊装；基础工程施工应按先深后浅的方向进行；屋面防水层施工应按先低后高的方向进行。

(5) 施工技术和施工组织的要求。应保证施工现场内施工和运输的畅通，如工业厂房结构吊装与构件运输的方向不能互相冲突；单层工业厂房预制构件，宜以离混凝土搅拌机最远处开始施工；浇筑某些结构混凝土时的施工缝要求留在一定的位置；吊装时应考虑起重机退场等。

(6) 考虑主导施工机械的工作效率以及主导施工过程的分段情况。

在确定施工起点与流向时除了考虑上述因素外，必要时还应考虑施工段的划分、组织施工的方式、施工工期等因素。

每一建筑的施工可以有多种施工起点与流向，以多层或高层建筑的装饰为例，其施工起点与流向可有多种：室外装饰工程自上而下、自中而下再自上而中的流水施工方案；室内装饰工程自上而下、自下而上以及自中而下再自上而中的流水施工方案，如图 3.23、

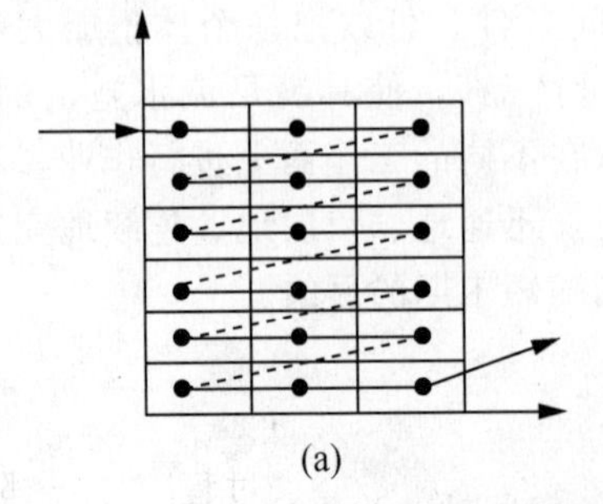

(a)

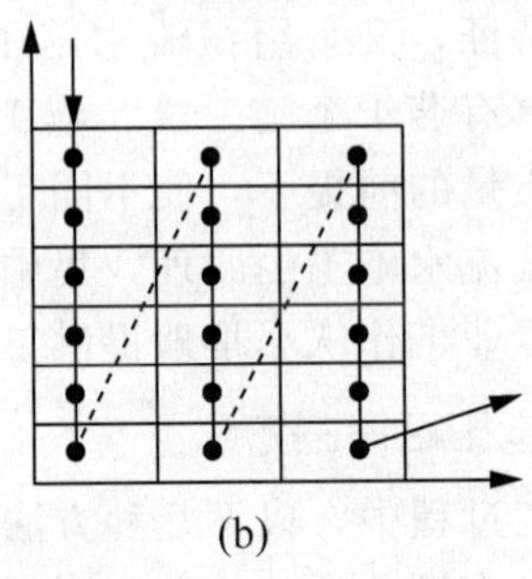

(b)

图 3.23 室内外装饰工程自上而下的流向

(a)水平向下 (b)垂直向下

图 3.24、图 3.25 所示。而自上而下的方案又可分为水平和竖直两种情况。各种施工起点与流向方案有不同的特点，如何确定要根据工程的具体特点、工期要求及招标文件具体要求来定。

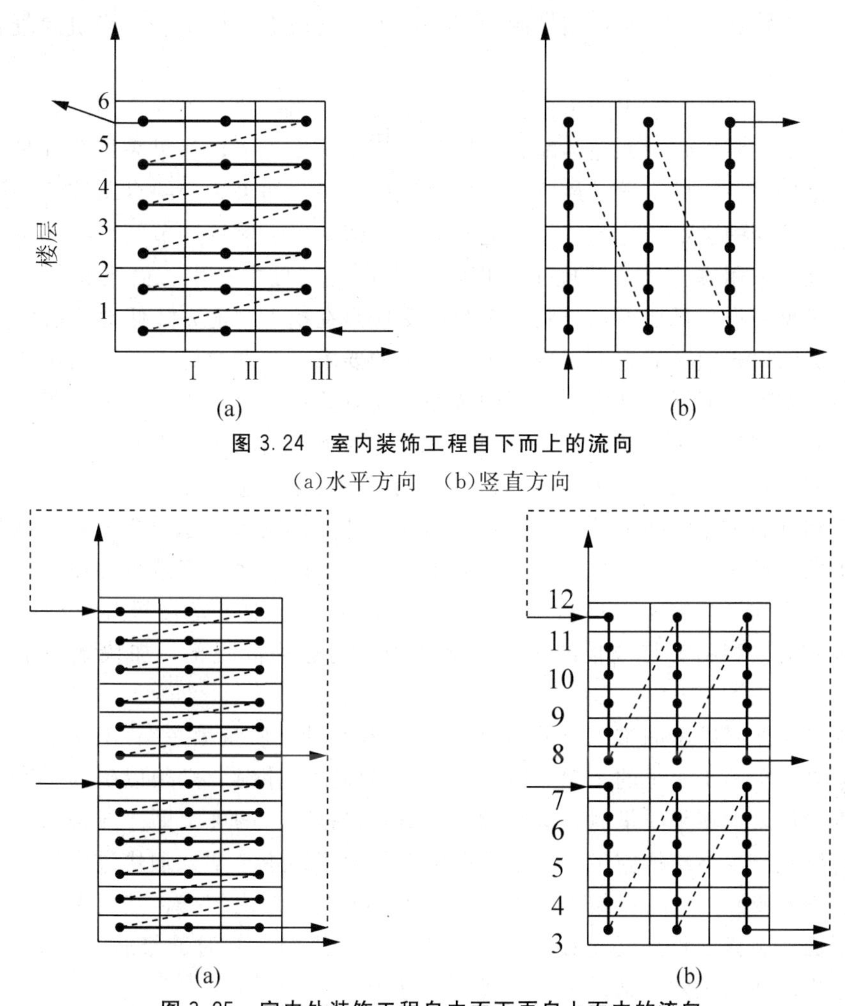

图 3.24　室内装饰工程自下而上的流向

(a)水平方向　(b)竖直方向

图 3.25　室内外装饰工程自中而下再自上而中的流向

(a)水平方向　(b)竖直方向

3.3.5　确定施工顺序

施工顺序是指各分项工程或施工过程之间施工的先后次序。科学的施工顺序是为了按照施工客观规律和工艺顺序组织施工，解决工作之间在时间与空间上最大限度的衔接问题，在保证质量与安全施工的前提下，以期做到充分利用工作面，争取时间，实现缩短工期、取得较好的经济效益的目的。

1. 确定施工顺序的原则

(1) 施工顺序必须满足施工工艺的要求。建筑物在各个施工过程之间，都客观存在着一定的工艺顺序关系，当然这种顺序关系会随着施工对象、结构部位、构造特点、使用功能及施工方法的不同而不同。在确定施工顺序时，应注意该建筑物各施工过程的工艺要求和工艺关系，施工顺序不能违背这种关系。如当建筑物为装配式钢筋混凝土内柱和砖外墙承重的多层房屋时，由于大梁和楼板的一端是搁置在外墙上的，所以应先把墙砌到一层楼的高度后，再安装梁和楼板；现浇钢筋混凝土框架柱施工顺序为：绑扎钢筋、支柱模板、浇筑混凝土、养护和拆模；而预制柱的施工顺序为：支模板、绑钢筋、浇筑混凝土、养护和拆模。

(2) 施工顺序应当与采用的施工方法、施工机械协调一致。工程采用的施工方法和施工机械对施工顺序有影响。如在装配式单层工业厂房的施工中，如果采用分件吊装法，施工顺序应该是先吊柱、后吊梁，最后吊装屋架和屋面板；如果采用综合吊装法，施工顺序则变为将一个节间的全部结构构件吊装完毕后，再依次吊装另一个节间。再如基坑开挖对地下水的处理可采用明排水，其施工顺序应是在挖土过程中排水；而当有可能出现流沙时，常采用轻型井点降低地下水，其施工顺序则应是在挖土之前先降低地下水位。

(3) 施工顺序必须考虑施工工期与施工组织的要求。合理的施工顺序与施工工期有较密切的关系，施工工期影响到施工顺序的选用。如有些建筑物由于工期要求紧，采用“逆作法”施工，这样施工顺序就有较大不同。一般情况下，当满足工程的施工工艺条件的施工方案有多种时，就应从施工组织的角度，进行综合分析和反复比较，选出最经济合理、有利于施工和开展工作的施工顺序。通常在相同条件下，应优先选用能为后续施工过程创造良好施工条件的施工顺序。如地下室混凝土地坪，可以在地下室楼板铺设前施工，也可以在地下室楼板铺设后施工，但从施工组织角度来看，在地下室楼板铺设前施工比较合理。因为这样可以利用安装楼板的施工机械向地下室运输混凝土，加快地下室地坪施工速度。

(4) 施工顺序必须考虑施工质量的要求。“百年大计，质量第一”，工程质量是建筑企业的生命，是工程施工永恒的主题。所以，在安排施工顺序时，必须以确保工程质量为前提，当施工顺序影响工程质量时，必须调整或重新安排原来的施工顺序或采取必要的技术措施。如高层建筑主体结构施工进行了几层以后，为了缩短工期，加快进度，可先对这部分工程进行结构验收，然后在结构封顶之前自下而上进行室内装修，然而上部结构施工用水会影响下面的装修工程。因此必须采取严格的防水措施，并对装修后的成品加强保护，否则装修工程应在屋面防水结构施工完成后再进行。

(5) 施工顺序必须考虑当地的气候条件。建设地区的气候条件是影响工程质量的重要因素，也是决定施工顺序的重要条件。在安排施工顺序时，应考虑冬、雨季，台风等气候的不利影响，特别是受影响大的分部分项工程应尤其注意。土方开挖、外装修和混凝土浇筑，尽量不要安排在雨季或冬季到来之前施工，而室内工程则可以适当推后。

(6) 施工顺序必须考虑安全技术的要求。安全施工是保证工程质量、施工进度的基础，任何施工顺序都必须符合安全技术的要求，这也是对施工组织的最基本要求。不能因抢工程进度而导致安全事故，对于高层建筑工程施工，不宜进行交叉作业。如不允许在同一个施工段上，一面进行吊装施工，一面又进行其他作业。

2. 确定施工顺序

施工顺序合理与否，将直接影响工种间的配合、工程质量、施工安全、工程成本和施工速度，必须科学合理地确定工程施工顺序。

1）装配式单层工业厂房的施工顺序

工业厂房的施工比较复杂，不仅要完成土建工程，而且还要完成工艺设备安装和工业管线安装。单层工业厂房应用较广，如机械、化工、冶金、纺织等行业的很多车间均采用装配式钢筋混凝土排架结构。单层工业厂房的设计定型化、结构标准化、施工机械化大大地缩短了设计与施工时间。

装配式单层工业厂房的施工可分为基础工程、预制工程、结构安装工程、围护结构工程和装饰工程五个部分，其顺序如图 3.26 所示。

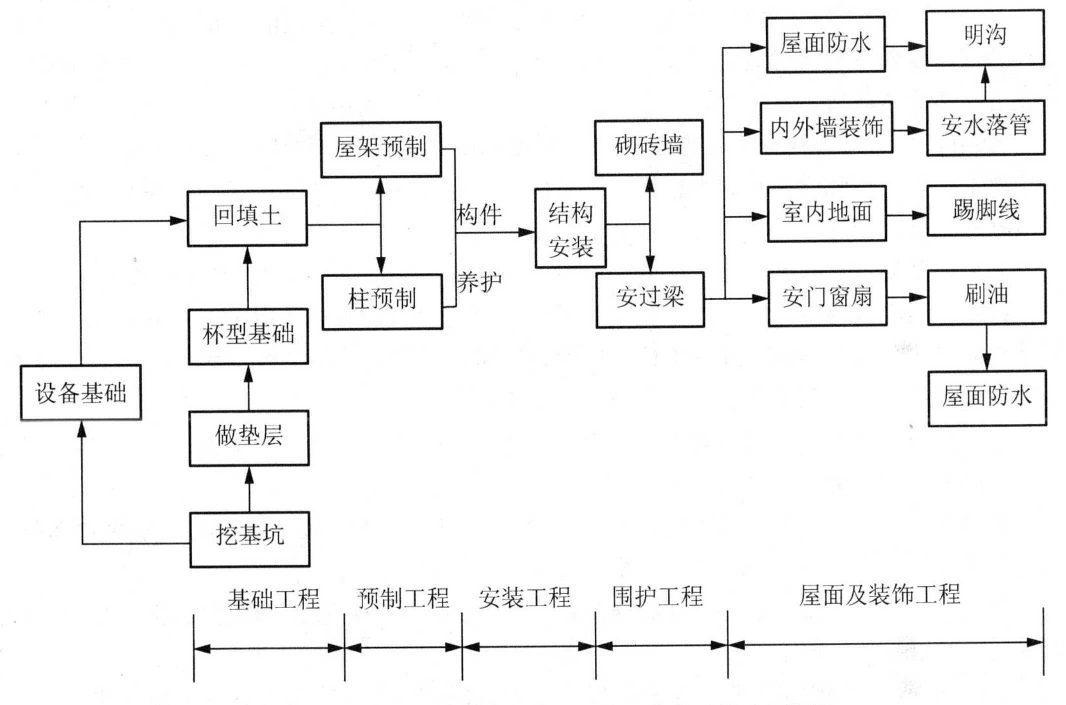

图 3.26 装配式钢筋混凝土单层工业厂房施工顺序示意图

（1）基础工程的施工顺序。基础工程的施工主要包括：基坑开挖、钎探验槽、浇混凝土垫层、绑扎钢筋、安装基础模板、浇混凝土基础、养护、拆除基础模板、回填土等。

当中型或重型工业厂房建设在土质较差时，通常采用桩基础。此时为了缩短工期，常将打桩阶段安排在施工准备阶段进行。

在地下工程开始前，应先处理好地下的洞穴等，然后确立施工起点流向，划分施工段，以便组织流水施工；确定钢筋混凝土基础或垫层与基坑开挖之间搭接程度与技术间歇时间，在保证质量前提下尽早拆模和回填土，以免曝晒和浸水，并提供预制场地。

在确定基础工程施工顺序时，必须确定厂房柱基础与设备基础的施工顺序，它常会影响到主体结构和设备安装的方案与开始时间。通常有两种方案可供选择，即“封闭式”和“敞开式”。

“封闭式”施工顺序是指当厂房柱基础的埋置深度大于设备埋置深度时，一般采用厂房柱基础先施工，设备基础待上部体结构工程完成之后再施工，如一般的机械工业厂房。

这种施工顺序的优点是：有利于预制构件在现场就地预制、拼装和安装就位的布置，适合选择多种类型的起重机械和开行路线，从而可加快主体结构的施工进度；结构完成之后，设备基础在室内施工，不受气候的影响；可利用厂房的桥式吊装为设备安装服务。

其主要缺点是：易出现某些重复工作，如部分柱基回填土的重复挖填和运输道路的重复铺设等；设备基础施工场地较小，施工条件较差；不能提前为设备安装提供工作面，施工工期较长。

通常，“封闭式”施工顺序多用于厂房施工处于冬、雨季时，或设备基础不大，或采用沉井等特殊施工方法的较大较深的设备基础。

“敞开式”施工顺序是指当设备基础埋置深度大于厂房柱基础埋置深度时，多采用厂房柱基础与设备基础同时施工。如某些重型工业厂房(如冶金、电站等)，一般是先安装工艺设备，然后再建造厂房。

“敞开式”施工顺序的优缺点，与“封闭式”施工顺序正好相反。

通常，当厂房的设备基础大且深，基坑的挖土范围便成一体，或深于厂房柱基础，以及地基的土质不允许时，才采用“敞开式”施工顺序。

如果柱基础与设备基础埋置深度相近时，两种施工顺序可根据实际情况选其一。

(2) 预制工程的施工顺序。单层工业厂房构件的预制，通常采用工厂预制和工地预制相结合的方法。现场预制工程是指柱、屋架、大型吊车梁等不便运输的大型构件，安排在拟建厂房的跨内、外就地预制。中型构件可在工厂预制。

现场预制钢筋混凝土柱的施工顺序为：场地平整夯实、支模板、绑扎钢筋、安放预埋件、浇混凝土、养护等。

现场预制预应力屋架的施工顺序为：场地平整夯实、支模板、扎钢筋、安放预埋件、预留孔道、浇混凝土、养护、预应力张拉、拆模、锚固、压力灌浆等。

现场构件的预制需要近一个月的养护，工期较长，可以将柱子和屋架分批、分段组织流水施工，以缩短工期。

在预制构件过程中，制作日期和位置、起点流向和顺序，在很大程度上取决于工作面准备工作的完成情况和后续工作的要求。需要进行结构吊装方案设计，绘制构件预制平面图和起重机开行路线等。当设计无规定时，预制构件混凝土强度应达到设计强度标准值的75%以上才可以吊装；预应力构件采用后张法施工，构件强度应达到设计强度标准值的75%以上，预应力钢筋才可以张拉；孔道压力灌浆后，应在其强度达到15MPa后，方可起吊。

(3) 结构吊装工程的施工顺序。单层工业厂房结构吊装的主要构件有：柱、柱间支撑、吊车梁、连系梁、基础梁、屋架、天窗架、屋面板、屋盖支撑系统等。每个构件的安装工艺顺序为：绑扎、起吊、就位、临时固定、校正、最后固定。

结构构件吊装前要做好各种准备工作，包括检查构件的质量、构件弹线编号、杯型基础杯底抄平、杯口弹线、起重机准备、吊装验算等。

结构吊装工程的施工顺序主要取决于结构吊装方法，即分件吊装法和综合吊装法。如果采用分件吊装法，其吊装顺序为：起重机第一次开行吊装柱，经校正固定并等接头混凝土强度达到设计强度的70%后，吊装其他构件；起重机第二次开行吊装吊车梁、连系梁、地基梁；起重机第三次开行按节间吊装屋盖系统的全部构件。当采用综合吊装法时，其吊装顺序为：先吊装4～6根柱并迅速校正及固定，再吊装这几根柱子所在节间的吊车梁、连系梁、地基梁及屋盖系统的全部构件，如此依次逐个节间完成全部厂房的结构吊装任务。

抗风柱的吊装可在全部柱吊装完后，屋盖系统开始吊装前，将第一节间的抗风柱吊装后再吊装第一榀屋架，最后一榀屋架吊装后再吊装最后节间的抗风柱；也可以等屋盖系统吊装定位后，再吊装全部抗风柱。

（4）围护结构工程的施工顺序。围护结构主要是指墙体砌筑、门窗框安装、屋面工程等。墙体工程包括搭设脚手架和内外墙砌筑等分项工程。屋面工程包括屋面板灌缝、保温层、找平层、冷底子油结合层、卷材防水层及绿豆砂保护层施工。通常主体结构吊装完后便可同时进行墙体的砌筑和屋面防水施工，砌筑工程完工后即可进行内外墙抹灰。地面工程应在屋面工程和地下管线施工之后进行，而现浇圈梁、门框、雨篷及门窗安装，应与砌筑工程穿插进行。

（5）装饰工程的施工顺序。单层工业厂房的装饰工程施工可分为室内和室外两部分。室内装饰工程包括勾缝、抹灰、地面、门窗安装、油漆和刷白等。室外装饰工程包括勾缝、抹灰、踏脚、散水等。

通常，地面工程应在设备基础、墙体砌筑完成一部分或管道电缆完成后进行，或视具体情况穿插进行；钢门窗安装一般与砌筑工程穿插进行，也可在砌筑工程完成后开始；门窗油漆可在内墙刷白后进行，也可与设备安装一并进行；刷白则应在墙面干燥和大型屋面板灌缝之后进行，并在油漆开始前结束。

2）多层混合结构房屋的施工顺序

多层混合结构房屋的施工，通常可分为3个施工阶段：基础工程阶段、主体工程阶段、屋面及装饰工程阶段，如图3.27所示。

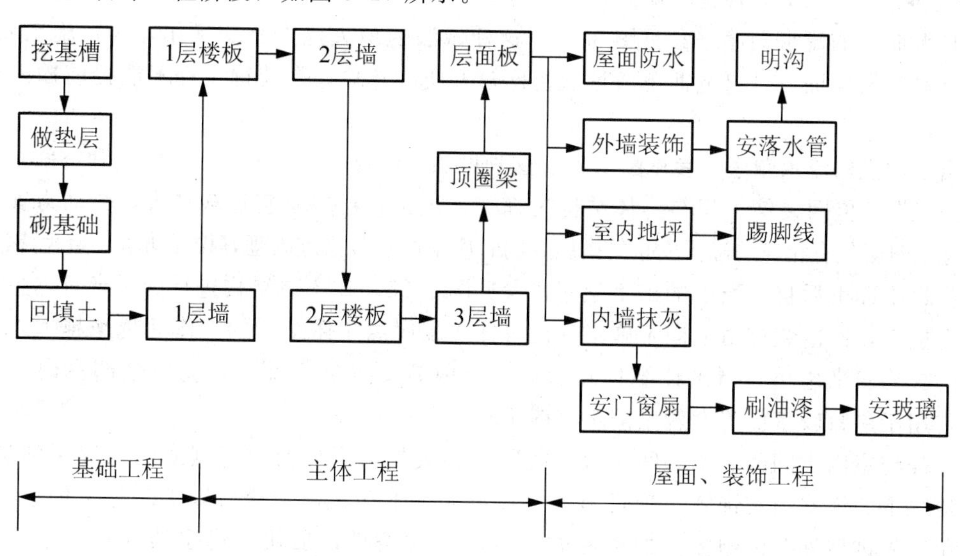

图3.27　混合结构施工顺序示意图

（1）基础工程的施工顺序。基础工程一般指房屋底层的室内地坪(±0.00)以下所有工程。其施工顺序为挖土、混凝土垫层、基础砌筑、地圈梁(或防潮层)、回填土。

因基础工程受自然条件影响较大，各施工过程安排尽量紧凑。基槽开挖与垫层施工安排要紧凑，间隔时间不宜过长，以防曝晒和积水而影响地基的承载能力。在安排工序的穿插搭接时，应充分考虑技术间歇和组织间歇，以保证质量和工期。一般情况下，回填土应在基础完工后一次分层压实，这样既可以保证基础不受雨水浸泡，又可为后续工作提供场地，使场地面积增大，并为搭设外脚手架以及建筑物四周运输道路的畅通创造条件。

地下管道施工应与基础工程施工配合进行，平行搭接，合理安排施工顺序，尽可能避免土方重复开挖，造成不必要的浪费。

(2) 主体结构工程的施工顺序。主体结构工程阶段的工作主要包括搭设脚手架、砌筑墙体、安装门窗框、安装门窗过梁、浇筑混凝土圈梁和构造柱、安装楼板和楼梯、灌板缝等。其中砌墙和安装楼板是主导施工过程，应合理组织流水作业，以保证施工的连续性和均衡性。砌筑墙体时，一般以每个自然层作为一个砌筑层，然后分层进行流水作业。

主体结构施工阶段应同时重视楼梯间、厕所、厨房、阳台等的施工，合理安排它们与主要工序间的施工顺序。各层预制楼梯的安装应在砌墙的同时完成。当采用现浇钢筋混凝土楼梯时，尤其应注意与楼层施工相配合，否则会因为混凝土的养护而使后续工序不能按期开始而延误工期。对于局部现浇楼面的支模和绑扎钢筋，可安排在墙体砌筑的最后一步插入，并在浇筑圈梁时浇筑楼板。

(3) 装饰工程的施工顺序。装饰工程施工阶段的工作包括外墙的抹灰和饰面；天棚、墙裙、窗台等的抹灰及饰面；地面工程、门窗安装、油漆及玻璃安装等。其中，墙面、天棚、楼地面装饰是主要工序。由于装饰工程工序繁多，工程量大，时间长，且湿作业多，劳动强度大，因此应合理安排其施工顺序，组织立体交叉流水作业，以确保工程施工质量，加快工程施工进度。应根据工程和工期要求、结构特征、垂直运输机械和劳动力供应等具体情况，按以下 3 种施工顺序进行选择。

自上而下的流水顺序，参见图 3.23。这种做法的最大优点是交叉作业少，施工安全，工程质量容易保证，且自上而下清理现场比较方便。其缺点是装饰工程不能提前插入，工期较长。

自下而上的流水顺序，参见图 3.24。这种做法的优点在于充分利用了时间和空间，有利于缩短工期。但因装饰工程与主体结构工程交叉施工，材料垂直运输量大，劳动力安排集中，施工时必须有相应的确保安全的措施，同时应采取有效措施处理好楼面防水、避免渗漏。

先自中而下后自上而中的施工顺序，参见图 3.25。在主体结构进行到一半时，主体继续向上施工，室内装饰由上向下施工，使得抹灰工序离主体结构的工作面越来越远，相互之间的影响越来越小。当主体结构封顶后，室内装饰再从上而中，完成全部室内装饰施工。常用于层数较多而工期较紧的工程施工。

室外与室内之间的装饰之间一般干扰很小，其先后顺序可以根据实际情况灵活选择。一般情况下，因室内装饰施工项目多，工程量大，工期长，为给后续工序施工创造条件，可采用“先内后外”的顺序。如果考虑到适应气候条件，加快外脚手架周转，也可采用“先外后内”的施工顺序，或者室内、外交叉进行。此外，当采用单排外脚手架砌墙时，由于砌墙时留有脚手眼，故内墙抹灰需等到该层外装饰完成，脚手架拆除，洞眼补好后方能进行。

天棚、墙面抹灰与地面的施工顺序，有两种做法：一种是先做天棚、墙面抹灰，后做地面，其优点是工期相对较短。但在顶棚、墙面抹灰时有落地灰，在地面抹灰前应将落地灰清理干净，同时要求楼板灌缝密实，以免漏水污染下一层墙面。另一种是先做地面，后做天棚、墙面抹灰，其优点是可以保护下层天棚和墙面抹灰不受渗水污染、地面抹灰质量易于保证。但因楼地面施工后需一定时间的养护，如组织得不好会拖延工期，并应注意在顶棚抹灰中要注意对完工后的地面保护，否则引起地面的返工。

楼梯和走道是施工的主要通道，在施工期间易被损坏，通常在整个抹灰工作完成后，自上而下进行，并采取相应措施保护。门窗的安装及玻璃、油漆等，宜在抹灰后进行。

屋面防水工程施工，应在主体结构封顶后，尽早开始，或同装饰工程平等施工。水电设备安装必须与土建施工密切配合，进行交叉施工。在基础施工阶段，应埋好地下管网，预配上部管件，以便配合主体施工。主体施工阶段，应做好预留孔道，暗敷管线，埋设木砖和箱盒等配件。装饰工程施工阶段应及时安排好室内管网和附墙设备。

3）多、高层现浇钢筋混凝土结构房屋的施工顺序

高层建筑种类繁多，如框架结构、剪力墙结构、筒体结构、框剪结构等。不同结构体系，采用的施工工艺不尽相同，如大模板法、滑模法、爬坡法等，无固定模式可循，施工顺序应与采用的施工方法相协调。一般可划分为基础及地下室工程、主体工程、屋面工程、装饰工程等，如图 3.28 所示。

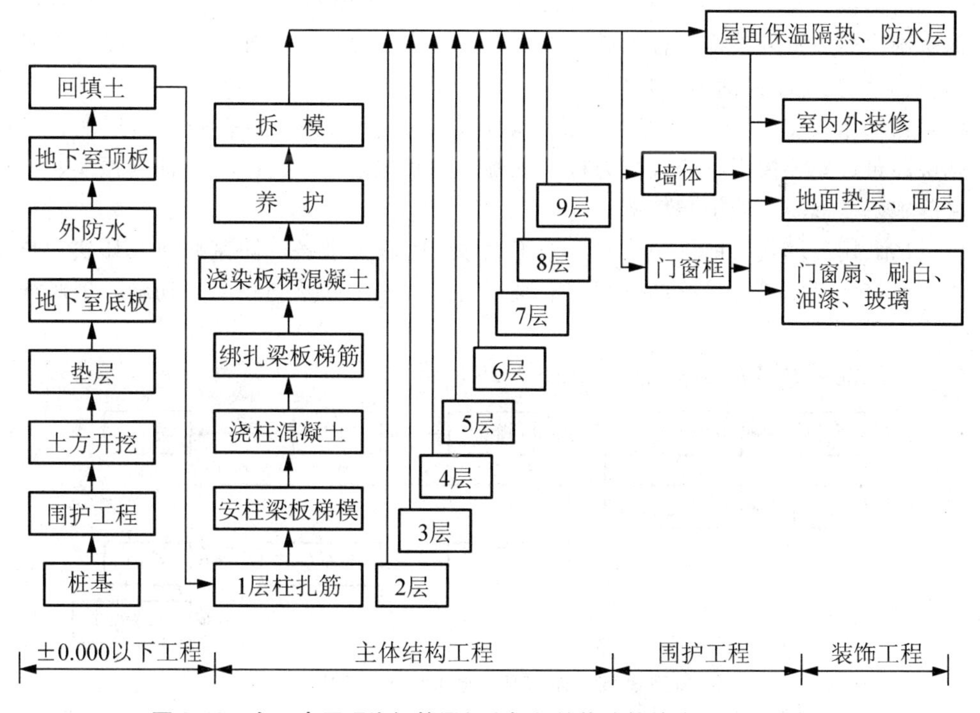

图 3.28 多、高层现浇钢筋混凝土框架结构建筑的施工顺序示意图

（1）基础及地下室工程的施工顺序。高层建筑的基础大多为深基础，除在特殊情况下采用逆作法施工外，通常采用自下而上的施工顺序，即挖土、清槽、验槽、桩基础施工、垫层、桩头处理、防水层、保护层、放线、承台梁板施工、放线、施工缝处理、柱墙施

工、梁板施工、外墙防水、保护层、回填土。

施工中要注意防水工程和承台梁大体积混凝土浇筑及深基础支护结构的施工，防止水化热对大体积混凝土的不良影响，并保证基坑支护结构的安全。

(2) 主体结构工程的施工顺序。主体结构与结构体系、施工方法有极密切的关系，应视工程具体情况合理选择。

例如主体结构为现浇钢筋混凝土剪力墙，因施工方法的不同有不同的施工顺序：采用大模板工艺，分段流水施工，施工速度快，结构整体性、抗震性好。标准层施工顺序为：弹线、绑扎钢筋、支墙模板、浇筑墙身混凝土、拆墙模板、养护、支楼板模板、绑扎楼板钢筋、浇筑楼板混凝土。随着楼层施工，电梯井、楼梯等部位也逐层插入施工。

采用滑升模板工艺，滑升模板和液压系统安装调试工艺顺序为：抄平放线、安装提升架与围圈、支一侧模板、绑墙体钢筋、支另一侧模板、液压系统安装、检查调试、安装操作平台、安装支承杆、滑升模板、安装悬吊脚手架。

(3) 屋面和装饰工程的施工顺序。屋面工程的施工顺序与混合结构房屋的屋面工程基本相同。其施工顺序为：找平层、隔气层、保温层、找平层、底子油结合层、防水层、绿豆砂保护层。屋面防水应在主体结构封顶后，尽快完成，使室内装饰尽早进行。

装饰工程的施工顺序因工程具体情况不同且差异较大。如室内装饰工程的施工顺序为：结构表面处理、隔墙砌筑、立门窗框、管道安装、墙面抹灰、墙面装饰面层、吊顶、地面、安门窗扇、灯具洁具安装、调试、清理。如果大模板墙面平整，只需在板面刮腻子，面层刷涂料。室外装饰工程的施工顺序为：结构表面处理、弹线、贴面砖、清理。

4) 水泥混凝土路面的施工顺序

(1) 当采用人工摊铺法施工时，施工顺序为：施工准备、路基修筑及压实、垫层施工、基层铺筑、安装模板、装设传力杆、混凝土拌和与运输、混凝土摊铺与振实、修整路面、接缝施工、混凝土养护与填缝。

(2) 当采用滑模式摊铺机施工时，施工顺序为：施工准备、路基修筑及压实、垫层施工、基层铺筑、滑模式摊铺机铺筑水泥混凝土路面、表面修整与拉毛、切缝、混凝土养护与填缝。

(3) 碾压混凝土路面的施工顺序如图 3.29 所示。

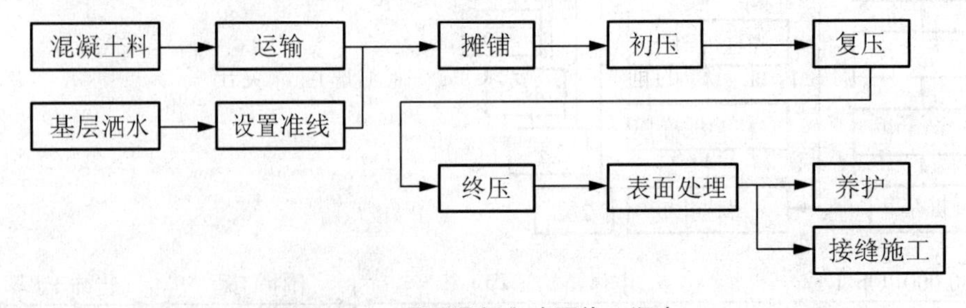

图 3.29 碾压混凝土路面施工顺序

特别提示

施工顺序与施工流程是不同的概念，学习时应注意区分。

3.3.6 主要施工方法的选择

1. 确定施工方法应遵守的原则

编制施工组织设计时，必须注意施工方法的技术先进性与经济合理性的统一；兼顾施工机械的适用性，尽量发挥施工机械的性能和使用效率，应充分考虑工程的建筑特征、结构形式、抗震烈度、工程量大小、工期要求、资源供应情况、施工现场条件、周围环境、施工单位的技术特点和技术水平、劳动组织形式和施工习惯。

2. 确定施工方法的重点

确定施工方法时，应着重考虑影响整个单位工程施工的分部分项工程的施工方法。对于按常规做法和工人熟悉的施工方法，不必详细拟订，只提出应注意的特殊问题即可。对于下列一些项目的施工方法则应详细、具体。

(1) 工程量大，在单位工程中占重要地位，对工程质量起关键作用的分部分项工程，如基础工程、钢筋混凝土工程等。

(2) 施工技术复杂、施工难度大，或采用新工艺、新技术、新材料的分部分项工程，如大体积混凝土结构施工、模板早拆体系、无粘结预应力混凝土等。

(3) 施工人员不太熟悉的特殊结构、专业性很强、技术要求很高及由专业施工单位施工的工程，如仿古建筑、大跨度空间结构、大型玻璃幕墙、薄壳、悬索结构等。

3. 确定施工方法的主要内容

确定主要的操作过程和施工方法，包括：施工机械的选择；提出质量要求和达到质量要求的技术措施；指出可能遇到的问题及防治措施；提出季节性施工措施和降低成本措施；制订切实可行的安全施工措施。

4. 主要分部工程施工方法要点

(1) 土石方工程。选择土石方工程施工机械；确定土石方工程开挖或爆破方法；确定土壁开挖的边坡坡度、土壁支护形式及打桩方法；地下水、地表水的处理方法及有关配套设备；计算土石方工程量并确定土石方调配方案。

(2) 基础工程。浅基础的垫层、混凝土基础和钢筋混凝土基础施工的技术要求，以及地下室施工的技术要求；桩基础施工方法及施工机械选择。

基础工程强调在保证质量的前提下，要求加快施工速度，突出一个“抢”字；混凝土浇筑要求一次成型，不留施工缝。

(3) 钢筋混凝土结构工程。模板的类型和支模方法、拆模时间和有关要求；对复杂工程尚需进行模板设计和绘制模板放样图；钢筋的加工、运输和连接方法；选择混凝土制备方案，确定搅拌、运输及浇筑顺序和方法以及泵送混凝土和普通垂直运输混凝土的机械选择；确定混凝土搅拌、振捣设备的类型和规格及施工缝留设位置；预应力钢材、锚夹具、张拉设备的选用和验收，成孔材料及成孔方法(包括灌浆孔、泌水孔)，端部和梁柱节点处的处理方法，预应力张拉力、张拉程序以及灌浆方法、要求等；混凝土养护及质量评定。

在选择施工方法时，应特别注意大体积混凝土、高强度混凝土、特殊条件下混凝土及冬季混凝土施工中的技术方法，注重模板的早拆化、标准化，钢筋加工中的联动化、机械化，混凝土运输中采用开型搅拌运输车，泵送混凝土，计算机控制混凝土配料等。

(4) 结构安装工程。选择起重机械(类形、型号、数量)；确定结构构件安装方法，拟订安装顺序，起重机开行路线及停机位置；构件平面布置设计，工厂预制构件的运输、装卸、堆放方法；现场预制构件的就位、堆放的方法，确定吊装前的准备工作、主要工程量的吊装进度。

(5) 砌筑工程。墙体的组砌方法和质量要求，大规格砌墙的排列图；确定脚手架搭设方法及安全网的布置；砌体标高及垂直度的控制方法；垂直运输及水平运输机具的确定；砌体流水施工组织方式的选择。

(6) 屋面及装饰工程。确定屋面材料的运输方式，屋面工程各分项工程的施工操作及质量要求；装饰材料运输及储存方式；各分项工程的操作及质量要求，新材料的特殊工艺及质量要求。

(7) 特殊项目。对于特殊项目，如采用新材料、新技术、新工艺、新结构的项目，以及大跨度、高耸结构、水下结构、深基础、软地基等，应单独选择施工方法，阐明施工技术关键，进行技术交底，加强技术管理，制订安全质量措施。

3.3.7 主要施工机械的选择

施工方法拟订后，必然涉及施工机械的选择。施工机械对施工工艺、施工方法有直接的影响，机械化施工是当今的发展趋势，是现代化大生产的显著标志，是改变建筑业落后的基础，对加快建设速度，提高工程质量，保证施工安全，节约工程成本等方面，起着至关重要的作用。因此选择施工机械是确定施工方案的中心环节，应着重考虑以下几个方面。

(1) 结合工程特点和其他条件，选择最适合的主导工程施工机械。例如，装配式单层工业厂房结构安装起重机的选择，若吊装工程量较大且又比较集中，可选择生产率较高的塔式起重机或桅杆式起重机；若吊装工程量较小或工程量虽较大但比较分散时，则选用无轨自行式起重机较为经济。无论选择何种起重机械，都应当使起重机性能满足起重量，起重高度和起重半径的要求。

(2) 施工机械之间的生产能力应协调一致。在选择各种辅助机械或运输工具时，应注意与主导施工机械的生产能力协调一致，充分发挥主导施工机械的生产能力。例如，在土方工程开挖施工中，若采用自卸汽车运土，汽车的容量一般应是挖掘机铲斗容量的整倍数，汽车的数量应保证挖掘机能连续工作，发挥其生产效率。又如，在结构安装施工中，选择的运输机械的数量及每次运输量，应保证起重机连续工作。

(3) 在同一建筑工地上，选择施工机械的种类和型号尽可能少，以利于现场施工机械的管理和维修，同时减少机械转移费用。在工程较大时，应该采用专业机械以适应专业化大生产；在工程量较小且又分散时，尽量采用多用途的施工机械，使一种施工机械能满足不同分部工程施工的需要。例如挖土机不仅可以用于挖土，将工作装置改装后，也可用于装卸、起重和打桩。

(4) 施工机械选择应考虑充分发挥施工单位现有施工机械的能力，并争取实现综合配套，以减少资金投入，在保证工程质量和工期的前提下，充分发挥施工单位现有施工机械的效率，以降低工程造价。如果现有机械不能满足工程需要，再根据实际情况，采取购买或租赁。

(5) 对于高层建筑或结构复杂的建筑物(构筑物)，其主体结构施工的垂直运输机械最佳方案往往是多种机械的组合。例如：塔式起重机和施工电梯；塔式起重机、施工电梯和混凝土泵；塔式起重机、施工电梯和井架；井架、快速提升机和施工电梯等。

特别提示

选择机械设备技术与经济要结合，要综合考虑使用机械的各项费用(如运输费、折旧费、租赁费、对工期的延误而造成的损失等)后进行成本的分析和比较，从而决定是选择租赁机械还是采用本单位的机械，有时采用租赁成本更低。

3.4 施工进度计划

单位工程进度计划的主要作用是：安排单位工程施工进度，保证在规定竣工期限内完成符合质量要求的工程任务；确定单位工程各个施工过程的施工顺序、施工持续时间及相互衔接和合理配合的关系；为确定劳动力和各种资源需要量计划，编制单位工程施工准备工作计划提供依据；是编制年、季、月生产作业计划的基础；指导现场的施工安排。

单位工程的施工进度计划，事关工程全局和工程效益。所以，在编制单位工程施工进度计划时，应力争做到：在可能的条件下，尽量缩短施工工期，以便及早发挥工程效益；尽可能使施工机械、设备、工具、模具、周转材料等，在合理的范围内最少，并尽可能重复利用；尽可能组织连续、均衡施工，在整个施工期间，施工现场的劳动人数在合理的范围内保持一定的最小数目；尽可能使施工现场各种临时设施的规模最小，以降低工程的造价；应尽可能避免或减少因施工组织安排不善，造成停工待料而引起时间的浪费。

由于工程施工是一个十分复杂的过程，受许多因素的影响和约束，如地质、气候、资金、材料供应、设备周转等各种难以预测的情况。因此，在编制施工进度计划时，既要强调各施工过程之间紧密配合，又要适当留有余地，以应付各种难以预测的情况，避免陷于被动的局面。另外在实施过程中，也便于不断地修改和调整，使进度计划总是处于最佳状态。

3.4.1 施工进度计划的类型

施工进度计划包括：施工总进度计划、单位工程施工进度计划及分部分项工程进度计划。

1. 施工总进度计划

施工总进度计划是根据施工部署中施工方案和工程项目的开展程序，以全工地所有单位工程作出时间上的安排。其目的在于确定各单位工程及全工地性工程的施工期限及开竣工日期，进而确定施工现场劳动力、材料、成品、半成品、施工机械的需要数量和调配情况，以及现场临时设施的数量、水电供应量和能源、交通需求量。因此，科学、合理地编

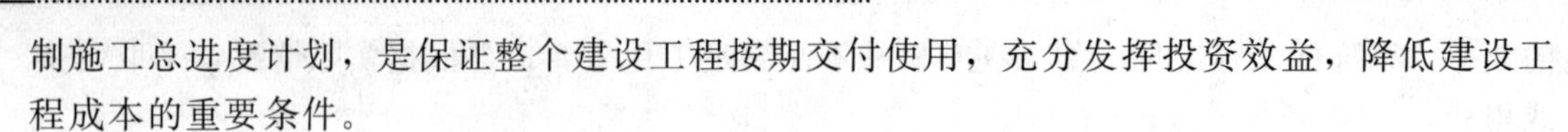

制施工总进度计划，是保证整个建设工程按期交付使用，充分发挥投资效益，降低建设工程成本的重要条件。

2. 单位工程施工进度计划

单位工程施工进度计划是在既定施工方案的基础上，根据规定的工期和各种资源供应条件，遵循各施工过程的合理施工顺序，对单位工程中的各施工过程做出时间和空间上的安排，并以此为依据，确定施工作业所必需的劳动力、施工机具和材料供应计划。因此，合理安排单位工程施工进度，是保证在规定工期内完成符合质量要求的工程任务的重要前提。同时，为编制各种资源需要量计划和施工准备工作计划提供依据。

3. 分部分项工程进度计划

分部分项工程进度计划是针对工程量较大或施工技术比较复杂的分部分项工程，在依据工程具体情况所制订的施工方案基础上，对其各施工过程所做出的时间安排。如：大型基础土方工程、复杂的基础加固工程、大体积混凝土工程、大型桩基工程、大面积预制构件吊装工程等，均应编制详细的进度计划，以保证单位工程施工进度计划的顺利实施。

为了有效地控制建设工程施工进度，施工进度计划还可按时间编制：年度施工计划、季度施工计划和月(旬)施工进度计划，将施工进度计划逐层细化，形成旬保月、月保季、季保年的计划体系。

3.4.2 施工进度计划的表达形式

1. 施工进度计划表达形式分类

施工进度计划的表达形式有多种，常用的有横道图和网络计划两种形式。

1）横道图

横道图通常按照一定的格式编制，见表3－17，一般应包括下列内容：各分部分项工程名称、工程量、劳动量、每天安排的人数和施工时间等。表格分为两部分，左边是各分部分项工程的名称、工程量、机械台班数、每天工作人数、施工时间等施工参数，右边是时间图表，即画横道图的部位。有时需要绘制资源消耗动态图，可将其绘在图表下方，并可附以简要说明。

表3－17 单位工程施工进度计划

序号	分项工程名称	工程量		劳动量		机械需要量		每天工作班	每天工人数	工作天数	×月			
		单位	数量	工种	工日	名称	台班				×日	×日	×日	×日

特别提示

横道图的绘制方法已在流水施工中阐述。

2）网络计划

网络计划的形式有两种：一是双代号网络计划；另一是单代号网络计划。目前，国内工程施工中，所采用的网络计划大都是双代号网络计划，且多为时标网络计划。

知识链接

网络技术的基本知识。

（1）网络计划的发展。

20世纪50年代，网络计划兴起于美国，在美国杜邦公司的工程项目管理和美国海军“北极星”导弹计划中得到了成功应用。随着现代科学技术和工业生产的发展，网络计划成为比较盛行的一种现代生产管理的科学方法。我国从20世纪60年代中期著名数学家华罗庚教授将它引入我国，经过多年的实践和推广，网络计划技术在我国的工程建设领域得到广泛应用。尤其是在大中型工程项目的建设中，对资源的合理安排、进度计划的编制、优化和控制等应用效果显著。目前，网络计划技术已成为我同工程建设领域中在工程项目管理方面必不可少的现代化管理方法。

1992年，国家技术监督局颁布了中华人民共和国国家标准GB/T 13400.1～13400.3—1992《网络计划技术》，2000年，原国家建设部颁布了中华人民共和国行业标准JGJ/T 121—1999《工程网络计划技术规程》，使工程网络计划技术在计划的编制与控制管理的实际应用中有了一个可遵循的、统一的技术标准，保证了计划的严谨性，对提高建设工程项目的管理科学化发挥了重大作用。

（2）网络计划的基本概念。

网络计划是一种以网状图形表示计划或工程开展顺序的工作流程图。

网络计划的表达形式是网络图。所谓网络图是指由箭线和节点组成的，用来表示工作流程的有向、有序的网状图形。

网络图可分为双代号网络图和单代号网络图两大类。

① 双代号网络：以箭线及其两端节点的编号表示工作的网络图，即用两个节点一根箭线代表一项工作，工作名称写在箭线上面，工作持续时间写在箭线下面，在箭线前后的衔接处画上节点编上号码，并以节点编号 i 和 j 代表一项工作名称，如图3.30所示。

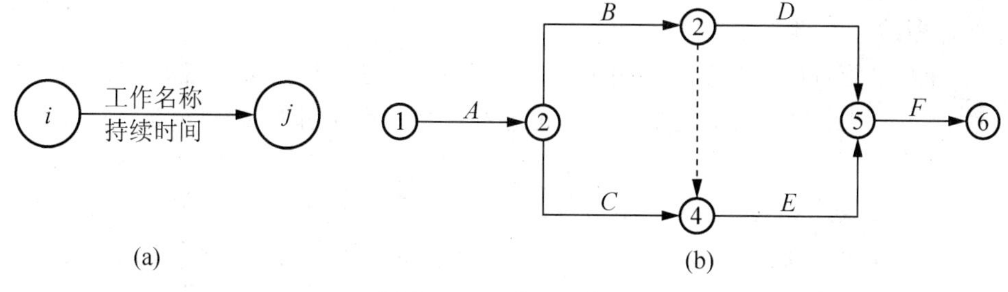

图3.30 双代号网络图

(a)工作的表示方法 (b)工程的表示方法

② 单代号网络图：以节点及其编号表示工作，以箭线表示工作之间的逻辑关系的网络图。即每一个节点表示一项工作，节点所表示的工作名称、持续时间和工作代号等标注在节点内，如图3.31所示。

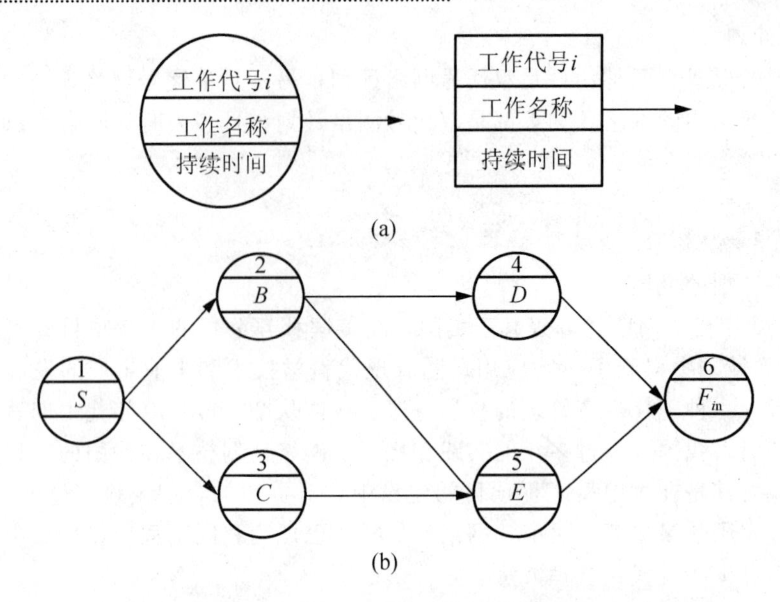

图 3.31 单代号网络图

(a)工作的表示方法 (b)工程的表示方法

网络计划技术(或称统筹法)的基本原理，可以这样来表达：根据既定的逻辑关系绘制网络图→通过计算找出关键工作或关键线路→按选定目标不断改善计划安排→选择优化方案，并付诸实施→执行过程中进行的效的控制和监督。

(3) 网络计划的特点。

① 通过箭线和节点把计划中的所有工作有向、有序地组成一个网状整体，能全面而明确地反映出各项工作之间相互制约、相互依赖的关系。

② 通过对时间参数的计算，能找出决定工程进度计划工期的关键工作和关键线路，便于在工程项目管理中抓住主要矛盾，确保进度目标的实现。

③ 根据计划目标，能从许多可行方案中，比较、优选出最佳方案。

④ 利用工作的机动时间，可以合理地进行资源安排和配置，达到降低成本的目的。

⑤ 能够利用电子计算机编制网络图，并在计划的执行过程进行有效的监督与控制，实现计划管理的计算机化、科学化。

⑥ 随着经济管理改革的发展，建设工程实行投资包干和招标承包制，在施工过程中对进度管理、工期控制和成本监督的要求也愈益严格。网络计划在这些方面将成为有效的手段。

因此，网络计划技术既是一种计划方法，又是一种科学的管理方法，它可以为项目管理者提供更多信息，有利于加强对计划的控制，并对计划目标进行优化，取得更大的经济效益。

(4) 网络计划的分类。

用网络图表达任务构成、工作顺序并加注工作时间参数的进度计划称为网络计划。网络计划的种类很多，可以从不同的角度进行分类，具体分类方法如下。

① 按目标分类：根据计划最终目标的多少，网路计划可分为单目标网络计划和多目标网络计划。

a. 单目标网络计划。单目标网络计划，是指只有一个终点节点的网络计划，即网络图只有一个最终目标，如图 3.32 所示。

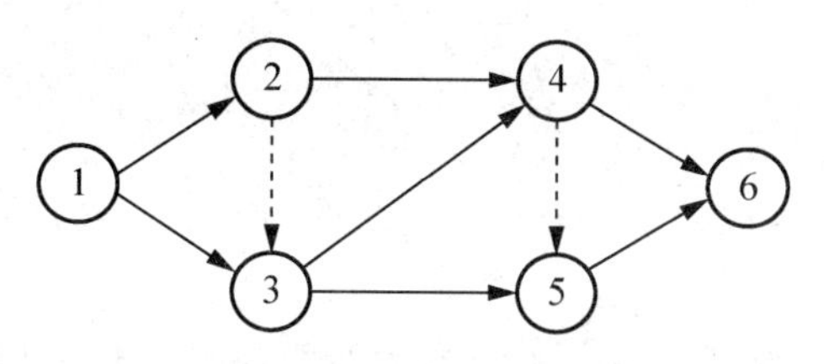

图 3.32 单目标网络图

b. 多目标网络计划。多目标网络计划，是指终点节点不止一个的网络计划。此种网络计划只有若干个独立的最终目标，如图 3.33 所示。

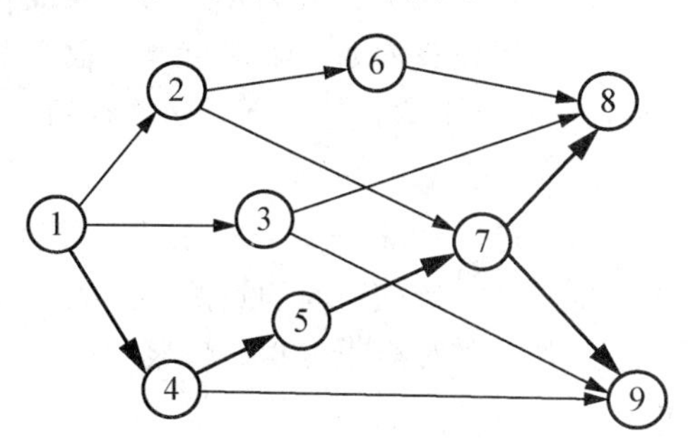

图 3.33 多目标网络图

② 按网络计划层次分类：根据计划的工程对象不同和使用范围大小，网络计划可分为局部网络计划、单位工程网络计划和综合网络计划。

a. 局部网络计划，以一个分部工程和施工段为对象编制的网络计划称为局部网络计划。

b. 单位工程网络计划，以一个单位工程为对象编制的网络计划称为单位工程网络计划。

c. 综合网络计划，以一个建筑项目或建筑群为对象编制的网络计划称为综合网络计划。

③ 按时间表示方法分类。

a. 时标网络计划，是用箭线在横坐标上的投影长度表示工序时间的网络图，如图 3.34 所示。

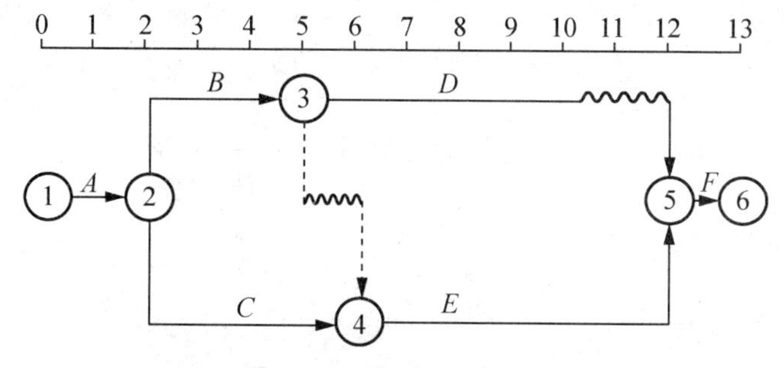

图 3.34 双单号时标网络图

b. 非时标网络计划，工作的持续时间以数字形式标注在箭线下面绘制的网络计划，如图 3.30 所示。有时也把这种网络计划形象地称为标时网络计划。

2. 双代号网络图

1）双代号网络图的组成。

(1) 双代号网络图的组成要素。双代号网络图的基本符号是由箭线、节点及线路三个基本要素组成的。

① 箭线。网络图中一端带箭头的实线即为箭线。在双代号网络图中，它与其两端的节点表示一项工作。箭线表达的内容有以下几个方面。

a. 一根箭线表示一项工作或表示一个施工过程。根据网络计划的性质和作用的不同，工作既可以是一个简单的施工过程，如挖土、垫层等分项工程或者基础工程、主体工程等分部工程；也可以是一项复杂的工程任务，如教学楼土建工程等单位工程或者教学楼工程等单项工程。如何确定一项工作的范围取决于所绘制的网络计划的作用(控制性或指导性)。

b. 一根箭线表示一项工作消耗的时间和资源，分别用数字标注在箭线的下方和上方。一般而言，每项工作的完成都要消耗一定的时间和资源，如砌砖墙、浇筑混凝土等；也存在只消耗时间而不消耗资源的工作，如混凝土养护、砂浆找平层干燥等技术间歇，若单独考虑时，也应作为一项工作对待。

c. 在无时间坐标的网络图中，箭线的长度不代表时间的长短，画图时原则上是任意的，但必须满足网络图的绘制规则。在有时间坐标的网络图中，其箭线的长度必须根据完成该项工作所需时间长短按比例绘制。

d. 箭线的方向表示工作进行的方向和前进的路线，箭尾表示工作的开始，箭头表示工作的结束。

e. 箭线可以画成直线、折线或斜线。必要时，箭线也可以画面曲线，但应以水平直线为主。

② 节点(也称事件)。网络图中箭线端部的圆圈或其他形状的封闭图形就是节点。在双代号网络图中，它表示工作之间的逻辑关系，节点表达的内容有以下几个方面：① 节点表示前面工作结束和后面工作开始的瞬间，所以节点不需要消耗时间和资源；② 箭线的箭尾节点表示该工作的开始，箭线的箭头节点表示该工作的结束；③ 根据节点在网络图中的位置不同可以分为起点节点、终点节点和中间节点。起点节点是网络图的第一个节点，表示一项任务的开始。终点节点是网络图的最后一个节点，表示一项任务的完成。除起点节点和终点节点的外的节点称为中间节点，中间节点都有双重的含义，既是前面工作和箭头节点，也是后面工作的箭尾节点，如图 3.35 所示。

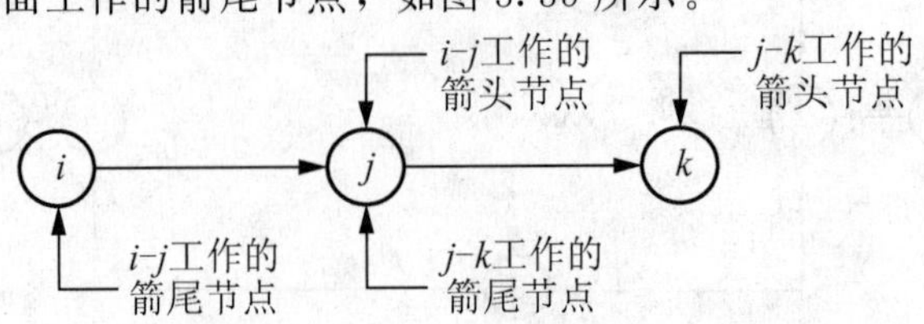

图 3.35 节点示意图

③ 线路。网络图中从起点节点开始，沿箭头方向顺序通过一系列箭线与节点，最后达到终点节点的通路称为线路。一个网络图中，从起点节点到终点节点，一般都存在着许多条线路，如图 3.36 所示中有 4 条线路，每条线路都包含若干项工作，这些工作的持续时间之和就是该线路的时间长度，即线路上总的工作持续时间。图 3.36 中 4 条线路各自的总持续时间见表 3－18。

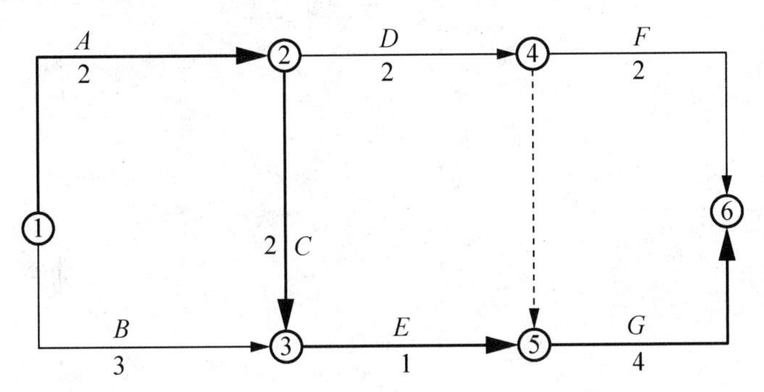

图 3.36　双代号网络图

表 3－18　线路的总持续时间

线路	总持续时间/天	关键线路
① —A 2→ ② —C 2→ ③ —E 1→ ⑤ —G 4→ ⑥	9	9 天
① —A 2→ ② —D 2→ ④ - - -→ ⑤ —G 4→ ⑥	8	
① —B 3→ ③ —E 1→ ⑤ —G 4→ ⑥	8	
① —A 2→ ② —D 2→ ④ —F 2→ ⑥	6	

知识链接

关键线路和关键工作

线路上总的工作持续时间最长的线路称为关键线路。在图 3.37 中，线路 1—2—3—5—7 总的工作持续时间最长，即为关键线路。其余线路称为非关键线路。位于关键线路上的工作称为关键工作。关键工作完成快慢直接影响整个计划工期的实现。

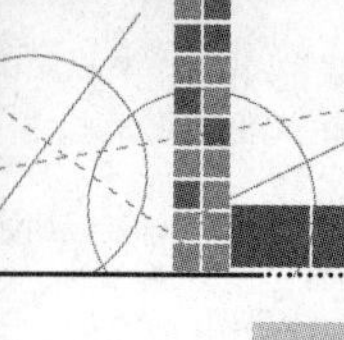

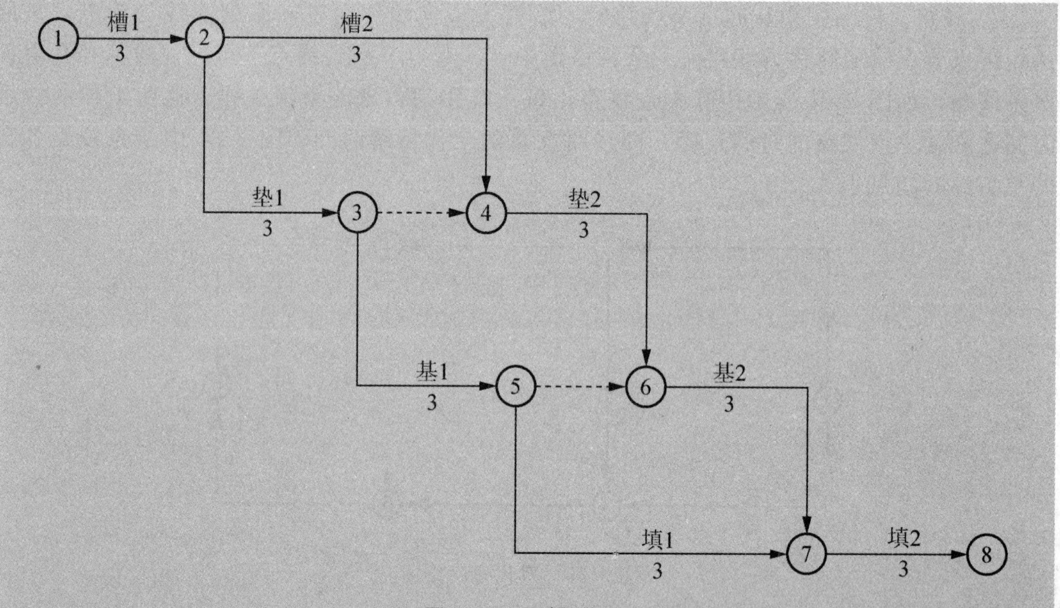

图 3.37 逻辑关系

一般来说，一个网络图中至少有一条关键线路。关键线路也不是一成不变的，在一定的条件下，关键线路和非关键线路会相互转化。例如，当采取技术组织措施，缩短关键工作的持续时间，或者非关键工作持续时间延长时，就有可能使关键线路发生转移。网络计划中，关键工作的比重往往不宜过大，网络计划愈复杂工作节点就愈多，则关键工作的比重应该越小，这样有利于抓住主要矛盾。

非关键线路都有若干机动时间(即时差)，它意味着工作完成日期容许适当变动而不影响工期。时差的意义就在于可以使非关键工作在时差允许范围内放慢施工进度，将部分人、财、物转移到关键工作上去，以加快关键工作的进程；或者在时差允许范围内改变工作开始和结束时间，以达到均衡施工的目的。

关键线路宜用粗箭线、双箭线或彩色线标注，以突出其在网络计划中的重要位置。

(2) 紧前工作、紧后工作、平行工作。

① 紧前工作。紧排在本工作之前的工作称为本工作的紧前工作。双代号网络图中，本工作和紧前工作之间可能有虚工作。如图 3.37 所示，槽 1 是槽 2 的组织关系上的紧前工作；垫 1 和垫 2 之间虽有虚工作，但垫 1 仍然是垫 2 的组织关系上的紧前工作；槽 1 则是垫 1 的工艺关系上的紧前工作。

② 紧后工作。紧排在本工作之后的工作称为本工作的紧后工作。双代号网络图中，本工作和紧后工作之间可能有虚工作。如图 3.37 所示，垫 2 是垫 1 的组织关系上的紧后工作；垫 1 是槽 1 的工艺关系上的紧后工作。

③ 平行工作。可与本工作同时进行的工作称为本工作的平行工作，如图 3.37 所示。槽 2 是垫 1 的平行工作。

(3) 内向箭线和外向箭线。

① 内向箭线。指向某个节点的箭线称为该节点的内向箭线，如图 3.38(a)所示。

② 外向箭线。从某节点引出的箭线称为该节点的外向箭线，如图 3.38(b)所示。

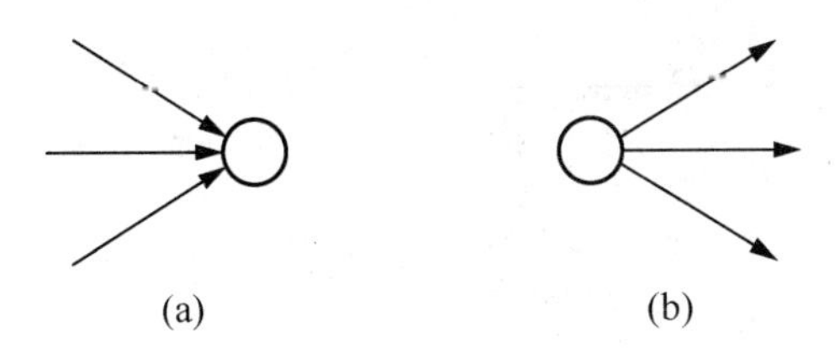

图 3.38 内向箭线和外向箭线
(a)内向箭线 (b)外向箭线

(4) 逻辑关系。工作之间相互制约或依赖的关系称为逻辑关系。工作之间的逻辑关系包括工艺关系和组织关系。

① 工艺关系。工艺关系是指生产工艺上客观存在的先后顺序关系，或者是非生产性工作之间由工作程序决定的先后顺序关系。例如，建筑工程施工时，先做基础；后做主体；先做结构，后做装修。工艺关系是不能随意改变的。如图 3.37 所示，槽 1→垫 1→基 1→填 1 为工艺关系。

② 组织关系。组织关系是指在不违反工艺关系的前提下，人为安排工作的先后顺序关系。例如，建筑群中各个建筑物的开工顺序的先后；施工对象的分段流水作业等。组织顺序可以根据具体情况，按安全、经济、高效的原则统筹安排。图 3.37 中，槽 1→槽 2、垫 1→垫 2 等为组织关系。

(5) 虚工作及其应用。双代号网络计划中，只表示前后相邻工作之间的逻辑关系，既不占用时间，也不耗用资源的虚拟工作称为虚工作。虚工作用虚箭线表示，其表达形式可垂直方向向上或向下，也可水平方向向右，如图 3.39 所示，虚工作起着联系、区分、断路 3 个作用。

① 联系作用。虚工作不仅能表达工作间的逻辑连接关系，而且能表达不同幢号的房屋之间的相互联系。例如，工作 A、B、C、D 之间的逻辑关系为：工作 A 完成后同时进行 B、D 两项工作，工作 C 完成后进行工作 D。不难看出，A 完成后其紧后工作为 B，C 完成后其紧后工作为 D，很容易表达，但 D 又是 A 的紧后工作，为把 A 和 D 联系起来，必须引人虚工作 2～5，逻辑关系才能正确表达，如图 3.40 所示。

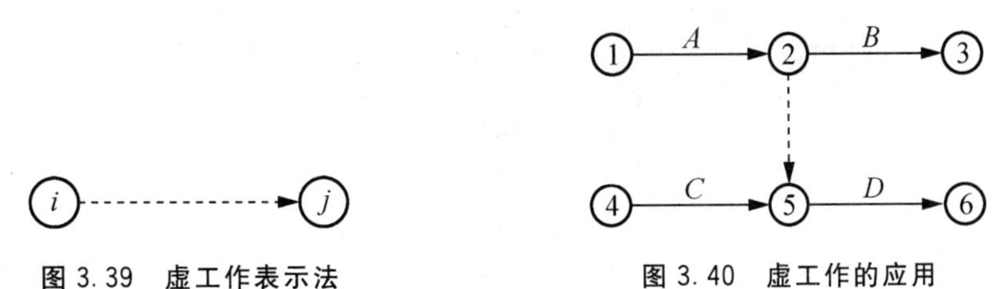

图 3.39 虚工作表示法

图 3.40 虚工作的应用

② 区分作用。双代号网络计划是用两个代号表示一项工作。如果两项工作用同一代号，则不能明确表示出该代号表示哪一项工作。因此，不同的工作必须用不同代号。如图 3.41 所示，(a)图出现“以同代号”的错误，(b)图、(c)图是两种不同的区分方式，(d)图则多画了一个不必要的虚工作。

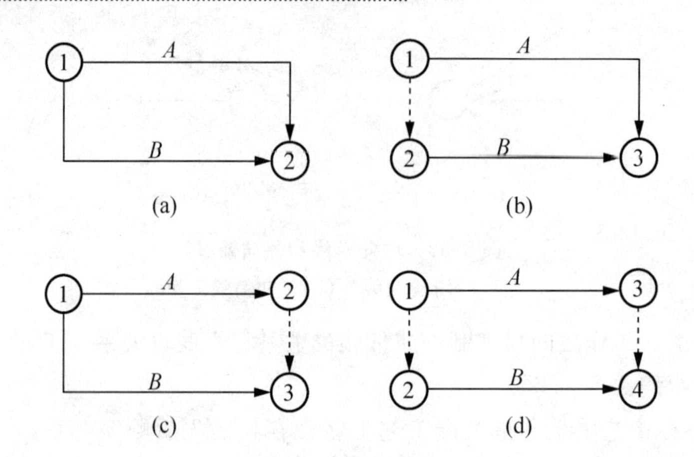

图 3.41 虚工作的区分作用

(a)错误 (b)正确 (c)正确 (d)多余工作

③ 断路作用。图 3.42 所示为某基础工程挖基槽(A)、垫层(B)、基础(C)、回填土(D)四项工作的流水施工网络图。该网络图中出现了 A_2 与 C_1，B_2 与 D_1，A_3 与 C_2，D_1，B_3 与 D_2 四处把并无联系的工作联系上了，即出现了多余联系的错误。

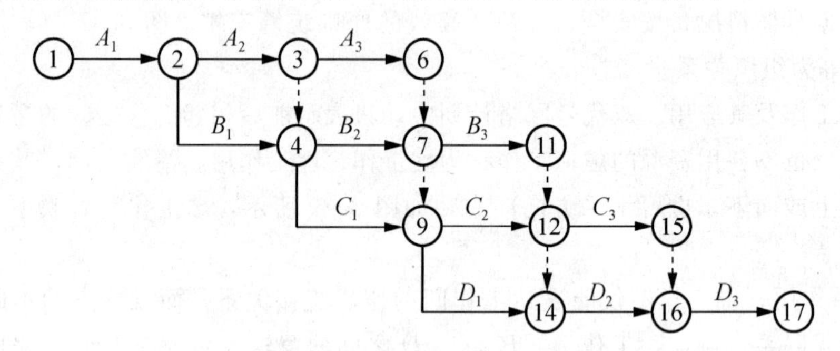

图 3.42 逻辑关系错误的网络图

为了正确表达工作间的逻辑关系，在出现逻辑错误的圆圈(节点)之间增设新节点(即虚工作)，切断毫无关系的工作之间的联系，这种方法称为断路法。图 3.43 中，增设节点

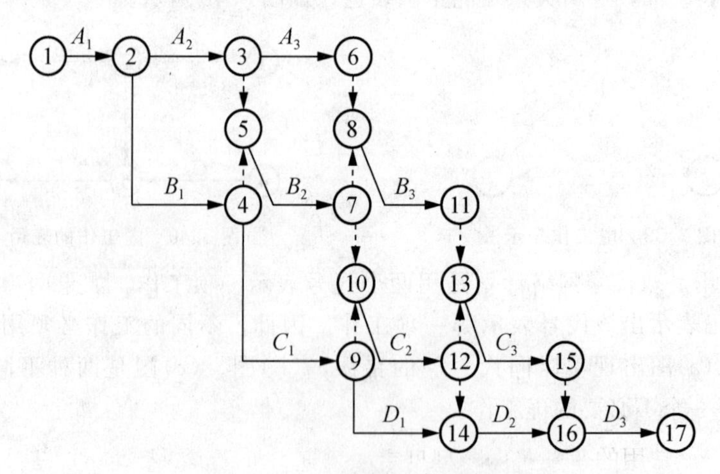

图 3.43 断路法切断多余联系

⑤虚工作4—5切断了A_2与C_1之间的联系；同理，增设节点⑧、⑩、⑬，虚工作7—8、9—10、12—13等也都起到了相同的断路作用。去掉多余的虚工作，经调整后的正确网络图，如图3.44所示。

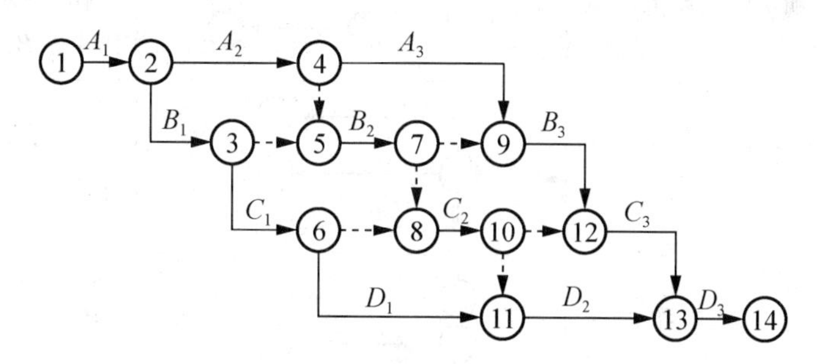

图3.44 正确的网络图

由此可见，双代号网络图中虚工作是非常重要的，但在应用时要恰如其分，不能滥用，以必不可少为限。另外，增加虚工作后要进行全面检查，不要顾此失彼。

2）双代号网络图的绘制

（1）双代号网络图的绘图规则。双代号网络图必须正确表达既定的逻辑关系，例如已知网络图的逻辑关系见表3-19。若绘出网络图3.45(a)就是错误的，因D的紧前工作没有A。此时可引入虚工作用横向断路法或竖向断路法将D与A的联系断开，如图3.45(b)、(c)、(d)所示。

表3-19 网络图中常用的逻辑关系模型

工作	A	B	C	D
紧前工作	—	—	A、B	B

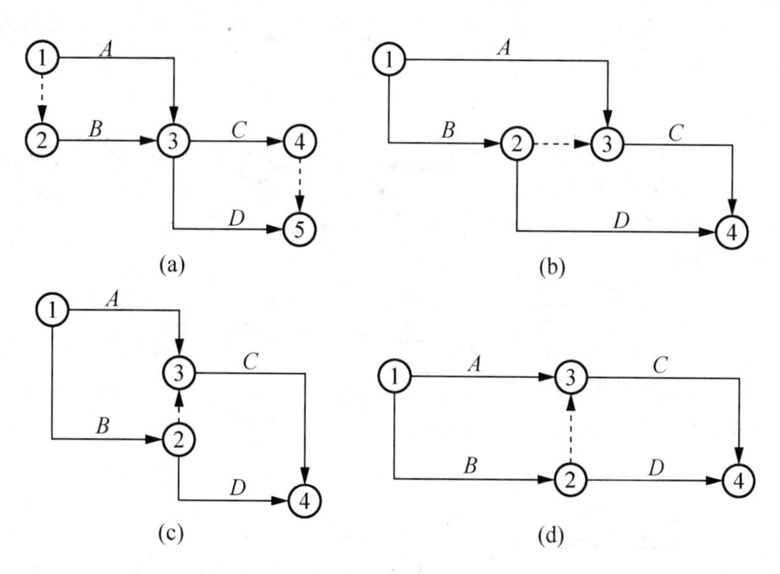

图3.45 按表3-19绘制的网络图

① 双代号网络图常用的逻辑关系模型见表3-20。

表 3-20　网络图中各工作逻辑关系表示方法

序号	工作之间的逻辑关系	网络图中表示方法	说明
1	有 A、B 两项工作按照依次施工方式进行	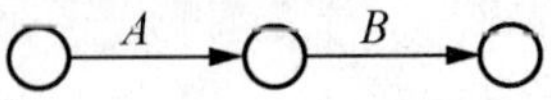	B 工作依赖着 A 工作，A 工作约束着 B 工作的开始
2	有 A、B、C 三项工作同时开始工作	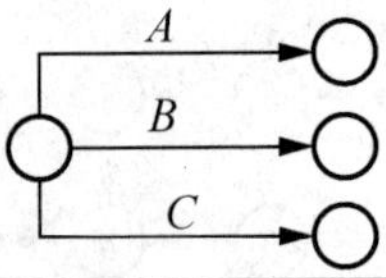	A、B、C 三项工作称为平行工作
3	有 A、B、C 三项工作同时结束	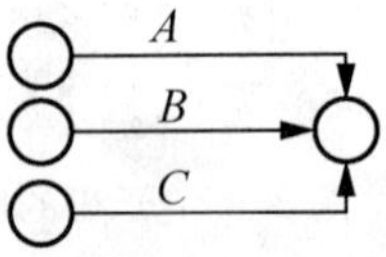	A、B、C 三项工作称为平行工作
4	有 A、B、C 三项工作只有在 A 完成后 B、C 才能开始	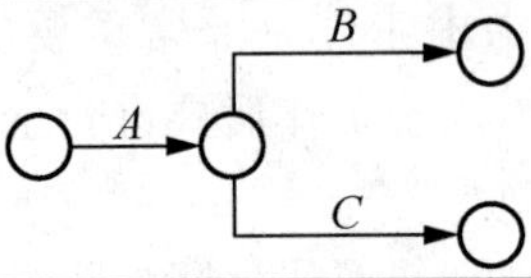	A 工作制约着 B、C 工作的开始，B、C 为平行工作
5	有 A、B、C 三项工作 C 工作只有在 A、B 完成后，C、D 才能开始	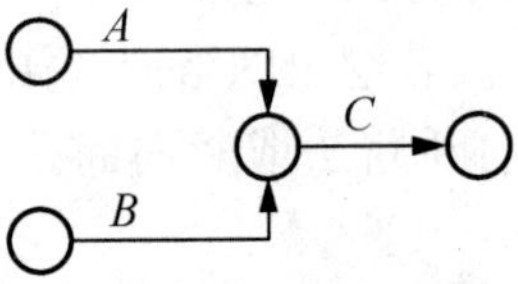	C 工作依赖着 A、B 工作，A、B 为平行工作
6	有 A、B、C、D 四项工作，只有当 A、B 完成后，C、D 才能开始	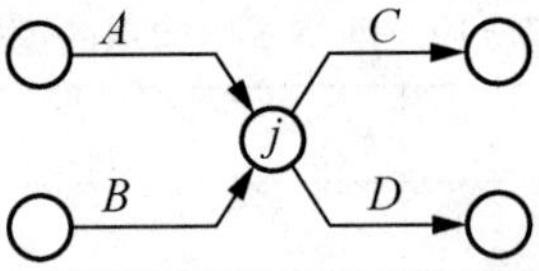	通过中间节点 j 正确地表达了 A、B、C、D 之间的关系
7	有 A、B、C、D 四项工作 A 完成后 C 才能开始；A、B 完成后 D 才开始	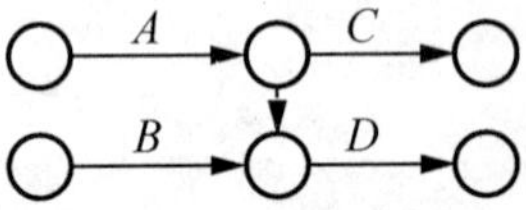	D 与 A 之间引入了逻辑连接（虚工作），只有这样才能正确表达它们之间的约束关系
8	有 A、B、C、D、E 五项工作，A、B 完成后 C 开始；B、D 完成后 E 开始	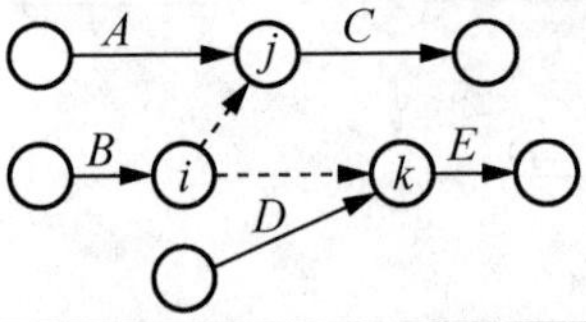	虚工作 ij 反映出 C 工作受到 B 工作的约束，虚工作 ik 反映出 E 工作受到 B 工作的约束
9	有 A、B、C、D、E 五项工作 A、B、C 完成后 D 才能开始；B、C 完成后 E 才能开始	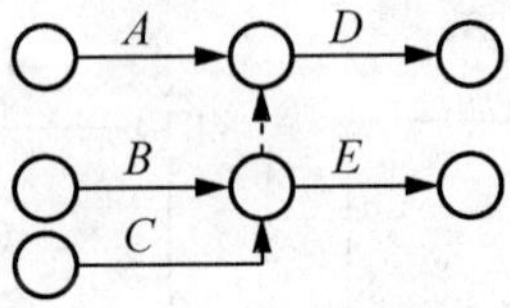	这是前面序号 1、5 情况通过虚工作连接起来，虚工作表示 D 工作受到 B、C 工作制约
10	A、B 两项工作分三个施工段，流水施工	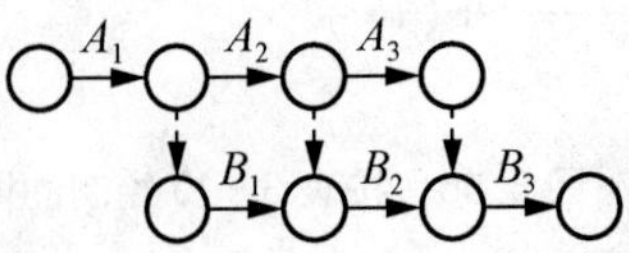	每个工种工程建立专业工作队，在每个施工段上进行流水作业，不同工种之间用逻辑搭接关系表示

② 双代号网络图中，严禁出现循环回路。所谓循环回路是指从一个节点出发，顺箭线方向又回到原出发点的循环线路。图 3.46 就出现了循环回路 2—3—4—5—6—7—2。

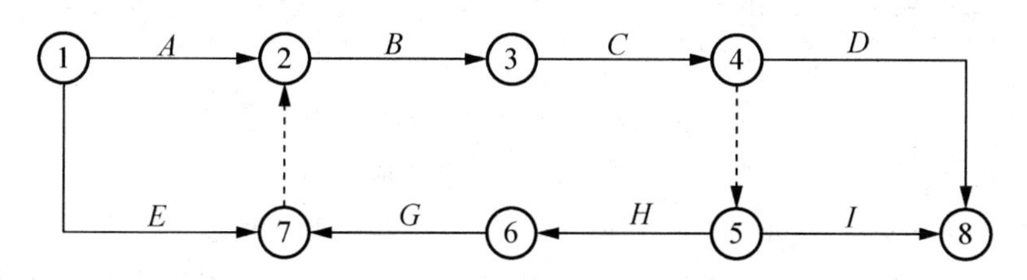

图 3.46 有循环回路的错误网络图

③ 双代号网络图中，在节点之间严禁出现带双向箭头和无箭头的连线，如图 3.47 所示。

图 3.47 错误的箭线画法

(a)双向箭头的连线 (b)无箭头的连线

④ 双代号网络图中，严禁出现没有箭头节点或没有箭尾节点的箭线，如图 3.48 所示。

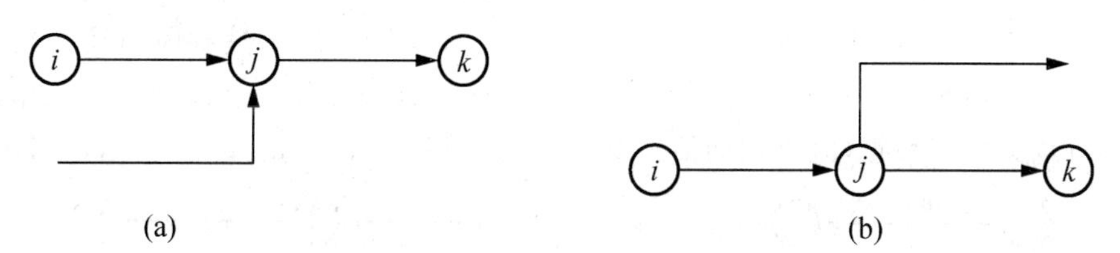

图 3.48 没有箭尾和箭头节点的箭线

(a)没有箭尾节点的连线 (b)没有箭头节点的连线

⑤ 双代号网络图中的箭线(包括虚箭线)宜保持自左向右的方向，不宜出现箭头指向左方的水平箭线和箭头偏向左方的斜向箭线，如图 3.49 所示。若遵循这一原则绘制网络图，就不会有循环回路出现。

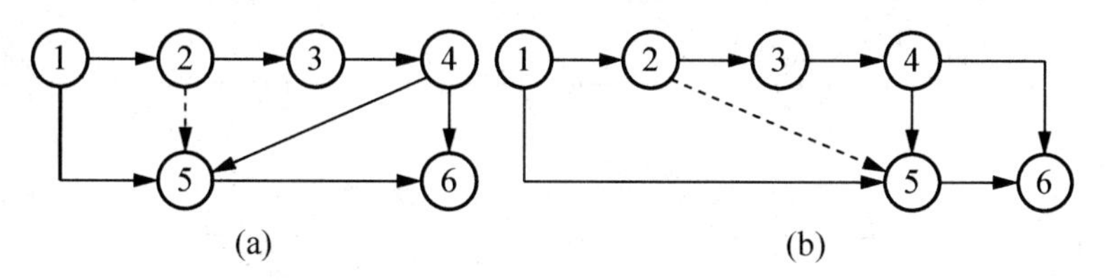

图 3.49 双代号网络图的表达

(a)较差 (b)较好

⑥ 双代号网络图中，一项工作只有唯一的一条箭线和相应的一对节点编号。严禁在箭线上引入或引出箭线，如图 3.50 所示。

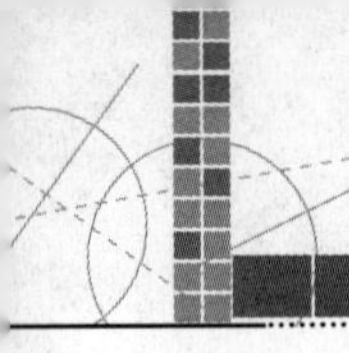

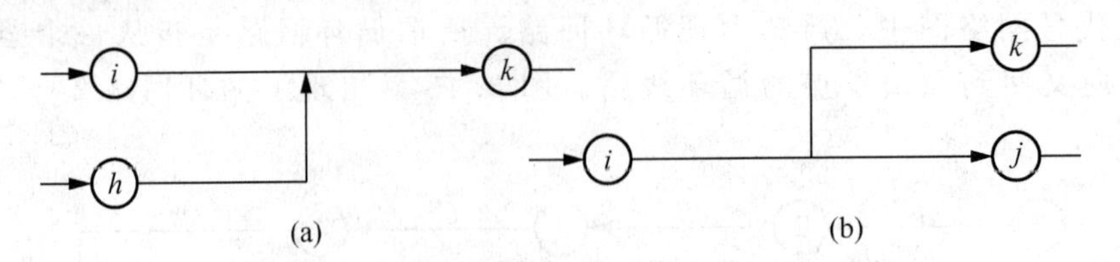

图 3.50 在箭线上引入和引出箭线的错误画法

(a)引入箭线 (b)引出箭线

⑦ 绘制网络图时，尽可能在构图时避免交叉。当交叉不可避免、且交叉少时，采用过桥法，当箭线交叉过多，使用指向法，如图 3.51 所示。采用指向法时应注意节点编号指向的大小关系，保持箭尾节点的编号小于箭头节点编号。为了避免出现箭尾节点的编号大于箭头节点的编号情况，指向法一般只在网络图已编号后才用。

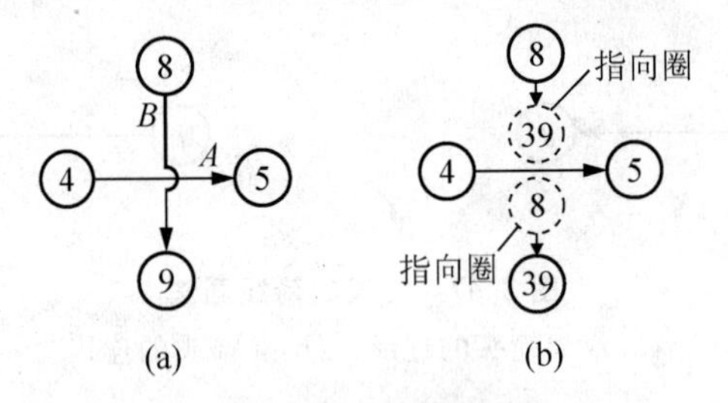

图 3.51 箭线交叉的表示方法

(a)过桥法 (b)指向法

⑧ 双代号网络图中只允许有一个起点节点(该节点编号最小没有内向箭线)；不是分期完成任务的网络图中，只允许有一个终点节点(该节点编号最大且没有外向工作)；而其他所有节点均是中间节点(既有内向箭线又有外向箭线)。如图 3.52(a)所示，网络图中有

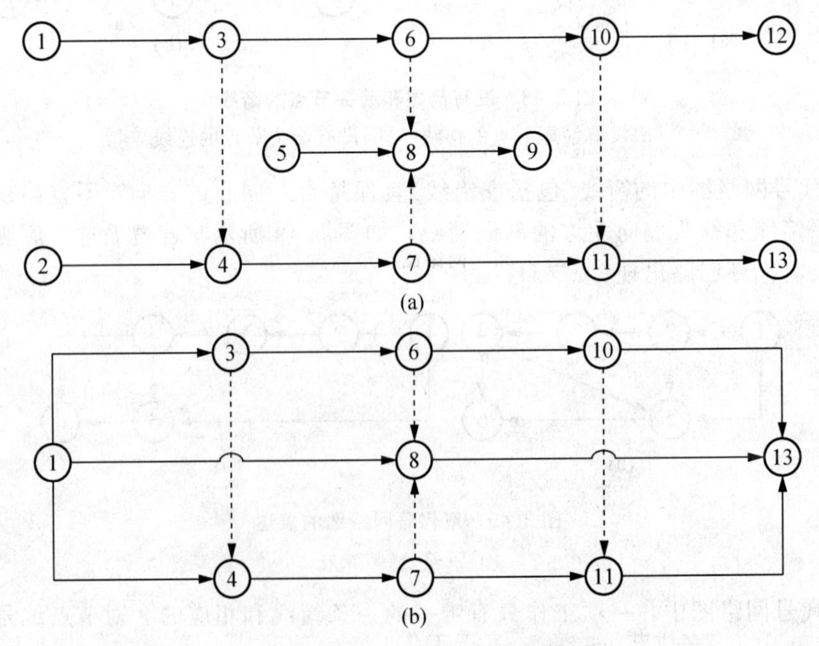

图 3.52 起点节点和终点节点表达

(a)错误表达 (b)正确表达

三个起点节点①、②和⑤，有三个终点节点⑨、⑫和⑬的画法错误。应将①、②、⑤合并成一个起点节点，将⑨、⑫和⑬合并成一个终点节点，如图 3.52(b)所示。

⑨ 网络图的节点应该编号。网络图中的每个节点都有自己的编号，以便赋予每项工作以代号，便于计算网络图的时间参数和检查网络图是否正确。

节点编号必须满足二条基本规则。其一，箭头节点编号大于箭尾节点编号，因此节点编号顺序是：箭尾节点编号在前，箭头节点编号在后，凡是箭尾节点没有编号，箭头节点不能编号；其二，在一个网络图中，所有节点不能出现重复编号，编号的号码可以按自然数顺序进行，也可以非连续编号，以便适应网络计划调整中增加工作的需要，编号留有余地。

节点编号的方法有两种：一种是水平编号法，即从起点节点开始由上到下逐行编号，每行则自左到右按顺序编号，如图 3.53 所示；另一种是垂直编号法，即从起点节点开始自左到右逐列编号，每列则根据编号规则的要求进行编号，如图 3.54 所示。

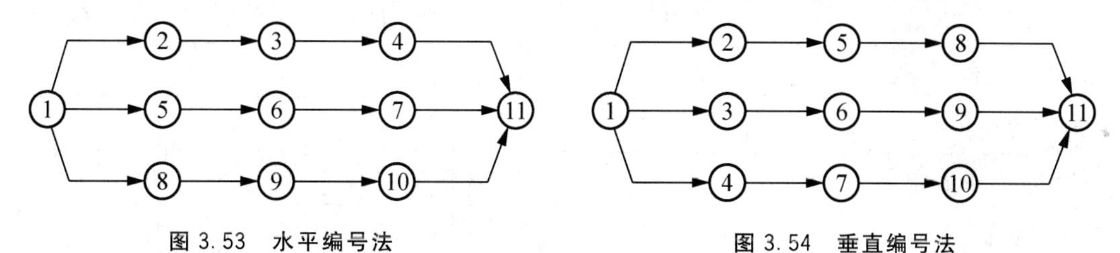

图 3.53 水平编号法　　图 3.54 垂直编号法

(2) 双代号网络图的绘制方法。

① 节点位置法。为了使所绘制网络图中不出现逆向箭线和竖向实线箭线，在绘制网络图之前，先确定各个节点相对位置，再按节点位置号绘制网络图，如图 3.55 所示。

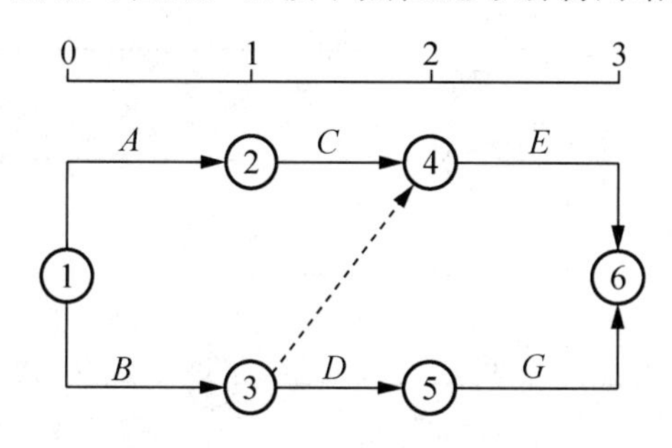

图 3.55 网络图与节点位置坐标

a. 节点位置号确定的原则。以图 3.55 为例，说明节点位置号(即节点位置坐标)的确定原则。

无紧前工作的工作的开始节点位置号为零。如工作 A、B 的开始节点位置号为 O。

有紧前工作的工作的开始节点位置号等于其紧前工作的开始节点位置号的最大值加 1。如 E：紧前工作 B、C 的开始节点位置号分别为 0、1，则其节点位置号为 1+1=2。

有紧后工作的工作的完成节点位置号等于其紧后工作的开始节点位置号的最小值。如 B：紧后工作 D、E 的开始节点位置分别为 1、2，则其节点位置号为 1。

无紧后工作的工作完成节点位置号等于有紧后工作的工作完成节点位置号的最大值加 1。如工作 E、G 的完成节点位置号等于工作 C、D 的完成节点位置号的最大值加 1，即

2+1=3。

b. 绘图步骤：①提供逻辑关系表，一般只要提供每项工作的紧前工作；②确定各工作紧后工作；③确定各工作开始节点位置号和完成节点位置号；④根据节点位置号和逻辑关系绘出初始网络图；⑤检查、修改、调整，绘制正式网络图。

【例3-10】已知网络图的资料见表3-21，试绘制双代号网络图。

表3-21 网络图资料表

工作	A	B	C	D	E	G
紧前工作	—	—	—	B	B	C、D

解：(1) 列出关系表，确定出紧后工作和节点位置号，见表3-22。

表3-22 关系表

工作	A	B	C	D	E	G
紧前工作	—	—	—	B	B	C、D
紧后工作	—	D、E	G	G	—	—
开始节点的位置号	0	0	0	1	1	2
完成节点的位置号	3	1	2	2	3	3

(2) 绘出网络图，如图3.56所示。

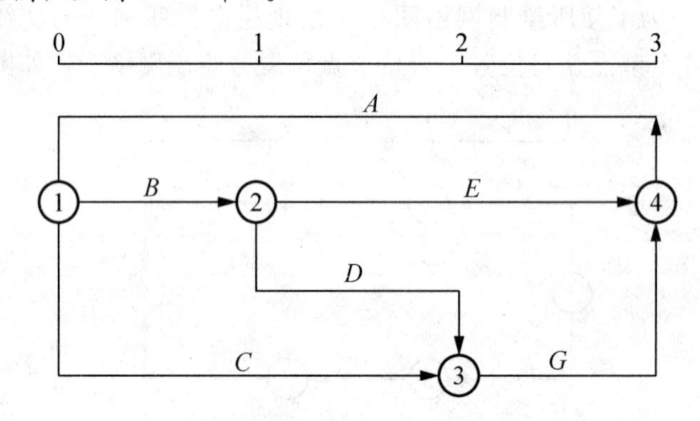

图3.56 网络图

【例3-11】已知网络图的资料见表3-23，试绘制双代号网络图。

表3-23 网络图资料表

工作	A	B	C	D	E	G	H
紧前工作	—	—	—	—	A、B	B、C、D	C、D

解：第一步：用矩阵图确定紧后工作。其方法是先绘出以各项工作为纵横坐标的矩阵图；再在横坐标方向上，根据网络资料表，是紧前工作者标注1；然后查看纵坐标方向，凡标注有1者，即为该工作的紧后工作，如图3.57所示。

第二步：列出关系表，确定出节点位置号，见表3-24。

表3-24　关系表

工作	A	B	C	D	E	G	H
紧前工作	—	—	—	—	A、B	B、C、D	C、D
紧后工作	E	E、G	G、H	G、H	—	—	—
开始节点位置号	0	0	0	0	1	1	1
开始节点位置号	1	1	1	1	2	2	2

第三步：绘制初始网络图。根据表3-24给定的逻辑关系及节点位置号，绘制出初始网络图，如图3.58所示。

	A	B	C	D	E	G	H
A							
B							
C							
D							
E	/	/					
G		/	/	/			
H			/	/			

图3.57　矩阵图

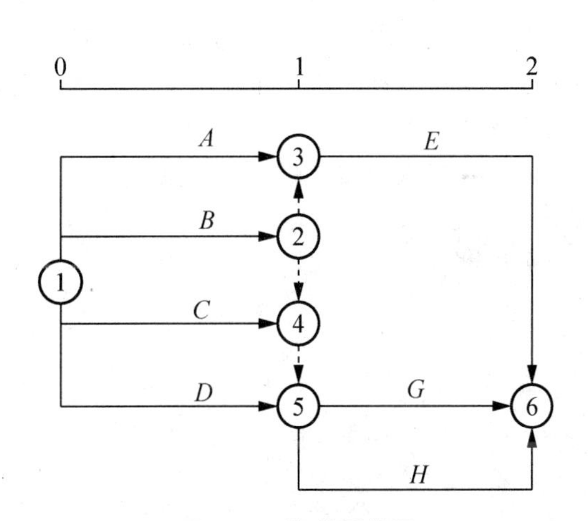

图3.58　初始网络图

第四步：绘制正式网络图。检查、修改并进行结构调整，最后绘出正式网络图，如图3.59所示。

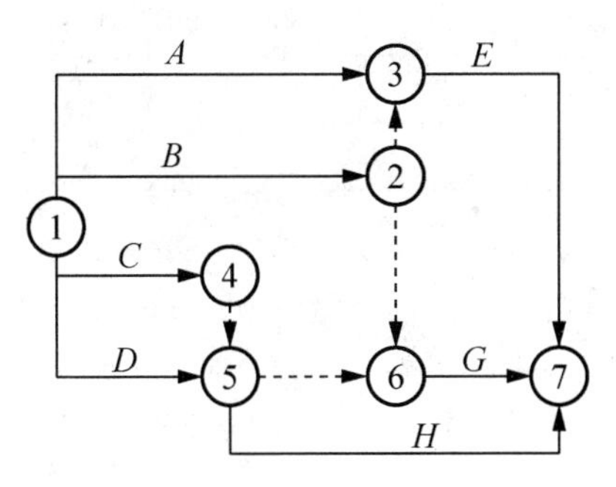

图3.59　正式网络图

② 逻辑草稿法。先根据网络图的逻辑关系，绘制出网络图草图，再结合绘图规则进行调整布局，最后形成正式网络图。当已知每一项工作的紧前工作时，可按下述步骤绘制以代号网络图。

首先，绘制没有紧前工作的工作，使它们具有相同的箭尾节点，即起点节点。

其次，依次绘制其他各项工作。这些工作的绘制条件是将其所有紧前工作都已经绘制出现。绘制原则：当所绘制的工作只有一个紧前工作时，则将该工作的箭线直接画在其紧前工作的完成节点之后即可；当所绘制的工作有多个紧前工作时，应按以下几种情况分别考虑。

a. 如果在其紧前工作中存在一项只作为本工作紧前工作的工作(即在紧前工作栏目中，该紧前工作只出现一次)，则应将本工作箭线直接画在该紧前工作完成节点之后，然后用虚箭线分别将其他紧前工作的完成节点与本工作的开始节点相连，以表达它们之间的逻辑关系。

b. 如果不存在情况 a，应判断本工作的所有紧前工作是否都同时作为其他工作的紧前工作(即紧前工作栏目中，这几项紧前工作是否均同时出现若干次)。如果这样，应先将它们完成节点合并后，再从合并后的节点开始画出本工作箭线。

c. 如果不存在情况 a、b，则应将本工作箭线单独画在其紧前工作箭线之后的中部，然后用虚工作将紧前工作与本工作相连，表达逻辑关系。

第三步，合并没有紧后工作的箭线，即为终点节点。

第四步，确认无误，进行节点编号。

知识链接

双代号网络图绘制示例

绘制步骤如下。

(1) 根据已知的紧前工作，确定出紧后工作，并自左至右先画紧前工作，后画紧后工作。

(2) 若没有相同的紧后工作或只有相同的紧后工作，则肯定没有虚箭线；若既有相同的紧后工作，又有不同的紧后工作，则肯定有虚箭线。

(3) 到相同的紧后工作用虚箭线，到不同的紧后工作则无虚箭线。

表 3-25 给出了从 A 到 I 共 9 个工作的紧前工作逻辑关系，绘制双代号网络图并进行节点编号。

表 3-25 某分部工程各施工过程的逻辑关系

施工过程	A	B	C	D	E	F	G	H	I
紧前过程	无	A	B	B	B	C、D	C、E	C	F、G、H

画图前，先找到各工作的紧后工作，见表 3-26。显然 C 与 D 有共同的紧后工作 F 和不同的紧后工作 G、H，所以有虚箭线，C 指向共同的紧后工作 F 用虚箭线；另外 C 和 E 有共同的紧后工作 G 和不同的紧后工作 F、H，因此也肯定有虚箭线，C 指向共同的紧后工作 G 是虚箭线。其他均无虚箭线，绘出网络图并进行编号，如图 3.60 所示。绘好后还可用紧前工作进行检查，看绘出的网络图有无错误。

表 3-26 某分部工程各施工过程的逻辑关系

施工过程	A	B	C	D	E	F	G	H	I
紧后过程	B	C、D、E	F、G、H	F	G	I	I	I	无

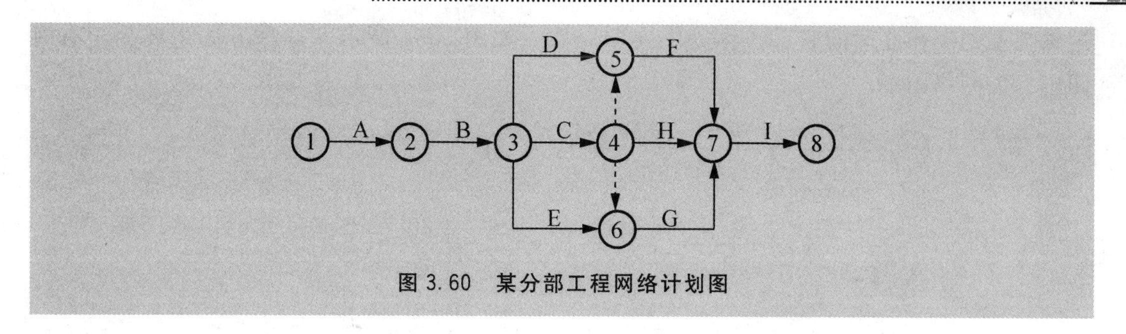

图 3.60　某分部工程网络计划图

【例 3-12】 已知网络图资料见表 3-27，试绘制双代号网络图。

表 3-27　工作逻辑关系表

工作	A	B	C	D	E	G	H
紧前工作	—	—	—	—	A、B	B、C、D	C、D

解：(1)绘制没有紧前工作的工作箭线 A、B、C、D，如图 3.61(a)所示。

(2) 按前述原则第二点中情况(A)绘制工作 E，如图 3.61(b)所示。

(3) 按前述原则第二点中情况(C)绘制工作 H，如图 3.61(c)所示。

(4) 按前述原则第二点中情况(D)绘制工作 G，并将工作 E、G、H 合并，如图 3.61(d)所示。

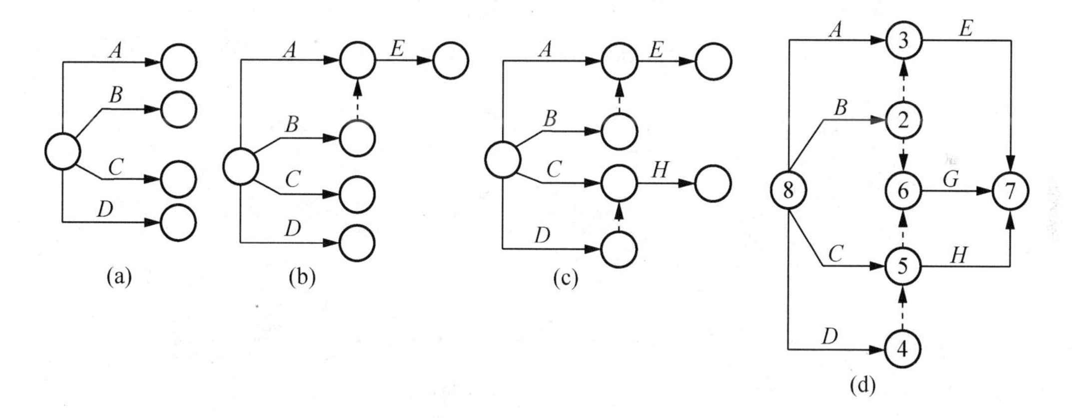

图 3.61　双代号网络图绘图

(3) 绘制双代号网络图注意事项。

① 网络图布局要条理清楚、重点突出。虽然网络图主要用以表达各工作之间的逻辑关系，但为了使用方便，布局应条理清楚、层次分明、行列有序，同时还应突出重点，尽量把关键工作和关键线路布置在中心位置。

② 正确应用虚箭线进行网络图的断路。应用虚箭线进行网络图断路，是正确表达工作之间逻辑关系的关键。如图 3.62 所示，某双代号网络图出现多余联系可采用以下两种方法进行断路：一种是横向用虚箭线切断无逻辑关系的工作之间联系，称为横向断路法，如图 3.63 所示，这种方法主要用于无时间坐标的网络；另一种是在纵向用虚箭线切断无

逻辑关系的工作之间的联系，称为纵向断路法，如图 3.64 所示，这种方法主要用于有时间坐标的网络图中。

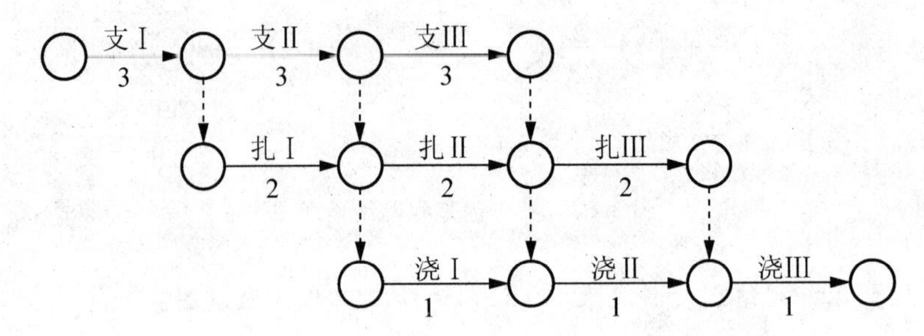

图 3.62　某多余联系代号网络图

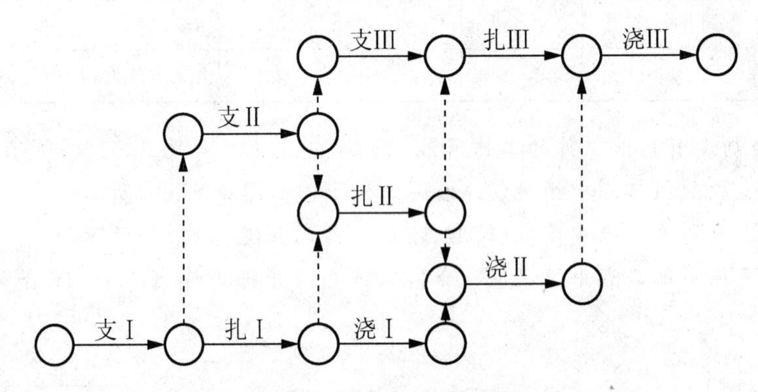

图 3.63　横向断路法示意图

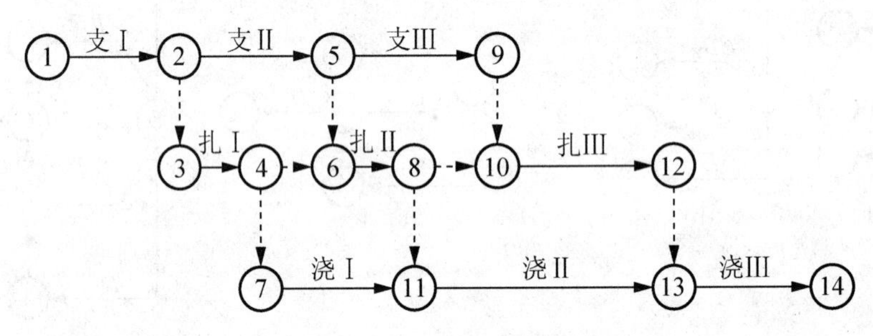

图 3.64　纵向断路法示意图

③ 力求减少不必要的箭线和节点。双代号网络图中，应在满足规则和两个节点一根箭线代表一项工作的原则基础上，力求减少不必要的箭线和节点，使网络图图画简洁，减少时间参数的计算量。如图 3.65(a)所示，该图在施工顺序、流水关系及逻辑关系上均是合理的，但它过于烦琐。如果将不必要的节点箭线去掉，网络图则更加明快、简单、同时并不改变原有的逻辑关系，如图 3.65(b)所示。

④ 网络图的分解。当网络图中的工作任务较多时，可以把它分成几个小块来绘制。分界点一般选择在箭线和节点较少的位置，或按施工部位分块。分界点要用重复编号，即前一块的最后一节点编号与后一块的第一个节点编号相同。如图 3.66 所示为一民用建筑基础工程和主体工程的分解。

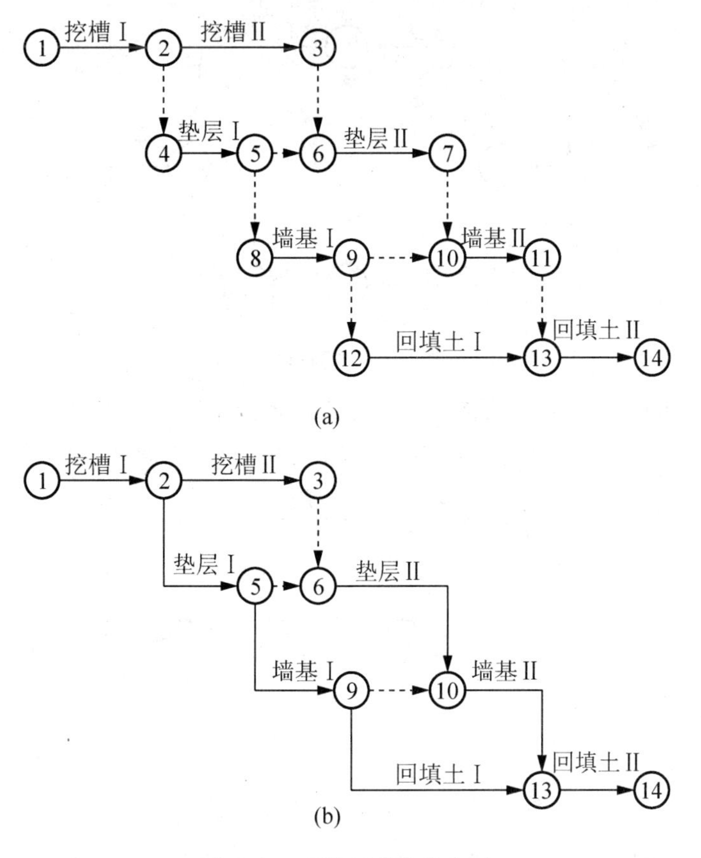

图 3.65 网络图简化示意图

(a)简化前 (b)简化后

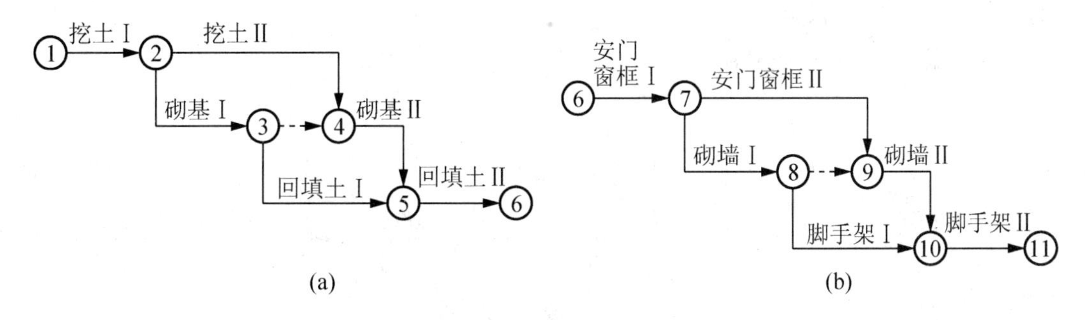

图 3.66 网络图的分解

(a)基础工程 (b)主体工程

(4) 网络图的拼图。

① 网络图的排列。网络图采用正确的排列方式，逻辑关系准确清晰，形象直观，便于计算与调整。主要排列方式有混合排列、按施工过程排列和按施工段排列三种。

a. 混合排列：对于简单的网络图，可根据施工顺序和逻辑关系将各施工过程对称排列，如图 3.67 所示。其特点是构图美观、形象、大方。

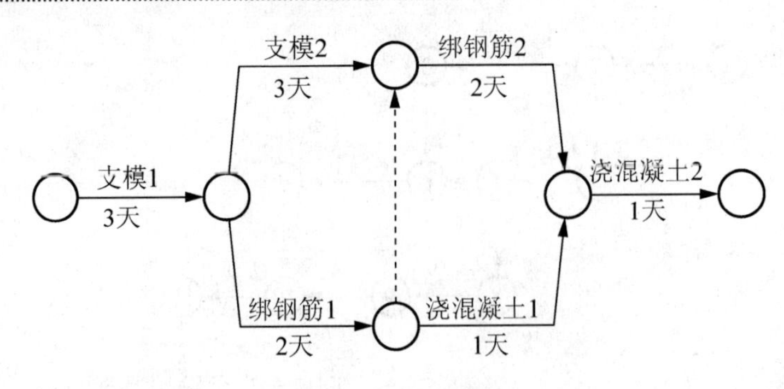

图 3.67 混合排列

b. 按施工过程排列：据施工顺序把各施工过程按垂直方向排列，施工段按水平方向排列，如图 3.68 所示。其特点是相同工种在同一水平线上，突出不同工种的工作情况。

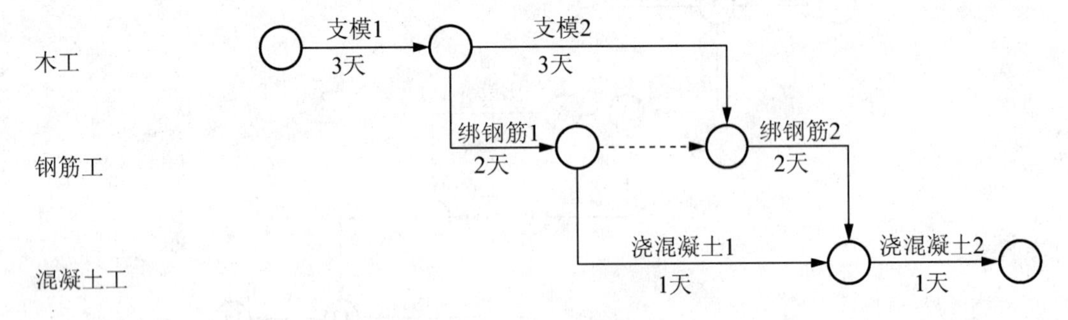

图 3.68 按施工过程排列

c. 按施工段排列：同一施工段上的有关施工过程按水平方向排列，施工段按垂直方向排列，如图 3.69 所示。其特点是同一施工段的工作在同一水平线上，反映出分段施工的特征，突出工作面的利用情况。

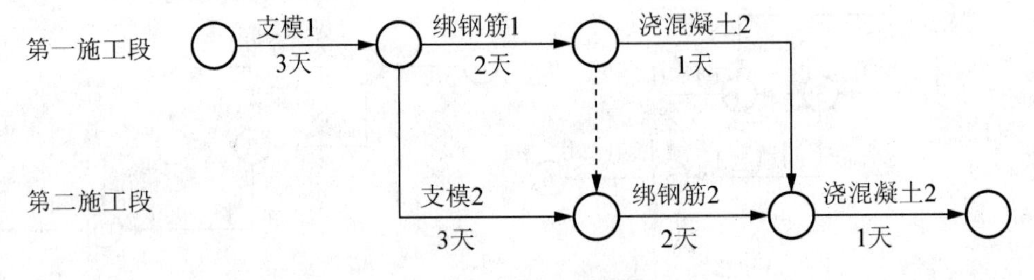

图 3.69 按施工段排列

② 网络图的工作合并。为了简化网络图，可将较详细的相对独立的局部网络图变为较概括的少箭线的网络图。

网络图工作合并的基本方法是：保留局部网络图中与外部工作相联系的节点，合并后箭线所表达的工作持续时间为合并前该部分网络图中相应最长线路段的工作时间之和，如图 3.70、图 3.71 所示。

网络图的合并主要适用于群体工作施工控制网络图和施工单位的季度、年度控制网络图的编制。

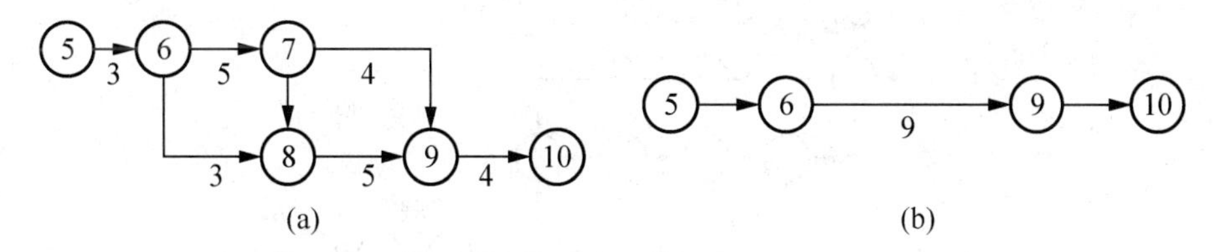

图 3.70 网络图的合并(一)

(a)合并前 (b)合并后

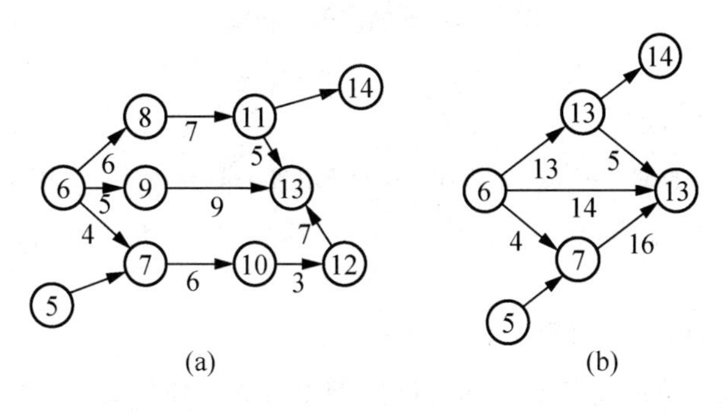

图 3.71 网络图的合并(二)

(a)合并前 (b)合并后

③ 网络图连接。绘制较复杂的网络图时，往往先将其分解成若干个相对独立的部分，然后各自分头绘制，最后按逻辑关系进行连接，形成一个总体网络图，如图 3.72 所示。在连接过程中，应注意以下几点：必须有统一的构图和排列形式；整个网络图的节点编号要协调一致；施工过程划分的粗细程度应一致：各分部工程之间应预留连接节点。

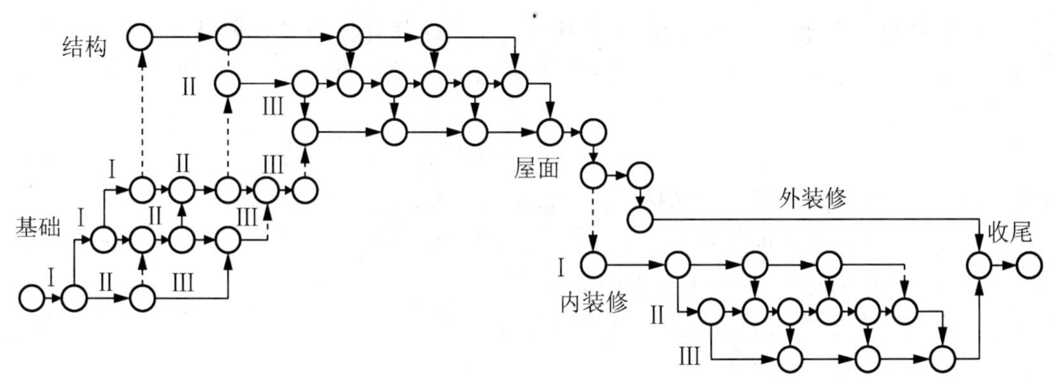

图 3.72 网络图的连接

④ 网络图的详略组合。在网络图的绘制中，为了简化网络图图画，更是为了突出网络计划的重点，常常采取“局部详细、整体简略”绘制的方式，称为详略组合。例如，编制有标准层的多高层住宅或公寓写字楼等工程施工网络计划，可以先将施工工艺和工程量与其他楼层均相同的标准网络图绘出，其他则简略为一根箭线表示，如图 3.73 所示。

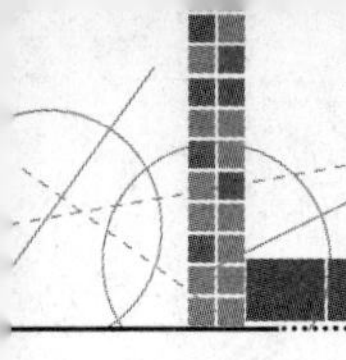

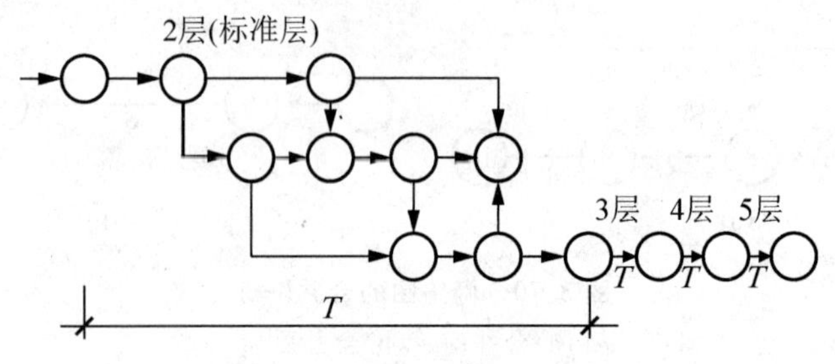

图 3.73　网络图的详略组合

特别提示

绘制网络图时，必须做到3个基本方面：①正确表示各种逻辑关系；②遵守绘图的基本规则；③选择恰当的绘图排列方法。

3. 双代号网络图时间参数的计算

网络图时间参数计算的目的在于确定网络图上各项工作和各节点的时间参数，为网络计划的优化、调整和执行提供明确的时间概念。

网络图计算的内容主要包括：①各个节点的最早时间和最迟时间；②各项工作的最早开始时间、最早结束时间、最迟开始时间、最迟结束时间；③各项工作的有关时差以及关键线路的持续时间。

一般常用的有分析计算法、图上计算法、表上计算法、矩阵计算法和电算法等。

(1) 工作持续时间的计算包括单一时间计算法和三时估计法。

① 单一时间计算法。组成网络图的各项工作可变因素少，具有一定的时间消耗统计资料，因而能够确定出一个肯定的时间消耗值。单一时间计算法主要是根据劳动定额、预算定额、施工方法、投入劳动力、机具和资源量等资料进行确定的。

计算公式为

$$D_{i-j}=Q/S\times R\times n$$

式中　D_{i-j}——完成 $i-j$ 项工作的持续时间(小时、天、周…)；

Q——该项工作的工程量；

S——产量定额(机械为台班产量)；

R——投入 $i-j$ 工作的人数或机械台数；

n——工作的班次。

② 三时估计法。组成网络图的各项工作可变因素多，不具备一定的时间消耗统计资料，因而不能确定出一个肯定的单一的时间值。只有根据概率计算方法，首先估计出3个时间值，即最短、最长和最可能持续时间，再加权平均算出一个期望值作为工作的持续时间。这种计算方法叫做三时估计法。

在绘制网络图时必须将非肯定型转变为肯定，把3种时间的估计变为单一时间的估计。

计算公式为

$$m=(a+4c+b)/6$$

式中 m——工作的平均持续时间；

a——最短估计时间(亦称乐观估计时间)，是指按最顺利条件估计的，完成某项工作所需的持续时间；

b——最长估计时间(亦称悲观估计时间)，是指按最不利条件估计的，完成某项工作所需的持续时间；

c——最可能估计时间，是指按正常条件估计的，完成某项工作最可能的持续时间

a、b、c 三个时间值都是基于可能性的一种估计，具有随机性。

(2) 工作计算法。

计算时采用下列符号：

ET_i——i 节点的最早时间；

ET_j——j 节点的最早时间；

LT_i——i 节点的最迟时间；

LT_j——j 节点的最迟时间

D_{i-j}——$i-j$ 工作的持续时间；

ES_{i-j}——$i-j$ 工作的最早开始时间；

LS_{i-j}——$i-j$ 工作的最迟开始时间；

EF_{i-j}——$i-j$ 工作的最早完成时间；

LF_{i-j}——$i-j$ 工作的最迟完成时间；

TF_{i-j}——$i-j$ 工作的总时差；

FF_{i-j}——$i-j$ 工作的自由时差。

① 工作最早开始时间的计算，是指各紧前工作全部完成后，本工作有可能开始的最早时刻。工作 $i-j$ 的最早开始时间 ES_{i-j} 的计算应符合下列规定。

a. 工作 $i-j$ 的最早开始时间 ES_{i-j} 应从网络计划的起点节点开始，顺箭线方向依次逐项计算；

b. 以起点节点为完成节点的工作 $i-j$，当规定其最早开始时间 ES_{i-j} 时，其值应等于零，即 $ES_{i-j}=0(i=1)$。

c. 当工作只有一项紧前工作时，其最早开始时间应为

$$ES_{i-j}=ES_{h-i}+D_{h-i}$$

d. 当工作有多个紧前工作时，其最早开始时间应为

$$ES_{i-j}=\max\{ES_{h-i}+D_{h-i}\}$$

② 工作最早完成时间的计算。工作最早完成时间是指各紧前工作完成后，本工作有可能完成的最早时刻。工作 $i-j$ 的最早完成时间 EF_{i-j} 应按下式计算：

$$EF_{i-j}=ES_{i-j}+D_{i-j}$$

③ 网络计划工期的计算。

计算工期 T_c 是指根据时间参数计算得到的工期，它应按下式计算：

$$T_c=\max\{EF_{i-n}\}$$

网络计划的计划工期是指按要求工期和计算工期确定的作为实施目标的工期。其计算

应按下述规定。

规定了要求工期 T_r 时　　　　$T_p \leqslant T_r$

当未规定要求工期时　　　　$T_p = T_c$

④ 工作最迟时间的计算。

a. 工作最迟完成时间的计算，是指在不影响整个任务按期完成的前提下，工作必须完成的最迟时刻。

工作 $i-j$ 的最迟完成时间 LF_{i-j} 应从网络计划的终点节点开始，逆着箭线方向依次逐项计算。

以终点节点($j=n$)为箭头节点的工作最迟完成时间 LF_{i-n}，应按网络计划的计划工期 T_{p} 确定，即

$$LF_{i-n} = T_{\mathrm{p}}$$

其他工作 $i-j$ 的最迟完成时间 LF_{i-j} 应按下式计算：

$$LF_{i-j} = \min\{LF_{j-k} - D_{j-k}\}$$

b. 工作最迟开始时间的计算，是指在不影响整个任务按期完成的前提下，工作必须开始的最迟时刻。

工作 $i-j$ 的最迟开始时间应按下式计算：

$$LS_{i-j} = LF_{i-j} - D_{i-j}$$

⑤ 工作总时差的计算。工作总时差是指在不影响总工期的前提下，本工作可以利用的机动时间。该时差应按下式计算：

$$TF_{i-j} = LS_{i-j} - ES_{i-j}$$

或

$$TF_{i-j} = LF_{i-j} - EF_{i-j}$$

⑥ 工作自由时差的计算。工作自由时差是指在不影响其紧后工作最早开始时间的前提下，本工作可以利用的机动时间。工作 $i-j$ 的自由时差 FF_{i-j} 的计算应符合下列规定。

a. 当工作 $i-j$ 有紧后工作 $j-k$ 时，其自由时差应为

$$FF_{i-j} = ES_{j-k} - ES_{i-j} - D_{i-j}$$

或

$$FF_{i-j} = ES_{j-k} - EF_{i-j}$$

b. 以终点节点为箭头节点的工作，其自由时差 FF_{i-j} 应按网络计划的计划工期 T_{p} 确定，即

$$FF_{i-n} = T_{\mathrm{p}} - ES_{i-n} - D_{i-n}$$

或

$$FF_{i-n} = T_{\mathrm{p}} - EF_{i-n}$$

特别提示

求最早开始时间：受开始节点时间的限制，从开始节点出发沿箭头方向自左向右线作加法，即：沿线累加，逢圈取大。

求最迟完成时间：受最终节点时间的限制，从最终节点逆箭头方向自右向左作减法，即：逆线累减，逢圈取小。

总时差是指该工作的最早可能开始时间到最迟必须结束时间之间的一段，再扣除该工作的持续时间后而剩余的时间。

自由时差是指一项工作的最早开始时间到其后续工作的最早开始时间，再扣除此工作的持续时间后而剩余的时间。

总时差为零的工作就是关键工作，由关键工作组成的线路是关键线路。

(3) 节点计算法有以下四种。

① 节点最早时间的计算。节点最早时间是指双代号网络计划中，以该节点为开始节点的各项工作的最早开始时间。

节点 i 的最早时间 ET_i 应从网络计划的起点节点开始，顺着箭线方向依次逐项计算，并应符合下列规定。

a. 起点节点 I 未规定最早时间 ET_i 时，其值应等于零，即

$$ET_i=0(i=1)$$

b. 当节点 j 只有一条内向箭线时，其最早时间为

$$ET_j=ET_i+D_{i-j}$$

c. 当节点 j 有多条内向箭线时，其最早时间 ET_j 应为

$$ET_j=\max\{ET_i+D_{i-j}\}$$

② 网络计划工期的计算。网络计划的计算工期按下式计算：$T_c=ET_n$

式中 ET_n——终点节点 n 的最早时间。

网络计划的计划工期 T_p 的确定与工作计算法相同。

③ 节点最迟时间的计算。节点最迟时间是指双代号网络计划中，以该节点为完成节点的各项工作的最迟完成时间。其计算应符合下述规定。

a. 节点 i 的最迟时间 LT_i 应从网络计划的终点节点开始，逆着箭线方向依次逐项计算，当部分工作分期完成时，有关节点的最迟时间必须从分期完成节点开始逆向逐项计算。

b. 终点节点 n 的最迟时间 LT_n 应按网络计划的计划工期 T_p 确定，即

$$LT_n=T_p$$

分期完成节点的最迟时间应等于该节点规定的分期完成时间。

c. 其他节点 i 的最迟时间 LT_i 应为

$$LT_i=\min\{LT_j-D_{i-j}\}$$

式中 LT_j——工作 $i-j$ 的箭头节点 j 的最迟时间。

④ 工作时间参数的计算。

a. 工作 $i-j$ 的最早开始时间 ES_{i-j} 的计算按下式计算：

$$ES_{i-j}=ET_i$$

b. 工作 $i-j$ 的最早完成时间按下式计算：

$$EF_{i-j}=ET_i+D_{i-j}$$

c. 工作 $i-j$ 最迟完成时间的计算：

$$LF_{i-j}=LT_j$$

d. 工作 $i-j$ 的最迟开始时间的计算：

$$LS_{i-j}=LT_j-D_{i-j}$$

e. 工作 $i-j$ 的总时差的计算：

$$TF_{i-j}=LT_j-ET_i-D_{i-j}$$

f. 工作 $i-j$ 的自由时差的计算：

$$FF_{i-j}=ET_j-Et_i-D_{i-j}$$

(4) 图上计算法。

图上计算法，是依据分析计算法的时间参数关系式，直接在网络图上进行计算的一种比较直观、简便的方法。

图中箭线下的数字代表该工作的持续时间；圆圈上边的数字分别表示该节点最早的时间和最迟的时间。

应用示例

图上作业法

已知图 3.74 网络计划，若计划工期等于计算工期，试用图上作业法计算时间参数，并找出关键线路。

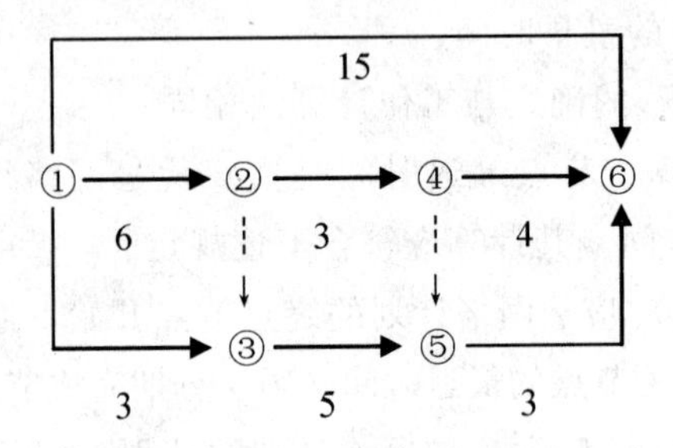

图 3.74 网络计划图

解： 说明

ES_{i-j}	EF_{i-j}	TF_{i-j}
LS_{i-j}	LF_{i-j}	FF_{i-j}

工作	ES	EF	TF	LS	LF	FF	持续时间
1—6	0	15	0	0	15	0	15
1—2	0	6	1	1	7	0	6
2—4	6	9	2	8	11	0	3
4—6	9	13	2	11	15	2	4
1—3	0	3	4	4	7	3	3
3—5	6	11	1	7	12	0	5
5—6	11	14	1	12	15	1	3

$T_p=T_c=15$天

特别提示

① 计算前根据图例确定每个时间参数所标注的位置。可根据概念列出公式计算每一个数字。
② 关键线路上，总时差等于自由时差等于0。
③ 图上计算法与其他方法相比，更直观、简便、应熟练掌握。

(5) 表上计算法。

表上计算法是依据分析计算法所求出的时间关系式，用表格形式进行计算的一种方法。在表上应列出拟计算的工作名称，各项工作的持续时间以及所求的各项时间参数。

4. 双代号时标网络计划

1) 双代号时标网络计划的概念

双代号时标网络计划是以时间坐标为尺度绘制的网络计划，它具有横道计划图的直观性，工作间不仅逻辑关系明确，而且时间关系也一目了然。采用时标网络计划为施工管理进度的调整与控制，以及进行资源优化，提供了便利。时标网络计划适用于编制工作项目较少，工艺过程较简单的施工计划。对于大型复杂的工程，可先编制总的施工网络计划，然后根据工程的性质，所需网络计划的详细程度，每隔一段时间对下段时间应施工的工程区段绘制详细的时标网络计划。

2) 双代号时标网络计划的特点

图 3.75 为一项双代号时标网络计划，其特点如下。

(1) 时标网络计划中，箭线的长短与时间有关。

(2) 可直接显示各工作的时间参数和关键线路，不必计算。

(3) 由于受到时间坐标的限制，所以时标网络计划不会产生闭合回路。

(4) 可以直接在时标网络图的下方绘出资源动态曲线，便于分析，平衡调度。

(5) 由于箭线的长度和位置受时间坐标的限制，因而调整和修改不太方便。

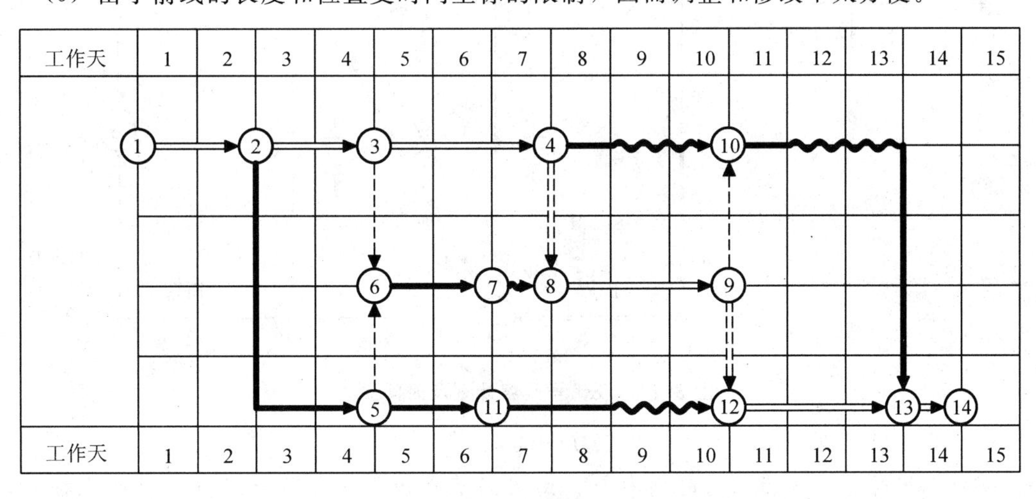

图 3.75 时标网络计划

3) 时标网络计划的绘制

(1) 时标网络计划的绘制要求、方法和步骤如下。

时标网络计划的绘制要求有以下三点。

① 双代号时标网络计划必须以水平时间坐标为尺度表示工作时间。时标的时间单位应根据需要在编制网络计划之前确定，可为时、天、周、月或季。

② 时标网络计划应以实箭线表示工作，以虚箭线表示虚工作，以波形线表示工作的自由时差。

③ 时标网络计划中所有符号在时间坐标上的水平投影位置，都必须与其时间参数相对应。节点中心必须对准相应的时标位置。虚工作必须以垂直方向的虚箭线表示，有自由时差加波形线表示。

（2）时标网络计划的绘制方法。

时标网络计划一般按工作的最早开始时间绘制。其绘制方法有间接绘制法和直接绘制法。

① 间接绘制法，是先计算网络计划的时间参数，再根据时间参数在时间坐标上进行绘制的方法。其绘制步骤和方法如下：先绘制双代号网络图，计算时间参数，确定关键工作及关键线路；根据需要确定时间单位并绘制时标横轴；根据工作最早开始时间或节点的最早时间确定各节点的位置；依次在各节点间绘制箭线及时差，绘制时宜先画关键工作、关键线路，再画非关键工作，如箭线长度不足以达到工作的完成的节点时，用波形线补足，箭头画在波形线与节点连接处；用虚箭线连接各有关节点，将有关的工作连接起来。

【例 3 - 13】 试将图 3.76 双代号网络计划绘制成时标网络计划。

解：

（1）计算网络计划的时间参数，如图 3.76 所示。

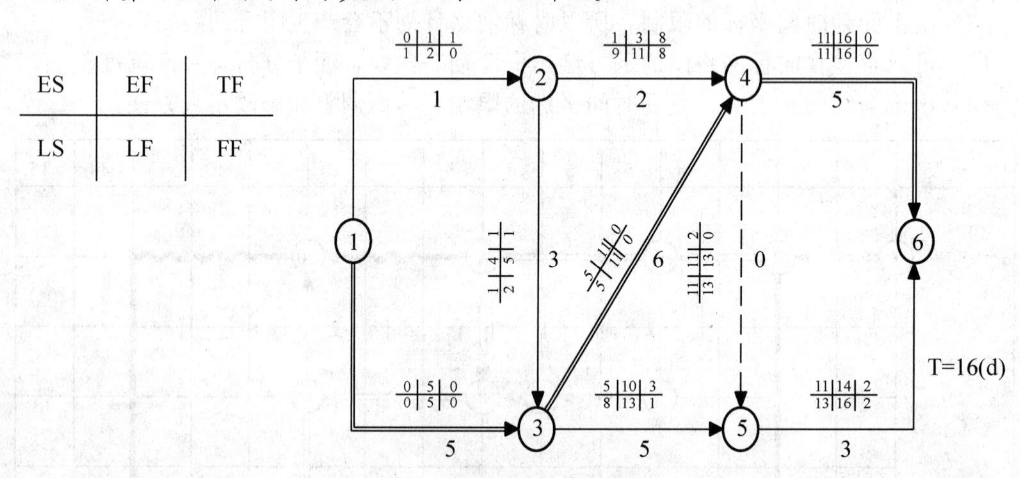

图 3.76 双代号网络计划及时间参数

（2）建立时间坐标体系，如图 3.77 所示。

（3）根据时标网络计划的时间参数，由起点节点依次将各节点定位于时间坐标的纵轴上，

并绘出各节点的箭线及时差。如图 3.78、图 3.79 所示。

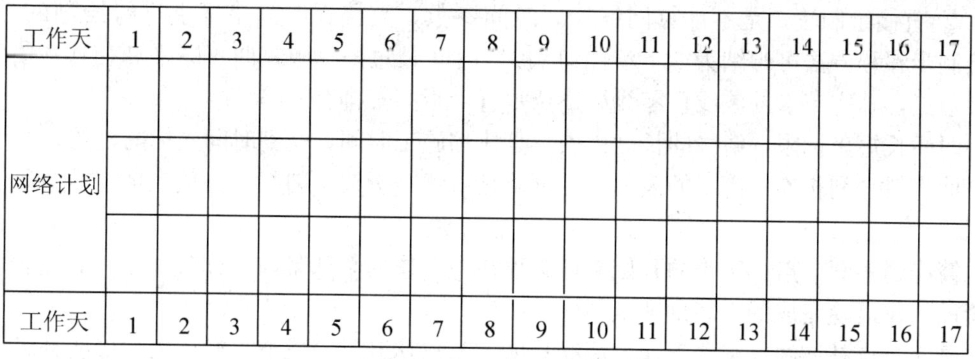

工作天	1	2	3	4	5	6	7	8	9	10	11	12	13	14	15	16	17
网络计划																	
工作天	1	2	3	4	5	6	7	8	9	10	11	12	13	14	15	16	17

图 3.77 时间坐标体系

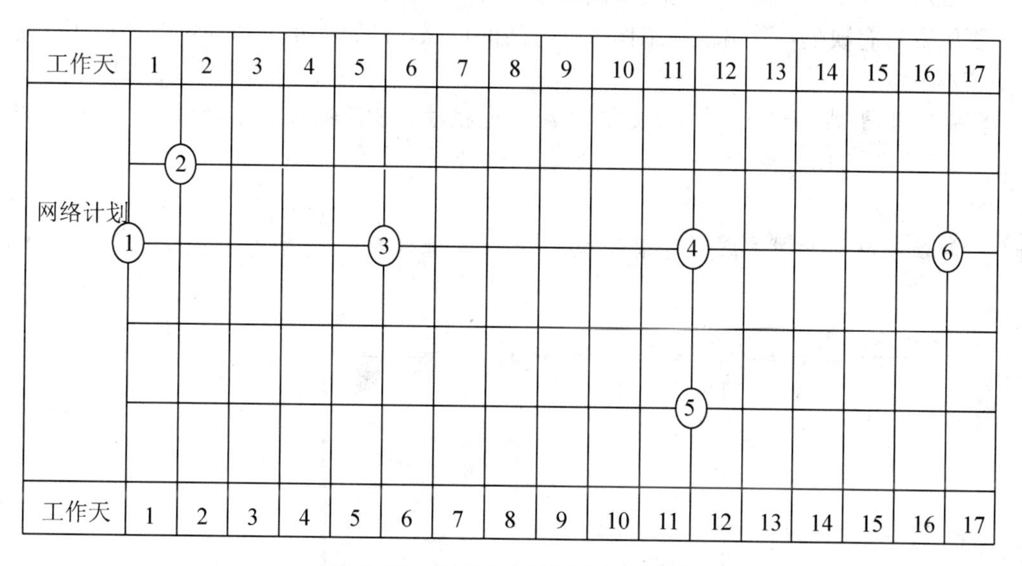

图 3.78 各节点在时标图中的位置

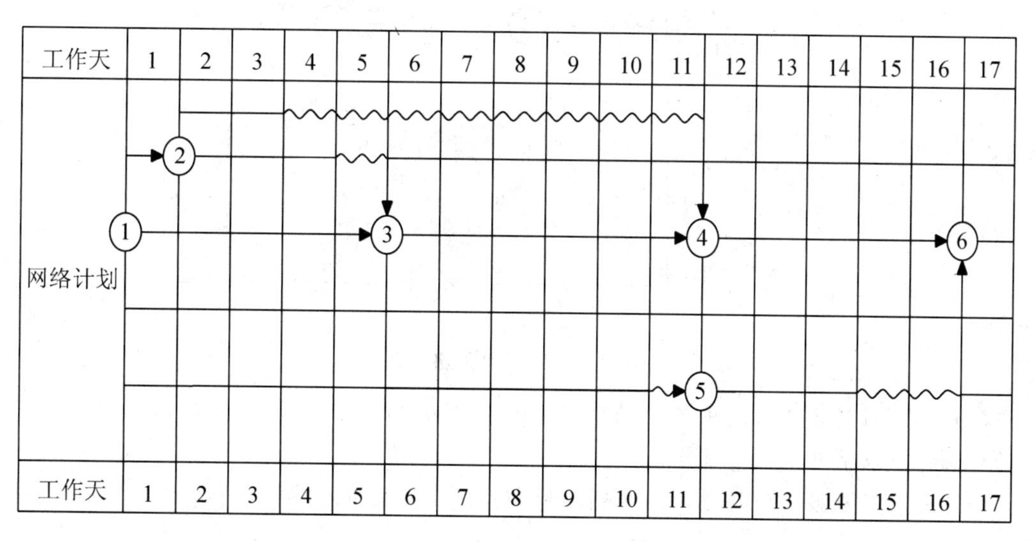

图 3.79 时标网络计划

② 直接绘制法，是不计算网络计划时间参数，直接在时间坐标上进行绘制的方法。其绘制步骤和方法可归纳为如下绘图口诀："时间长短坐标限，曲直斜平利相连；箭线到齐画节点，画完节点补波线；零线尽量拉垂直，否则安排有缺陷。"

时间长短坐标限：箭线的长度代表着具体的施工时间，受到时间坐标的制约。

曲直斜平利相连：箭线的表达方式可以是直线、折线、斜线等，但布图应合理，直观清晰。

箭线到齐画节点：工作的开始节点必须在该工作的全部紧前工作都画出后，定位在这些紧前工作最晚完成的时间刻度上。

画完节点补波线：某些工作的箭线长度不足以达到其完成节点时，用波形线补足。

零线尽量拉垂直：虚工作持续时间为零，应尽可能让其为垂直线。

否则安排有缺陷：若出现虚工作占据时间的情况，其原因是工作面停歇或施工作业队组工作不连续。

【例 3-14】 某工程有 A、B、C 三个施工过程，分 3 段施工，各施工过程的流水节拍为 $t_A=3d$，$t_B=1d$，$t_C=2d$。试绘制其时标网络计划。

解：

(1) 绘制双代号网络图，如图 3.80 所示。其关键线路为①→②→③→⑦→⑨→⑩，工期为 12d。

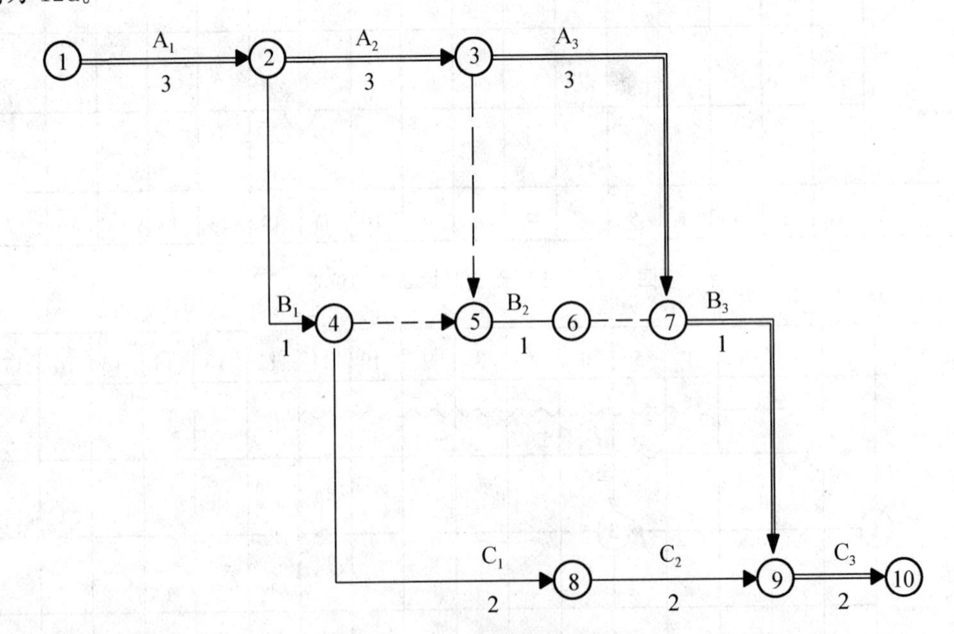

图 3.80 双代号网络计划

(2) 绘制时标表，将起点节点①节点定位于起始刻度线上，按工作持续时间做出①节点的外向箭线及箭头节点②节点，如图 3.81 所示。

(3) 由②节点按工作持续时间绘制其外向箭线及箭头节点③节点和④节点，如图 3.82 所示。

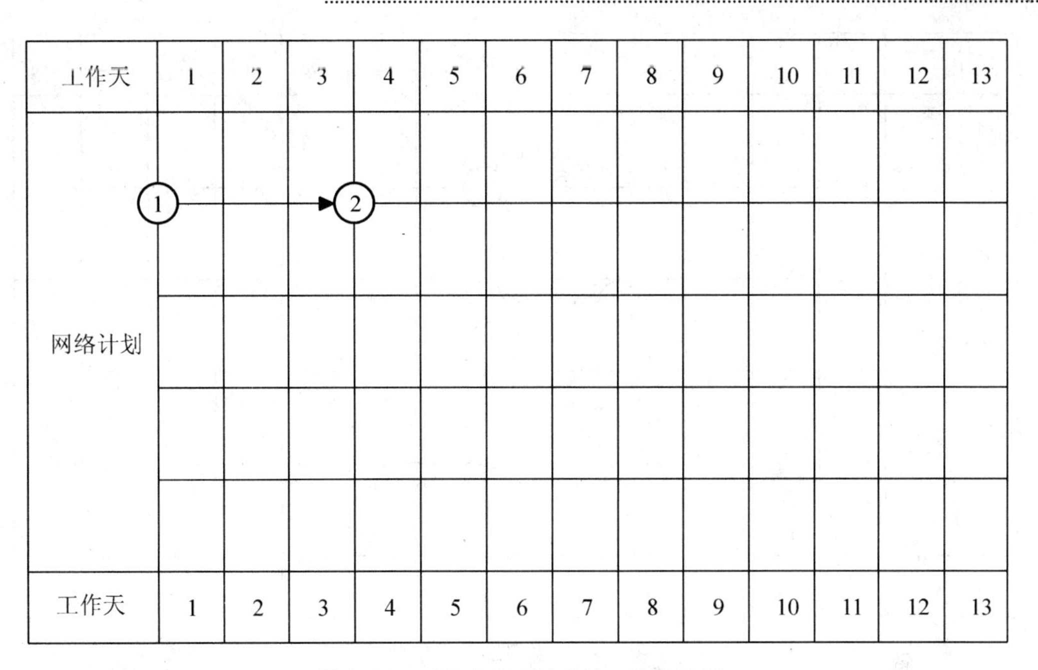

图 3.81 时标坐标系及起始工作的绘制

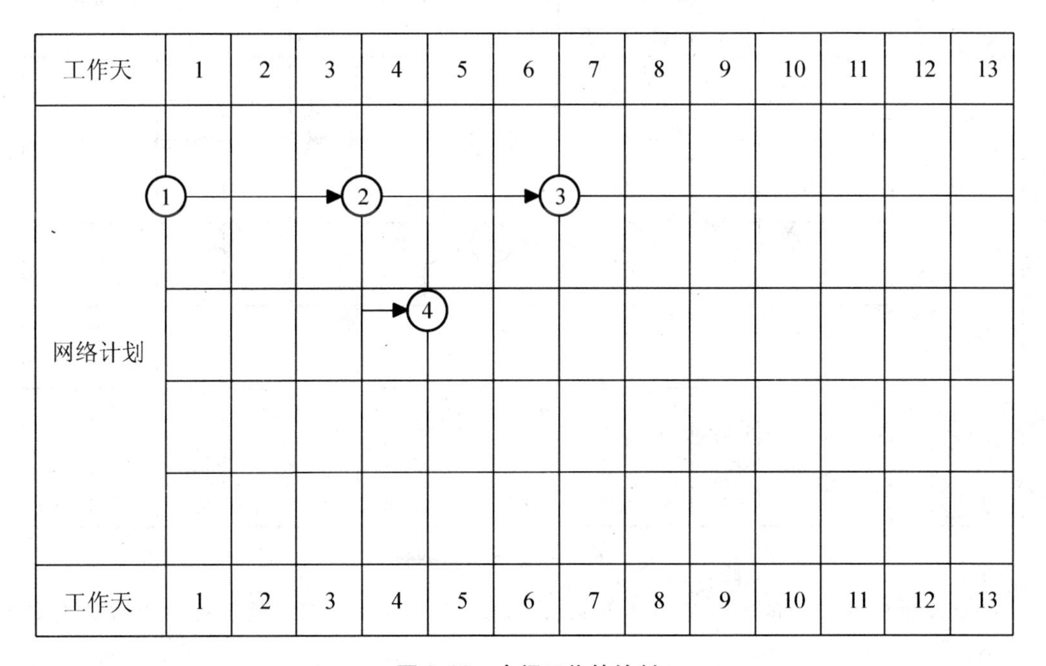

图 3.82 中间工作的绘制

(4) 由③节点绘制③→⑦箭线，由③、④节点分别绘制③→⑤和④→⑤两项虚工作，其共同的结束节点为⑤节点。④→⑤工作间的箭线绘制成波形线，如图 3.83 所示。

(5) 由⑤节点绘制⑤→⑥箭线，由⑥节点绘制⑥→⑧箭线，其中⑧节点定位于④→⑧与⑥→⑧工作最迟完成的箭线箭头处，如图 3.84 所示。

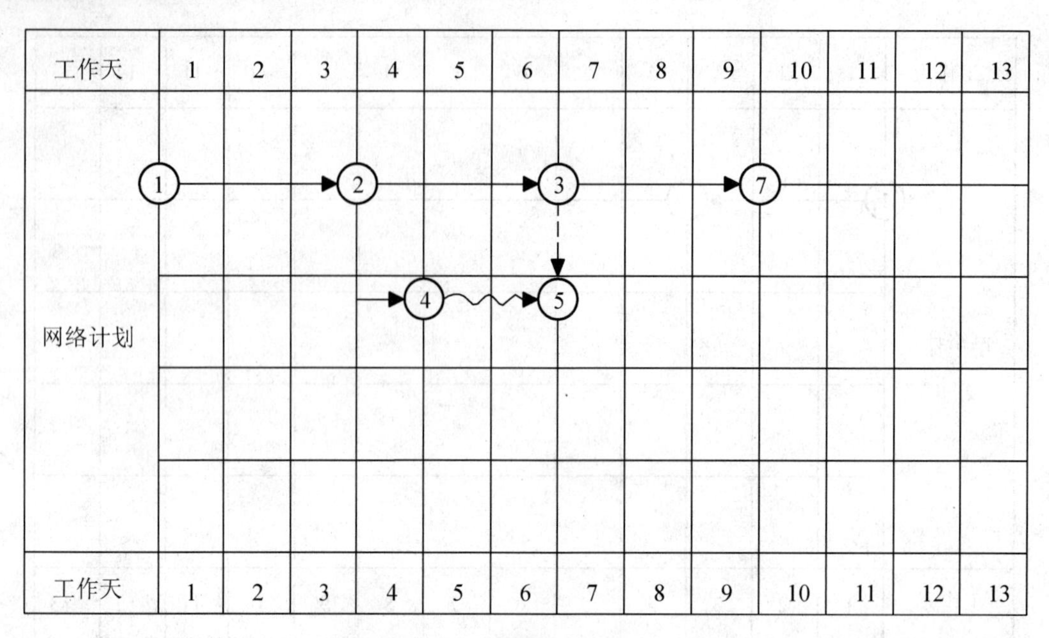

图 3.83　中间工作的绘制

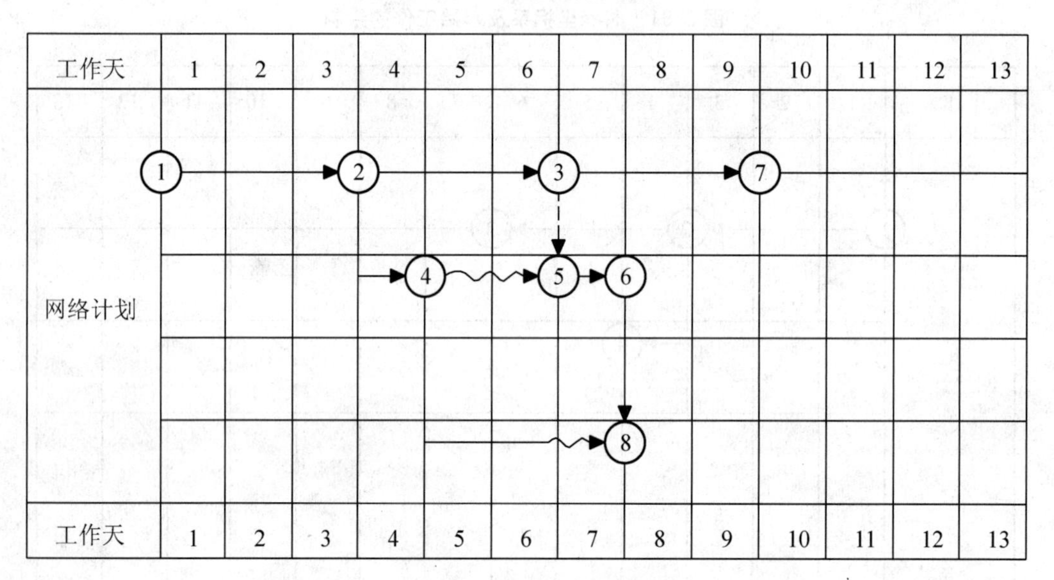

图 3.84　中间工作的绘制

（6）按上述方法，依次确定其余节点及箭线，得到如图 3.85 所示的该工程的时标网络计划图。

（3）双代号时标网络计划的绘制步骤。

时标网络计划宜按最早时间编制。编制时标网络计划之前应先按已确定的时间单位绘出时标计划表。时标可标注在时标计划表的顶部或底部。时标的长度单位必须注明。必要时可在顶部时标之上或底部时标之下加注日历的对应时间。

时标计划表中部的刻度线宜为细线。为使图面清楚，此线可以不画或少画。编制时标网络计划应先绘制无时标网络计划草图，然后按以下两种方法之一进行。

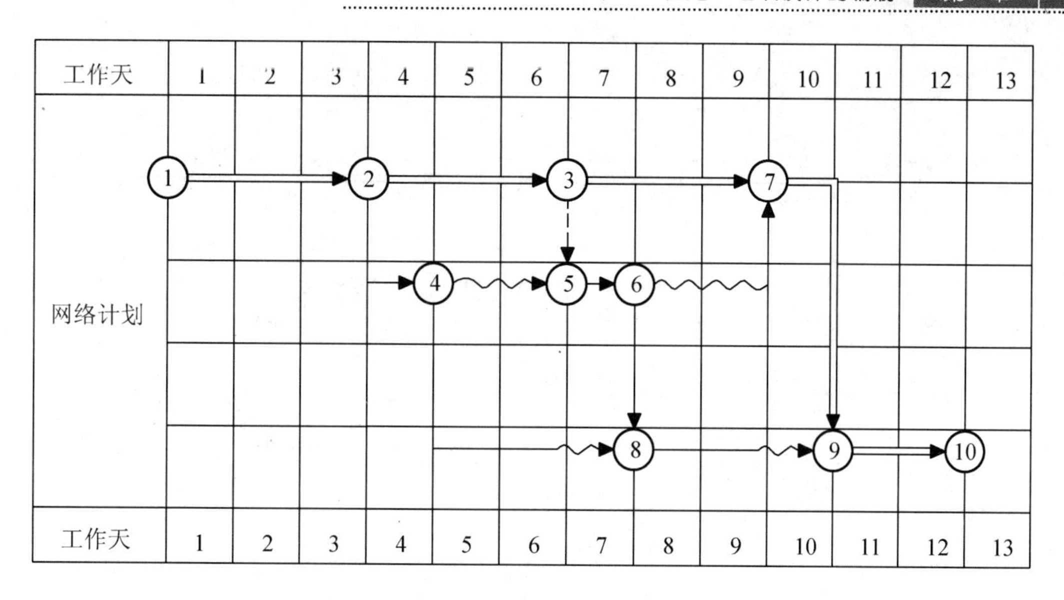

图 3.85 中间工作的绘制

① 先计算网络计划的时间参数，再根据时间参数按草图在时标计划表上进行绘制。

② 不计算网络计划时间参数，直接按草图在时标计划表上绘制。用先计算后绘制的方法时，应先将所有节点按其最早时间定位在时标计划表上，再用规定线型绘出工作及其自由时差，形成时标网络计划图。不经计算直接按草图绘制时标网络计划，应按下列方法逐步进行：将起点节点定位在时标计划表的起始刻度线上；按工作持续时间在时标计划表上绘制起点节点的外向箭线；除起点节点以外的其他节点必须在其所有内向箭线绘出以后定位在这些内向箭线最早完成时间最迟的箭线末端，其他内向箭线长度不足以到达该节点时，用波形线补足；用上述方法自左至右依次确定其他节点位置，直至终点节点定位绘完。

4）时标网络计划关键线路与时间参数的判定

（1）关键线路的判定。

在时标图中，自起点节点至终点节点的所有线路中，未出现波形线的线路，即为关键线路。关键线路应用双线、粗线等加以明确标注。

（2）时间参数的确定。

① 工期的确定。时标网络计划的计算工期，应视其终点节点与起点节点所在位置的时标值之差。

② 工作最早开始时间和完成时间。

工作箭线左端节点中心所对应的时标值即为该工作的最早开始时间。图 3.86 中①→②工作的最早开始时间为 0，②→③，②→④工作的最早开始时间为 3，以此类推。

最早完成时间的判定方法有两种。

a. 当工作箭线右端无波形线，则该箭线右端节点中心所对应的时标值即为该工作的最早完成时间。图 3.86 中①→②工作的最早完成时间为 3，②→④工作的最早完成时间为 4 等。

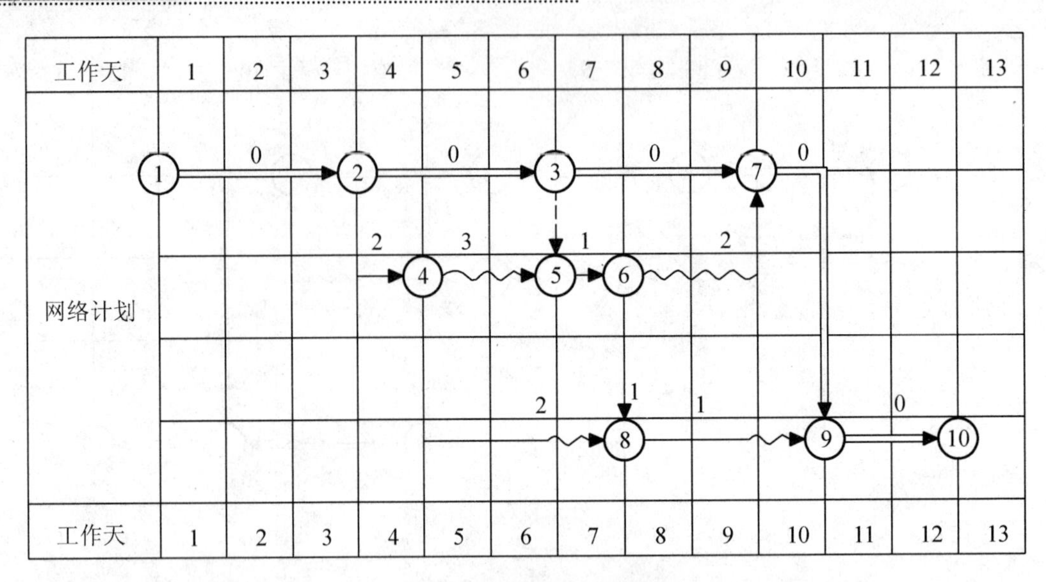

图 3.86　时标网络计划

b. 当工作箭线右端有波形线时，则该箭线无波形线部分的右端所对应的时标值为该工作的最早完成时间。图 3.86 中④→⑧工作的最早完成时间为 6，⑧→⑨工作的最早完成时间为 9 等。

③ 工作的自由时差。工作的自由时差即为时标图中波形线的水平投影长度。如图 3.86 中④→⑤工作的自由时差为值为 2，⑧→⑨工作的自由时差值为 1 等。

④ 工作的总时差。工作的总时差逆箭线由终止工作向起始工作逐个推算。

a. 当只有一项紧后工作时，该工作的总时差等于其紧后工作的总时差与本工作的自由时差之和。

b. 当有多项紧后工作时，该工作的总时差等于其所有紧后工作总时差的最小值与本工作自由时差之和。

⑤ 工作最迟开始和完成时间。工作的最迟开始和完成时间，可由最早时间推算。如图 3.86 所示，②→④工作的最迟开始时间为 3＋2＝5，其最迟完成时间为 4＋2＝6。④→⑧工作的最迟开始时间为 4+2=6，其最迟完成时间为 6+2=8。

5. 网络计划的优化

网络计划的绘制和时间参数的计算，只是完成网络计划的第一步，得到的只是计划的初始方案，是一种可行方案，但不一定是最优方案。由初始方案形成最优方案，既要对网络计划进行优化。

网络计划的优化，就是在满足既定约束条件下，按某一目标，通过不断改进网络计划寻求满意方案。

网络计划的优化目标应按计划任务的需要和条件选定，一般有工期目标、费用目标和资源目标等。网络计划的优化，按其优化达到的目标不同，一般分为工期优化、费用优化、资源优化。

1）工期优化

是指在一定约束条件下，按合同工期目标，通过延长或缩短计算工期以达到合同工期的目标。目的是使网络计划满足工期，保证按期完成任务。

(1) 计算工期大于合同工期时，可通过压缩关键工作的时间，满足合同工期，与此同时必须相应增加被压缩作业时间的关键工作的资源需要量。

由于关键线路的缩短，次关键线路可能转化为关键线路，即有时需要同时缩短次关键线路上有关工作的作业时间，才能达到合同工期的要求。

优化步骤：①计算并找出网络计划中的关键线路及关键工作；②计算工期与合同工期对比，求出应压缩的时间；③确定各关键工作能压缩的作业时间；④选择关键工作，压缩其作业时间，并重新计算网络计划的工期。

选择压缩作业时间的关键工作应考虑以下因素：①备用资源充足；②压缩作业时间对质量和安全影响较小；③压缩作业时间所需增加的费用最少；④通过上述步骤，若计算工期仍超过合同工期，则重复以上步骤直到满足工期要求；⑤当所有关键工作的作业时间都已达到其能缩短的极限而工期仍不满足要求时，应对计划的技术、组织方案进行调整或对合同工期重新审定。

【例 3-15】 已知某工程双代号网络计划如图 3.87 所示，图中箭线上下方标注内容，箭线上方括号外为工作名称，括号内为优选系数；箭线下方括号外为工作正常持续时间，括号内为最短持续时间。先假定要求工期为 30 天，试对其进行工期优化。

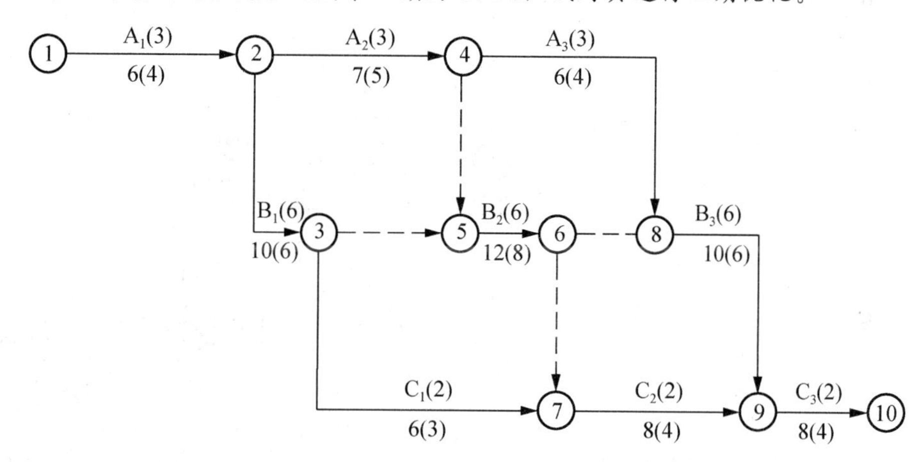

图 3.87 某工程双代号网络计划

解： 该工程双代号网络计划工期优化可按以下步骤进行。

(1) 用简捷方法计算工作正常持续时间时，网络计划的时间参数如图 3.87 所示，标注工期、关键线路，其中关键线路用粗箭线表示。计算工期 $T_c=46$(天)。

(2) 按要求工期 T_c 计算应缩短的时间 ΔT。

$$\Delta T=T_c-T_r=46-30=16(\text{天})$$

(3) 选择关键路线上优选系数较小的工作，依次进行压缩，直到满足要求工期，每次压缩后的网络计划如图 3.89～图 3.94 所示。

① 第一次压缩，根据图 3.88 中数据，选择关键线路上优选系数最小的工作为 9—10 工作，可压缩 4 天，压缩后网络计划如图 3.89 所示。

② 第二次压缩，根据图 3.89 中数据，选择关键线路上优选系数最小的工作为 1—2 工作，可压缩 2 天，压缩后网络计划如图 3.90 所示。

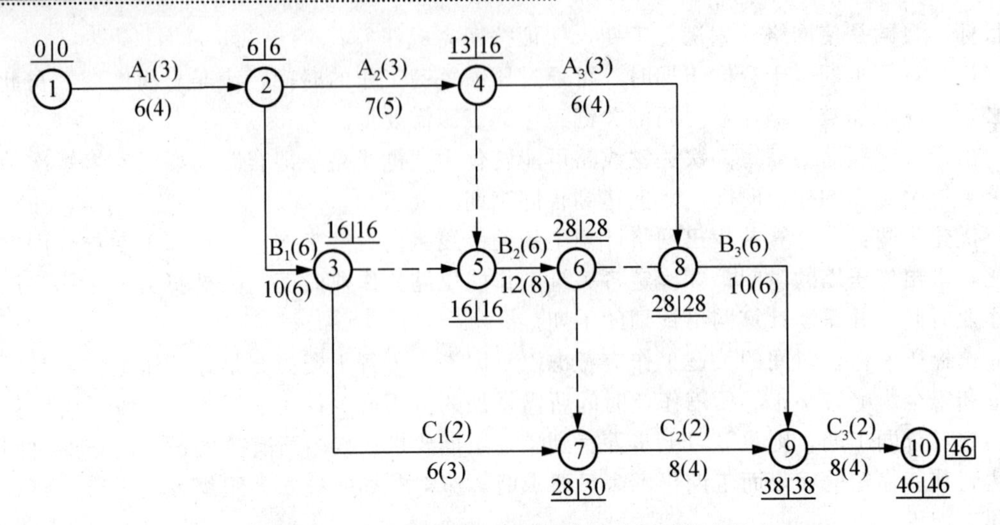

图 3.88 简捷计算法确定初始网络计划时间参数

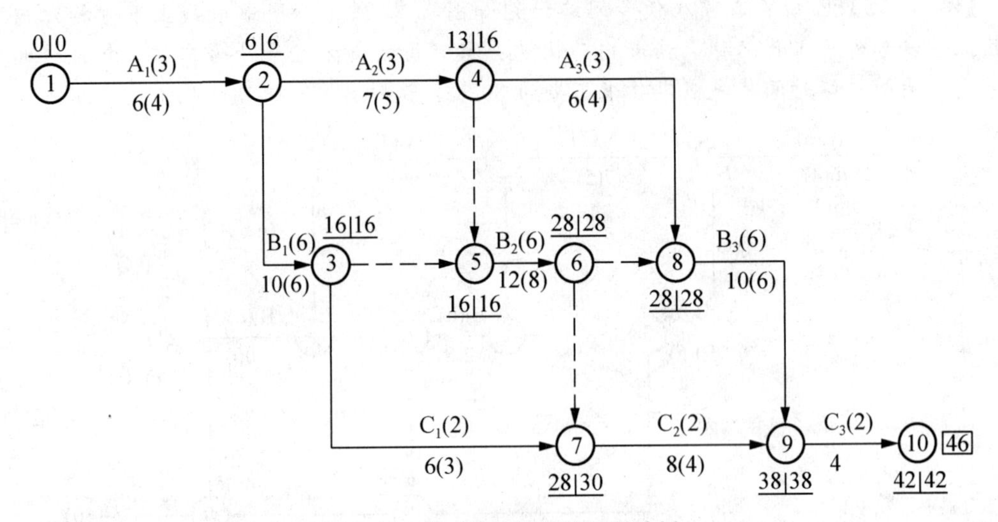

图 3.89 第一次压缩后的网络计划

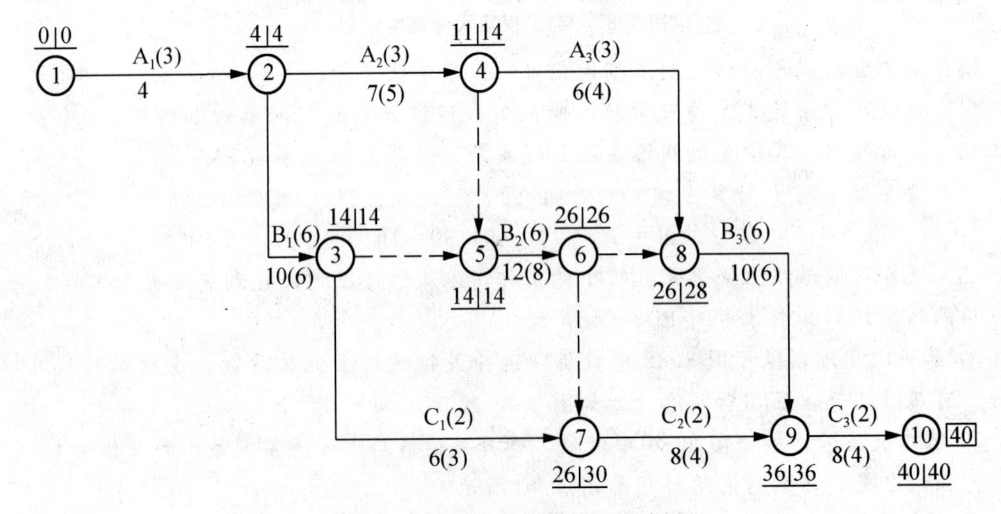

图 3.90 第二次压缩后的网络计划

③ 第三次压缩，根据图3.90中的数据，选择关键线路上优选系数最小的工作为2—3工作，可压缩3天，则2—4工作也成为关键工作，压缩后网络计划如图3.91所示。

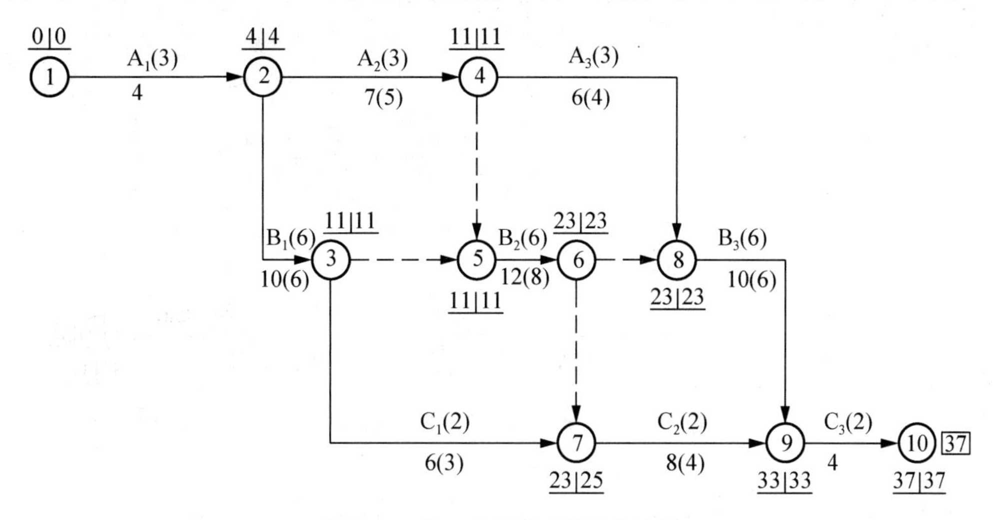

图3.91 第三次压缩后的网络计划

④ 第四次压缩，根据图3.91中数据，选择关键线路上优选系数最小的工作为5—6工作，可压缩4天，压缩后网络计划如图3.92所示。

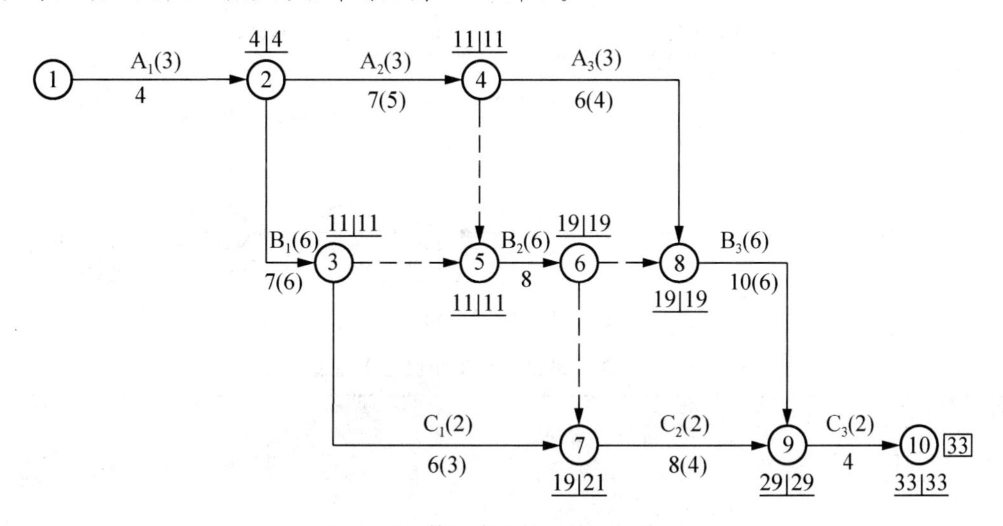

图3.92 第四次压缩后的网络计划

⑤ 第五次压缩，根据图3.92中数据，选择关键线路上优选系数最小的工作为8—9工作，可压缩2天，则7—9工作也成为关键工作，压缩后网络计划如图3.93所示。

⑥ 第六次压缩，根据图3.93中数据，选择关键线路上组合优选系数最小的工作为8—9和7—9工作，只需压缩1天，则共计压缩16天，压缩后网络计划如图3.94所示。

通过六次压缩，工期达到30天，满足要求的工期规定。其优化压缩过程见表3-28。

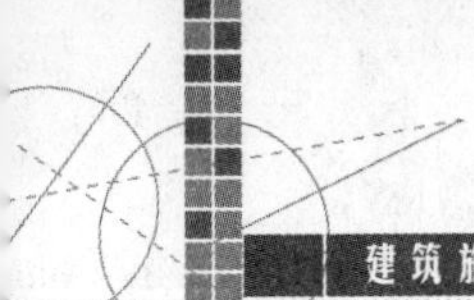

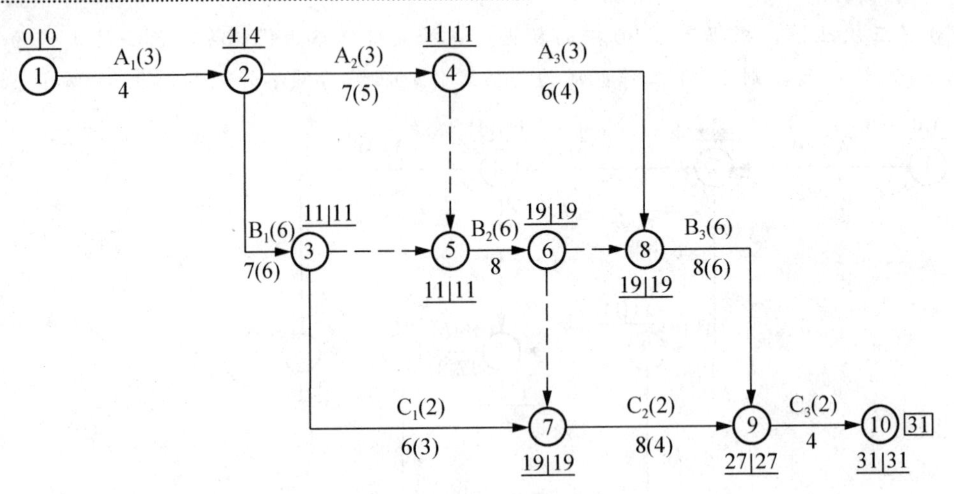

图 3.93 第五次压缩后的网络计划

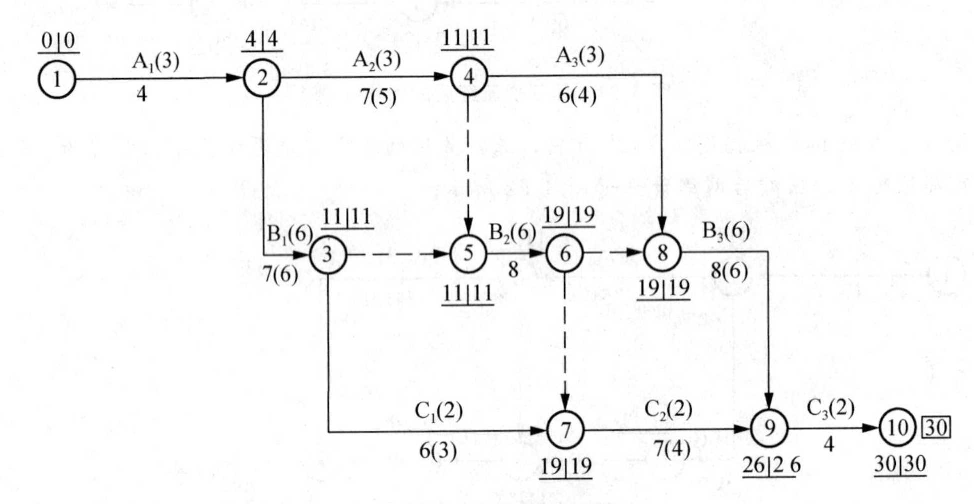

图 3.94 优化网络计划

表 3-28 某工程网络计划工期优化压缩过程表

优化次数	压缩工序	组合优选系数	压缩天数/天	工期/天	关键工作
0				46	①-②-③-⑤-⑥-⑧-⑨-⑩
1	⑨-⑩	2	4	42	①-②-③-⑤-⑥-⑧-⑨-⑩
2	①-②	3	2	40	①-②-③-⑤-⑥-⑧-⑨-⑩
3	②-③	6	3	37	①-②-③-⑤-⑥-⑧-⑨-⑩、②-④-⑤
4	⑤-⑥	6	4	33	①-②-③-⑤-⑥-⑧-⑨-⑩、②-④-⑤
5	⑧-⑨	6	2	31	①-②-③-⑤-⑥-⑧-⑨-⑩、②-④-⑤、⑥-⑦-⑨
6	⑧-⑨、⑦-⑨	8	1	30	①-②-③-⑤-⑥-⑧-⑨-⑩、②-④-⑤、⑥-⑦-⑨

(2) 若计算工期小于合同工期不多或两者相等，一般可不必优化。

(3) 若计算工期小于合同工期较多，则宜进行优化。具体优化方法是：首先延长个别关键工作的持续时间，相应变化非关键工作的时差；然后重新计算各工作的时间参数，反复进行，直至满足合同工期为止。

2) 费用优化

是通过不同工期及其相应工程费用的比较，寻求与工程费用最低相对应的最优工期。费用优化又叫工期-成本优化。

(1) 工程成本与工期的关系。

工程成本由直接费和间接费组成。直接费包括人工费、材料费和机械费。采用不同的施工方案，工期不同，直接费也不同。间接费包括施工组织管理的全部费用，他与施工单位的管理水平、施工条件、施工组织等有关。在一定时间范围内，工程直接费随着工期的增加而减小，间接费则随着工期的增加而增大，如图 3.95 所示。

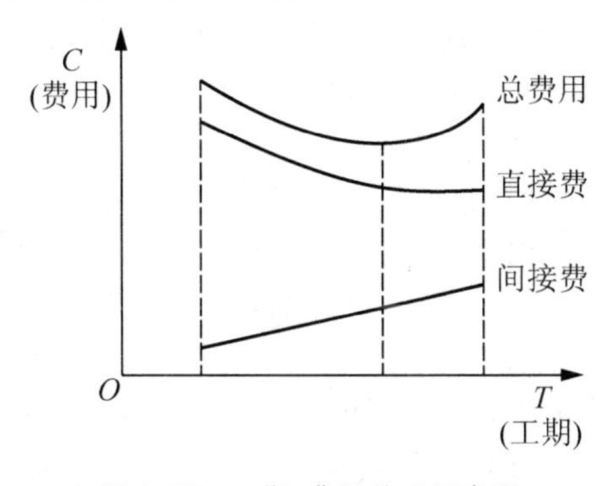

图 3.95 工期-费用关系示意图

图 3.95 中总成本曲线是将不同工期的直接费与间接费叠加而成。总成本曲线最低点所对应的工期，成为最优工期，工期-成本优化，就是寻求最低成本时的最优工期。

如图 3.96 中直接费用在一定范围内和时间成反比关系的曲线，因施工时要缩短时间，须采取加班加点多班制作业，增加许多非熟练工人，并且增加机械设备和材料，照明费用等，所以直接费用也随之增加，然而工期缩短存在着一个极限，也就是无论增加多少直接费，也不能再缩短工期。此极限称为临界点，此时的时间为最短工期，此时费用叫做最短时间直接费。反之，若延长时间，则可减少直接费，然而时间延长至某一极限，则无论将

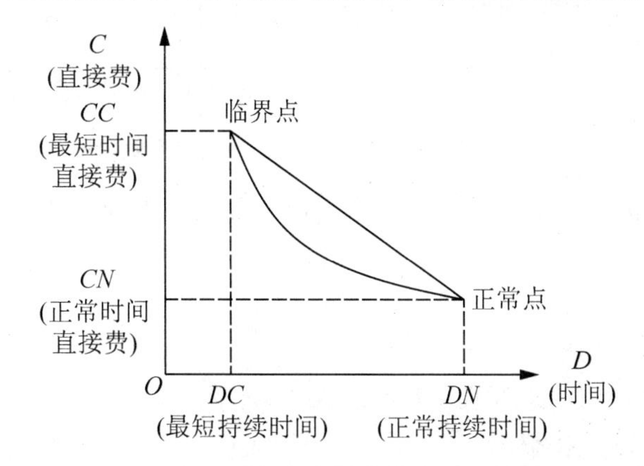

图 3.96 时间与直接费的关系示意图

工期延至多长，也不能再减少直接费。此极限称为正常点，此时的工期称为正常工期，此时的费用称为最低费用或称正常费用。

直接费用曲线实际上并不像图中那样圆滑，而是由一系列线段组成的折线，并且越接近最高费用(极限费用)，其曲线越陡。为了简化计算，一般将其曲线近似表示为直线，其斜率称为费用率，它的实际含义是表示单位时间内所需增加的直接费。在网络计划费用优化中，工作的持续时间和直接费之间的关系有两种情况。

① 连续型变化关系。在工作的正常持续时间与最短持续时间内，工作可逐天缩短，工作的直接费随工作持续时间的改变而改变，呈连续的直线、曲线或折线形式。工作与费用的这种关系，我们称之为连续型变化关系。在优化中，为简化计算，当工作持续时间与费用关系呈曲线或折线形式时，也近似表示为直线，如图 3.96 所示。

图 3.96 中直线的斜率称为直接费率，即每缩短单位工作持续时间所需增加的直接费，其值计算如下。

$$\Delta C_{i-j}=(CC_{i-j}-CN_{i-j})/(DN_{i-j}-DC_{i-j})$$

式中 CC_{i-j}——工作最短持续时间的直接费；

CN_{i-j}——工作正常持续时间的直接费；

DN_{i-j}——工作最短持续时间；

DC_{i-j}——工作正常持续时间。

根据上式可推算出在最短持续时间与正常持续时间内，任意一个持续时间的费用。网络计划中，关键工作的持续时间决定着计划的工期值，压缩工作持续时间，进行费用优化，正是从压缩直接费率最低的关键工作开始的。

② 非连续型变化关系。工作的持续时间和直接费呈非连续型变化关系，是指计划中二者的关系是相互独立的若干个点或短线，如图 3.97 所示。

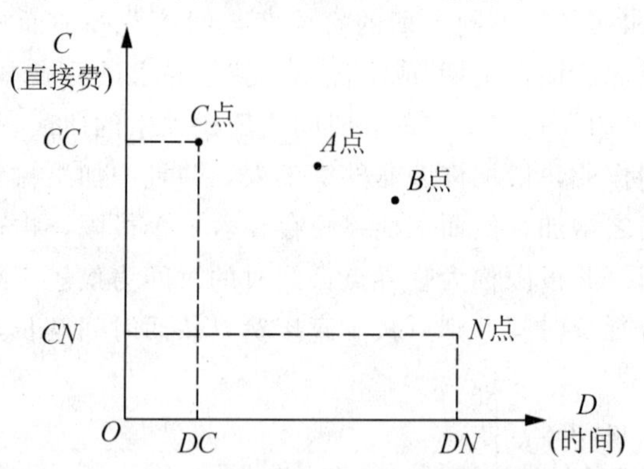

图 3.97 非连续型的时间—直接费关系示意图

这种关系多属于机械施工方案。当选用不同的施工方案时，产生不同的工期和费用，各方案之间没有任何关系。工作不能逐天缩短，只能在几个方案中进行选择。

(2) 费用优化计算步骤。

① 确定初始网络计划的关键线路，计算工期。

② 计算初始网络计划的工程直接费和总成本。

③ 计算各项工作的直接费率 ΔC_{i-j}。

④ 确定压缩方案，逐步压缩，寻求最优工期。

a. 当只有一条关键线路时，按各关键工作直接费率由低到高的次序，确定压缩方案。每一次的压缩值，应保证压缩的有效性，保证关键线路不会变成非关键线路。压缩之后，需重新绘制调整后网络计划，确定关键线路和工期，计算增加的直接费及相应的总成本。

b. 当有多条关键线路时，各关键线路应同时压缩。以关键工作的直接费率或组合直接费率由低到高的次序，确定依次压缩方案。

c. 将被压缩工作的直接费率或组合直接费率值与该计划的间接费率值进行比较，若等于间接费率，则已得到优化方案；若小于间接费率，则需继续压缩；若大于间接费率，则在此前小于间接费率的方案即为优化方案。

⑤ 绘出优化后的网络计划，计算优化后的总费用。

【例 3-16】 已知某工程计划网络如图 3.98 所示，图中箭线上方为工作的正常时间的直接费用和最短时间的直接费用(以万元为单位)，箭线下方为工作的正常持续时间和最短持续时间(天)。其中 2—5 工作的时间与直接费为非连续型变化关系，其正常时间及直接费用为(8 天，5.5 万元)，最短时间及直接费用为(6 天，6.2 万元)。整个工程计划的间接费率为 0.35 万元/天，最短工期时的间接费为 8.5 万元。试对此计划进行费用优化，确定工期费用关系曲线，求出费用最少的相应工期。

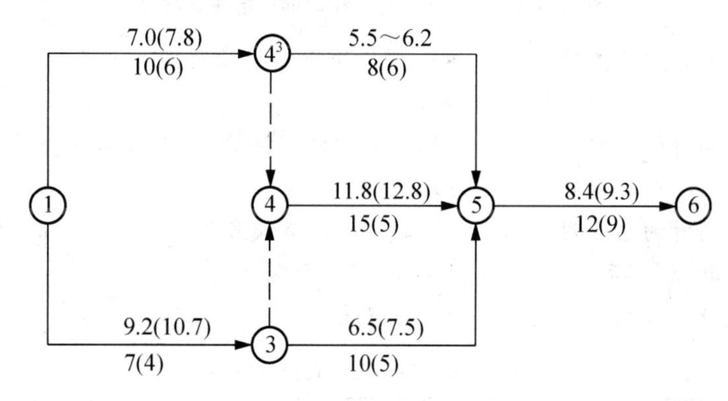

图 3.98 初始网络计划

解：(1) 按各项工作的正常持续时间，用简捷方法确定计算工期、关键线路、总费用，如图 3.99 所示。计算工期为 37 天，关键线路为 1—2—4—5—6。

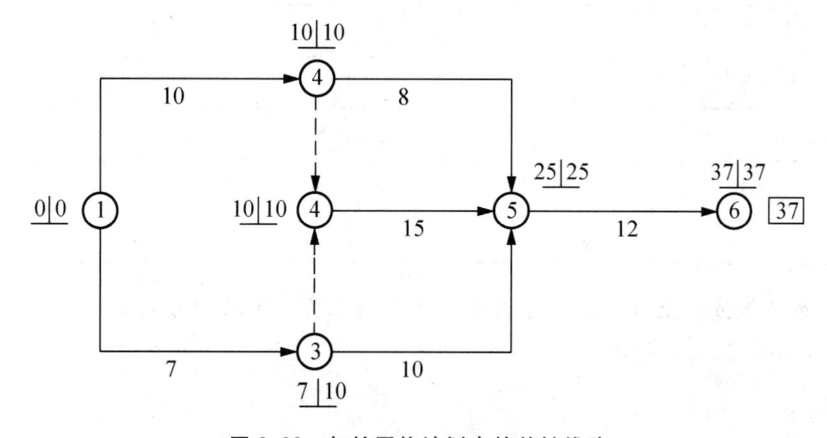

图 3.99 初始网络计划中的关键线路

按各项工作的最短持续时间，用简捷方法确定计算工期，如图 3.100 所示。计算工期为21天。

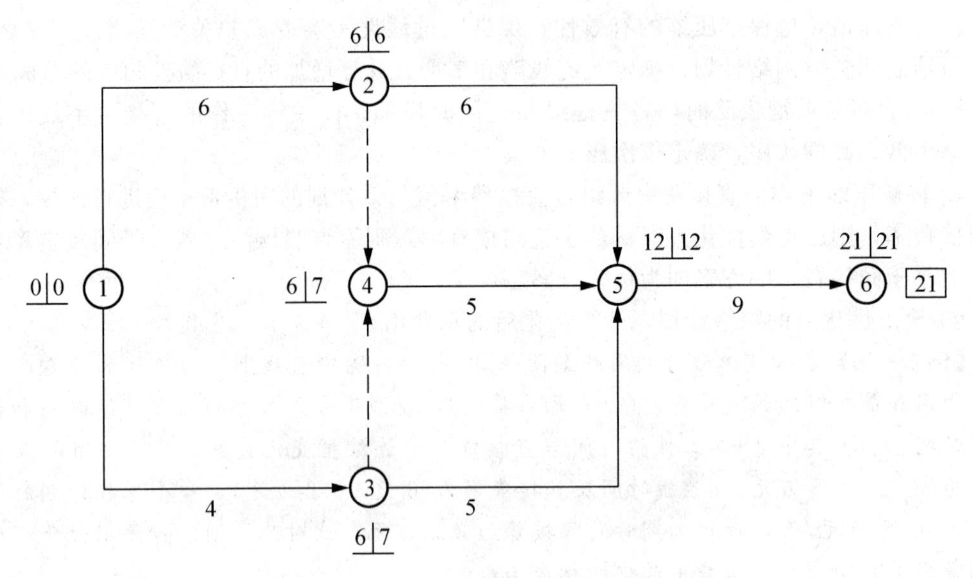

图 3.100 各工作最短持续时间时的关键线路

正常持续时间时的总直接费用＝各项工作的正常持续时间时的直接费用之和＝7.0＋9.2＋5.5＋11.8＋6.5＋8.4＝48.4(万元)。

正常持续时间时的总间接费用＝最短工期时的间接费＋(正常工期—最短工期)×间接费率＝8.5＋0.35×(37—21)＝14.1(万元)。

正常持续时间时的总费用＝正常持续时间时总直接费用＋正常持续时间时总间接费用＝48.4＋14.1＝62.5(万元)。

(2) 按公式计算各项工作的直接费率，见表 3－29。

表 3－29 各项工作直接费用率

工作代号	正常持续时间/天	最短持续时间/天	正常时间直接费用/万元	最短时间直接费用/万元	直接费用率/万元/天
①→②	10	6	7.0	7.8	0.2
①→③	7	4	9.2	10.7	0.5
②→⑤	8	6	5.5	6.2	
④→⑤	15	5	11.8	12.8	0.1
③→⑤	10	5	6.5	7.5	0.2
⑤→⑥	12	9	8.4	9.3	0.3

不断压缩关键线路上有压缩可能且费用最少的工作，进行费用优化，压缩过程的网络图如图 3.101～图 3.106 所示。

① 第一次压缩：从图3.100可知，该网络计划的关键线路上有3项工作，有3个压缩方案。

a. 压缩工作1—2，直接费用率为0.2万元/天。

b. 压缩工作4—5，直接费用率为0.1万元/天。

c. 压缩工作5—6，直接费用率为0.3万元/天。

在上述压缩方案中，由于工作4—5的直接率最小，故应选择工作4—5作为压缩对象。工作4—5的直接费率为0.1万元/天，小于间接费用率0.35万元/天，说明压缩工作4—5可以使工程总费用降低。将工作4—5的工作时间缩短7天，则工作2—5也成为关键工作，第一次压缩后的网络计划如图3.101所示。图中箭线上方的数字为工作的直接费用率(工作2—5除外)。

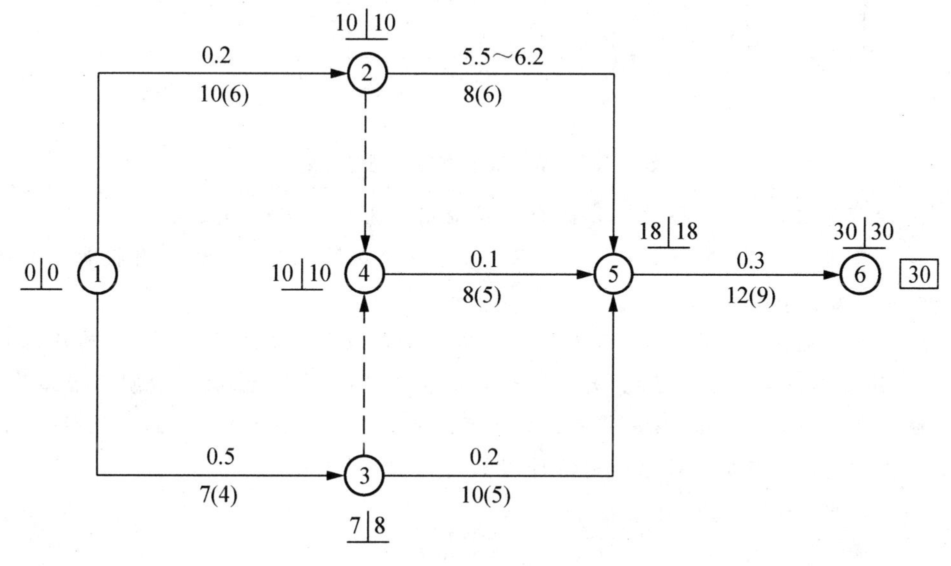

图3.101　第一次压缩后的网络计划

② 第二次压缩：从图3.101可知，该网络计划有2条关键线路，如图3.102所示，为了缩短工期，有以下两个压缩方案。

a. 压缩工作1—2，直接费用率为0.2万元/天。

b. 压缩工作5—6，直接费用率为0.3万元/天。

而同时压缩工作2—5和4—5，只能一次压缩2天，且经分析会使原关键线路变为非关键线路，故不可取。

上述两个压缩方案中，工作1—2的直接费用率较小，故应选择工作1—2为压缩对象。工作1—2的直接费用率为0.2万元/天，小于间接费率0.35万元/天，说明压缩工作1—2可使工程总费用降低，将工作1—2的工作时间缩短1天，则工作1—3和3—5也成为关键工作。第二次压缩后的网络计划如图3.102所示。

③ 第三次压缩：从图3.102可知，该网络计划有3条关键线路，为了缩短工期，有以下3个压缩方案。

a. 压缩工作5—6，直接费用率为0.3万元/天。

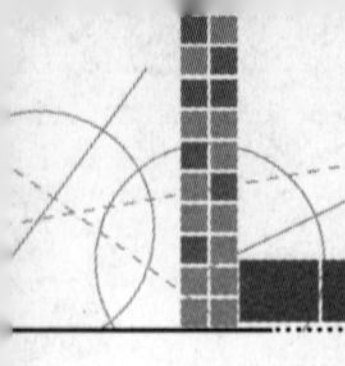

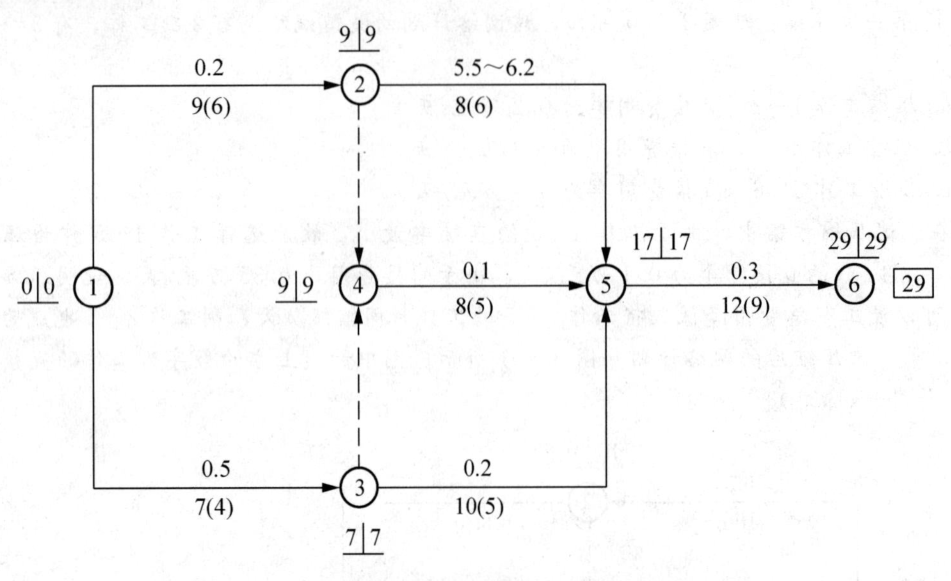

图 3.102 第二次压缩后的网络计划

b. 同时压缩工作 1—2 和 3—5，组合直接费用率为 0.4 万元/天。

c. 同时压缩工作 1—3 和 2—5 及 4—5，只能一次压缩 2 天，共增加直接费 1.9 万元，平均每天直接费为 0.95 万元。

上述 3 个方案中，工作 5—6 的直接费用率较小，故应选择工作 5—6 作为压缩对象。工作 5—6 的直接费率为 0.3 万元/天，小于间接费用率 0.35 万元/天，说明压缩工作 5—6 可使工程总费用降低。将工作 5—6 的工作时间缩短 3 天，则工作 5—6 的持续时间已达最短，不能再压缩，第三次压缩后的网络计划如图 3.103 所示。

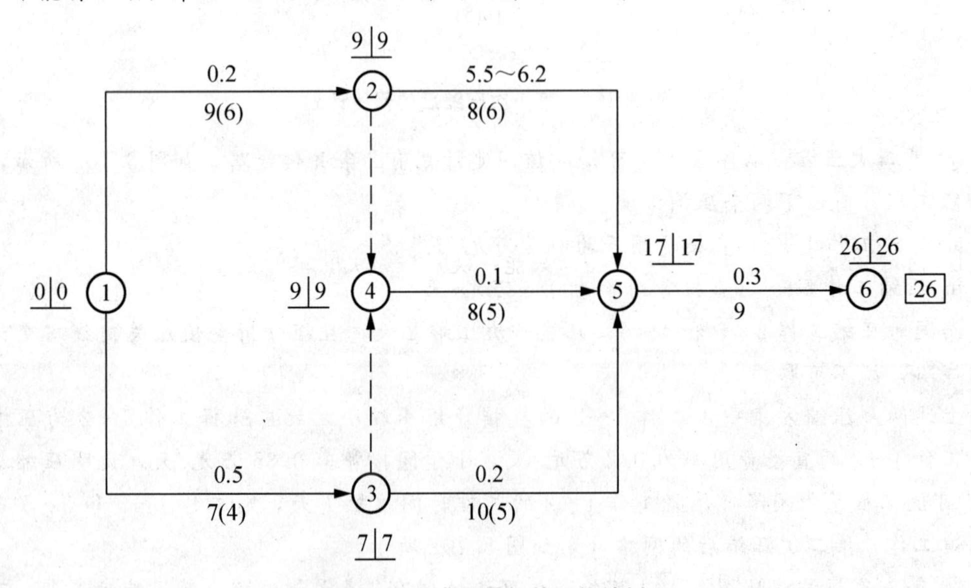

图 3.103 费用最低的网络计划

④ 第四次压缩：从图 3.103 可知，该网络计划有 3 条关键线路，有以下两个压缩方案。

a. 同时压缩工作 1—2 和 3—5，组合直接费用率 0.4 万元/天。

b. 同时压缩工作 1—3 和 2—5 及 4—5，只能一次压缩 2 天，共增加直接费 1.9 万元，平均每天直接费为 0.95 万元。

上述两个方案中，工作 1—2 和 3—5 的组合直接费用率较小，故应选择 1—2 和 3—5 同时压缩。但是由于其组合直接费率为 0.4 万元/天，大于间接费率 0.35 万元/天，说明此次压缩会使工程总费用增加。因此，优化方案在第三次压缩后已得到，如图 3.103 所示即为优化后费用最小的网络计划，其相应工期为 26 天。

将工作 1—2 和 3—5 的工作时间同时缩短 2 天。第四次压缩后的网络计划如图 3.104 所示。

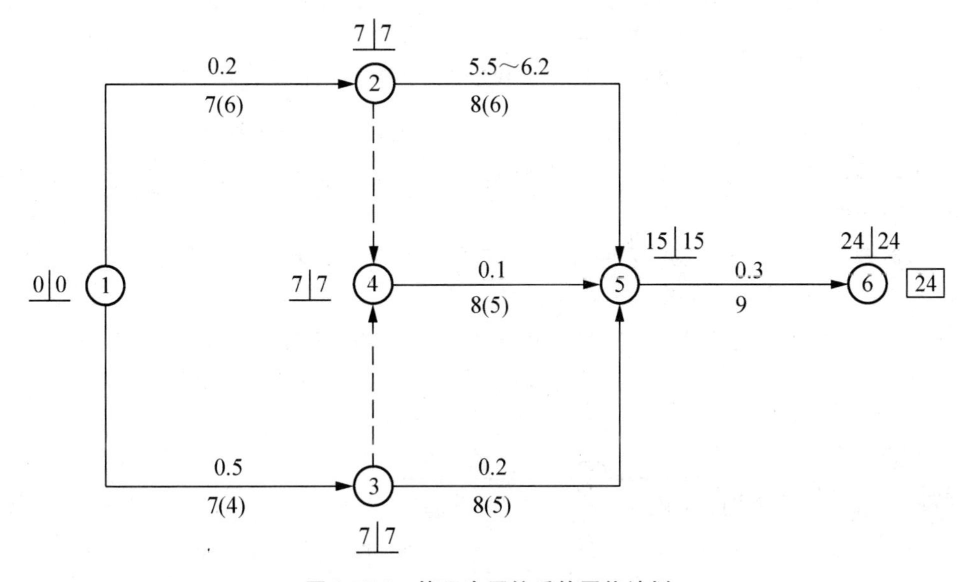

图 3.104 第四次压缩后的网络计划

⑤ 第五次压缩：从图 3.104 可知，该网络计划有以下 4 个压缩方案。

a. 同时压缩工作 1—2 和 1—3，组合直接费率为 0.7 万元/天。

b. 同时压缩 2—5、4—5 和 3—5，只能一次压缩 2 天，共增加直接费 1.3 万元，平均每天直接费为 0.65 万元。

c. 同时压缩工作 1—2 和 4—5、3—5，组合直接费率为 0.5 万元/天。

d. 同时压缩工作 1—3 和 2—5、4—5，只能一次压缩 2 天，共增加直接费 1.9 万元，平均每天直接费为 0.95 万元。

上述 4 个方案中，同时压缩工作 1—2 和 4—5、3—5 的组合直接费率较小，故应选择 1—2 和 4—5、3—5 同时压缩，但是由于其组合直接费率为 0.5 万元/天，大于间接费率 0.35 万元/天，说明此次压缩会使工程总费用增加。将工作 1—2 和 4—5、3—5 的工作时间同时缩短 1 天，此时 1—2 工作的持续时间已达极限，不能再压缩。第五次压缩后的网络计划如图 3.105 所示。

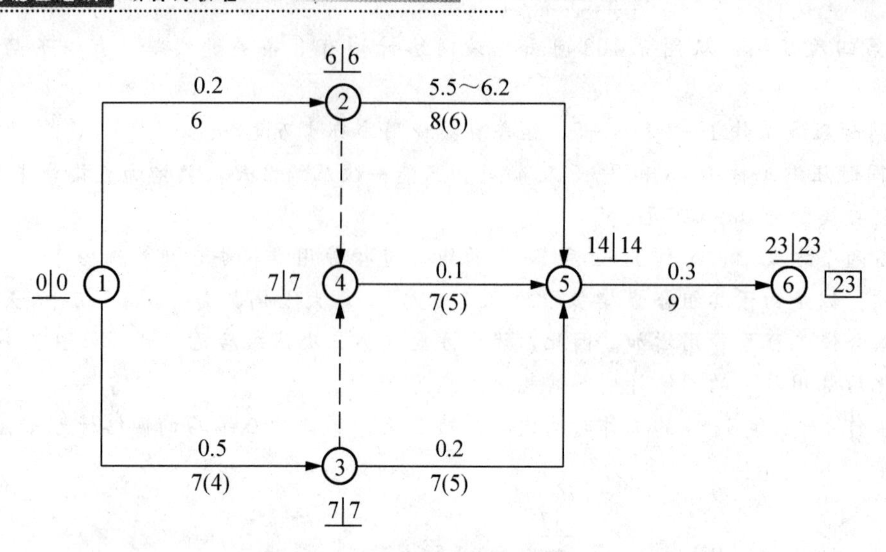

图 3.105　第五次压缩后的网络计划

⑥ 第六次压缩：从图 3.105 可知，该网络计划有以下两个压缩方案。

a. 同时压缩工作 1—3 和 2—5，只能一次压缩 2 天，且会使原关键线路变为非关键线路，故不可取。

b. 同时压缩工作 2—5，4—5 和 3—5，只能一次压缩 2 天，共增加直接费 1.3 万元。

故选择第二个方案进行压缩，将该三项工作同时缩短 2 天，此时 2—5、4—5 和 3—5 工作的持续时间均已达到极限，不能再压缩，第六次压缩后的网络计划如图 3.106 所示。

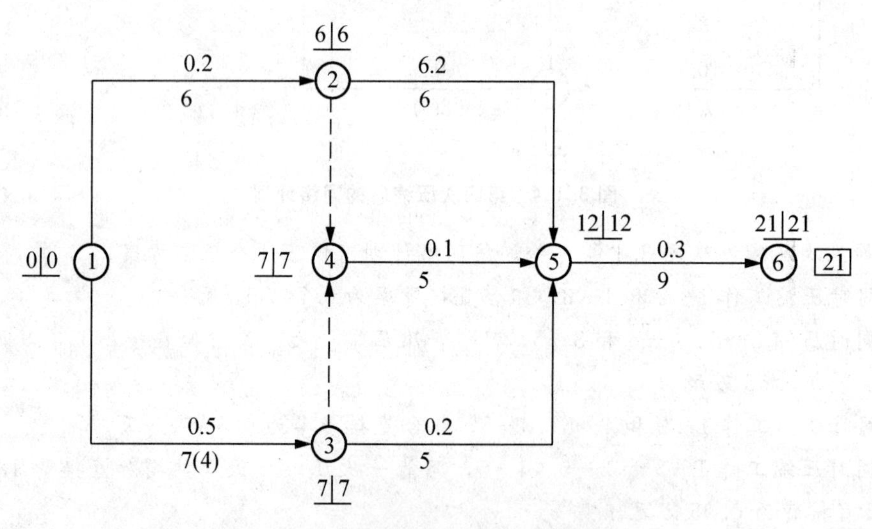

图 3.106　工期最短相对应的优化网络计划

计算到此，可以看出只有 1—3 工作还可以继续缩短，但即使将其缩短只能增加费用而不能压缩工期，所以缩短工作 1—3 徒劳无益，本例的优化压缩过程至此结束。费用优化过程表见表 3-30。

表3-30 某工程网络计划费用优化过程表

压缩次数	被压缩工作代号	缩短时间/天	被压缩工作的直接率或组合直接费率/万元/天	费率查（正或负）/万元/天	压缩需用总费用（正或负）/万元	总费用/万元	工期/天	备注
0						62.5	37	
1	④ ⑤	7	0.1	−0.25	−1.75	60.75	30	
2	① ②	1	0.2	−0.15	−0.15	60.60	29	
3	⑤−⑥	3	0.3	−0.05	−0.15	60.45	26	优化方案
4	①−② ③−⑤	2	0.4	+0.05	+0.10	60.55	24	
5	①−② ④−⑤ ③−⑤	1	0.5	+0.15	+0.15	60.70	23	
6	②−⑤ ④−⑤ ③−⑤	2			+0.60	61.30	21	

该工程优化的工期费用关系曲线如图3.107所示。

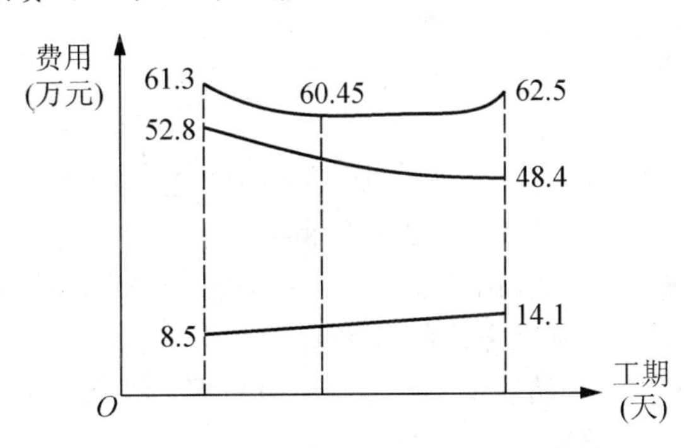

图3.107 工期费用曲线

3）资源优化

资源是为完成施工任务所需投入的人力、材料、机械设备和资金等的统称。资源优化即通过调整初始网络计划的每日资源需要量达到：资源均衡使用，减少施工现场各种临时设施的规模，便于施工组织管理，以取得良好的经济效果；在日资源受限制时，使日资源需要量不超过日资源限量，并保证工期最短。

资源优化的方法是利用工作的时差，通过改变工作的起始时间，使资源按时间的分布符合优化目标。

（1）资源均衡目标优化。

理想状态下的资源曲线是平行于时间坐标的一条直线，即每天资源需要量保持不变。工期固定，资源均衡的优化，即是通过控制日资源需要量，减少短时期的高峰或低谷，尽可能使实际曲线近似于平均值的过程。

① 衡量资源均衡的指标。衡量资源需要量均衡的程度，我们介绍两种指标。

a. 不均衡系数 K

$$K=R_{\max}/\overline{R}$$

式中 $R_{\max}$——日资源需要量的最大值；

$\overline{R}$——每日资源需要量的平均值。

$$\overline{R}=1/T(\cdots)=1/T\sum_{i=1}^{T}R_i$$

式中 T——计划工期；

R_i——第 i 天的资源需要量。

不均衡系数愈接近于1，资源需要量的均衡性愈好。

b. 均方差值。均方差值是每日资源需要量与日资源需要量之差的平方和的平均值。均方差愈大，资源需要量的均衡性愈差。均方差的计算公式为

$$\sigma^2=1/T\sum_{i=1}^{T}YR_i-\overline{R}Y^2$$

将上式展开得

$$\begin{aligned}\sigma^2&=1/T\sum_{i=1}^{T}YR_i^2-2R_i\overline{R}+\overline{R}^2Y\\&=1/T\sum_{i=1}^{T}R_i^2-2\overline{R}\times(1/T)\sum_{i=1}^{T}R_i+\overline{R}^2\\&=1/T\sum_{i=1}^{T}R_i^2-2\,\overline{R}\overline{R}+\overline{R}^2\end{aligned}$$

上式中 T 与 R 为常数，故要使均方差 σ^2 最小，只需使 $\sum R^2$ 最小。

② 优化的方法与步骤。工期固定，资源均衡的方法一般采用方差法。其基本思路为：利用非关键工作的自由时差，逐日调整非关键工作的开始时间，使调整后计划的资源需要量动态曲线能削峰填谷，达到降低方差的目的。

设有 $i-j$ 工作，第 m 天开始，第 n 天结束，日资源需要量为 $r_{i,j}$。将 $i-j$ 工作向右移1天，则该计划第 m 天的资源需要量 R_m 将减少 $r_{i,j}$，第$(n+1)$天的资源需要量 R_{n+1} 将增加 $r_{i,j}$。若第$(n+1)$天新的资源量值小于第 m 天调整前的资源量值：

$$R_{n+1}+r_{i,j}\leqslant R_m \tag{3-4}$$

则调整有效。具体步骤如下所示。

a. 按各项工作的最早时间绘制初始网络计划的时标图及每日资源需要量动态曲线，确定计划的关键线路、非关键工作的总时差和自由时差。

b. 确保工期、关键线路不作变动，对非关键工作由终点节点逆箭线逐项进行调整，每次右移1d，判定其右移的有效性，直至不能右移为止。若右移1天，不能满足式(3-4)时，可在自由时差范围内，一次向右移动2d或3d，直到自由时差用完为止。若多项工作同时结束时，对开始较晚的工作先作调整。

c. 所有非关键工作都做了调整后，在新的网络计划中，按照上述步骤，进行第二次调整，以使方差进一步缩小，直到所有工作不能再移动为止。

【例3-17】已知网络计划如图3.108所示，箭线上方数字为每日资源需要量。试对该网络计划进行工期固定-资源均衡的优化。

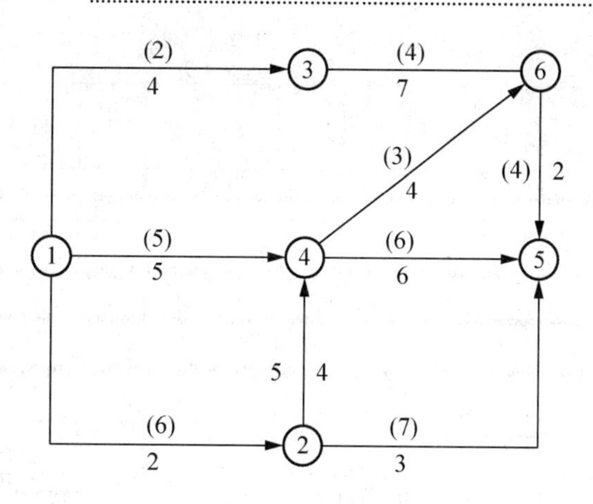

图 3.108 初始网络计划

解：(1)绘制初始网络计划时标图、每日资源需要量动态曲线，确定关键线路及非关键工作的总时差和自由时差，如图 3.109 所示。其不均衡系数 K 为：

$$K=\frac{21}{\frac{13\times2+19\times2+21+9+13\times4+10+6+4\times2}{14}}=1.7$$

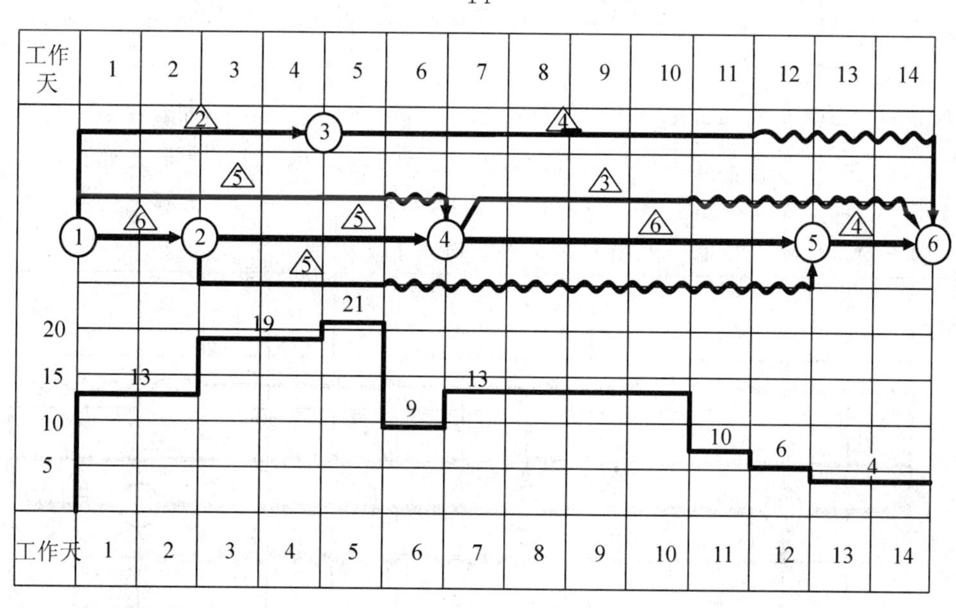

图 3.109 初始网络计划时标图(Δ内数字为工作的每日资源需要量)

(2) 对初始网络计划调整如下：

① 逆箭线按工作开始的后先顺序调整以⑥节点为结束节点的④→⑥工作和③→⑥ 工作，由于④→⑥工作开始较晚，先调整④→⑥工作。

将④→⑥工作右移 1d，则 $R_{11}=13$ 原第 7d 资源量为 13，故可右移 1d。

将④→⑥工作再右移 1d，则 $R_{12}=6+3=9<R_8=13$ 可右移。

将④→⑥工作再右移 1d，则 $R_{13}=4+3=7<R_9=13$ 可右移。

将④→⑥工作再右移 1d，则 $R_{14}=4+3=7<R_{10}=13$ 可右移。

故④→⑥工作可连续右移 4d，④→⑥工作调整后的时标图如图 3.110 所示。

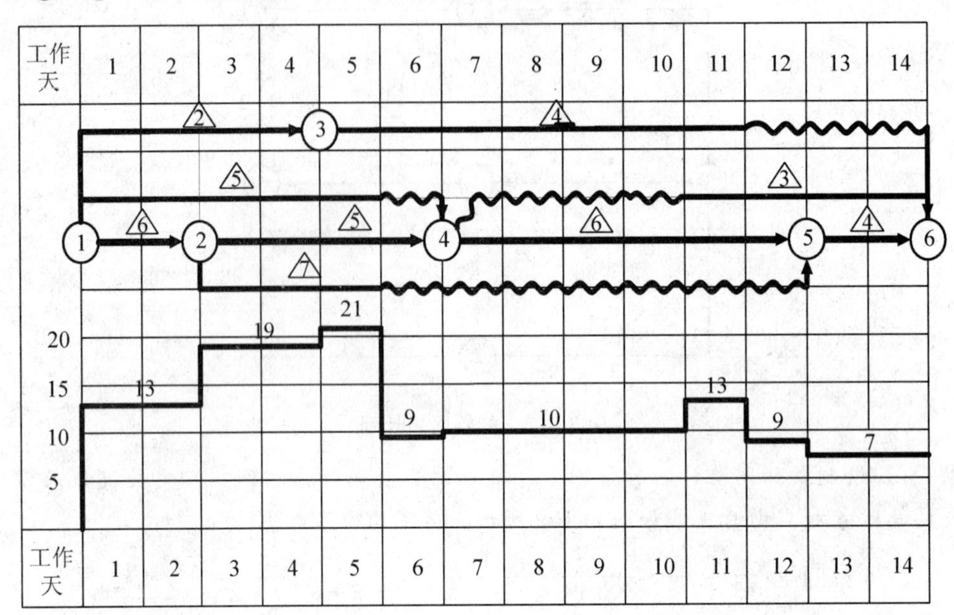

图 3.110 ④→⑥工作调整后时标图

② 调整③→⑥工作。

将③→⑥工作右移 1d，$R_{12}=9+4=13<R_5=21$ 可右移 1d。

将③→⑥工作再右移 1d，$R_{13}=7+4=11>R_6=9$ 右移无效。

将③→⑥工作再右移 1d，$R_{14}=7+4=11>R_7=10$ 右移无效。

故③→⑥工作可右移 1d，调整后时标图如图 3.111 所示。

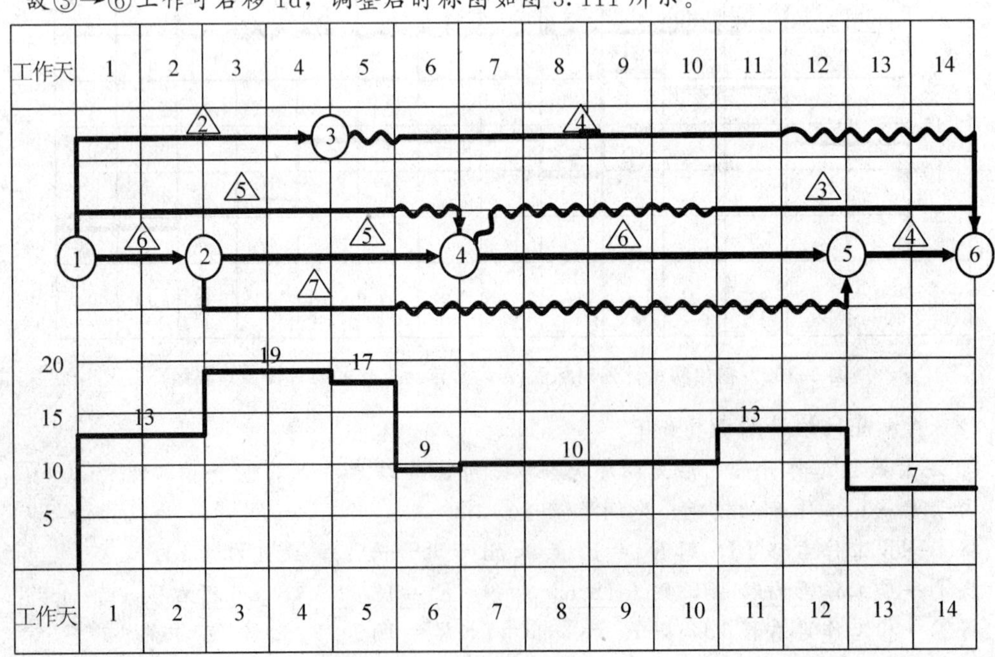

图 3.111 ③→⑥工作调整后时标图

③ 调整以⑤节点为结束节点的②→⑤工作。

将②→⑤工作右移1d，$R_6=9+7=16<R_3=19$　　可右移1d。

将②→⑤工作再右移1d，$R_7=10+7=17<R_4=19$　　可右移1d。

将②→⑤工作再右移1d，$R_8=10+7=17=R_5=17$　　可右移1d。

将②→⑤工作再右移1d，$R_9=10+7=17>R_6=9+7=16$　　右移无效。

经考察②→⑤工作可右移3d，调整②→⑤工作后的时标图如图3.112所示。

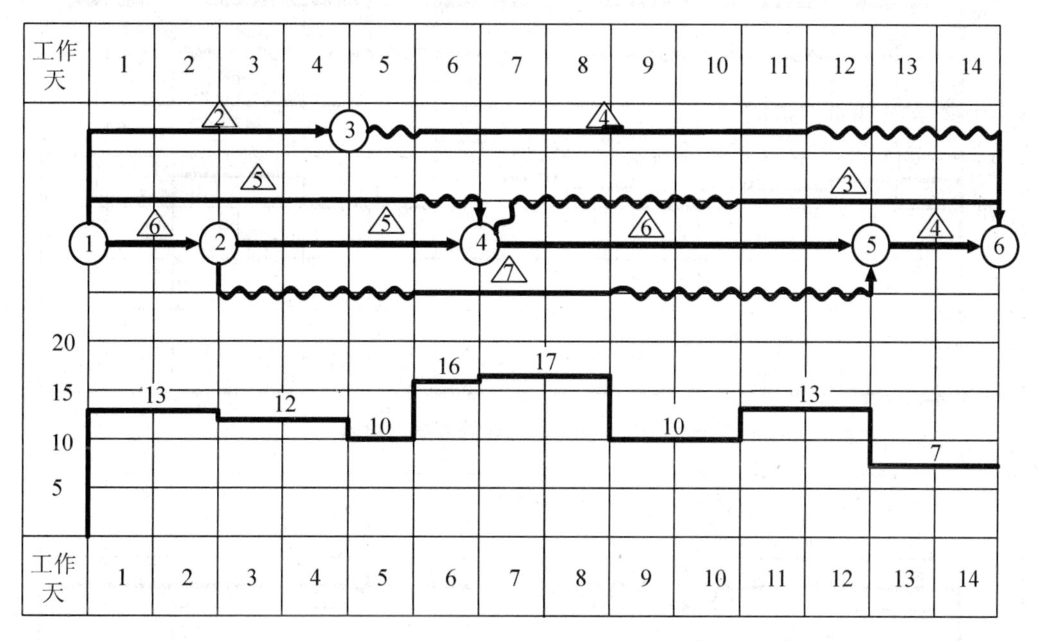

图3.112　②→⑤工作调整后时标图

④ 调整以④节点为结束节点的①→④工作。

将①→④工作右移1d，$R_6=16+5=21>R_1=13$　　右移无效。

⑤ 进行第二次调整。

调整③→⑥工作，将③→⑥工作右移1d，$R_{13}=7+4=11<R_6=16$ 可右移。

将③→⑥工作再右移1d，$R_{14}=7+4=11<R_7=17$　　可右移。

故③→⑥工作可右移2d，调整后时标图如图3.113所示。

⑥ 调整②→⑤工作，将②→⑤工作右移1d，$R_9=10+7=17>R_6=12$　　移动无效。

将②→⑤工作右移2d，$R_{10}=10+7=17>R_7=13$　　可右移。

将②→⑤工作再右移1d，$R_{11}=13+7=20>R_8=17$　　移动无效。

经考察，在保证②→⑤工作连续作业的条件下，②→⑤工作不能再移。同样，其他工作也不能再移动，则图3.114为网络图为资源优化后的网络计划。

优化后网络计划，其资源不均衡系数降低为

$$K=\frac{17}{\dfrac{13\times2+12\times2+10+12+13+17+10\times2+13\times2+11\times2}{14}}=1.4$$

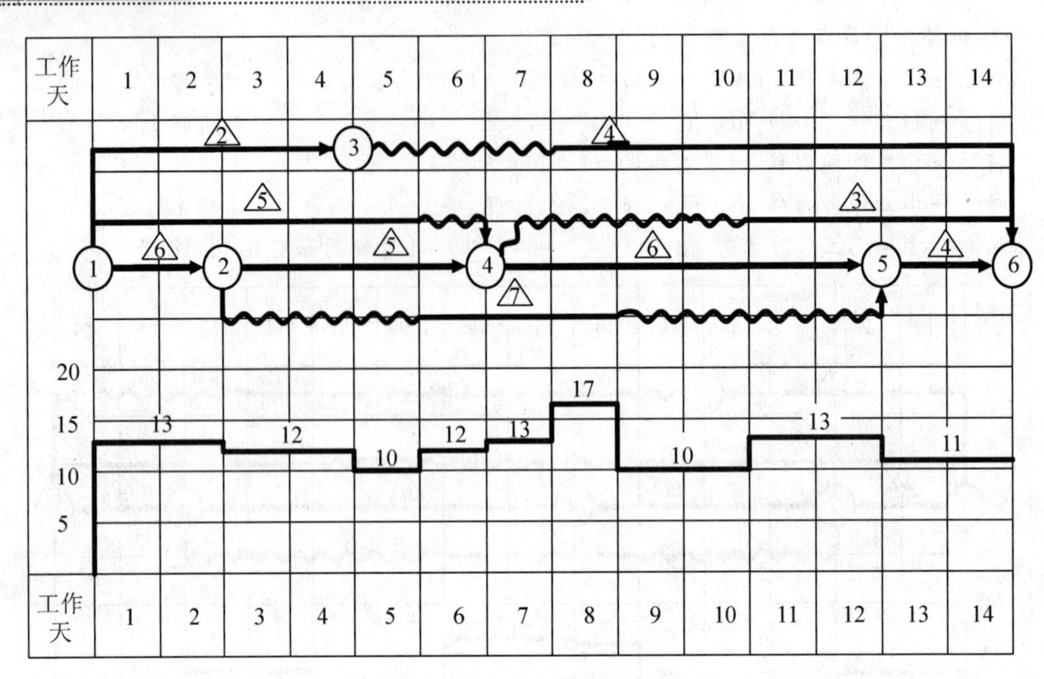

图 3.113　③→⑥工作调整后时标图

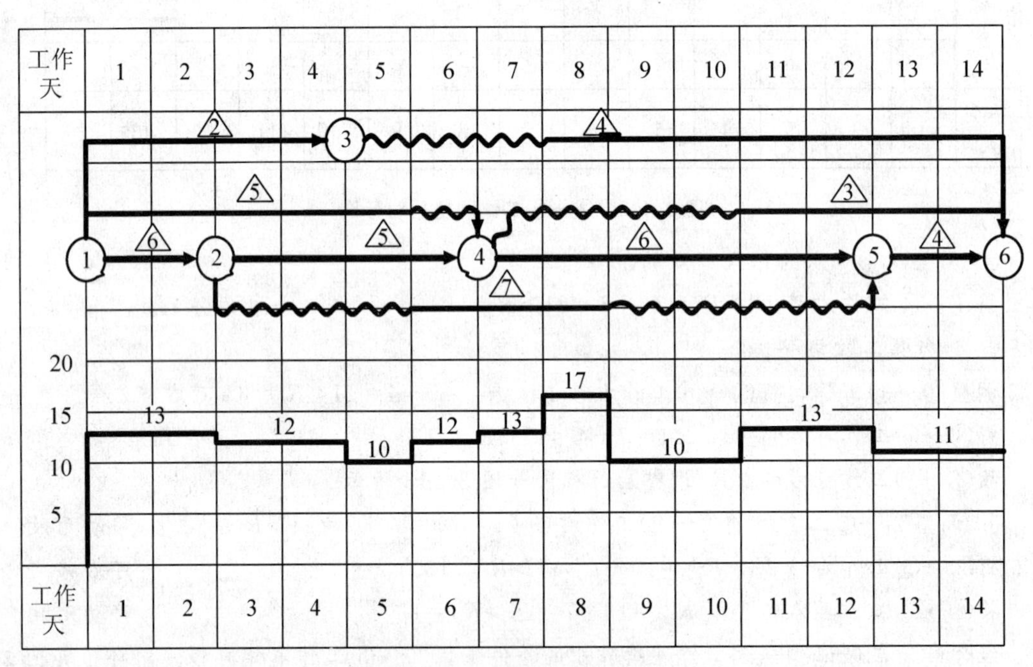

图 3.114　优化后的网络计划

（2）资源有限，工期最短目标优化。

当一项网络计划某些时段的资源需要量超过施工单位所能供应的数量时，需对初始网络计划进行调整。若该时段只有一项工作时，则根据现有资源限量值重新计算该工作的持续时间；若该时段有多项工作共同施工时，则需将该时段某些工作的开始时间向后推移，减小该时段资源需要量，满足限量值要求。调整哪些工作，调整值为多少才能在计划工期内，或工期增加量最少的情况下，满足资源限量值，对于这些问题的解决过程，即为“资源有限，工期最短”的优化。

① 优化过程资源分配原则。优化过程中资源的分配是在保持各项工作的连续性和原有网络计划逻辑关系不变的前提下进行的。

a. 按每日资源需要量由小到大的顺序，优先满足关键工作的资源需要量。

b. 非关键工作在满足关键工作资源供应后，依次考虑自由时差、总时差，按时差由小到大的顺序供应资源。在时差相等时，以工作资源的迭加量不超过资源限额，并能用足限额的工作优先供应资源。在优化过程中，已被供应资源而不允许中断的工作优先供应。

② 优化步骤如下所示。

a. 按照各项工作的最早开始时间安排进度计划，即绘制早时网络计划，并计算网络计划每个时间单位的资源需要量。

b. 从计划开始日期起，逐个检查每个时段资源需要量是否超过所能供应的资源限量。如果在整个工期范围内每个时段的资源需要量均能满足资源限量的要求，则可行优化方案就编制完成；否则，必须转入下一步进行计划的计算调整。

c. 分析超过资源限量的时段。如果在该时段内有几项工作平行作业，则采取将一项工作安排在与之平行的另一项工作之后进行的方法，以降低该时段的资源需要量。对于两项平行作业的工作 A 和工作 B 来说，为了降低相应时段的资源需要量，现将工作 B 安排在工作 A 之后进行，如图 3.115 所示，那么网络计划的工期延长值为

$$\Delta T_{A,B}=EF_{\mathrm{A}}/LS_{\mathrm{B}} \tag{3-5}$$

式中 $\Delta T_{A,B}$——将工作 B 安排在工作 A 之后进行时网络计划的工期延长值；

EF_{A}——工作 A 的最早完成时间；

LS_{B}——工作 B 的最早完成时间。

当 $\Delta T_{A,B}>0$ 时，说明将工作 B 安排在工作 A 之后进行时，对网络计划的工期有影响，使工期延长 $\Delta T_{A,B}$ 值。

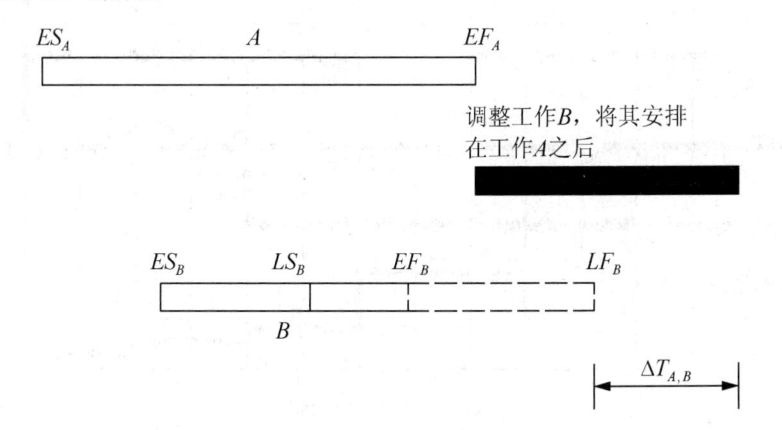

图 3.115 A，B 两项工作的排序

这样，在资源超限量的时段中，对平行工作进行两两排序，则可得出若干个 $\Delta T_{A,B}$；选择其中最小的 $\Delta T_{A,B}$，将相应的工作 B 安排在工作 A 之后进行。可以达到既减低该时段的资源需要量，又使网络计划的工期延长最短。

d. 编制调整后的网络计划，重新计算每个时间单位的资源需要量。

e. 重复上述 a～d，直至网络计划整个工期范围内每个时间单位的资源需要量均满足资源限量为止。应当指出，若有多项平行工作，当调整一项工作的最早开始时间后仍不能满足资源限量要求时，应继续调整。

【例 3－18】已知某双代号网络计划如图 3.116 所示，图中箭线上方为工作的资源强度，箭线下方为工作的持续时间(天)。若资源限量 $R_a=15$，试对其进行“资源有限，工期最短”的优化。

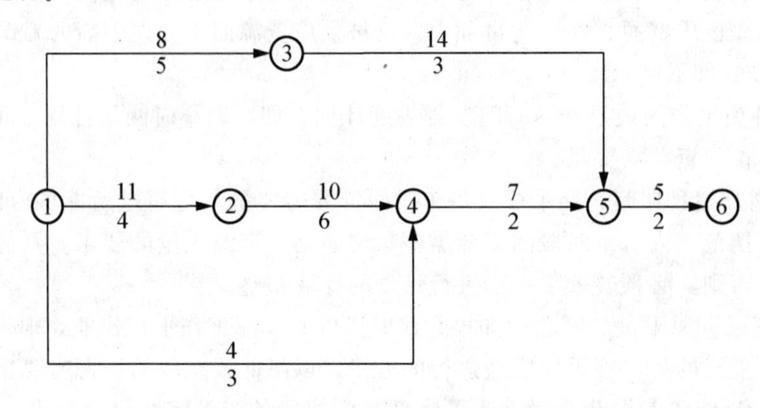

图 3.116 某工程双代号网络计划

解： 该网络计划“资源有限，工期最短”的优化可按以下步骤进行。

(1) 安排早时标网络计划，并计算网络计划每个时间单位的资源需要量，绘出资源需要量动态曲线，如图 3.117 所示。

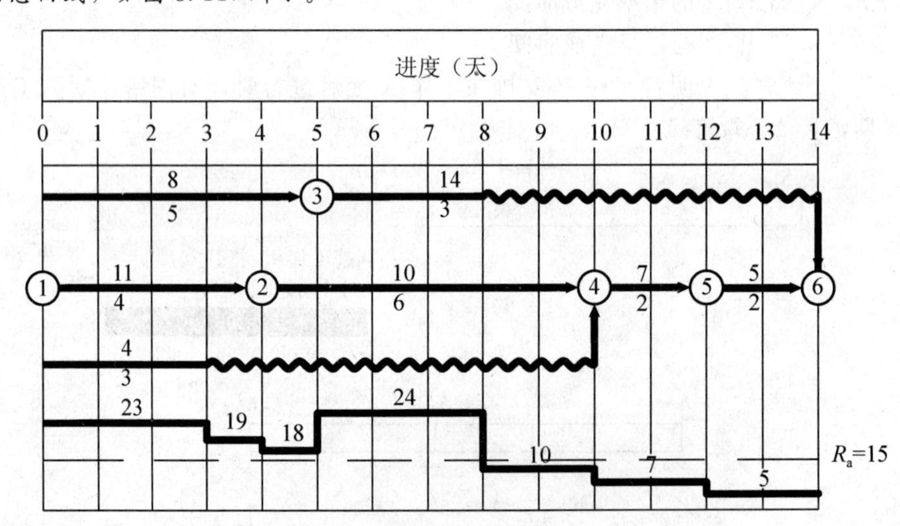

图 3.117 初始时标网络计划

(2) 从计划开始日期起，逐个检查每个时段，经检查发现第一个时段[0，3]存在资源需要量超过资源限量，故应首先调整该时段。

(3) 在时段[0，3]有工作 1—3 和工作 1—2、1—4 三项工作平行作业，利用公式(3－5)计算 $\Delta T_{A,B}$ 值，其结果见表 3－31。

表 3-31 工期延长值($\Delta T_{A,B}$)计算表

工作序号	工作代号	最早完成时间	最迟开始时间	$\Delta T_{1,2}$	$\Delta T_{1,3}$	$\Delta T_{2,1}$	$\Delta T_{2,3}$	$\Delta T_{3,1}$	$\Delta T_{3,2}$	选择 $\min\{\Delta T_{A,B}\}$
1	①—③	5	6	5	−2	—	—	—	—	$\Delta T_{2,3}$ $\Delta T_{3,1}$
2	①—②	4	0	—	—	−2	−3	—	—	
3	①—④	3	7	—	—	—	—	−3	3	

由表 3-31 可知，$\Delta T_{2,3}=\Delta T_{3,1}=-3$ 最小，说明将第 3 号工作(工作 1—4)安排在第 2 号工作(工作 1—2)之后进行(方案一)；或者将第 1 号工作(工作 1—3)安排在第 3 号工作(工作 1—4)之后进行(方案二)，对工期无影响。经分析，按方案一调整后，第一时段资源需要量仍超限量；而按方案二调整后，第一时段资源需要量不超限量。因此，将工作 1—3 安排在工作 1—4 之后进行，调整后的网络计划如图 3.118 所示。

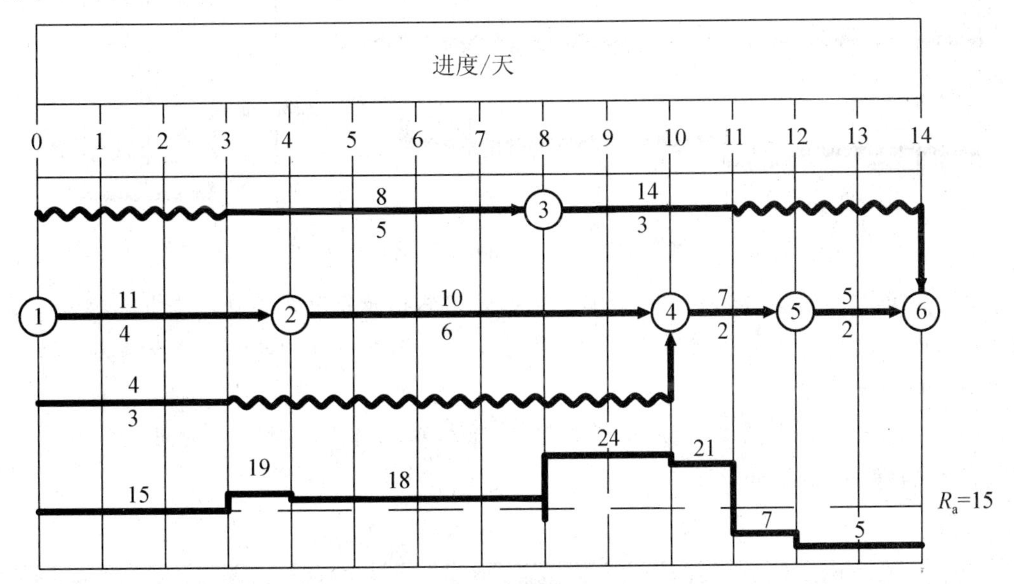

图 3.118 第一次调整后的网络计划

(4) 对调整后的网络计划重新计算其每个时间单位的资源需要量，绘出资源需要量动态曲线，如图 3.101 下方曲线所示，从图中可知，在第二时段[3，4]存在资源超限量，故应调整该时段。

(5) 在时段[3，4]有工作 1—3，工作 1—2 二项工作平行作业，利用公式(3-5)计算 $\Delta T_{A,B}$ 值，其结果见表 3-32。

表 3-32 工期延长值($\Delta T_{A,B}$)计算表

工作序号	工作代号	最早完成时间	最迟开始时间	$\Delta T_{1,2}$	$\Delta T_{2,1}$	选择 $\min\{\Delta T_{A,B}\}$
1	①—③	8	6	8	—	$\Delta T_{2,1}$
2	①—②	4	0	—	−2	

由表3-32可知，$\Delta T_{2,1}$值=-2最小，说明将第1号工作(工作1—3)安排在第2号工作(工作1—2)之后进行，工期不延长。因此，将工作1—3安排在工作1—2之后进行，调整后的网络计划如图3.119所示。

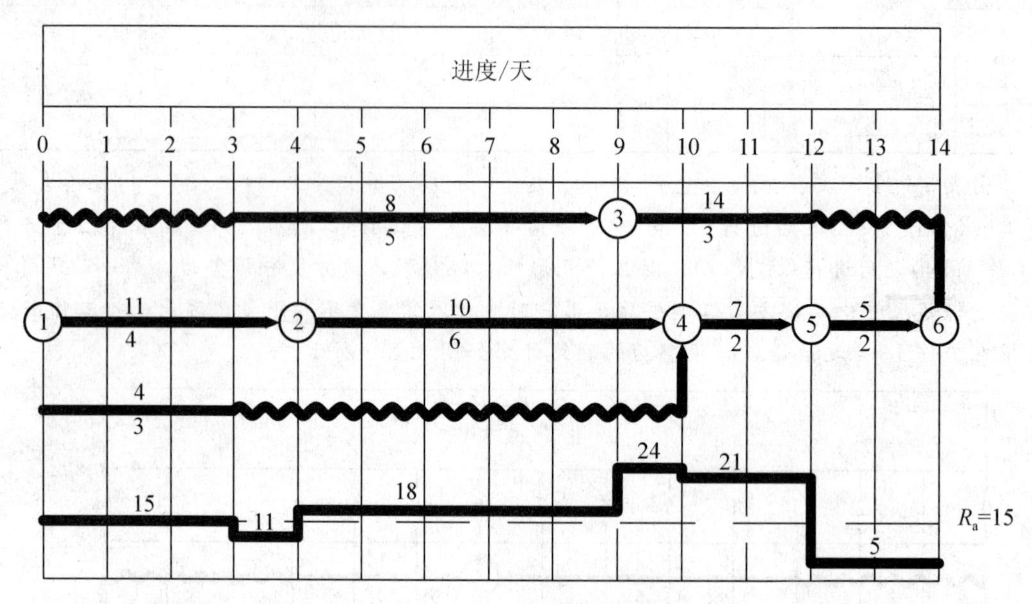

图3.119 第二次调整后的网络计划

(6) 对调整后的网络计划重新计算其每个时间单位的资源需要量，绘出资源需要量动态曲线，如图3.102下方曲线所示。从图中可知，在第三时段[4，9]存在资源超限量，故应调整该时段。

(7) 是时段[4，9]有工作1—3、工作2—4二项工作平行作业，利用式(3-5)计算$\Delta T_{A,B}$值，其结果见表3-33。

表3-33 工期延长值($\Delta T_{A,B}$)计算表

工作序号	工作代号	最早完成时间	最迟开始时间	$\Delta T_{1,2}$	$\Delta T_{2,1}$	选择 min{$\Delta T_{A,B}$}
1	①—③	9	6	5	—	$\Delta T_{2,1}$
2	②—④	10	4	—	4	

由表3-33可知，$\Delta T_{2,1}$值=4最小，说明将第1号工作(工作1—3)安排在第2号工作(工作2—4)之后进行，工期延长较少。因此，将工作1—3安排在工作2—4之后进行，调整后的网络计划如图3.120所示。

(8) 对调整后的网络计划重新计算其每个时间单位的资源需要量，绘出资源需要量动态曲线，如图3.120下方曲线所示。由于此时整个工期范围内的资源需要量均未超过资源限量，则该"资源有限，工期最短"的优化已完成。因此，图3.120所示方案即为最优方案，其相应工期为18天。

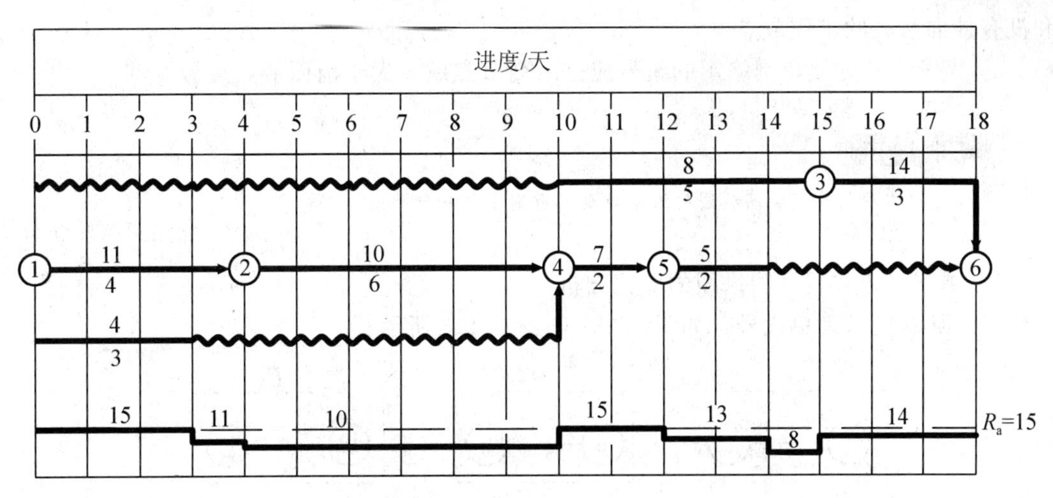

图 3.120 优化后的网络计划

6. 单代号网络计划

在双代号网络图中，为了正确地表达网络计划中各项工作(活动)间的逻辑关系，而引入了虚工作这一概念，通过绘制和计算可以看到增加了虚工作也是很麻烦的事，不仅增大了工作量，也使图形增大，使得计算更费时间。因此，人们在使用双代号网络图来表示计划的同时，也设想了第二种计划网络图——单代号网络图，从而解决了双代号网络图的上述缺点。

1）绘图符号(图 3.121)

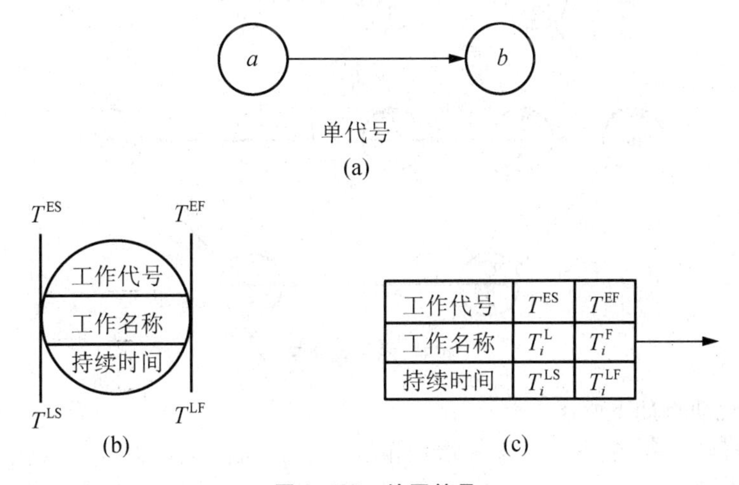

图 3.121 绘图符号

2）绘图规则

① 在网络图的开始和结束增加虚拟的起点节点和终点节点。这是为了保证单代号网络计划有一个起点和一个终点，这也是单代号网络图所特有的。

② 网络图中不允许出现循环回路。

③ 网络图中不允许出现有重复编号的工作，一个编号只能代表一项工作。

④ 在网络图中除起点节点和终点节点外，不允许出现其他没有内向箭线的工作节点

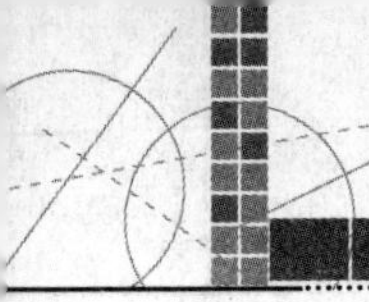

和没有外向箭线的工作节点。

⑤ 为了计算方便，网络图的编号应是后面节点编号大于前面节点编号。

特别提示

单代号网络图与双代号网络图的绘图规则在原则上是一致的。

3）单代号、双代号网络图的对比分析

(1) 从双代号到单代号，如图 3.122 和图 3.123 所示。

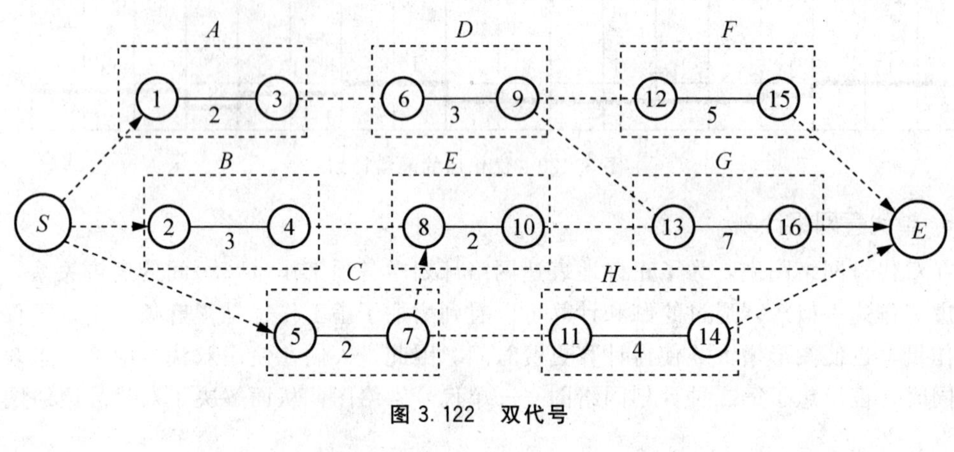

图 3.122 双代号

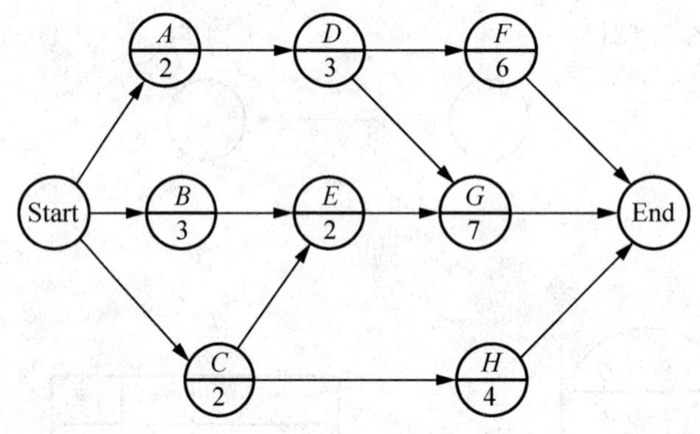

图 3.123 单代号

(2) 各自优缺点如下所述。

① 单代号网络图绘制方便，不必增加虚工作。在此点上，弥补了双代号网络图的不足，所以，近年来在国外，特别是欧洲新发展起来的几种形式的网络计划，如：决策网络计划(DCPM)，图示评审技术(GERT)，前导网络(PN)等，都是采用单代号表示法表示的。

② 根据使用者反映，单代号网络图具有便于说明，容易被非专业人员所理解和易于修改的优点。这对于推广应用统筹法编制工程进度计划，进行全面科学管理是有益的。

③ 在应用电子计算机进行网络计算和优化的过程中，人们认为，双代号网络图更为简便。但是，通过已有的计算程序计算，两者的运算时间和费用的差额是很小的。

4）单代号网络图的绘制

单代号网络图的绘制步骤与双代号网络图的绘制步骤基本相同，主要包括两部分。

（1）列出工作一览表及各工作的直接前导，后继工作名称，根据工程计划中各工作在工艺上、组织上的逻辑关系来确定其直接前导，后继工作名称。

（2）根据上述关系绘制网络图。这里包括：首先绘制草图，然后对一些不必要的交叉进行整理，绘出简化网络图。

5）单代号网络图时间参数的计算

单代号网络图时间参数的计算与双代号网络图时间参数的计算在原则上是一致的。

6）单代号搭接网络计划

在前面所述的双代号、单代号网络图中，工序之间的关系都是前面工作完成后，后面工作才能开始，这也是一般网络计划的正常连接关系。当然，这种正常的连接关系有组织上的逻辑关系，也有工艺上的逻辑关系。

在实际工程中，我们常常遇到有的工作的开始时间要求在其他工作没有结束以前就开始，或没有结束之前就结束等情况。这就要求我们对这些工作进行处理，使它们满足实际需要。

近年来，国外产生了各种各样的搭接网络，有单代号搭接网络，也有双代号搭接网络。这里主要介绍的是单代号搭接网络。

搭接关系有以下五种。

（1）结束到开始：表示前面工作的结束到后面工作开始之间的时间间隔。一般用符号“FTS”（Finish To Start)表示，如图 3.124 所示。

当 $FTS_{i,j}$ 为 0 时，即紧前工作的完成到本工作开始之间的时间间隔为零。这就是前面讲述的单代号、双代号网络的正常连接关系。所以，我们可以将正常的逻辑连接关系看成是搭接网络的一个特殊情况。

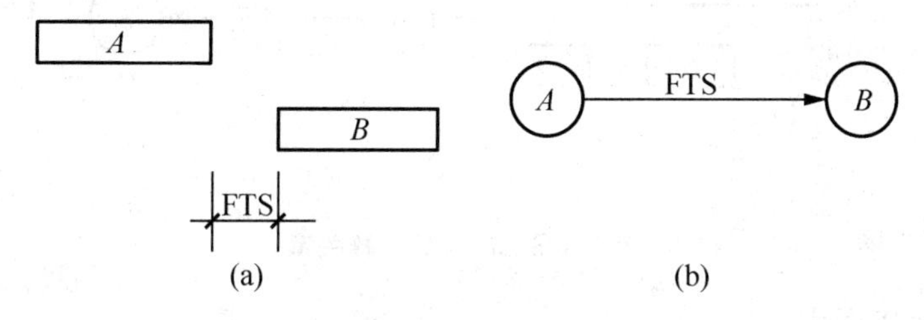

图 3.124 结束到开始

（2）开始到开始：表示前面工作的开始到后面工作开始之间的时间间隔，一般用符号“STS”（Start To Start)表示，如图 3.125 所示。

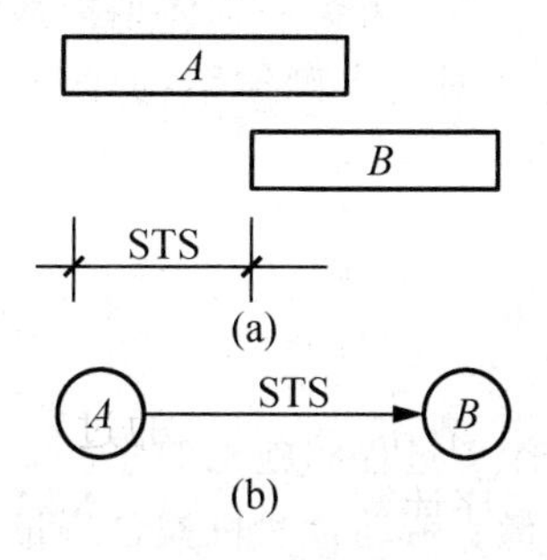

图 3.125 开始到开始

(3) 开始到结束：表示前面工作的开始时间到后面工作的完成时间的时间间隔，用“STF”(Start To Finish)表示，如图 3.126 所示。

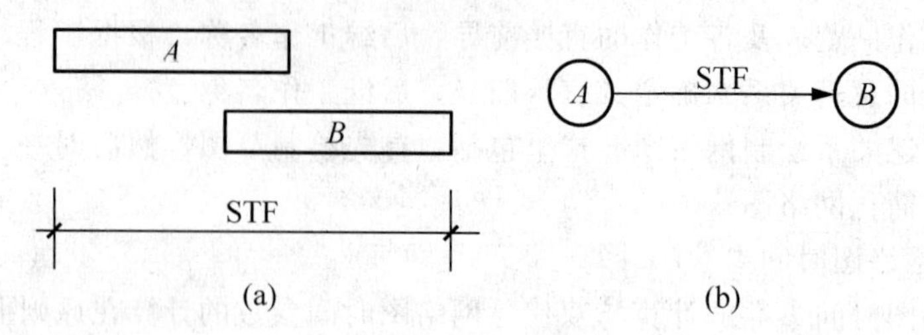

图 3.126 开始到结束

(4) 结束到结束：前面工作的结束时间到后面工作结束时间之间的时间间隔，用“FTF”(Finish To Finish)表示，如图 3.127 所示。

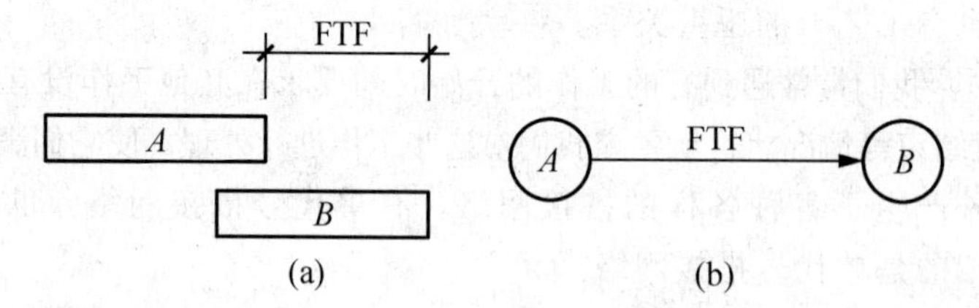

图 3.127 结束到结束

(5) 混合的连接关系：表示前面工作和后面工作的时间间隔除了受到开始到开始的限制外，还要受到结束到结束的时间间隔限制，如图 3.128 所示。

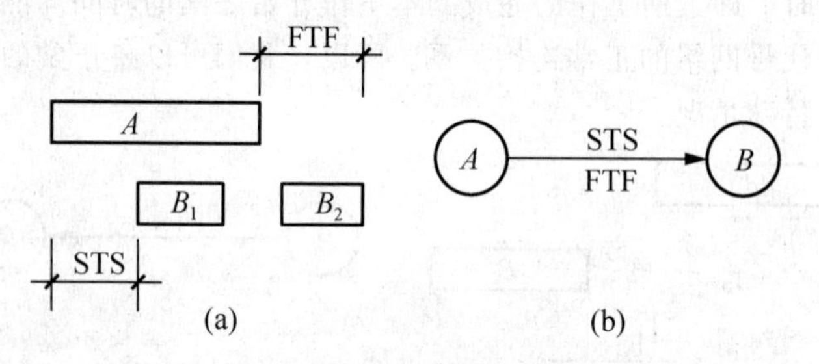

图 3.128 混合的连接关系

7. 网络计划的应用

网络计划在实际工程的具体应用中，由于工程类型不同，网络计划的体系也不同，对于大中型建设工程来讲，一般都是框架或框剪结构的建筑，可编制框架结构建筑的网络计划，而对于小型的砌体结构建筑来讲，可编制砌体结构网络计划。

无论是框架结构建筑的网络计划还是砌体结构建筑的网络计划，编制步骤都是一样的。其编制步骤一般分为以下几点。

(1) 调查研究收集资料。

(2) 明确施工方案和施工方法。

(3) 明确工期目标。

(4) 划分施工过程，明确各施工过程的施工顺序。

(5) 计算各施工过程的工程量、劳动量、机械台班量。

(6) 明确各施工过程的班组人数、机械台数、工作班数，计算各施工过程的工作持续时间。

(7) 绘制初始网络计划。

(8) 计算各项时间参数，确定关键线路、工期。

(9) 检查初始网络计划的工期是否满足工期目标，资源是否均衡，成本是否较低。

(10) 进行优化调整。

(11) 绘制正式网络计划。

(12) 上报审批。

▶▶应用案例

某5层教学楼，框架结构，建筑面积2 500m^2，平面形状一字形，钢筋混凝土条形基础。主体为现浇框架结构，围护墙为空心砖砌筑。室内底层地面为缸砖，标准层地面为水泥砂，内墙、天棚为中级抹灰，面层为106涂料，外墙镶贴面砖。屋面用柔性防水。

本工程的基础、主体均分为3段施工，屋面不分段，内装修每层为一段，外装修自上而下一次完成。其劳动量见表3-34，该工程的网络计划如图3.129所示。

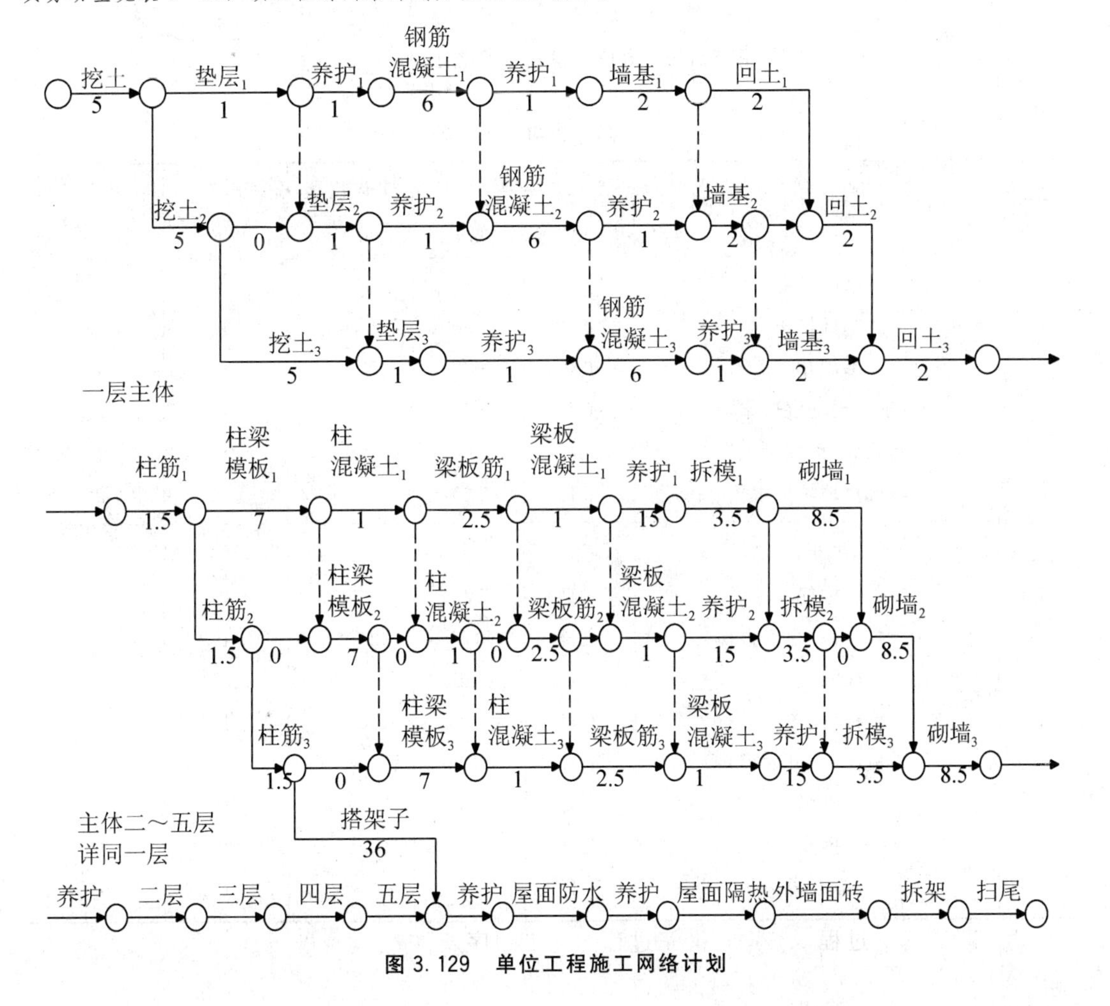

图3.129 单位工程施工网络计划

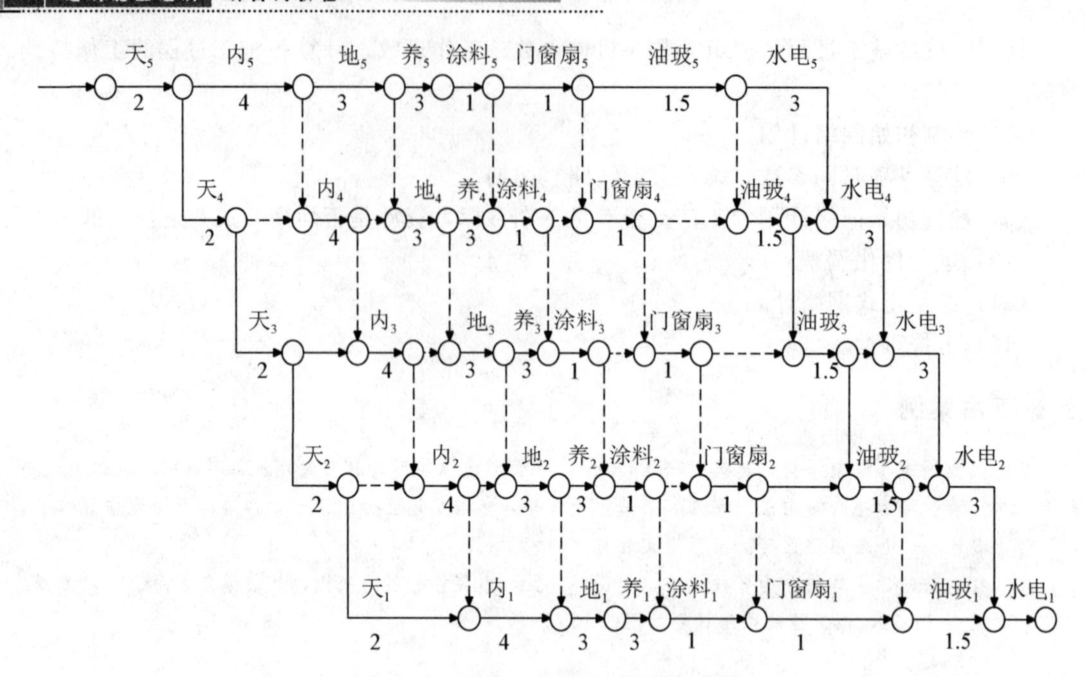

图 3.129 单位工程施工网络计划(续)

表 3-34 劳动量一览表

序号	分部分项名称	劳动量		工作持续天数	每天工作班数	每班工人数
		单位	数量			
一	基础工程					
1	基础挖土	工日	300	15	1	20
2	基础垫层	工日	45	3	1	15
3	基础现浇混凝土	工日	567	18	1	30
4	基础墙(素混凝土)	工日	90	6	1	15
5	基础及地坪回填土	工日	120	6	1	20
二	主体工程(5 层)					
1	柱筋	工日	178	4.5×5	1	8
2	柱、梁、板模板(含梯)	工日	2085	21×5	1	20
3	柱混凝土	工日	445	3×5	1.5	20
4	梁板筋(含梯)	工日	450	7.5×5	1	12
5	梁板混凝土(含梯)	工日	1125	3×5	3	20
6	砌墙	工日	2596	25.5×5	1	20
7	拆模	工日	671	10.5×5	1	12
8	搭架子	工日	360	36	1	10

续表

序号	分部分项名称	劳动量		工作持续天数	每天工作班数	每班工人数
		单位	数量			
三	屋面工程					
1	屋面防水	工日	105	7	1	15
2	屋面隔热	工日	240	12	1	20
四	装饰工程					
1	外墙面砖	工日	450	15	1	30
2	安装门窗扇	工日	60	5	1	12
3	天棚粉刷	工日	300	10	1	30
4	内墙粉刷	工日	600	20	2	30
5	楼地面。楼梯、扶手粉刷	工日	450	15	1	30
6	106 涂料	工日	50	5	1	10
7	油玻	工日	75	7.5	1	10
8	水电安装	工日	150	15	1	10
9	拆脚手架、拆井架	工日	20	2	1	10
	扫尾	工日	24	4	1	6

特别提示

网络计划的应用主要体现在以下两个方面。

① 时标网络计划。

② 网络计划的优化，因此，往往所绘制的网络图应结合以上两部分结合起来。综合运用。

3.4.3 施工进度计划的编制依据

(1) 为了编制高质量的单位工程施工组织设计，设计出科学的施工进度计划，必须具备下面的原始资料：经过审批的建筑总平面图、单位工程全套施工图，以及地质地形图、工艺设计图、设备及基础图、采用的各种标准等技术资料。

(2) 施工组织总设计中对本单位工程的进度要求。

(3) 施工工期要求的开、竣工日期。

(4) 当地的地质、水文、气象资料。

(5) 确定的单位工程施工方案，包括主要施工机械、施工顺序、施工段划分、施工流向、施工方法、质量要求和安全措施等。

(6) 施工条件，劳动力、材料、施工机械、预制构件等的供应情况，交通运输情况，分包单位的情况等。

(7) 本单位工程所采用的预算文件，现行的劳动材料消耗定额、机械台班定额、施工预算等。

(8) 其他有关要求和资料，如工程承包合同、分包及协作单位对施工进度计划的意见和要求等。

3.4.4 施工进度计划的编制步骤与方法

1. 施工进度计划的编制步骤

编制单位工程施工进度计划的步骤分为：收集原始资料、划分施工过程、审核计算工程量、确定劳动量和机械台班数量、确定各施工过程的施工天数、编制施工进度计划的初始方案、进行施工进度计划的检查、调整与优化、编制正式施工进度计划表等几个主要步骤，如图 3.130 所示。

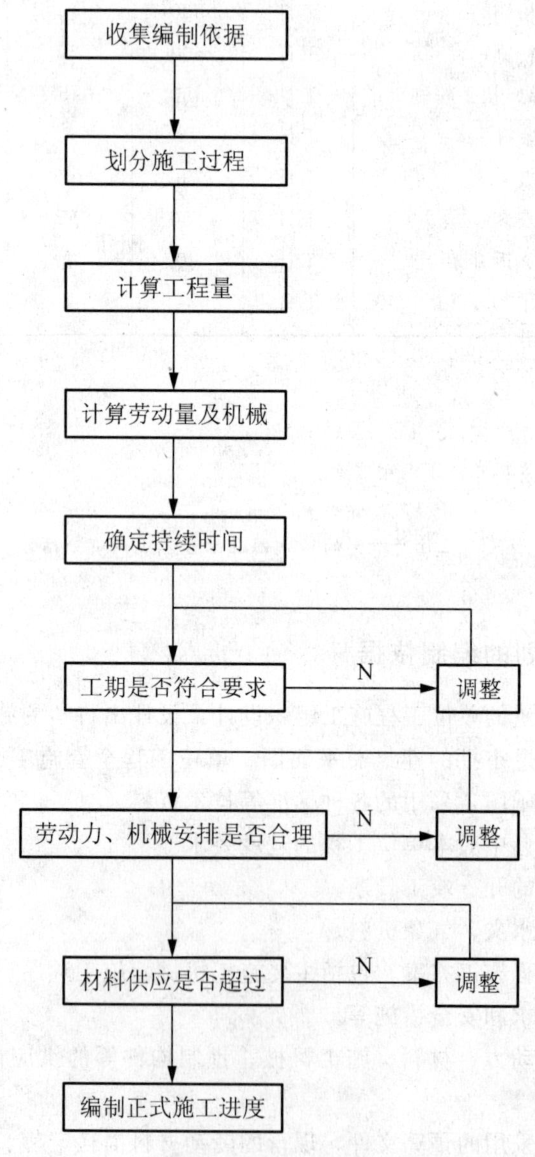

图 3.130 单位工程施工进度计划编制步骤

2. 施工进度计划的编制方法

1）划分施工过程(n)

施工过程是施工进度计划组成的基本单元，应按施工图纸和施工顺序把拟建单位工程的各个分部分项过程按先后顺序列出，并结合施工方法、施工条件、劳动组织等因素，加以适当调整，使其成为编制施工进度计划所需的施工过程，并将其填入施工进度计划表中。

2）计算工程量

单位工程工作量的计算在工程概算、施工图预算、投标报价、施工预算等文件中，已有详细的计算，数值是比较准确的，故在编制单位工程施工进度计划时不需要重新计算，只要将预算中的工程量总数根据施工组织要求，按施工图上工程量比例加以划分即可。

特别提示

施工进度中的工程量，仅是作为计算劳动力、施工机械、建筑材料等各种施工资源需要的依据，而不是计算工资进行工程结算的依据，故不必精确计算。但在工程量的计算时，应注意以下几个问题。

(1) 各分部分项工程量的计算单位，应与现行定额手册中的规定单位一致，以便在计算劳动力、材料和机械台班数量时直接套用，避免换算。

(2) 结合选定的施工方法和安全技术要求计算工程量，如在基坑的土方开挖中，要考虑到土的类别、开挖方法、边坡大小及地下水位等情况。

(3) 结合施工组织的要求，按分区、分段、分层计算工程量，以免产生漏项。

(4) 直接采用预算文件中的工程量时，应按施工过程的划分情况，将预算文件中有关项目的工程量汇总，如“砌筑转墙”一项，要将预算中按内墙、外墙，按不同墙厚，不同砌筑砂浆及标号计算的工程量进行汇总。

(5) 在编制施工预算或计算劳动力、材料、机械台班等需要量时，都要计算工程量。为了避免重复劳动，最好将它们的工程量计算，同编制单位工程施工进度计划需要的工程量计算合并一起进行，做到一次计算多次使用。

(6) 根据施工方案中施工层与施工段的划分，计算分层分段的工程量，以便组织流水作业。

3）确定劳动量和机械台班数量

劳动量和机械台班数量的确定，应当根据各分部分项工程的工程量、施工方法、机械类型和现行施工定额等资料，并结合当时当地的实际情况进行计算。人工作业时，计算所需的工作日数量；机械作业时，计算所需的机械台班数量。

知识链接

计算劳动量和机械台班数量时，一般可按下式计算：

$$P=\frac{Q}{S} \quad 或 \quad P=QH$$

式中 P——完成某施工过程所需的劳动量(工日)或机械台班数量(台班)；

Q——完成某施工过程所需的工程量；

S——某施工过程采用的人工或机械的产量定额；

H——某施工过程采用的人工或机械的时间定额。

产量定额与时间定额互为倒数。

▶▶应用案例

例如，已知某工程土方工程量为1 230.28m³，计划采用人工开挖，每工日产量定额为6.5m³，则完成该基坑土方开挖需要的劳动量为

$$P=\frac{Q}{S}=\frac{1\ 230.28}{6.5}=189(\text{工日})$$

若已知时间定额为0.154工日/m³，则完成该基坑土方开挖所需的劳动量为

$$P=QH=1\ 230.28\times0.154=189(\text{工日})$$

在使用定额时，通常采用定额所列项目的工作内容与编制施工进度计划所列项目不一致的情况，可根据实际按下述方法处理：

(1) 计划中的某个项目包括了定额中的同一性质的不同类型的几个分项工程，可用其所包括的各分项工程的工程量与其产量定额(或时间定额)分别计算出各自的劳动量，然后求和，即为计划中项目的劳动量，可用下式计算：

$$P=\frac{Q_1}{S_1}+\frac{Q_2}{S_2}+\frac{Q_3}{S_3}+\cdots+\frac{Q_n}{S_n}=\sum_{i=1}^{n}\frac{Q_i}{S_i}$$

式中 P——计划中某一工程项目的劳动量；

Q_1，Q_2，…，Q_n——同一性质各个不同类型分项工程的工程量；

S_1，S_2，…，S_n——同一性质各个不同类型分项工程的产量定额。

(2) 当某一分项工程由若干个具有同一性质不同类型的分项工程合并而成时，按合并前后总劳动量不变的原则计算合并后的综合劳动定额，计算公式为

$$S=\frac{\sum_{i=1}^{n}Q_i}{\frac{Q_1}{S_1}+\frac{Q_2}{S_2}+\cdots+\frac{Q_n}{S_n}}=\frac{\sum_{i=1}^{n}Q_i}{\sum_{i=1}^{n}\frac{Q_i}{S_i}}$$

式中 S——综合产量定额；

Q_1，Q_2，…，Q_n——合并前各分项工程的工程量；

S_1，S_2，…，S_n——合并前各分项工程的产量定额。

在实际工作中，应特别注意合并前各分项工程工作内容和工程量单位。当合并前各分项工程的工作内容和工程量的计量单位完全一致时，公式中$\sum Q_i$应等于各分项工程的工程量之和；反之应取与综合产量定额单位一致且工作内容也基本一致的各分项工程的工程量之和。

例如，某一预制混凝土构件工程，其施工参数见表3-35。则

$$S=\frac{\sum_{i=1}^{3}Q_i}{\frac{Q_1}{S_1}+\frac{Q_2}{S_2}+\frac{Q_3}{S_3}}=\frac{\sum_{i=1}^{3}Q_i}{\sum_{i=1}^{3}\frac{Q_i}{S_i}}=\frac{150}{16.5\times2.67+19.5\times15.5+150\times1.9}=0.146\ (\text{m}^3/\text{工日})$$

表3-35 某钢筋混凝土预制构件施工参数表

施工过程	工程量		时间定额	
	数量	单位	数量	单位
安装模板	165	$10m^2$	2.67	工日/$10m^2$
绑扎钢筋	19.5	t	15.5	工日/t
浇筑混凝土	150	m^3	1.90	工日/m^3

该综合产量定额的意义是：每工日完成0.146m^3预制构件的生产，其中包括安装模板、钢筋绑扎和浇筑混凝土等项目。

(3) 工程施工中有时遇到采用新技术或特殊施工方法的分项工程，因缺乏足够的经验和可靠资料，定额手册中尚未列入，计算时可参考类似项目的定额或经过实际测算，确定临时定额。

(4) 对于施工进度计划中的“其他工程”项目所需的劳动量，不必详细计算，可根据其内容和数量，并结合工地具体情况，取总劳动量的10%～20%列入。

(5) 水、电、暖、卫和设备安装工程项目，一般不必计算劳动量和机械台班需要量，仅安排其与土建工程进度的配合关系即可。

4) 确定各施工过程的施工天数

计算出本单位工程各分部分项工程的劳动量和机械台班后，就可以确定各施工过程的施工天数。

例如，某工程砌筑墙体，需要总劳动量为124个工日，每天出勤人数30人(其中技工20人、普工10人)，则其施工天数为

$$t=\frac{P}{Rb}=\frac{124}{30\times1}=4(\text{天})$$

特别提示

每天的作业班数应根据现场施工条件、进度要求和施工需要而定。一般情况下采用一班制，因其能利用自然光照，适宜于露天和空中交叉作业，利于施工安全和施工质量。但在工期紧或其他特殊情况下(如混凝土要求连续浇筑或大型设备采用租赁方式时)可采用两班制甚至三班制。

在安排每班工人人数或机械台数时，应综合考虑各分项工程工人班组的每个工人都有足够的工作面，以充分发挥工人高效率生产，并保证施工安全；应综合考虑各分项工程在进行正常施工时，所必须满足的最低限度的工人队组人数及其合理组合(不能小于最小劳动组合)，以达到最高的劳动生产率。

5) 编制单位工程施工进度计划的初始方案

编制单位工程施工进度计划时，必须考虑各分部分项工程的合理施工顺序，尽可能组织流水施工，首先确定主导施工过程的施工进度，使主导施工过程连续施工，其余施工过程应予以配合，服从主导施工过程的进度要求，具体方法如下。

(1) 划分工程的主要施工阶段(分部工程)并组织流水施工。

(2) 按照工艺的合理性和施工顺序，尽量采用穿插、搭接或平行作业方法，将各施工阶段(分部工程)的流水作业图最大限度地搭接起来，组成单位工程施工进度计划的初始方案。

当采用横道图施工进度计划时，应尽可能地组织流水施工。可分两步进行：首先将单位工程分成基础、主体、装饰 3 个分部工程，分别确定各个分部工程的流水施工进度计划(横道图)；再将 3 个分部工程的横道图相互协调、搭接成单位工程的施工进度计划。

当采用网络图计划时，有两种安排方式。

(1) 单位工程规模较小时，可绘制一个详细的网络计划，确定方法和步骤与横道图相同。先绘制各分部工程的子网络计划，再用节点或虚工作将各分部工程的子网络计划连接成单位工程的施工进度计划。

(2) 单位工程规模较大时，先绘制整个单位工程的控制性网络计划。在此网络计划中，施工过程的内容比较粗(例如在高层建筑施工上，一根箭线代表整个基础工程或一层框架结构的施工)，它主要对整个单位工程作宏观的控制；在具体指导施工时，再编制详细的实施性网络计划，例如基本工程实施性网络计划，主体结构标准层实施性网络计划等。

6) 施工进度计划的检查与调整

初始施工进度计划编制后，不可避免会存在一些不足之处，必须进行调整。检查与调整的目的在于使使初始方案满足规定的目标，确定相对理想的施工进度计划。一般应从以下几个方面进行检查与调整。

(1) 各施工过程的施工顺序、互相搭接、平行作业和技术间歇是否合理。

(2) 施工进度计划的初始方案中工期是否满足要求。

(3) 在劳动力方面，主要工种工人是否满足连续、均衡施工的要求。

(4) 在物资方面，主要机械、设备、材料等的使用是否基本均衡，施工机械是否充分利用。

(5) 进度计划在绘制过程中是否有错误。

经过检查，对于不符合要求的部分，需进行调整。对施工进度计划调整的方法一般有：增加或缩短某些分项工程的施工时间；在施工顺序允许的情况下，将某些分项工程的施工时间向前或向后移动；必要时，还可以改变施工方法或施工组织措施。

应当指出，上述编制施工进度计划的步骤不是孤立的，而是互相依赖、互相联系的，有的还交叉同时进行。由于施工过程是一个复杂的生产过程，其影响因素很多，制订的施工进度计划也是不断变化的，应随时掌握施工动态，不断进行调整。

▶▶应用案例

某工程的施工进度计划如图 3.131 所示。

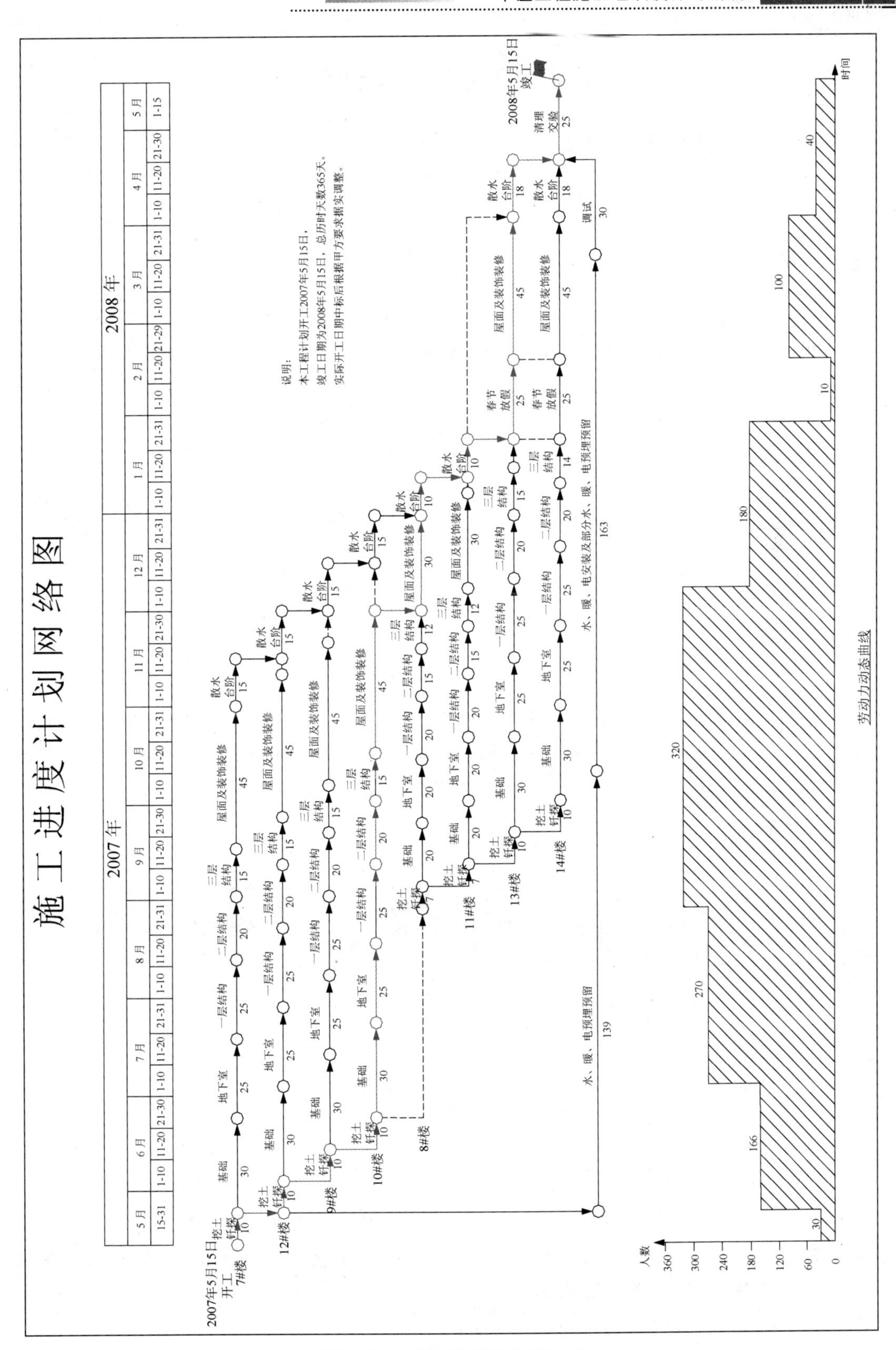

图 3.131 施工进度计划网络图

3.5 资源需要量计划

单位工程施工进度计划编制完成后，可以着手编制各项资源需要量计划，这是确定施工现场的临时设施、按计划供应材料、配备劳动力、调动施工机械，以保证施工按计划顺利进行的主要依据。

3.5.1 劳动力需要量计划

劳动力需要量计划，主要是作为安排劳动力的平衡、调配和衡量劳动力耗用指标、安排生活和福利设施的依据。其编制方法是将单位工程施工进度计划表内所列的各施工过程每天(或旬、月)所需工人人数按工种汇总而得。其表格形式见表 3-36。

表 3-36 劳动力需要量计划表

序号	工程名称	工种名称	需要量/工日	×月份						
				1	2	3	4	5	6	…

3.5.2 主要材料需要量计划

主要材料需要量计划，是材料备料、计划供料和确定仓库、堆场面积及组织运输的依据。其编制方法是根据施工预算的工料分析表、施工进度计划表、材料的储备量和消耗定额，将施工中所需材料按品种、规格、数量、使用时间计算汇总而得。其表格形式见表 3-37。

表 3-37 主要材料需要量计划表

序号	材料名称	规格	需要量		供应时间	备注
			单位	数量		

对于某分部分项工程是由多种材料组成时，应对各种不同材料分类计算，如混凝土工程应变换成水泥、砂、石、外加剂和水的数量分别列入表格。

3.5.3 构件和半成品需要量计划

编制构件、配件和其他量计划半成品的需要量计划，主要用于落实加工订货单位，并按照所需规格、数量、时间，做好组织加工、运输和确定仓库或堆场等工作，可根据图和施工进度计划编制。表格形式见表 3-38。

表 3-38 构件和半成品需要量计划表

序号	品名	规格	图号型号	需要量		使用部位	加工单位	供应日期	备注
				单位	数量				

3.5.4 施工机械需要量计划

编制施工机械需要量计划，主要用于确定施工机械的类型、数量、进场时间，并可据此落实施工机具的来源，以便及时组织进场。其编制方法是将单位工程施工进度计划表中的每一个施工过程，每天施工所需的机械类型、数量和施工时间进行汇总，便得到施工机械需要量计划。其表格形式见表 3-39。

表 3-39 施工机械需要量计划表

序号	机械名称	类型、型号	需要量		货源	使用起止时间	备注
			单位	数量			

3.6 施工准备工作

施工准备是为了保证工程能正常开工和连续、均衡的施工而进行的一系列的准备工作。它是施工程序中的重要环节，不仅存在于开工之前，而且贯穿在整个施工过程中。

现代企业管理的理论认为，企业管理的重点是生产经营，而生产经营的核心是决策。施工准备工作是对拟建工程目标、资源供应和施工方案的选择，及其空间布置和时间排列等诸方面进行的施工决策。

3.6.1 施工准备工作的重要性

1. 施工准备是建筑施工程序的重要阶段

施工准备是保证施工顺利进行的基础，只有充分的做好各项施工准备工作，为建筑工程提供必要的技术和物质条件，统筹安排，遵循市场经济规律和国家有关法律法规，才能使建筑工程达到预期的经济效果。

2. 施工准备是降低风险的有效措施

建筑施工具有复杂性和生产周期长的特点，建筑施工受外界环境、气候条件和自然环境的影响较大，不可见的因素较多，使建筑工程面临的风险较多。只有充分做好施工准备，根据施工地点的地区差异性，搜集各方面的相关技术经济资料，分析类似工程的预算数据，考虑不确定的风险，才能采取有效的防范措施，降低风险可能造成的损失。

3. 施工准备是提高施工企业经济效益的途径之一

做好施工准备，有利于合理分配资源和劳动力，协调各方面的关系，做好各分部分项工程的进度计划，保证工期，提高工程质量，降低成本，从而使工程从技术和经济上得到保证，提高了施工企业的经济效益。

总之，施工准备是建筑工程按时开工、顺利施工的必备条件。只有重视施工准备和认真做好施工准备，才能运筹帷幄，把握施工的主动权。反之，就会处处被动，受制于人，给施工企业带来较大的风险，造成一定的经济损失。

3.6.2 施工准备工作的内容

建筑工程施工准备工作按其性质及内容通常包括调查研究与搜集资料、技术资料准备、施工现场准备、物资准备、施工现场人员的准备和季节性施工准备六大方面，如图3.132所示。

1. 调查研究与搜集资料

1）原始资料的调查

施工准备工作，除了要掌握有关拟建工程的书面资料外，还应该进行拟建工原始资料的调查。获得基础数据的第一手资料，这对于拟订一个科学合理、切合实际的施工组织设计是必不可少的。原始资料的调查是对气候条件、自然环境及施工现场的调查，作为施工准备工作的依据。

（1）施工现场及水文地质的调查包括工程项目总平面规划图、地形测量图、绝对标高等情况、地质构造、土的性质和类别、地基土的承载力、地震级别和裂度、工程地质的勘察报告、地下水情况、冻土深度、场地水准基点和控制桩的位置与资料等。一般可作为设计施工平面图的依据。

（2）拟建工程周边环境的调查包括建设用地上是否有其他建筑物、构筑物、人防工程、地下光缆、城市管道系统、架空线路、文物、树木、古墓等资料，周围道路、已建建筑物等情况。一般可作为设计现场平面图的依据。

（3）气候及自然条件的调查包括建筑工程所在地的气温变化情况，5℃和0℃以下气温的起止日期、天数；雨季的降水量及起止日期；主导风向、全年大风天数、频率及天数。一般可作为冬雨季施工措施的依据。

2）建筑材料及周转材料的调查

特别是建筑工程中用量较大的“三材”，即钢材、木材和水泥，这些主要材料的市场价格，到货情况。若是商品混凝土，要考察供应厂家的供应能力，价格，运输距离等多方面的因素。还有一些用量较大影响造价的地方材料如砖、砂、石子、石灰等的质量、价格、运输情况等。预制构件、门窗、金属构件的制作，运输、价格等，建筑机械的租赁价格，周转材料如脚手架、模板及支撑等的租赁情况，装饰材料如地砖、墙砖、轻质隔墙、吊顶材料、玻璃、防水保温材料等的质量、价格情况，安装材料如灯具、暖气片或地暖材料的质量、规格型号等情况。一般可作为确定现场施工平面图中临时设施和堆放场地的依据。也可作为材料供应计划，储存方式及冬雨季预防措施的依据。

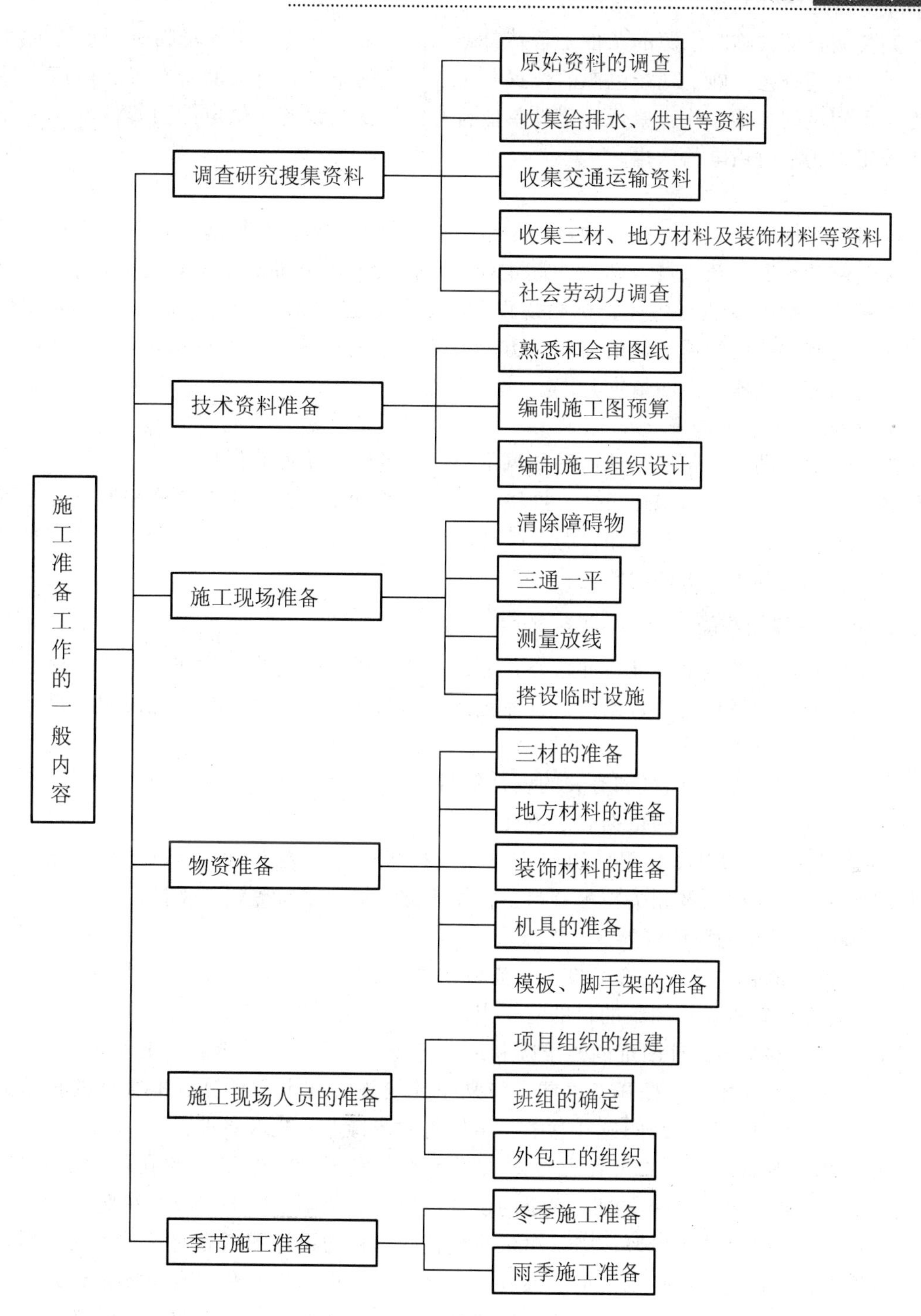

图 3.132 施工准备工作的内容

3）水源电源的调查

水源的调查包括施工现场与当地现有水源连接的可能性，供水量、接管地点、给排水管道的材质规格、水压、与工地距离等情况。若当地施工现场水源不能满足施工用水要求，则要调查可作临时水源的条件是否符合要求。一般可作为施工现场临时用水的依据。

电源的调查包括施工现场电源的位置、引入工地的条件、电线套管管径、电压、导线截面、可满足的容量，施工单位或建设单位自有的发变电设备、供电能力等情况，一般可作为施工现场临时用电的依据。

4）交通运输条件的调查

建筑工程的运输方式主要有铁路、公路、航空、水运等。交通运输资料的调查主要包括运输道路的路况、载重量，站场的起重能力、卸货能力和储存能力，对于超长、超高、超宽或超重的特大型预制构件、机械或设备，要调查道路通过的允许高度、宽度及载重量，及时与有关部门沟通运输的时间、方式及路线，避免造成道路的损坏或交通的堵塞。一般可作为施工运输方案的依据。

5）劳动力市场的调查

劳动力市场的调查包括当地居民的风俗习惯，当地劳动力的价格水平、技术水平、可提供的人数及来源、生活居住条件，周围环境的服务设施，工人的工种分配情况及工资水平，管理人员的技术水平及待遇，劳务外包队伍的情况等。一般可作为施工现场临时设施的安排、劳动力的组织协调的依据。

2. 技术资料的准备

技术资料的准备是施工准备的核心，是保证施工质量，使施工能连续、均衡地达到质量、工期、成本的目标的必备条件。具体包括：熟悉和会审图纸、编制施工组织设计，编制施工图预算与施工预算。

1）熟悉、会审施工图纸和有关的设计资料

（1）熟悉和会审图纸的依据有以下几点。

① 建设单位和设计单位提供的初步设计或技术设计、施工图、建筑总平面图、地基及基础处理的施工图纸及相关技术资料、挖填土方及场地平整等资料文件。

② 调查和搜集的原始资料。

③ 国家、地区的设计、施工验收规范和有关技术规定。

（2）熟悉、审查设计图纸的目的有三点。

① 为了能够按照设计图纸的要求顺利地进行施工，完成用户满意的工程。

② 为了能够在建筑工程开工之前，使从事建筑施工技术和预算成本管理的技术人员充分地了解和掌握设计图纸的设计意图、结构与构造特点和技术要求。

③ 在施工开始之前，通过各方技术人员审查、发现设计图纸中存在的问题和错误，为拟建工程的施工提供一份准确、齐全的设计图纸，避免不必要的资源的浪费。

（3）设计图纸的自审阶段。施工单位收到拟建工程的设计图纸和有关技术文件后，应尽快地组织各专业的工程技术人员及预算人员熟悉和自审图纸，写出自审图纸记录。自审图纸的记录应包括对设计图纸的疑问、设计图纸的差错和对设计图纸的有关建议。

（4）熟悉图纸的要求如下所示。

① 先建筑后结构。先看建筑图纸，后看结构图纸。结构与建筑互相对照，检查是否矛盾，轴线、标高是否一致，建筑构造是否合理。

② 先整体后细部。先对整个设计图纸的平、立、剖面图有一个总的认识，然后再了

解细部构造，是否总尺寸与细部尺寸矛盾，位置、标高是否一致。

③ 图纸与说明及技术规范相结合。核对设计图纸与总说明、细部说明有无矛盾，是否符合国家或地区的技术规范的要求。

④ 土建与安装互相配合。核对安装图纸的预埋件、预留洞、管道的位置是否与土建中的预留位置相矛盾，注意在施工中各专业的协作配合。

(5) 设计图纸的会审阶段。一般建筑工程由建设单位组织并主持，由设计单位、施工、监理单位参加，共同进行设计图纸的会审。图纸会审时，首先由设计单位进行技术交底，说明拟建工程的设计依据、意图和功能要求，并对特殊结构、新材料、新工艺和新技术提出设计要求；然后各方面提出对设计图纸的疑问和建议；最后建设单位在统一认识的基础上，对所提出的问题逐一地做好记录，形成"图纸会审纪要"，由建设单位正式行文，参加单位共同会签、盖章，作为与设计文件同时使用的技术文件和指导施工的依据，以及建设单位与施工单位进行工程预决算的依据。

在建筑工程施工的过程中，如果发现施工的条件与设计图纸的条件不符，或者发现图纸中仍然有错误，或者因为材料的规格、质量不能满足设计要求，或者因为施工单位提出了合理化建议，需要对设计图纸进行及时修订时，应进行图纸的施工现场签证。

(6) 图纸会审的内容如下所示。

① 核对设计图纸是否完整、齐全，以及是否符合国家有关工程建设的设计、施工方面的技术规范。

② 审查设计图纸与总说明在内容上是否一致，以及设计图纸之间有无矛盾和错误。

③ 审查建筑平面图与结构图在几何尺寸、坐标、标高、说明等方面是否一致，技术要求是否正确，有无遗漏。

④ 审查地基处理与基础设计同建筑工程地点的工程水文、地质等条件是否一致，以及建筑物与地下建筑物、管线之间的关系是否正确。

⑤ 审查设计图纸中的工程复杂、施工难度大和技术要求高的分部分项工程或新结构、新材料、新工艺，检查现有施工技术水平和管理水平能否满足工期和质量要求并采取可行的技术和安全措施加以保证。

⑥ 土建与安装在施工配合上是否存在技术上的问题，是否能合理解决。

⑦ 设计图纸与施工之间是否存在矛盾，是否符合成熟的施工技术的要求。

⑧ 审查工业项目的生产工艺流程和技术要求，以及设备安装图纸与其相配合的土建施工图纸在标高上是否一致，土建施工质量是否满足设备安装的要求。

2) 编制施工组织设计

施工组织设计，是以施工项目为对象进行编制，用以指导其建设全过程各项施工活动的技术、经济、组织、协调和控制的综合性文件。

施工组织设计是施工准备工作的重要组成部分，也是指导施工的技术经济文件。建筑施工的全过程是非常复杂的固定资产再创造的过程，为了正确处理人与物、供应与消耗、生产与储存、主体与辅助、工艺与设备、专业与协作以及它们在空间布置、时间排列之间的关系，保证质量、工期、成本三大目标的实现，必须根据建筑工程的规模、结构特点、客观规律、技术规范和建设单位的要求，在对原始资料调查分析的基础上，编制出能切实指导全部施工活动的科学合理的施工组织设计。

3）施工图预算和施工预算

（1）编制施工图预算。施工图预算是技术准备工作的主要组成部分之一，这是按照施工图纸确定的工程量、施工组织设计所拟订的施工方法、建筑工程预算定额及其收费标准，由施工单位编制的确定建筑安装工程造价的经济文件，它是施工企业签订工程承包合同、工程结算、建设银行拨付工程价款、进行成本核算、加强经营管理等方面工作的重要依据。

（2）编制施工预算。施工预算是根据施工图预算、施工图纸、施工组织设计或施工方案、施工定额等文件进行编制的，它直接受施工图预算的控制。它是施工企业内部控制各项成本支出、考核用工、施工图预算与施工预算对比（“两算”对比）、签发施工任务单、限额领料、班组承发包、进行经济核算的依据。

3. 施工现场准备

施工现场是施工的外业准备。为保证优质、高速、低消耗的目标，而有连续、均衡地进行施工的活动空间。施工现场的准备工作，主要是为了给建筑工程的施工创造有利的施工条件和物资保证。其具体内容包括清除障碍物、施工场地的控制网测量、场地的“三通一平”、建造临时设施等。

1）清除障碍物

施工现场的障碍物应在开工前清除。清除障碍物的工作一般由建设单位组织完成。对于建筑物的拆除，应作好拆除方案，采取安全防护措施保证拆除的顺利进行。

水源、电源应在拆除房屋前切断，需要进行爆破的，应由专业的爆破人员完成，并经有关部门批准。

树木的砍伐需经园林部门的批准；城市地下管网及自来水的拆除应由专业公司完成，并经有关部门的批准。

拆除后的建筑垃圾应清理干净，及时运输到指定堆放地点。运输时，应采取措施防止扬尘而污染城市环境。

2）做好“三通一平”

“三通一平”是指路通、水通、电通和平整场地。

（1）平整场地。清除障碍物后，即可进行平整场地的工作。平整场地就是根据场地地形图、建筑施工总平面图和设计场地控制标高的要求，通过测量，计算出场地挖填土方量，进行土方调配，确定土方施工方案，进行挖填找平的工作，为后续的施工进场工作创造条件。

平整场地的工作也可在建筑物完成后，根据设计室外地坪标高进行场地的平整，道路的修建。

（2）路通。施工现场的道路是建筑材料进场的通道。应根据施工现场平面布置图的要求，修筑永久性和临时性的道路。尽可能使用原有道路以节省工程费用。

（3）水通。施工现场用水包括生产、生活和消防用水。根据施工现场的水源的位置，铺设给排水管线。尽可能使用永久性给水管线。临时管线的铺设应根据设计要求，做到经济合理，尽量缩短管线。

(4) 电通。施工现场用电包括生产和生活用电。应根据施工现场的电源的位置铺设管线和电气设备。尽量使用已有的国家电力系统的电源，也可自备发电系统满足施工生产的需要。

其他还有电信通、燃气通、排污通、排洪通等工作，又称“七通一平”。

3) 测量放线

(1) 校核建筑红线桩。建筑红线是城市规划部门给定的、在法律上起着建筑边界用地的作用。它是建筑物定位的依据。在使用红线桩前要进行校核并采取一定的保护措施。

(2) 按照设计单位提供的建筑总平面图设置永久性的经纬坐标桩和水准控制基桩，建立工程测量控制网。

(3) 进行建筑物的定位放线，即通过设计定位图中平面控制轴线确定建筑物的轮廓位置。

4) 建造临时设施

按照施工总平面图的布置，建造临时设施，为正式开工准备好生产、办公、生活、居住和储存等临时用房。应尽量利用原有建筑物作为临时生产、生活用房，以便节约施工现场用地，节省费用。

4. 物资准备

物资准备是指施工中对劳动手段(施工机械、施工工具、临时设施)和劳动对象(材料、构配件)等的准备。材料、构(配)件、制品、机具和设备是保证施工顺利进行的物资基础，这些物资的准备工作应在工程开工之前完成。

1) 物资准备工作的内容

物资准备工作主要包括建筑材料的准备；构(配)件和制品的加工准备；建筑施工机具的准备和周转材料的准备；进行新技术项目的试制和试验的准备。

(1) 建筑材料的准备。建筑材料的准备主要是根据施工预算进行工料分析，按照施工进度计划要求，按材料名称、规格、使用时间、材料消耗定额进行汇总，编制出材料需要量计划，为组织备料、确定仓库、场地堆放所需的面积和组织运输等提供依据。

(2) 构(配)件、制品的加工准备。根据施工工料分析提供的构(配)件、制品的名称、规格、质量和消耗量，确定加工方案和供应渠道以及进场后的储存地点和方式，编制出其需要量计划，为组织运输、确定堆场面积等提供依据。

(3) 建筑施工机具的准备。根据采用的施工方案，安排施工进度，确定施工机械的类型、数量和进场时间，确定施工机具的供应办法和进场后的存放地点和方式；对于固定的机具要进行就位、搭棚、接电源、保养和调试等工作。对所有施工机具都必须在开工之前进行检查和试运转。编制建筑施工机具的需要量计划。

(4) 周转材料的准备。周转材料指施工中大量周转使用的模板、脚手架及支撑材料。按照施工方案及企业现有的周转材料，提出周转材料的名称、型号，确定分期分批进场时间和保管方式，编制周转材料需要量计划，为组织运输，确定堆场面积提供依据。

(5) 进行新技术项目的试制和试验。按照设计图纸和施工组织设计的要求，进行新技术项目的试制和试验。

2）物资准备工作的程序

物资准备工作的程序是搞好物资准备的重要手段，通常按如下程序进行。

(1) 根据施工预算工料分析、施工方法和施工进度的安排，拟订材料、构(配)件及制品、施工机具和工艺设备等物资的需要量计划。

(2) 根据物资需要量计划，组织货源，确定加工、供应地点和供应方式，签订物资供应合同。

(3) 根据物资的需要量计划和合同，拟订运输计划和运输方案。

(4) 按照施工现场平面图的要求，组织物资按计划时间进场，在指定地点，按规定方式进行储存或堆放。

5. 施工现场人员的准备

施工现场人员包括施工管理层和施工作业层两部分。施工现场人员的选择和配备，直接影响建筑工程的综合效益，直接关系工程质量、进度和成本。

1）建立项目组织机构

(1) 施工组织机构的建立应遵循以下的原则：根据拟建工程项目的规模、结构特点和复杂程度，确定拟建工程项目施工管理层名单；坚持合理分工与密切协作相结合；诚信、施工经验、创新精神、工作效率是管理层选择的要素；坚持因事设职、因职选人的原则。

(2) 项目经理部。项目经理部是由项目经理在企业的支持下组建并领导进行项目管理的组织机构。它是施工项目现场管理的一次性具有弹性的施工生产组织机构，负责施工项目从开工到竣工的全过程施工生产经营的管理层，又对作业层负有管理与服务的双重职能。

项目经理是指受企业法定代表人委托和授权，在建设工程项目施工中担任项目经理岗位职务，直接负责工程项目施工的组织实施者，对建设工程项目施工全过程、全面负责的项目管理者。他是建设工程施工项目的责任主体，是企业法人代表在建设工程项目上的委托代理人。

项目经理责任制是指以责任主体的施工项目管理目标责任制度，是项目管理目标实现的具体保障和基本条件。用以确定项目经理部与企业、职工三者之间的责、权、利关系。它是以施工项目为对象，以项目经理全面负责为前提，以“项目管理目标责任书”为依据，以创优质工程为目标，以求得项目产品的最佳经济效益为目的，实行从施工项目开工到竣工验收的一次性全过程的管理。

(3) 建立精干的施工队组。施工队组的建立要认真考虑专业、工种的合理配合，技工、普工的比例要满足合理的劳动组织，要符合流水施工组织方式的要求，确定建立施工队组(专业施工队组或是混合施工队组)要坚持合理、精干的原则；制订建筑工程的劳动力需要量计划。

2）组织劳动力进场

工地的管理层确定之后，按照开工日期和劳动力需要量计划，组织劳动力进场。同时要进行安全、防火和文明施工等方面的教育，并安排好职工的生活。

3）向施工队组、工人进行技术交底

技术交底的目的是把拟建工程的设计内容、施工计划和施工技术等要求，详尽地向施工队组和工人讲解交代，这是落实计划和技术责任制的好办法。技术交底一般在单位工程或分部分项工程开工前及时进行，以保证工程严格地按照设计图纸，施工组织设计、安全操作规程和施工验收规范等要求进行施工。

技术交底的内容有施工工艺、质量标准、安全技术措施、降低成本措施和施工验收规范的要求；新结构、新材料、新技术和新工艺的实施方案和保证措施；图纸会审中所确定的有关部位的设计变更和技术核定等事项。交底工作应该按照管理系统逐级进行，由上而下直到工人队组。

4）建立健全各项管理制度

工地的各项管理制度是否建立、健全，直接影响其各项施工活动的顺利进行。有章不循其后果是严重的，而无章可循更是危险的，为此必须建立、健全工地的各项管理制度。

管理制度通常包括如下内容：工程质量检查与验收制度；工程技术档案管理制度；建筑材料(构件、配件、制品)的检查验收制度；技术责任制度；施工图纸学习与会审制度；技术交底制度；职工考勤、考核制度；工地及班组经济核算制度；材料出入库制度；安全操作制度；机具使用保养制度等。

6. 季节性施工准备

季节性施工指冬期施工、雨季施工。由于建筑工程大多为露天作业，受气候影响和温度变化影响大。因此针对建筑工程特点和气温变化，制定科学合理的季节性施工技术保证措施，保证施工顺利进行。

1）冬期施工准备

(1) 科学合理安排冬季施工的项目。冬期温度低，施工条件差，施工技术要求高，费用相应增加。因此应从保证施工质量、降低施工费用的角度出发，合理安排施工过程。例如土方、基础、外装修、屋面防水等项目不容易保证施工质量、费用又增加很多，不宜安排在冬期施工。而吊装工程、打桩工程、室内粉刷装修工程等，可根据情况安排在冬季进行。

(2) 各种热源的供应与管理应落实到位，包括冬季用的保温材料，如保温稻草、麻袋草绳和劳动防寒用品等。热源渠道及热源设备等，根据施工条件，做好防护准备。

(3) 安排购买混凝土防冻剂。做好冬期施工混凝土、砂浆、及掺外加剂的试配试验工作，算出施工配合比。

(4) 做好测温工作计划。为防止混凝土、砂浆在未达到临界强度遭受冻结而破坏，应安排专人进行测温工作。

(5) 做好保温防冻工作。室外管道应采取防冻裂措施，所有的排水管线，能埋地面以下的，都应埋深到冰冻线以下土层中；外露的排水管道，应用草绳或其他保温材料包扎起来，免遭冻裂。沟渠应做好清理和整修，保证流水畅通。及时清扫道路积雪，防止结冰而影响道路运输。

(6) 加强安全教育，防止火灾发生。加强职工的安全教育的培训，作好防火安全措施，落实检查制度，确保工程质量，避免事故发生。

2）雨季施工准备

(1) 作好施工现场的排水工作。施工现场雨季来临前，应做好排水沟渠的开挖，准备抽水设备，作好防洪排涝的准备。

(2) 科学合理安排雨季施工项目。在雨季来临之前，宜先完成基础、地下工程、土方工程、屋面工程的施工。

(3) 做好机具、设备的防护工作。对现场的各种设备应及时检查，防止脚手架、垂运设备在雨期的倒塌、漏电、遭受雷击等事故。提高职工的安全防范意识。

(4) 做好物资的储存、道路维护工作，保证运输通畅，减少雨期施工损失。

(5) 加强安全教育。

3.6.3 施工准备工作计划

在实施施工准备工作前，为了加强检查和监督，把施工准备工作落实到位，应根据各分部分项工程的施工准备工作的内容、进度和劳动力，编制施工准备工作计划。通常以表格形式列出，见表3-40。

表3-40 施工准备工作计划

序号	工作项目	工作(程)量	要求	责任单位或责任人	要求时间		备注
					起	止	
1							
2							
⋮							

施工准备工作计划一般包括以下内容：①施工准备工作的项目；②施工准备工作的工作内容；③对各项施工准备工作的要求；④各项施工准备工作的负责单位及负责人；⑤要求各项施工准备工作的完成时间；⑥其他需要说明的地方。

施工准备计划应分阶段、有组织、有计划地进行，建立严格的责任制和检查制度，且必须贯穿于施工全过程，取得相关单位的协作和配合。

特别提示

(1) 施工准备工作是贯穿于施工全过程的工作，是一个动态的、系统的工作过程。

(2) 施工准备工作与资源需要量计划紧密相关。

3.7 施工平面布置图

3.7.1 施工平面布置图设计的内容

单位工程施工平面图的绘制比例一般为1:200～1:500。一般在图上应标明以下内容。

(1) 建筑总平面上已建和拟建的地上、地下的一切建筑物、构筑物以及其他设施(道路和各种管线等)的位置和尺寸。

（2）自行式起重机械的开行路线、轨道布置，或固定式垂直运输设备的位置、数量。

（3）测量轴线及定位线标志，测量放线桩及永久水准点位置、地形等高线和土方取、弃场地。

（4）一切临时设施的布置。主要有材料、半成品、构件及机具等的仓库和堆场；生产用临时设施，如加工厂、搅拌站、钢筋加工棚、木工房、工具房、修理站、化灰池、沥青锅等；生活用临时设施，如现场办公用房、休息室、宿舍、食堂、门卫、围墙等；临时道路、可利用的永久道路；临时水电气管网、变电站、加压泵房、消防设施、临时排水沟管。

（5）场内外交通布置包括施工场地内道路的布置，引入的铁路、公路和航道的位置，场内外交通联系方式。

（6）施工现场周围的环境，如施工现场临近的机关单位、道路、河流等情况。

（7）一切安全及放火设施的位置。

3.7.2 施工平面布置图设计的依据、原则与步骤

1. 单位工程施工平面图的设计依据

在进行施工平面图设计前，首先认真研究施工方案，并对施工现场做深入细致的调查研究，然后对施工平面图设计所需要的原始资料认真收集、周密分析，使设计与施工现场的实际情况相符，从而使其确实起到指导施工现场空间布置的作用。单位工程施工平面图设计所依据的主要材料有以下内容。

1）设计和施工所依据的有关原始资料

自然条件资料：如气象、地形、水文及工程地质资料。主要用于确定临时设施的位置，布置施工排水系统，确定易燃、易爆及妨碍人体健康设施的位置，安排冬、雨季施工期间所需设施的地点。

技术经济条件资料：交通运输、水源、电源、物质资源、生活和生产基地情况等。这些技术经济资料，对布置水、电管线，道路，仓库位置及其他临时设施等，具有十分重要的作用。

2）建筑结构设计资料

建筑总平面图。图上包括一切地上、地下拟建和已建的房屋和构筑物，据此可以正确确定临时房屋和其他设施位置，以及布置工地交通运输道路和排水等临时设施。

地上和地下管线位置。在设计平面图时，应根据工地实际情况，对一切已有和拟建的地下、地上管道，考虑是利用，还是提前拆除或迁移，并需注意不得在拟建的管道位置上修建临时建筑物或构筑物。

建筑区域的竖向设计和土方调配图，是布置水、电管线，安排土方的挖填、取土或弃土地点的依据。

3）施工技术资料

单位工程施工进度计划。从中详细了解各个施工阶段的划分情况，以便分阶段布置施工现场。

单位工程施工方案。据此确定起重机械的行走路线，其他施工机具的位置，吊装方案与构件预制、堆场的布置等，以便进行施工现场的总体规划。

各种资料、构件、半成品等需要量计划。用以确定仓库和堆场的面积、尺寸和位置。

2. 单位工程施工平面图的设计原则

单位工程施工平面图设计应遵循以下原则。

(1) 在保证施工顺利进行的前提下，现场平面布置力求紧凑，尽可能少占施工用地。少占用地除可以解决城市施工用地紧张的难题，还可以减少场内运输距离和缩短管线长度，既有利于现场施工管理，又节省施工成材。通常可采用一些技术措施，减少施工用地，如合理计算各种材料的储备量，某些预制构件采用平卧叠浇方案，尽量采用商品混凝土施工，有些结构构件可采用随吊随运方案，临时办公用房可采用多层装配式活动房等。

(2) 在满足施工要求的条件下，尽量减少临时设施。合理安排生产流程，减少施工用的管线，尽可能地利用原有的建筑物或构筑物，降低临时设施的费用。

(3) 最大限度缩短场内运输距离，减少场内二次搬运。各种材料和构配件堆场、仓库位置、各类加工厂和各种机具的位置尽量靠近使用地点，从而减少或避免二次搬运。

(4) 各种临时设施的布置，应有利于施工管理和工人的生产和生活。如办公用房应靠近施工现场，福利设施应与施工区分开，设在施工现场附近的安静处，避免人流交叉。

(5) 平面布置要符合劳动保护、环境保护、施工安全和消防的要求。木工棚、石油沥青卷材仓库应远离生活区，现浇石灰池、沥青锅应布置在生活区的下风处，主要消防设施、易燃易爆物品场所旁应有必要的警示标志。

单位工程施工平面图设计时，除考虑上述基本原则外，还必须结合施工方法、施工进度，设计几个施工平面布置方案，通过对施工用地面积、临时道路和管线长度、临时设施面积和费用等技术经济指标进行比较，择优选择。

3. 单位工程施工平面图的设计步骤

单位工程施工平面图设计的一般步骤如图 3.133 所示。

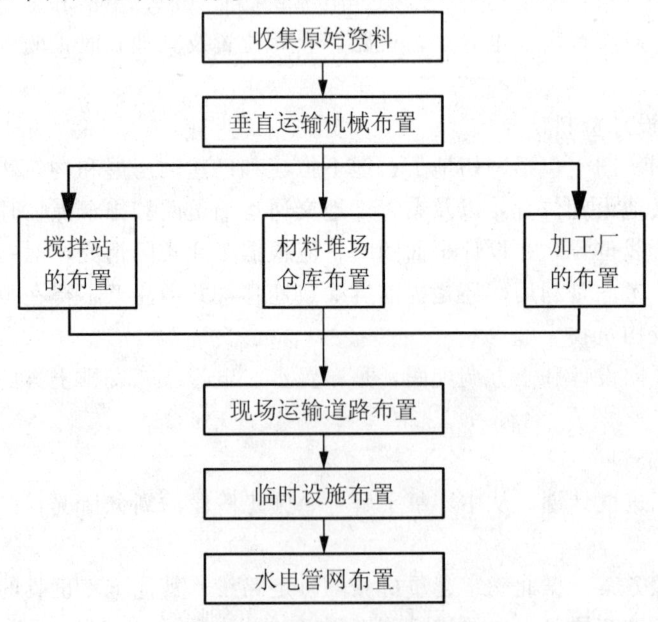

图 3.133 施工平面图设计步骤

3.7.3 垂直运输机械位置的确定

垂直运输机械的位置，直接影响着仓库、混凝土搅拌站、材料堆场、预制构件堆放位置，以及场内道路、水电管网的布置等。因此，垂直运输机械的布置是施工平面布置的核心，必须首先考虑。

由于各种起重机械的性能不同，其机械布置的位置也不同。总体来讲，起重机械的布置，主要根据机械性能、建筑物的平面的形状和大小、施工段划分情况、材料来向、运输道路、吊装工艺等而定。

1. 有轨式起重机（塔式起重机）的布置

有轨式起重机是集起重、垂直提升、水平运输三中功能为一身的起重机械设备。一般按建筑物的长度方向布置，其位置尺寸取决于建筑物的平面尺寸和形状、构件重量、起重机的性能及四周的施工场地条件等。通常轨道的布置方式有单侧布置、双侧或环形布置、跨内单行布置和跨内环形布置四种方案。

(1) 单侧布置。当建筑物宽度较小，构件重量不大，选择起重力矩在50kN·m以下的塔式起重机时，可采用单侧布置形式。其优点是轨道长度较短，不仅可节省工程投资，而且有较宽敞的场地堆放构件和材料。当采用单侧布置时，其起重半径R应满足下式要求：

$$R \geqslant B+A$$

式中 R——塔式起重机的最大回转半径，m；

B——建筑物平面的最大宽度，m；

A——建筑物外墙皮至塔轨中心线的距离。

一般无阳台时，A=安全网宽度+安全网外侧至轨道中心线距离；当有阳台时，A=阳台宽度+安全网宽度+安全网外侧至轨道中心线距离。

(2) 双侧或环形布置。当建筑物宽度较大，构件重量较重时，应采用双侧布置或环形布置起重机。此时，其起重半径R应满足下式要求：

$$R \geqslant \frac{B}{2}+A$$

(3) 跨内单行布置。由于建筑物周围场地比较狭窄，不能在建筑物的外侧布置轨道，或由于建筑物较宽、构件重量较大时，采用跨内单行布置塔式起重机才能满足技术要求。此时，最大起重半径R应满足下式要求：

$$R \geqslant \frac{B}{2}$$

(4) 跨内环形布置。当建筑物较宽、构件重量较大时，采用跨内单行布置塔式起重机已不能满足构件吊装要求，且又不可能在建筑物周围布置时，可选用跨内环形布置。此时，其最大起重半径也应满足公式的要求。

塔式起重机的位置和型号确定之后，应对起重量、回转半径、起重高度等三项工作参数进行复核，看其是否能够满足建筑物吊装技术要求。如果复核不能满足要求时，则需要调整上述公式中A的距离；如果A已是最小距离时，则必须采用其他技术措施。然后绘制出塔式起重机的服务范围。塔式起重机的服务范围是以塔轨两端有效端点的轨道中点为圆心，以最大回转半径为半径画出两个半圆，连接两个半圆，即为塔式起重机的服务范围。

在确定塔式起重机的服务范围时，最好将建筑物的平面尺寸全部包括在塔式起重机的服务范围之内，以保证各种预制构件与建筑材料可以直接吊运到建筑物的设计部位。如果无法避免出现死角，则不允许在死角上出现吊装最重、最高的构件，同时要求死角越小越好。在确定吊装方案时，对于出现的死角，应提出具体的技术措施和安全措施，以保证死角部位的顺利吊装。当采取其他配合吊装方案时，要确保塔式起重机回转时不要有碰撞的可能。

可以看出，无论采取何种布置方式，有轨式起重机在布置时应满足 3 个基本要求。

① 服务范围大，力争将构件和材料运送到建筑物的任何部位，尽量避免出现死角。

② 争取布置成最大的服务范围、最短的塔轨长度，以降低工程费用。

③ 做好轨道路基四周的排水工作。

2. 自行无轨式起重机

一般常分为履带式、轮胎式和汽车式 3 种起重机。这类起重机一般不作垂直提升运输和水平运输之用，专作构件装卸和起吊各种构件之用，适用于装配式单层工业厂房主体结构的吊装，也可用于混合结构大梁及楼板等较重构件的吊装。其吊装的开行路线及停机位置，主要取决于建筑物的平面形状、构件重量、吊装高度、回转半径和吊装方法等，尽量使起重机在工作幅度内能将建筑材料和构件运送到操作地点，避免出现死角。

3. 固定式垂直运输机械

固定式垂直运输机械(如井架、龙门架、固定式塔式起重机等)的布置，主要根据机械性能、建筑物的形状和尺寸、施工段划分、起重高度、材料和构件重量、运输道路等情况而定。布置的原则是：使用方便、安全，便于组织流水作业，便于楼层和地面运输，充分发挥起重机械的能力，并使其运距最短。在具体布置时，应考虑以下几个方面。

(1) 建筑物各部位的高度相同时，应布置在施工段的分界线附近；建筑物各部位的高度不相同或平面较复杂时，应布置在高低跨分界处或拐角处；当建筑物为点式高层建筑时，固定式塔式起重机应布置在建筑物中部或转角处。

(2) 采用井架、龙门架时，其位置以布置在窗间墙处为宜，以减小墙体留槎和拆除后的墙体修补工作。

(3) 井架、龙门架的数量，要根据施工进度、垂直提升构件和材料的数量、台班工作效率等因素计算确定，其服务范围一般为 50～60m。

(4) 井架、龙门架所用的卷扬机位置，不能离井架太近，一般应大于或等于建筑物的高度，以便使司机的视线比较容易看到整个升降过程。

(5) 井架应立在外脚手架之外，并有 5～6m 的距离为宜。

(6) 布置塔式起重机时，应考虑塔机安装拆卸的场地，当有多台塔式起重机时，应避免相互碰撞。

4. 外用施工电梯

外用施工电梯又称人货两用电梯，是一种安装在建筑外部，施工期间用于运送施工人员及建筑材料的垂直提升机械。外用施工电梯是高层建筑施工中不可缺少的重要设备之一。在施工时应根据建筑类型、建筑面积、运输量、工期及电梯价格、供货条件等选择外用电梯，其布置的位置，应方便人员上下和物料集散，便于安装附墙装置，并且由电梯口至各施工处的平均距离应较短等。

5. 混凝土泵

混凝土泵是在压力推动下沿管道输送混凝土的一种设备，它能一次完成水平运输和垂直运输，配以布料杆或布料机还可有效地进行布料和浇筑，在高层建筑施工中已得到广泛应用。选择混凝土泵时，应根据工程结构特点，施工组织设计要求，泵的主要参数及技术经济比较进行选择。通常在浇筑基础或高度不大的结构工程时，如在泵车布料杆的工作范围内，采用混凝土泵车最为适宜。在使用中，混凝土泵设置处应场地平整、道路畅通、供料方便、距离浇筑地点近、便于配管、排水和供电方便，在混凝土泵作用范围内不得有高压线等。

3.7.4 搅拌站、加工场、材料及周转工具堆场、仓库的布置

砂浆及混凝土搅拌站的位置要根据房屋类型、现场施工条件、起重运输机械和运输道路的位置等来确定。搅拌站应尽量靠近使用地点或在起重机的服务范围以内，使水平运输距离最短，并考虑到运输和装卸料的方便；加工场、材料及周转工具堆场、仓库的布置，应根据施工现场的条件、工期、施工方法、施工阶段、运输道路、垂直运输机械和搅拌站的位置及材料储备量综合考虑。

堆场和库房的面积可按下式计算：

$$F=\frac{q}{P}$$

式中 F——堆场或仓库面积包括通道面积，m^2；

P——每平方米堆场或仓库面积上可存放的材料数量，见表3-41；

q——材料储备量。

q可按下式计算。

$$q=\frac{nQ}{T}$$

式中 n——储备天数；

Q——计划期内的材料需要量；

T——需用该材料的施工天数，大于n。

表3-41 仓库及堆场面积计算用参数表

序号	材料名称	单位	储备天数 n	每 m^2 储备量 P	堆置高度/m	仓库类型	备注
1	水泥	t	20～40	1.4	1.5	库房	
2	石、砂	m^3	10～30	1.2	1.5	露天	
3	石、砂	m^3	10～30	2.4	3.0	露天	
4	石膏	T	10～20	1.2～1.7	2.0	棚	

续表

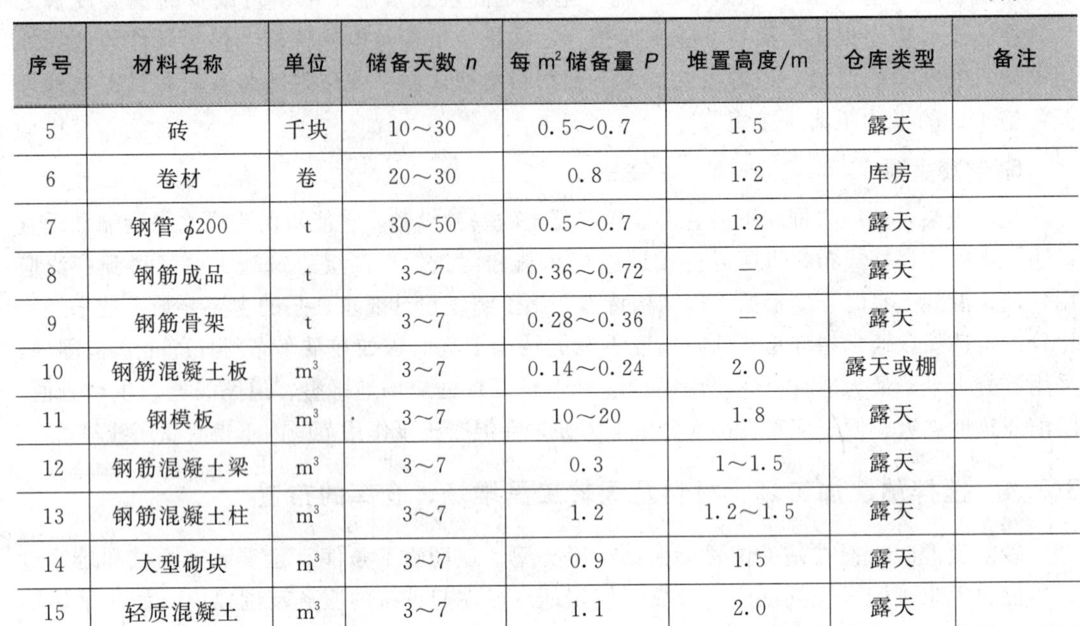

序号	材料名称	单位	储备天数 n	每 m^2 储备量 P	堆置高度/m	仓库类型	备注
5	砖	千块	10～30	0.5～0.7	1.5	露天	
6	卷材	卷	20～30	0.8	1.2	库房	
7	钢管 ϕ200	t	30～50	0.5～0.7	1.2	露天	
8	钢筋成品	t	3～7	0.36～0.72	—	露天	
9	钢筋骨架	t	3～7	0.28～0.36	—	露天	
10	钢筋混凝土板	m^3	3～7	0.14～0.24	2.0	露天或棚	
11	钢模板	m^3	3～7	10～20	1.8	露天	
12	钢筋混凝土梁	m^3	3～7	0.3	1～1.5	露天	
13	钢筋混凝土柱	m^3	3～7	1.2	1.2～1.5	露天	
14	大型砌块	m^3	3～7	0.9	1.5	露天	
15	轻质混凝土	m^3	3～7	1.1	2.0	露天	

根据起重机械的类型，搅拌站、加工场、材料及周转工具堆场、仓库的布置，有以下几种。

(1) 当起重机的位置确定后，再确定搅拌站、加工场、材料及周转工具堆场、仓库的位置。材料、构件的堆放，应在固定式起重机械的服务范围内，避免产生二次搬运。

(2) 当采用固定式垂直运输机械时，首层、基础和地下室所用的材料，宜沿建筑物四周布置，并距坑、槽边的距离不小于0.5m，以免造成坑(槽)土壁的塌方事故；二层以上的材料、构件，应布置在垂直运输机械的附近。

(3) 当多种材料和构件同时布置时，对大量的、重量大的和先期使用的材料，应尽可能靠近使用地点或起重机械附近布置；而少量的、重量轻的和后期使用的材料，可布置得稍远一些。混凝土和沙浆搅拌机，应尽量靠近垂直运输机械。

(4) 当采用自行式有轨起重机械时，材料和构件堆场位置及搅拌站的出口料口位置，应布置在自行有轨式起重机械的有效服务范围内。

(5) 当采用自行式无轨起重机械时，材料和构件堆场位置及搅拌站的位置，应沿着起重机的开行路线布置，同时堆放区距起重机开行路线不小于1.5m，且其所在的位置应在起重臂的最大起重半径范围内。

(6) 在任何情况下，搅拌机应有后台场地，所有搅拌站所用的水泥、砂、石等材料，都应布置在搅拌机后台附近。当基础混凝土浇筑量较大时，混凝土的搅拌站可以直接布置在基坑边缘附近，待基础混凝土浇筑完毕后，再转移搅拌站，以减少混凝土的运输距离。

(7) 混凝土搅拌机每台需要的面积，冬季施工时为50m^2/台，其他时间为25m^2/台；砂浆搅拌机需要的面积，冬季施工时为30m^2/台，其他时间为15m^2/台。

(8) 预制构件的堆放位置，要考虑到其吊装顺序，尽量力求做到送来即吊，避免二次搬运。

(9) 按不同的施工阶段使用不同的材料的特点，在同一位置上可先后布置不同的材料。如砖混结构基础施工阶段，建筑物周围可堆放毛石，而在主体结构施工阶段，在建筑物周围可堆放标准砖。

3.7.5 运输道路的布置

现场主要运输道路应尽可能利用永久性道路，或预先修建好规划的永久性道路的路基，在土建工程结束之前再铺筑路面。

现场主要运输道路的布置，应保证行驶畅通，并有足够的转弯半径。运输路线最好围绕建筑物布置成环形道路，主干道路和一般道路的最小宽度，不得低于表3－42中的规定，道路两侧一般应结合地形设置排水沟，沟深不得小于0.4m，底宽不小于0.3m。道路在布置应尽量避开地下管道，以免管线施工时使道路中断。

表3－42 施工现场道路最小宽度表

序号	车辆类型及要求	道路宽度/m
1	汽车单行道	≥3.0
2	汽车双行道	≥6.0
3	平板拖车单行道	≥4.0
4	平板拖车双行道	≥8.0

3.7.6 临时设施的布置

临时设施分为生产性临时设施(如钢筋加工棚、木工棚、水泵房、维修站等)和生活性临时设施(如办公室、食堂、浴室、开水房、厕所等)两大类。临时设施的布置原则是使用方便、有利施工、合并搭建、安全防火。一般应按以下方法布置。

(1) 生产性临时设施(钢筋加工棚、木工棚等)的位置，宜布置在建筑物四周稍远的地方，且应有一定的材料、成品的堆放场地。

(2) 石灰仓库、淋灰池的位置，应靠近沙浆搅拌站，并应布置在下风向。

(3) 沥青堆放场和熬制锅的位置，应远离易燃物品仓库或堆放场，并宜布置在下风向。

(4) 工地办公室应靠近施工现场，并宜设在工地入口处；工人休息室应设在工人作业区；宿舍应布置在安全、安静的上风向一侧；收发室宜布置在入口处等。

临时宿舍、文化福利、行政管理房屋面积参考定额，见表3－43。

表3－43 临时宿舍、文化福利、行政管理房屋面积定额表

序号	行政生活福利建筑物名称	单位	面积定额参考
1	办公室	m^2/人	3.5
2	单层宿舍(双层床)	m^2/人	2.6～2.8
3	食堂兼礼堂	m^2/人	0.9
4	医务室	m^2/人	0.06(≥30m^2)

续表

序号	行政生活福利建筑物名称	单位	面积定额参考
5	浴室	m^2/人	0.10
6	俱乐部	m^2/人	0.10
7	门卫室	m^2/人	6～8

3.7.7 临时供水、供电设备的布置

1. 施工水网的布置

现场临时供水包括生产、生活、消防等，通常施工现场临时用水应尽量利用工程的永久性供水系统，以减少临时供水费用。因此在做施工现场准备工作时，应先修建永久性给水系统的干线，至少把干线修至施工工地入口处。若施工对象为高层建筑，必要时可增加高压泵以保证施工对水压的要求。

(1) 施工用临时给水管一般由建设单位的干管或自行设置的干管接到用水地点，布置时力求管网的总长度最短。管线不应布置在将要修建的建筑物或室外管沟处，以免这些项目施工时因切断水源而影响施工用水。管径的大小和水龙头的数量，应根据工程规模大小和实际需要经计算确定。管道最好铺设于地下，防止机械在其上行走时将其压坏。施工水网的布置形式有环形、枝形和混合式三种。

(2) 供水管网应按放火要求布置室外消火栓，消火栓应沿道路设置，距路边不应大于2m，距建筑物外墙应不小于5m，也不得大于25m，消火栓的间距不得超过120m，工地消火栓应设有明显的标志，且周围2m以内不准堆放建筑材料和其他物品，室外消火栓管径不得小于100mm。

(3) 为保持干燥环境中施工，提高生产效率，缩短施工工期，应及时排除地面水和地下水，修通永久性下水道，并结合施工现场的地形情况，在建筑物的周围设置排泄地面水和地下水的沟渠。

(4) 为防止用水地意外中断，可在建筑物附近设置简易蓄水池，储备一定数量的生产用水和消防用水。

2. 施工用电的布置

随着机械化程度的不断提高施工中的用电量也在不断增加。因此，施工用电的布置，关系到工程质量和施工安全，必须根据需要，符合规范和总体规划，正确计算用电量，并合理选择电源。

(1) 为了维修方便，施工现场一般应采用架空配电线路。架空配电线路与施工建筑物的水平距离不小于10m，与地面距离不小于5m，跨越建筑物或临时设施时，垂直距离不小于2.5m。

(2) 现场供电线路应尽量架设在道路的一侧，以便线路维修；架设的线路尽量保持水平，以避免电杆和电线受力不均；在低压线路中，电杆的间距一般为25～40m；分支线及引入线均应由电杆处接出，不得在两杆之间接线。

(3) 单位工程的施工用电，应在全工地性施工总平面图进行布置。一般情况下，计算

出施工期间的用电总量，提供给建设单位解决，不另设变压器。独立的单位工程施工时，应当根据计算出的施工总用电量，选择适宜的变压器，其位置应远离交通要道口处，布置在施工现场边缘高压线接入处，距地面大于30cm，在四周2m外用高于1.7m钢丝网围绕，以避免发生危险。

施工平面图是对施工现场科学合理的布局，是保证单位工程工期、质量、安全和降低成本的重要手段。施工平面图不但要设计好，且应管理好，忽视任何一方面，都会造成施工现场混乱，使工期、质量、安全受到严重影响。因此，加强施工现场管理对合理使用场地，保证现场运输道路、给水、排水、电路的通畅，建立连续均衡的施工顺序，都有很重要的意义。要做到严格按施工平面图布置施工道路，水电管网、机具、堆场和临时设施；道路、水电应有专人管理维护；各施工阶段和施工过程中应做到工完料尽、场清；施工平面图必须随着施工的进展及时调整补充以适应变化情况。

必须指出，建筑施工是一个复杂多变、动态的生产过程，各种施工机械、材料、构件等，随着工程的进展而逐渐进场，又随着工程的进展而不断消耗、变动。因此工地上的实际布置情况会随时改变，如基础施工、主体施工、装饰施工等各阶段在施工平面图上是经常变化的；同时，不同的施工对象，施工平面图布置也不尽相同。但是对整个施工期间使用的一些主要道路、垂直运输机械、临时供水供电线路和临时房屋等，则不要轻易变动以节省费用。例如工程施工如果采用商品混凝土，混凝土的制备可以在场外进行，这样现场的平面布置就显得简单多了；对于大型建筑工程，施工期限较长或建设地点较为狭小的工程，要按不同的施工阶段分别设计几张施工平面图，以便更有效地知道不同施工阶段平面布置；对于较小的建筑物，一般按主要施工阶段的要求来布置施工平面图即可。设计施工平面图时，还应广泛征求各专业施工单位的意见，充分协商，以达到最佳布置。

▶▶应用案例

主体施工平面布置图，基础施工平面布置图和装修施工平面布置图如图3.134～图3.136所示。

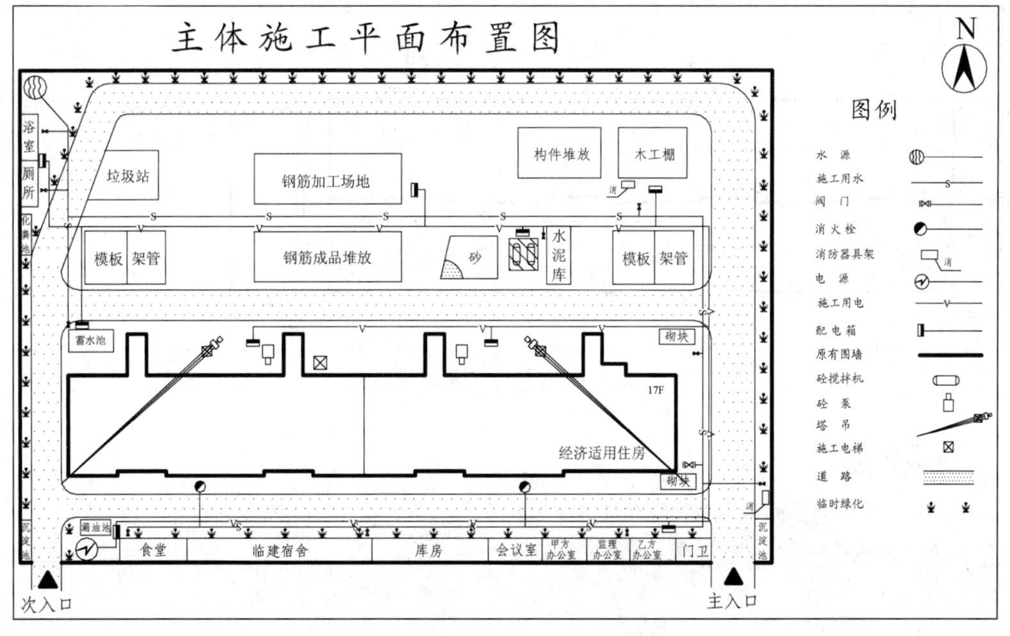

图3.134 主体施工平面布置图

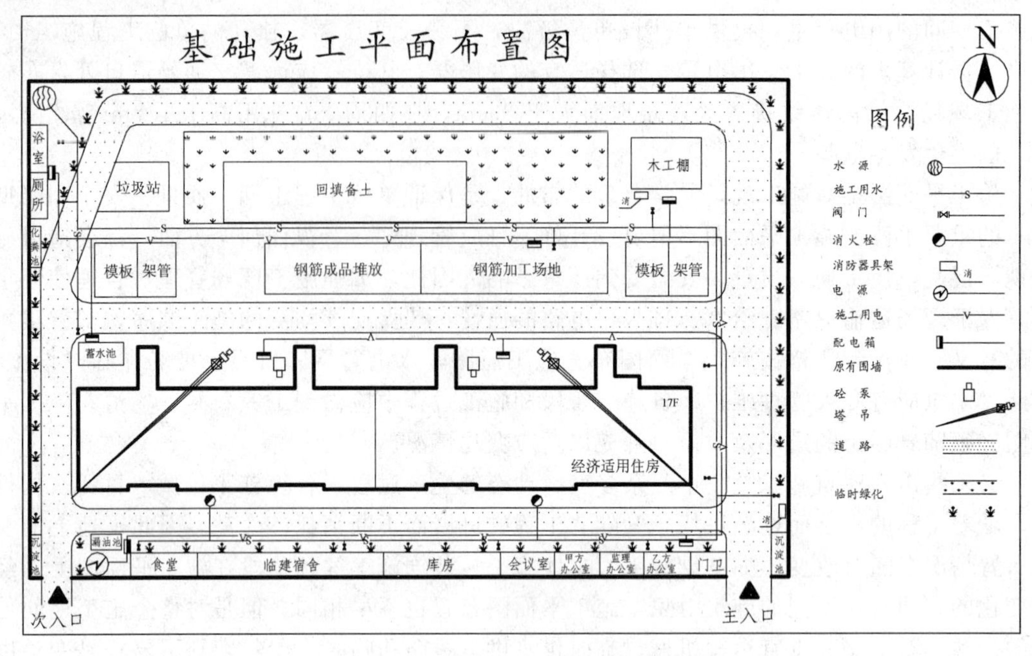

图 3.135 基础施工平面布置图

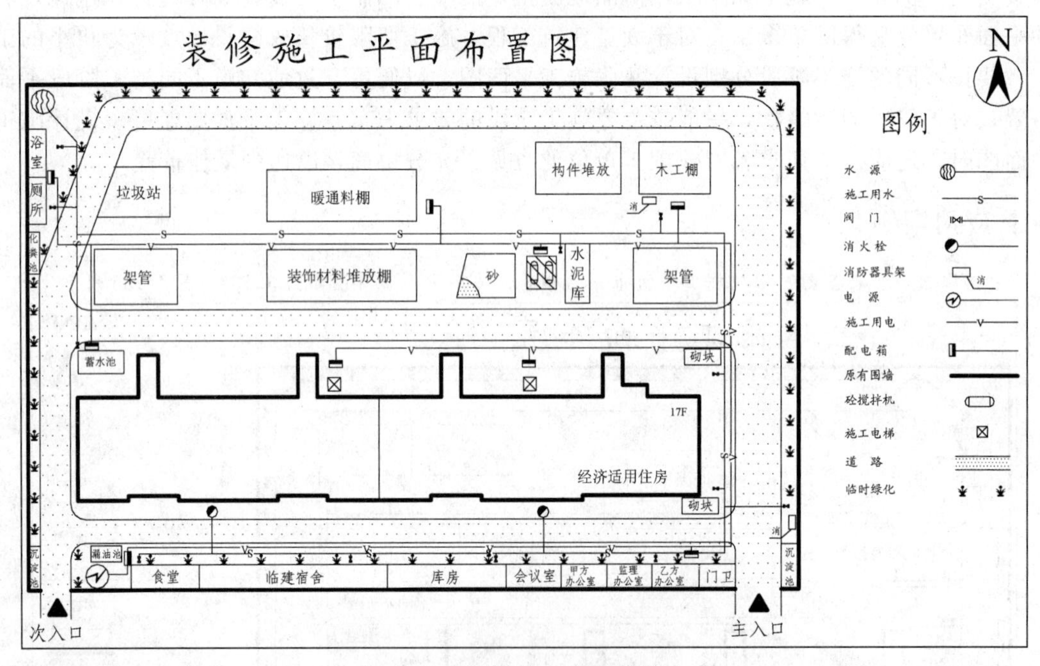

图 3.136 装修施工平面布置图

特别提示

- 当施工现场情况较复杂时，可分阶段绘制施工平面图。
- 不同阶段的施工平面布置图，其图例表示应一致。

3.8 技术组织措施计划

技术与组织措施是建筑安装企业的施工组织设计的一个重要组成部分，它的目的是通过技术与组织措施确保工程的进度、质量、投资和安全目标的实现。

技术措施主要包括质量措施、安全措施、进度措施、降低成本措施、季节性施工措施和文明施工措施等，其主要项目有：怎样提高项目施工的机械化程度；采用先进的施工技术方法；选用简单的施工工艺方法和廉价质高的建筑材料；采用先进的组织管理方法提高劳动效率；减少材料消耗，节省材料费用；确保工程质量，防止返工等。各项技术组织措施最终效果反映在加快施工进度、保证节省施工费用上。

单位工程的技术组织措施，应根据施工企业施工组织设计，结合具体工程条件，参照表3-44逐项拟订。

表3-44 技术组织措施计划

<table>
<tr><th rowspan="3">施工项目和内容</th><th colspan="2">措施涉及的工程量</th><th colspan="6">经济效果</th><th rowspan="3">执行单位及负责人</th></tr>
<tr><th rowspan="2">单位</th><th rowspan="2">数量</th><th rowspan="2">劳动量节约/工日</th><th colspan="5">降低成本额/元</th></tr>
<tr><th>材料费</th><th>工资</th><th>机械台班费</th><th>间接费</th><th>节约总额</th></tr>
<tr><td></td><td></td><td></td><td></td><td></td><td></td><td></td><td></td><td></td><td></td></tr>
<tr><td></td><td></td><td></td><td></td><td></td><td></td><td></td><td></td><td></td><td></td></tr>
</table>

1. 技术措施

对新材料、新结构、新工艺、新技术的应用，对高耸、大跨度、重型构件以及深基础、设备基础、水下和软弱地基项目，均应编制相应的技术措施，其内容如下。

(1) 需要表明的平面、剖面示意图以及工程量一览表。

(2) 施工方法的特殊要求和工艺流程。

(3) 水下及冬、雨期施工措施。

(4) 技术要求和质量安全注意事项。

(5) 材料、构件和机具的特点、使用方法及需用量。

2. 质量保证措施

保证质量的措施主要有以下几个方面。

(1) 确保定位放线、标高测量等准确无误的措施。

(2) 确保地基承载力及各种基础、地下结构施工质量的措施。

(3) 主要材料的质量标准、检验制度、保管方法和使用要求，不合格的材料及半成品一律不准用于工程上，破损构件未经设计单位及技术部门鉴定不得使用。

(4) 主要工种的技术要求、质量标准和检验评定标准。如按国家施工验收规范组织施工；按建筑安装工程质量检验评定标准检查和评定工程质量；施工操作按照工艺标准执行。

(5) 对施工中可能出现的技术问题或质量通病采取主动措施。

(6) 认真做好自检、互检、交接检，隐蔽项目未经验收不得进行下道工序施工。

(7) 认真组织中间检查，施工组织设计中间检查和文明施工中间检查，并做好检查验收记录。

(8) 各分部分项工程施工前，应进行认真的书面交底，严格按图纸及设计变更要求施工，发现问题及时上报，待技术部门和设计单位核定后再处理。

(9) 加强试块试样管理，按规定及时制作，取样送试。有关资料的收集要完整、准确和及时。

(10) 质量通病的防治措施要落实到位。

(11) 保证质量的组织措施，如人员培训、编制工艺卡及质量检查验收制度等。

知识链接

工程检查与验收是不同的概念。

质量通病是指施工中容易出现的质量问题，如：地面空鼓、地面起砂、窗角裂缝、墙面裂缝、厨房卫生间渗漏、屋面渗漏等等。容易出现质量通病的工程部位应有针对性地预防措施。

3. 安全保证措施

保证安全的措施主要有以下几点。

(1) 保证土石方边坡稳定的措施。

(2) 脚手架、吊篮、安全网的设置及各类洞口、临边防止人员坠落的措施。

(3) 外用电梯、井架及塔式起重机等垂直运输机具拉结要求和防倒塌措施。

(4) 安全用电和机电设备防短路、防触电的措施。

(5) 易燃易爆有毒作业场所的防火、防爆、防毒、防坠落、防冻害、防坍塌措施。

(6) 季节性安全措施，如雨期的防洪、防雨，夏期的防暑降温，冬期的防滑、防火等措施。

(7) 高空作业、主体交叉作业的安全措施。

(8) 各工种工人须经安全培训和考核合格后方准进行施工作业。

(9) 现场周围通行道路及居民的保护隔离措施。

(10) 保证安全施工的组织措施，如安全宣传、教育及检查制度等。

知识链接

“三宝”、“四口”、“五临边”，是安全管理中的基本法宝。

(1) 安全帽。进入施工现场必须按照规定戴好安全帽，每顶安全帽必须有检验部门批量验证和工厂检验合格证。

(2) 安全网。为了防止落物和减少污染，采用密目安全网对建筑物进行封闭；每张安全网出厂前，必须有国家指定的监督检验部门批量验证和工厂检验合格证。

(3) 安全带。工地内从事独立悬空作业的人员，必须按照规定佩戴安全带，安全带应符合相应质量标准。

(4) 预留洞口。预留洞口有以下4个要求。

① 边长或直径在20～25cm的洞口，可利用混凝土板内钢筋或固定盖板防护。

② 60～150cm的洞口，可用混凝土板内钢筋贯穿洞径，网格一般不得大于20cm。

③ 150cm以上的洞口，四周应设护栏，洞口下张安全网，按栏高1m设两道水平杆。

④ 预制构件的洞口(包括缺件临时形成的洞口)，参照上述规定防护或架设脚手板、满铺竹笆，固定防护。

(5) 楼梯口。要求如下。

① 分层施工楼梯口应装临时防护。

② 梯段边设临时防护栏杆(用钢管)。

③ 顶层楼梯口应随施工安装正式栏杆或临时防护栏杆。

④ 临边防护经有关部门验收后，方可使用。

4. 进度保证措施

保证进度的措施主要有以下几点。

建筑进度控制目标体系，明确建设工程现场组织机构中进度控制人员及其职责分工。

建立工程进度报告制度及进度信息沟通网络。

建立进度计划审核制度和进度计划实施中的检查分析制度；建立进度协调会议制度，包括协调会议举行的时间、地点、参加人员等；建立图纸审查、工程变更和设计变更管理制度。

编制进度控制工作细则。

采用网络计划技术及其他科学适用的计划方法，并结合电子计算机的应用，对建设工程进度实施动态控制。

5. 降低成本措施

由于建设工程的投资主要发生在施工阶段，在这一阶段需要投入大量的人力、物力、资金等，是工程项目建设费用消耗最多的时期，浪费投资的可能性比较大。所以精心地组织施工，挖掘各方面潜力，节约资源消耗，仍可以收到降低成本的明显效果，主要措施如下。

(1) 合理进行土方平衡，以节约土方运输及人工费用。

(2) 综合利用吊装机械，减少吊次，以节约台班费。

(3) 提高模板精度，采用整装整拆，加速模板周转，以节约木材或钢材。

(4) 混凝土、砂浆中掺外加剂或掺和料(如粉煤灰、硼泥等)，以节约水泥。

(5) 采用先进的钢筋焊接技术(如气压焊)以节约钢筋。

(6) 构件及半成品采用预制拼装、整体安装的方法，以节约人工费、机械费等。

(7) 保证工程质量，减少返工损失。

(8) 保证安全生产，减少事故频率，避免意外工伤事故带来的损失。

(9) 增收节支，减少施工管理费的支出。

(10) 工程建设提前完工，以节省各项费用开支。

特别提示

降低工程成本严禁偷工减料，应在确保工程质量的前提下科学降低成本。

降低成本的组织管理措施也不容忽视。

(1) 在项目管理班子中落实从降低成本角度进行施工跟踪的人员、任务分工和职能分工。

(2) 编制单位工程成本控制工作计划和详细的工作流程图。

(3) 编制资金使用计划，确定、分解成本控制目标，并对成本目标进行风险分析，制订防范性对策。

(4) 进行工程计量。

(5) 在施工过程中进行成本跟踪控制，定期地进行投资实际支出值与计划目标值的比较；发现偏差，分析原因，采取纠偏措施。

(6) 认真做好施工组织设计，对主要施工方案进行技术经济分析。

6. 文明施工措施

(1) 施工现场围栏与标牌设置，出入口交通安全，道路畅通，场地平整，安全与消防设施齐全。

(2) 临时设施的规划与搭设，办公室、宿舍、更衣室、食堂、厕所的安排与环境卫生。

(3) 各种材料、半成品、构件的堆放与管理。

(4) 散碎材料、施工垃圾的运输及防止各种环境污染，严禁随意凌空抛洒。

(5) 成品保护及施工机械保养。

(6) 拆除旧的装饰物时，要随时洒水，减少扬尘污染。

(7) 施工现场注意噪声的控制，应制订降噪制度和措施。

知识链接

文明施工现场在政策上是有费用支持的。以江苏省为例：现场安全文明施工措施费＝分部分项工程量清单费用×3.2%，其中2%为基本费，1.2%为奖励费。

3.9 技术经济指标

任何一个分部分项工程，都会有多种施工方案，技术经济分析的目的，就是论证施工组织设计在技术上是否先进、经济上是否合理。通过计算、分析比较，从诸多施工方案中选出一个工期短、质量好、材料省、劳动力安排合理、工程成本低的最优方案，为不断改进施工组织设计提供信息，为施工企业提高经济效益、加强企业竞争能力提供途径。对施工方案进行技术经济分析，是选择最优施工方案的重要环节之一，对不断提高建筑业技术、组织和管理水平，提高基本建设投资效益大有益处。

1. 技术经济分析的基本要求

技术经济分析的基本要求如下。

(1) 全面分析。对施工技术方法、组织手段和经济效果进行分析，对施工具体环节及全过程进行分析。

(2) 做技术经济分析时应重点抓住“一案、一图、一表”三大重点，即施工方案、施工平面图和施工进度表，并以此建立技术经济分析指标体系。

(3) 在做技术经济分析时，要灵活运用定性方法和有针对性的定量方法。在做定量分析时，应针对主要指标、辅助指标和综合指标区别对待。

(4) 技术经济分析应以设计方案的要求、有关国家规定及工程实际需要为依据。

2. 技术经济分析的重点

技术经济分析应围绕质量、工期、成本、安全4个主要方面，即在保证质量安全的前提下，使工期合理，费用最少，效益最好。单位工程施工组织设计的技术经济分析重点是工期、质量、安全、成本、劳动力安排、场地占用、临时设施、节约材料、新技术、新设备、新材料、新工艺的采用，但是在进行单位工程施工组织设计时，要针对不同的设计内容有不同的技术经济分析重点。

(1) 基本工程以土方工程、现浇钢筋混凝土施工、打桩、排水和降水、土坡支护为重点。

(2) 结构工程以垂直运输机械选择、划分流水施工段组织流水施工、现浇钢筋混凝土工程(钢筋工程、模板工程、混凝土工程)、脚手架选用、特殊分项工程的施工技术措施及各项组织措施为重点。

(3) 装饰阶段应以安排合理的施工顺序，保证工程质量，组织流水施工，节省材料，缩短工期为重点。

3. 技术经济分析的方法

技术经济分析的方法有定性分析和定量分析两种方法。

定性分析是结合工程实际经验，对每一个施工方案的优缺点进行分析比较，主要考虑：工期是否符合要求，技术上是否先进可行，施工操作上的难易程度，施工安全可靠性如何，劳动力和施工机械能否满足，保证工程质量措施是否完善可靠，是否能充分发挥施工机械的作用，为后续工程提供有利施工的可能性，能否为现场文明施工创造有利条件，对冬雨季施工带来的困难等等。评价时受评价人的主观因素影响较大，因此只用于施工方案的初步平价。

定量分析是通过计算各施工方案中的主要技术经济指标，进行综合分析比较，从中选择技术经济指标最优的方案。由于定量分析是直接进行计算、对比，用数据说话，因此比较客观，是方案评价的主要方法。

4. 技术经济分析指标

单位工程施工方案的主要技术经济分析指标有：单位面积建筑造价、降低成本指标、施工机械化程度、单位面积劳动消耗量、工期指标；另外还包括质量指标、安全指标、三大材料节约指标、劳动生产率指标等。一般是通过一系列指标体系来表示的。

(1) 工期指标。工期是从施工准备工作开始到产品交付用户所经历的时间。它反映国家一定时期的和当地的生产力水平。选择某种施工方案时，在确保工程质量和安全施工的前提下，应当把缩短工期放在首要位置来考虑。工期长短不仅严重影响着企业的经济效益，而且也涉及建筑工程能否及早发挥作用。在考虑工期指标时，要把上级的指令工期、建设单位要求的工期和工程承包协议中的合同工期有机地结合起来，根据施工企业的实际情况，确定一个合理的工期指标，作为施工企业在施工进度方面的努力方向，并与国家规定的工期或建设地区同类型建筑物的平均工期进行比较。

(2) 单位面积建筑造价。建筑造价是建筑产品一次性的综合货币指标，其内容包括人工、材料、机械费用和施工管理费等。为了正确评价施工方案的经济合理性，在计算单位面积建筑造价时，应采用实际的施工造价。

单位面积建筑造价=建筑实际总造价/建筑总面积(元/平方米)

(3) 降低成本指标。降低成本指标是工程经济中的一个重要指标，它综合反映了工程项目或分部工程由于采用施工方案不同，而产生不同经济效果。其指标可采用降低成本额或降低成本率表示。

降低成本额=预算成本—计划成本

降低成本率=降低成本额/预算成本×100%

预算成本是根据施工图按预算价格计算的成本。计划成本是按采用的施工方案所确定的施工成本。

(4) 施工机械化程度。提高施工机械化程度是建筑施工的发展趋势。根据中国的国情，采用土洋结合、积极扩大机械化施工范围，是施工企业努力的方向。在工程招投标中，也是衡量施工企业竞争实力的主要指标之一。

(5) 单位面积劳动消耗量。是指完成单位工程合格产品所消耗的活劳动。它包括完成该工程所有施工过程主要工种、辅助工种及准备工作的全部劳动。单位面积劳动消耗量的高低，标志着施工企业的技术水平和管理水平，也是企业经济效益好坏的主要指标。其中劳动工日数包括主要工种用工、辅助用工和准备工作用工。

单位面积劳动消耗量=完成该工程的全部劳动工日数/总建筑面积(工日/m^2)

(6) 劳动生产率。劳动生产率标志一个单位在一定时间内平均每人所完成的产品数量或价值的能力，反映了一个单位(单位、行业、地区、国家等)的生产技术水平和管理水平。具体有两种表达形式。

实物数量法：

全员劳动生产率=折合全年自行完成建筑面积总数/折合全年在职人员平均人数(m^2/人年均)

货币价值法：

全员劳动生产率=折合全年自行完成建筑安装投资总数/折合全年在职人员平均人数(元/人年均)

不同的施工方案进行技术经济指标比较，往往会出现某些指标较好，而另一些指标较差，所以评价或选择某一种施工方案不能只看某一项指标，应当根据具体的施工条件和施工项目。

▶▶应用案例

表3-45为某框架综合楼土建工程技术经济指标实例分析。

表 3-45 某框架综合楼土建工程技术经济指标实例分析

工程特征	建筑功能：食堂、公寓，结构类型：框架结构					地下室：无地下室					基础类型：桩承台(桩基础另计)			
	建筑面积	11 177.90	m²	建筑物高度：21.15m		土方类型：机械土方					砌体类型：外墙 KP1 多孔砖，内墙砼砌体			
	总层数：5层，地上主体5层					屋面防水：DWD120 高分子卷材防水					门窗类型：防火门(玻璃幕墙另计)			
	楼地面工程：水磨石楼地面					装饰工程：外墙：外墙面砖＋保温、外墙涂料、内墙乳胶漆								
工程经济指标	工程造价/万元	1 246.04	单方造价/元	1 114.74	分部分项工程费用/元	9 733 608.05	措施项目费用/元	1 883 628.41	其他项目费用/元	0.00	规费/元	428 676.02	税金/元	414 499.85
	分部分项工程费	土石方工程	砌筑工程	混凝土工程	钢筋工程/t	屋面防水工程/m²	楼地面工程/m²	墙柱面装饰工程/m²	天棚工程/m²	门窗工程/m²	油漆涂料工程/m²	模板工程10/m²	脚手架工程10/m²	垂直运输机械费用
	工程量	3 349.68	2 412.85	3 617.63	593.07	3 075.23	9 759.48	25 106.41	0.00	519.04	23 498.97	2 709.44	3 830.22	200.00
	分部分项造价/万元	4.95	80.81	170.92	326.89	53.50	99.19	167.35	0.00	21.70	36.33	89.16	31.45	11.73
	单方造价/元	4.43	72.29	152.91	292.44	47.86	88.74	149.72	0.00	19.41	32.50	79.76	28.14	10.49
	占总造价比例	0.40%	6.49%	13.72%	26.23%	4.29%	7.96%	13.43%	0.00%	1.74%	2.92%	7.16%	2.52%	0.94%
每百平方米建筑面积主要技术指标		土石方/m³	砖基础/m³	空心砖/m³	实心砖柱/m³	满堂基础/m³	矩形柱/m³	矩形梁/m³	圈过梁/m³	直形墙/m³	有梁板/m³	平板/m³	现浇沿沟/m³	现浇雨棚/m³
		29.97	1.41	20.17	0.00	0.00	5.91	1.47	0.38	0.00	15.44	0.00	0.13	0.39
		现浇楼梯/m²	散水/m²	钢筋/t	刚性防水屋面/m²	屋面卷材防水/m²	涂膜防水/m²	墙体保温/m²	挤塑板保温屋面/m²	细石砼楼地面/m²	楼地面/m²	墙柱面一般抹灰/m²	墙柱面装饰/m²	天棚抹灰/m²
		3.22	1.63	5.32	27.51	27.51	0.00	52.45	27.51	0.00	87.31	224.61	0.00	0.00
		天棚吊顶/m²	基础模板/m²	喷刷涂料/m²	柱模板/m²	梁模板/m²	板模板/m²	墙模板/m²	砌筑脚手架/m²	抹灰脚手架/m²	满堂脚手架/m²	垂直运输机械/天	人工/工日	砂石/t
		0.00	15.72	210.23	38.03	9.75	165.23	0.00	138.34	204.32	0.00	1.79	388.86	21.49

本章小结

本章根据施工组织设计的内容，详细阐述了各部分内容编制的基本理论、基本方法，结合具体的项目任务，重点介绍了施工方案的选择、施工进度计划的编制以及施工平面布置图的绘制方法，并通过实例帮助学生完成项目任务。

本章教学的基本目标是每个学生独立完成项目任务。

习　题

一、 单选题

1.(　　)是基层施工单位编制季度、月度、旬施工作业计划的主要依据。

A. 施工组织总设计　　B. 单位工程施工组织设计

C. 局部施工组织设计

2. 单位施工组织设计一般由(　　)负责编制。

A. 建设单位的负责人　　B. 施工单位的工程项目主管工程师

C. 施工单位的项目经理　　D. 施工员

3. 单位工程施工组织设计必须在开工前编制完成，并应经(　　)批准方可实施。

A. 建设单位　　B. 项目经理　　C. 设计单位　　D. 总监理工程师

4.(　　)是单位工程施工组织设计的重要环节，是决定总个工程全局的关键。

A. 工程概况　　B. 施工方案　　C. 施工进度计划

D. 施工平面布置图　E. 技术经济指标

5. 单位工程施工方案主要确定(　　)的施工顺序、施工方法和选择适用的施工机械。

A. 单项工程　　B. 单位工程　　C. 分部分项工程　　D. 施工过程

6.(　　)是选择施工方案首先要考虑的问题。

A. 确定施工顺序　　B. 确定施工方法　　C. 划分施工段　　D. 选择施工机械

7. 内外装修之间最常用的施工顺序是(　　)。

A. 先内后外　　B. 先外后内　　C. 同时进行　　D. 没有要求

8. 室外装修工程一般采用(　　)的施工流向。

A. 自上而下　　B. 自下而上　　C. 没有要求

9. 室内装修工顺序采用(　　)工期较短。

A. 顶棚→墙面→地面　　B. 顶棚→地面→墙面

C. 地面→墙面→天棚　　D. 地面→天棚→墙面

10.(　　)控制各分部分项工程施工进程及总工期的主要依据。

A. 工程概况　　B. 施工方案　　C. 施工进度计划

D. 施工平面布置图　E. 技术经济指标

11. 单位工程施工进度计划是(　　)进度计划。

A. 控制性　　B. 指导性　　C. 有控制性、也有指导性

12. 确定劳动量应采用(　　)。

A. 预算定额　　B. 施工定额　　C. 国家定额　　D. 地区定额

13. 当某一施工过程是由同一工种、但不同做法、不同材料的若干个分项工程合并组成时，应先计算(　　)，再求其劳动量。

A. 产量定额　　B. 时间定额　　C. 综合产量定额　　D. 综合时间定额

14. 劳动力需用量计划一般要求(　　)编制。

A. 按年编制　　B. 按季编制　　C. 按月分旬编制　　D. 按周编制

15. 单位工程施工平面布置图应最先确定(　　)位置。

A. 起重机械的位置　　B. 搅拌站的位置　　C. 仓库的位置

D. 材料堆场　　E. 临时设施位置

16. 流水作业是施工现场控制施工进度的一种经济效益很好的方法，相比之下在施工现场应用最普遍的流水形式是(　　)。

A. 非节奏流水　　B. 加快成倍节拍流水

C. 固定节拍流水　　D. 一般成倍节拍流水

17. 流水施工组织方式是施工中常采用的方式，因为(　　)。

A. 它的工期最短　　B. 现场组织、管理简单

C. 能够实现专业工作队连续施工　　D. 单位时间投入劳动力、资源量最少

18. 在组织流水施工时，(　　)称为流水步距。

A. 某施工专业队在某一施工段的持续工作时间

B. 相邻两个专业工作队在同一施工段开始施工的最小间隔时间

C. 某施工专业队在单位时间内完成的工程量

D. 某施工专业队在某一施工段进行施工的活动空间

19. 下面所表示流水施工参数正确的一组是(　　)。

A. 施工过程数、施工段数、流水节拍、流水步距

B. 施工队数、流水步距、流水节拍、施工段数

C. 搭接时间、工作面、流水节拍、施工工期

D. 搭接时间、间歇时间、施工队数、流水节拍

20. 在组织施工的方式中，占用工期最长的组织方式是(　　)施工。

A. 依次　　B. 平行　　C. 流水　　D. 搭接

21. 每个专业工作队在各个施工段上完成其专业施工过程所必需的持续时间是指(　　)。

A. 流水强度　　B. 时间定额　　C. 流水节拍　　D. 流水步距

22. 某专业工种所必须具备的活动空间指的是流水施工空间参数中的(　　)。

A. 施工过程　　B. 工作面　　C. 施工段　　D. 施工层

23. 有节奏的流水施工是指在组织流水施工时，每一个施工过程的各个施工段上的(　　)都各自相等。

A. 流水强度　　B. 流水节拍　　C. 流水步距　　D. 工作队组数

24. 固定节拍流水施工属于(　　)。

A. 无节奏流水施工　　B. 异节奏流水施工

C. 等节奏流水施工　　　　　　　　　　D. 异步距流水施工

25. 在流水施工中，不同施工过程在同一施工段上流水节拍之间成比例关系，这种流水施工称为(　　)。

A. 等节奏流水施工　　　　　　　　　　B. 等步距异节奏流水施工

C. 异步距异节奏流水施工　　　　　　　D. 无节奏流水施工

26. 某二层现浇钢筋混凝土建筑结构的施工，其主体工程由支模板、绑钢筋和浇混凝土3个施工过程组成，每个施工过程在施工段上的延续时间均为5天，划分为3个施工段，则总工期为(　　)天。

A. 35　　　　B. 40　　　　C. 45　　　　D. 50

27. 某工程由4个分项工程组成，平面上划分为4个施工段，各分项工程在各施工段上流水节拍均为3天，该工程工期(　　)天。

A. 12　　　　B. 15　　　　C. 18　　　　D. 21

28. 某工程由支模板、绑钢筋、浇筑混凝土3个分项工程组成，它在平面上划分为6个施工段，该3个分项工程在各个施工段上流水节拍依次为6天、4天和2天，则其工期最短的流水施工方案为(　　)天。

A. 18　　　　B. 20　　　　C. 22　　　　D. 24

29. 上题中，若工作面满足要求，把支模板工人数增2倍，绑钢筋工人数增加1倍，混凝土工人数不变，则最短工期为(　　)天。

A. 16　　　　B. 18　　　　C. 20　　　　D. 22

30. 某一拟建工程有5个施工过程，分4段组织流水施工，其流水节拍已知见表3-46。规定施工过程Ⅱ完成后，其相应施工段至少要间歇2天；施工过程Ⅳ完成后，其相应施工段要留有1天的准备时间。为了尽早完工，允许施工过程Ⅰ和Ⅱ之间搭接施工1天。按照流水施工，其最短工期为(　　)天。

表3-46　某拟建工程流水节拍

m \ n	Ⅰ	Ⅱ	Ⅲ	Ⅳ	Ⅴ
①	3	1	2	4	3
②	2	3	1	2	4
③	2	5	3	3	2
④	4	3	5	3	1

A. 26　　　　B. 27　　　　C. 28　　　　D. 29

31. 建设工程组织流水施工时，其特点之一是(　　)。

A. 由一个专业队在各施工段上依次施工

B. 同一时间段只能有一个专业队投入流水施工

C. 各专业队按施工顺序应连续、均衡地组织施工

D. 施工现场的组织管理简单，工期最短

32. 加快的成倍节拍流水施工的特点是(　　)。

A. 同一施工过程中各施工段的流水节拍相等，不同施工过程的流水节拍为倍数关系

B. 同一施工过程中各施工段的流水节拍不尽相等，其值为倍数关系

C. 专业工作队数等于施工过程数

D. 专业工作队在各施工段之间可能有间歇时间

33. 双代号网络计划中(　　)表示前面工作的结束和后面工作的开始。

A. 起始节点　　B. 中间节点　　C. 终止节点　　D. 虚拟节点

34. 网络图中同时存在 n 条关键线路，则 n 条关键线路的持续时间之和(　　)。

A. 相同　　B. 不相同　　C. 有一条最长的　　D. 以上都不对

35. 单代号网络图的起点节点可(　　)。

A. 有1个虚拟　　B. 有2个　　C. 有多个　　D. 编号最大

36. 在时标网络计划中“波折线”表示(　　)。

A. 工作持续时间　　B. 虚工作

C. 前后工作的时间间隔　　D. 总时差

37. 时标网络计划与一般网络计划相比其优点是(　　)。

A. 能进行时间参数的计算　　B. 能确定关键线路

C. 能计算时差　　D. 能增加网络的直观性

38. (　　)为零的工作肯定在关键线路上。

A. 自由时差　　B. 总时差　　C. 持续时间　　D. 以上三者均不是

39. 在工程网络计划中，判别关键工作的条件是该工作(　　)。

A. 自由时差最小　　B. 与其紧后工作之间的时间间隔为零

C. 持续时间最长　　D. 最早开始时间等于最迟开始时间

40. 当双代号网络计划的计算工期等于计划工期时，对关键工作的错误提法是(　　)。

A. 关键工作的自由时差为零

B. 相邻两项关键工作之间的时间间隔为零

C. 关键工作的持续时间最长

D. 关键工作的最早开始时间与最迟开始时间相等

41. 网络计划工期优化的目的是为了缩短(　　)。

A. 计划工期　　B. 计算工期　　C. 要求工期　　D. 合同工期

42. 已知某工程双代号网络计划的计划工期等于计算工期，且工作 M 的完成节点为关键节点，则该工作(　　)。

A. 为关键工作　　B. 自由时差等于总时差

C. 自由时差为零　　D. 自由时差小于总时差

43. 网络计划中工作与其紧后工作之间的时间间隔应等于该工作紧后工作的(　　)。

A. 最早开始时间与该工作最早完成时间之差

B. 最迟开始时间与该工作最早完成时间之差

C. 最早开始时间与该工作最迟完成时间之差

D. 最迟开始时间与该工作最迟完成时间之差

44. 在工程网络计划执行过程中，如果发现某工作进度拖后，则受影响的工作一定是该工作的(　　)。

A. 平行工作　　B. 后续工作　　C. 先行工作　　D. 紧前工作

45. 工程网络计划费用优化的目的是为了寻求(　　)。

A. 资源有限条件下的最短工期安排　　B. 工程总费用最低时的工期安排

C. 满足要求工期的计划安排　　D. 资源使用的合理安排

46. 在双代号时标网络计划中，当某项工作有紧后工作时，则该工作箭线上的波形线表示(　　)。

A. 工作的总时差　　B. 工作之间的时距

C. 工作的自由时差　　D. 工作间逻辑关系

47. 在双代号或单代号网络计划中，工作的最早开始时间应为其所有紧前工作(　　)。

A. 最早完成时间的最大值　　B. 最早完成时间的最小值

C. 最迟完成时间的最大值　　D. 最迟完成时间的最小值

48. 在工程网络计划中，工作的自由时差是指在不影响(　　)的前提下，该工作可以利用的机动时间。

A. 紧后工作最早开始

B. 后续工作最迟开始

C. 紧后工作最迟开始时间推迟 5 天，并使总工期延长 3 天

D. 本工作最早完成将其后续工作的开始时间推迟 3 天，并使总工期延长 1 天

49. 施工准备工作应该具有(　　)与阶段性的统一。

A. 综合性　　B. 时间性　　C. 整体性　　D. 分散性

50. 对一项工程所涉及的(　　)和经济条件等施工资料进行调查研究与收集整理，是施工准备工作的一项重要内容。

A. 社会条件　　B. 自然条件　　C. 环境条件　　D. 人文条件

51. (　　)是施工准备的核心，指导着现场施工准备工作。

A. 资源准备　　B. 施工现场准备　　C. 季节施工准备　　D. 技术资料准备

52. 施工图纸的会审一般由(　　)组织并主持会议。

A. 建设单位　　B. 施工单位　　C. 设计单位　　D. 监理单位

53. 资源准备包括(　　)准备和物资准备。

A. 资金　　B. 信息　　C. 劳动力组织　　D. 机械

54. 施工现场准备工作由两个方面组成，一是由(　　)应完成的；二是由施工单位应完成的施工现场准备工作。

A. 设计单位　　B. 建设单位　　C. 建设单位　　D. 行政主管部门

55. 现场塔设的临时设施，应按照(　　)要求进行搭设。

A. 建筑施工图　　B. 结构施工图　　C. 施工总平面图　　D. 施工平面布置图

56. 工程项目是否按目标完成，很大程度上取决于承担这一工程的(　　)。

A. 施工人员的身体 B. 施工人员的素质 C. 管理人员的学历 D. 管理人员的态度

57. 施工物资准备是指施工中必须有的施工机械器具和(　　)的准备。

A. 劳动对象　B. 材料　C. 配件　D. 构件

58. 工程项目开工前，(　　)应向监理单位报送工程开工报告审查表及开工报告、证明文件等，有总监理工程师签发，并报(　　)。

A. 建设单位，施工单位　B. 设计单位，施工单位；

C. 施工单位，建设单位　D. 施工单位，设计单位

二、 多项选择题

1. 单位工程施工组织设计编制的依据有(　　)。

A. 经过会审的施工图　B. 施工现场的勘测资料　C. 建设单位的总投资计划

D. 施工企业年度施工计划　E. 施工组织总设计

2. 单位工程施工组织设计的核心内容是(　　)。

A. 工程概况　B. 施工方案　C. 施工进度计划

D. 施工平面布置图　E. 技术经济指标

3. 单位工程施工组织设计的技术经济指标主要包括(　　)。

A. 工期指标　B. 质量指标　C. 安全指标　D. 环境指标

4. “三通一平”是指(　　)。

A. 水通　B. 路通　C. 电通

D. 平整场地　E. 气通

5. 确定施工顺序应遵循的基本原则有(　　)。

A. 先地下后地上　B. 先主体后围护

C. 先结构后装修　D. 先土建后设备

6. 确定施工顺序的基本要求有(　　)。

A. 符合施工工艺　B. 与施工方法协调　C. 考虑施工成本要求

D. 考虑施工质量要求　E. 考虑施工安全要求

7. 室内装修工程一般采用(　　)施工流向。

A. 自上而下　B. 自下而上

C. 自下而中再自上而中　D. 自下而中再自中而上

8. 室内装修同一楼层顶棚、墙面、地面之间施工顺序一般采用(　　)两种。

A. 顶棚→墙面→地面　B. 顶棚→地面→墙面

C. 地面→墙面→天棚　D. 地面→天棚→墙面

9. 施工方案中技术组织措施主要包含(　　)。

A. 技术措施　B. 质量措施　C. 降低成本措施　D. 安全措施

10. 单位工程施工组织设计的表达方式有(　　)。

A. 横道图　B. 网络图　C. 斜道图

11. 施工过程持续时间的确定方法有(　　)。

A. 经验估算法　B. 定额计算法　C. 工期倒排法　D. 累加数列法

12. 编制资源需用量计划包括(　　)。

A. 劳动力需用量计划　　B. 主要材料需用量计划

C. 机具名称需用量计划　　D. 预制构件需用量计划

13. 组织流水施工时，划分施工段的原则是(　　)。

A. 能充分发挥主导施工机械的生产效率

B. 根据各专业队的人数随时确定施工段的段界

C. 施工段的段界尽可能与结构界限相吻合

D. 划分施工段只适用于道路工程

E. 施工段的数目应满足合理组织流水施工的要求

14. 建设工程组织依次施工时，其特点包括(　　)。

A. 没有充分地利用工作面进行施工，工期长

B. 如果按专业成立工作队，则各专业队不能连续作业

C. 施工现场的组织管理工作比较复杂

D. 单位时间内投入的资源量较少，有利于资源供应的组织

E. 相邻两个专业工作队能够最大限度地搭接作业

15. 建设工程组织流水施工时，相邻专业工作队之间的流水步距不尽相等，但专业工作队数等于施工过程数的流水施工方式(　　)。

A. 固定节拍流水施工和加快的成倍节拍流水施工

B. 加快的成倍节拍流水施工和非节奏流水施工

C. 固定节拍流水施工和一般的成倍节拍流水施工

D. 一般的成倍节拍流水施工和非节奏流水施工

16. 施工段是用以表达流水施工的空间参数。为了合理地划分施工段，应遵循的原则包括(　　)。

A. 施工段的界限与结构界限无关，但应使同一专业工作队在各个施工段的劳动量大致相等

B. 每个施工段内要有足够的工作面，以保证相应数量的工人、主导施工机械的生产效率，满足合理劳动组织的要求

C. 施工段的界限应设在对建筑结构整体性影响小的部位，以保证建筑结构的整体性

D. 每个施工段要有足够的工作面，以满足同一施工段内组织多个专业工作队同时施工的要求

E. 施工段的数目要满足合理组织流水施工的要求，并在每个施工段内有足够的工作面

17. 在网络计划的工期优化过程中，为了有效地缩短工期，应选择(　　)的关键工作作为压缩对象。

A. 持续时间最长　　B. 缩短时间对质量影响不大

C. 直接费用最小　　D. 直接费用率最小　　E. 有充足备用资源

18. 在工程网络计划中，关键线路是指(　　)的线路。

A. 双代号网络计划中总持续时间最长

B. 相邻两项工作之间时间间隔均为零

C. 单代号网络计划中由关键工作组成

D. 时标网络计划中自始至终无波形线

E. 双代号网络计划中由关键节点组成

19. 在工程双代号网络计划中，某项工作的最早完成时间是指其(　　)。

A. 开始节点的最早时间与工作总时差之和

B. 开始节点的最早时间与工作持续时间之和

C. 完成节点的最迟时间与工作持续时间之差

D. 完成节点的最迟时间与工作总时差之差

E. 完成节点的最迟时间与工作自由时差之差

20. 已知网络计划中工作 M 有两项紧后工作，这两项紧后工作的最早开始时间分别为第 15 天和第 18 天，工作 M 的最早开始时间和最迟开始时间分别为第 6 天和第 9 天。如果工作 M 的持续时间为 9 天，则工作 M(　　)。

A. 总时差为 3 天　　B. 自由时差为 0 天　　C. 总时差为 2 天

D. 自由时差为 2 天　　E. 与紧后工作时间间隔分别为 0 天和 3 天

21. 施工准备工作按范围的不同分为(　　)。

A. 全场性准备　　B. 单项工程准备　　C. 分部工程准备　　D. 开工前的准备

22. 施工准备工作的内容一般可以归纳为以下几个方面(　　)。

A. 调查研究与收集资料　　B. 资源准备

C. 施工现场准备　　D. 技术资料准备

23. 项目组织机构的设置应遵循以下原则(　　)。

A. 用户满意原则　　B. 全能配套原则　　C. 独立自主原则　　D. 精干高效原则

24. 项目经理部的设立应确定(　　)。

A. 人员　　B. 利益　　C. 职责；　　D. 权限

25. 物资准备主要包括了以下(　　)两个方面的准备。

A. 材料准备　　B. 劳动力准备　　C. 施工机具准备　　D. 生产工艺准备

26. 施工现场准备工作包括(　　)。

A. 搭设临时设施　　B. 拆除障碍物　　C. 建立测量控制网　　D. “七通一平”

27. 冬期施工准备工作主要包括(　　)。

A. 材料准备　　B. 组织措施

C. 编制冬期施工方案　　D. 现场准备

28. 原始资料的调查包括(　　)。

A. 对建设单位与设计单位的调查　　B. 自然条件调查分析

C. 相关信息与资料　　D. 技术资料的收集

三、 计算分析题

1. 某工程有 A、B、C、D 四个施工过程，每个施工过程均划分为 4 个施工段，设 $t_a=$

2 天，$t_b=4$ 天，$t_c=3$ 天，$t_d=1$ 天，试分别计算依次施工、平行施工及流水施工的工期，并绘出各自的施工进度计划。

2. 已知某工程任务划分为 5 个施工过程，分 5 段进行流水施工，流水节拍均为 2 天，在第二个施工过程结束后有 1 天技术和组织间歇时间。试计算其工期并绘制进度计划。

3. 某混凝土路面道路工程 900m，每 50m 为一个施工段，道路路面宽度为 15m，要求先挖去表层土 0.2m 并压实一遍，再用砂石三合土回填 0.3m 并压实两遍；上面为强度等级 C_{15} 的混凝土路面，厚 0.15m。设该工程可分为挖土、回填、混凝土 3 个施工过程，其产量定额及流水节拍分别为：挖土 $5m^3$/工日、$t_1=2$ 天、回填 $3m^3$/工日、$t_2=4$ 天、混凝土 $0.7m^3$/工日、$t_3=6$ 天。试组织成倍节拍流水施工并绘制横道图和劳动力动态曲线图。

4. 某分部工程，已知施工过程 $n=4$，施工段数 $m=4$，各施工过程在各施工段的流水节拍如表 3－47 所示，且在基础和回填之间要求技术间歇为 2 天。试组织流水施工，计算流水步距和工期，并绘出流水施工横道图，且标明流水步距。

表 3－47 各施工段流水节拍

序号	工序	施工段			
		①	②	③	④
1	挖土	3	3	3	3
2	垫层	2	2	2	2
3	基础	4	4	4	4
4	回填	2	2	2	2

5. 某分部工程，各施工过程在各施工段的流水节拍见表 3－48，试组织流水施工，计算流水步距和工期，并绘出流水施工横道图，且标明流水步距。

表 3－48 各施工段流水节拍

序号	工序	施工段					
		①	②	③	④	⑤	⑥
1	挖土	2	1	3	4	5	5
2	垫层	2	2	4	3	4	4
3	基础	3	2	4	3	4	4
4	回填	4	3	3	2	5	4

6. 按下列工作的逻辑关系，分别绘制其双代号网络图。

(1) A、B 均完成后作 C、D，C 完成后作 E，D、E 完成后作 F。

(2) A、B 均完成后作 C，B、D 均完成后作 E，C、E 完成后作 F。

(3) A、B、C 均完成后作 D，B、C 完成后作 E，D、E 完成后作 F。

(4) A 完成后作 B、C、D，C、D 完成后作 E，C、D 完成后作 F。

7. 按表 3－49 所示工作的逻辑关系，绘制其双代号网络图，并进行时间参数的计算。

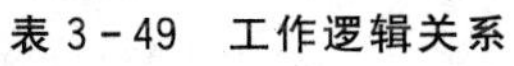
表 3-49 工作逻辑关系

施工过程	A	B	C	D	E	F	G	H	I	J	K
紧前工作	/	A	A	B	B	E	A	C、D	E	F、G、H	I、J
紧后工作	B、C、G	D、E	H	H	F、I	J	J	J	K	K	/
持续时间	3	4	5	2	3	4		2	1	6	3

8. 按表 3-50 所示工作的逻辑关系，找出各项工作的紧后工作，绘制其双代号网络图，并进行时间参数的计算。

表 3-50 工作逻辑关系

施工过程	A	B	C	D	E	F	G	H	I
紧前工作	/	/	/	B	B	A、D	A、D	A、C、D	E、F
持续时间	4	3	6	2	4	7	6	8	3

第4章 施工组织总设计的编制

教学目标

通过对施工组织总设计概念的理解，能够把握单位工程施工组织设计与施工组织总设计的区别，熟悉施工组织总设计的基本内容，掌握施工组织总设计编制的基本方法。

教学要求

能力目标	知识要点	权　重
了解施工组织总设计的概念	施工组织总设计的概念、作用、编制依据	15%
单位工程施工组织设计与施工组织总设计的区别	施工组织总设计编制程序施工组织总设计编制的内容	25%
施工组织总设计编制的方法	施工方案、进度计划、总平面图的编制方法	60%

▶▶引例

某市拟建成一个群体工程，其占地东西长400m，南北宽200m。其中，有一栋高层宿舍，是结构为25层大模板全现浇钢筋混凝土塔楼结构，使用两台塔式起重机。设环行道路，沿路布置临时用水和临时用电，不设生活区，不设搅拌站，不熬制沥青。

问题

(1) 施工平面图的设计原则是什么？

(2) 进行塔楼施工平面图设计时，以上设施布置的先后顺序是什么？

(3) 如果布置供水，需要考虑哪些用水？如果按消防用水的低限(10L/s)作为总用水量，流速为1.5m/s，管径选多大的？

(4) 布置道路的宽度应如何决策？

(5) 起码要设置几个消火栓？消火栓与路边距离应是多少？

(6) 按现场的环境保护要求，提出对噪声施工的限制，停水、停电、封路的办理，垃圾渣土处理办法。

(7) 电线、电缆穿路的要求有哪些？

4.1 施工组织总设计概述

施工组织总设计是以整个建设项目或群体工程为对象，根据初步设计图纸和有关资料及现场施工条件编制，用以指导全工地各项施工准备和组织施工的技术经济的综合性文件。它一般由建设总承包公司或大型工程项目经理部(或工程建设指挥部)的总工程师主持编制。

1. 施工组织总设计的作用

施工组织总设计的主要作用是：①为建设项目或建筑群的施工作出全局性的战略部署；②为做好组织施工力量、技术和物资资源供应提供依据；③为建设单位编制工程建设计划提供依据；④为施工单位编制施工计划和单位工程施工组织设计提供依据；⑤为组织项目施工活动提供合理的方案和实施步骤；⑥为确定设计方案的施工可行性和经济合理性提供依据。

2. 施工组织设计的编制依据

1) 计划文件及有关合同

包括国家或有关部门批准的基本建设计划、工程项目一览表、分期分批施工项目和投资计划、主管部门的批件、施工单位上级主管部门下达的施工任务计划、招投标文件及签订的工程承包合同、工程和设备的订货合同等。

2) 设计文件及有关资料

包括建设项目的初步设计、扩大初步设计或技术设计的有关图纸、设计说明书、建筑总平面图、总概算或修正概算和已批准的计划任务书等。

3）建筑地区的工程勘察和原始资料

包括建设地区的地形、地貌、工程地质及水文地质、气象等自然条件；交通运输、能源预制构件、建筑材料、水电供应及机械设备等技术经济条件；建设地区的政治、经济、文化、生活、卫生等社会生活条件。

4）现行规范、规程和有关技术标准

包括国家现行的设计、施工及验收规范、操作规范、操作规程、有关定额、技术规定和技术经济指标等。

5）类似工程的施工组织总设计或有关参考资料。

3. 施工组织总设计的编制程序

施工组织总设计是整个工程项目或建筑群全面性和全局性地指导施工准备和组织施工的技术经济文件，通常应遵循以下编制程序，其框架形式如图 4.1 所示。

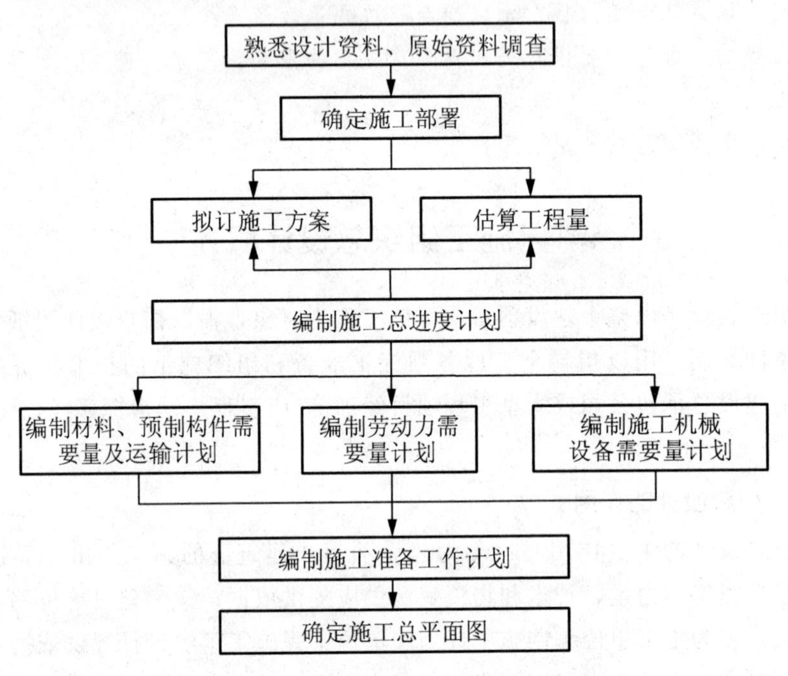

图 4.1 施工组织总设计编制程序

4. 施工组织总设计的内容

施工组织总设计的内容和深度，视工程的性质、规模、工期要求、建筑结构特点和施工复杂程度、工期要求和建设地区的自然条件的不同而有所不同，但都应突出“总体规划”和“宏观控制”的特点，通常包括工程概况及特点分析、施工部署和主要工程项目施工方案、施工总进度计划、资源需要量计划、施工总平面图和主要技术经济指标等。

5. 施工组织总设计编制的基本原则

归纳起来有以下几个方面。

（1）保证重点、统筹安排、信守合同工期。

（2）科学、合理地安排施工程序，尽量多地采用新工艺、新技术。

（3）组织流水施工，合理地使用人力、物力、财力。

（4）恰当安排施工项目，增加有效的施工作业日数，以保证施工的连续和均衡。

（5）提高施工技术方案的工业化、标准化水平。

（6）扩大机械化施工范围，提高机械化程度。

（7）采用先进的施工技术和施工管理方法。

（8）减少施工临时设施的投入，合理布置施工总平面图，节约施工用地和费用。

4.2 工程概况

在编制一个建设项目或建筑群的施工组织总设计时，首先需要扼要说明其工程概况内容。工程概况是对整个建设项目或建筑群的总说明和总分析，是对拟建建设项目或建筑群所作的一个简明扼要的文字介绍，有时为了补充文字介绍的不足，还可以附有建设项目总平面图、主要建筑的平面、立面、剖面示意图及辅助表格等。编写工程概况一般需要阐明以下几点内容。

1. 建设项目特点

建设项目特点是对拟建工程项目的主要特征的描述，其内容包括：工程性质、建设地点、建设总规模、总工期、总占地面积、总建筑面积、分期分批投入使用的项目和工期、总投资、主要工种工程量、设备安装及其吨数、建筑安装工程量、生产流程和工艺特点、建筑结构类型、新技术、新材料、新工艺的复杂程度和应用情况等。

2. 建设场地特征

主要介绍建设地区的自然条件和技术经济条件，其内容包括：地形、地貌、水文、地质、气象等自然条件；建设地区资源、交通、水、电、劳动力、生活设施等。

3. 施工条件及其他

主要说明施工企业的生产能力、技术装备、管理水平、主要设备、材料和特殊物资供应情况；有关建设项目的决议、协议、土地征用范围、数量和居民搬迁时间等与建设项目施工有关的情况。

4.3 施工总体部署

施工总体部署是对整个建设工程项目进行的统筹规划和全面安排，主要解决影响建设项目全局的重大问题，拟订指导全局组织施工的战略规划，是施工组织总设计的核心。

施工部署所包括的内容，根据建设项目的性质、规模和施工条件的不同，一般包含的主要内容有：建立组织机构、明确施工任务的组织分工和工程开展程序、拟订主要工程项目的施工方案、编制施工准备工作计划等。

1. 建立组织机构

根据工程的规模、特点和企业管理的水平，建立有效的组织机构和管理模式；明确各施工单位的工程任务，提出质量、工期、成本、安全、文明施工等控制目标及要求；明确分期分批施工交付投产使用的主要项目和穿插施工的项目；正确处理土建工程、设备安装工程及其他专业工程之间相互配合协调的关系。

2. 确定施工任务的组织分工及程序安排

1）确定施工任务的组织分工

在已明确施工项目管理体制、机构的条件下，划分参与建设的各施工单位的施工任务，明确总包与分包单位的关系，建立施工现场统一的组织领导机构及职能部门，确定综合的和专业的施工队伍，划分施工阶段，确定各施工单位分期分批的主导施工项目和穿插施工项目。

2）确定工程开展程序

确定建设项目中各项工程施工的合理开展程序是关系到整个建设项目能否按期投产或使用的关键。根据建设项目总目标的要求，确定合理的工程建设项目开展程序，主要考虑以下几个方面。

(1) 对于一些大中型工业和民用建设项目，在保证工期的前提下，实行分期分批建设，既可以使各具体项目尽快建成，尽早投入使用，又可在全局上实现施工的连续性和均衡性，减少临时设施工程数量，降低工程成本。在建造时，需要分几期施工，各期工程包括哪些项目，要根据生产工艺要求、建设部门要求、工程规模大小和施工难易程度、资金状况、技术资源等情况等确定。

对于小型工业和民用建筑或大型建设项目的某一系统，由于工期较短或生产工艺的要求，也可不必分期分批建设，采取一次性建成投产。

(2) 各类项目的施工应统筹安排，保证重点，兼顾其他，其中应优先安排工程量大、施工难度大、工期长的项目；供施工、生活使用的项目及临时设施；按生产工艺要求，先期投入生产或起主导作用的工程项目等。

(3) 建设项目的施工程序一方面要满足规定的投产或投入使用的要求，另一方面也要遵循一般的施工顺序，如先地下后地上、先深后浅等。

(4) 应考虑季节对施工的影响，如大规模土方和深基础土方施工一般要避开雨季，寒冷地区应尽量使房屋在入冬前封闭，而在冬季转入室内作业和设备安装。

3. 拟订主要项目施工方案

施工组织总设计中要拟订一些主要工程项目和特殊分项工程项目的施工方案，与单位工程组织设计中的施工方案所要求的内容和深度是不同的。这些项目通常是建设项目中工程量大、施工难度大、工期长，对整个建设项目的完成起关键作用的建筑物或构筑物，以及影响全局的特殊分项工程。拟订主要工程项目施工方案的目的是为了进行技术和资源的准备工作，同时也为了施工进程的顺利开展和现场的合理布置。它的内容包括以下几点。

(1) 确定施工方法，要兼顾技术工艺上的先进性和经济上的合理性。

(2) 划分施工段，要兼顾工程量与资源的合理安排。

(3) 采用施工工艺流程，要兼顾各工种和各施工段的合理搭接。

(4) 选择施工机械设备，既能使主导机械满足工程需要，又能使辅助配套机械与主导机械相适应。

4. 主要工种施工方法的选择

施工组织总设计中，施工方法的选择主要是针对建设项目或建筑群中的主要工程施工工艺流程提出原则性的意见，如土石方、混凝土、基础、砌筑、模板、结构安装、装饰工程以及垂直运输等。因为关键性的分部分项工程的施工，往往对整个工程项目的建设进度、工程质量、施工成本等起着控制性的作用。

对施工方法的选择要考虑技术工艺的先进性和经济上的合理性，着重确定工程量大、施工技术复杂、工期长、特殊结构工程或由专业施工单位施工的特殊专业工程的施工方法，如基础工程中的各种深基础施工工艺，结构工程中大模板、滑模施工工艺等。

特别提示

施工组织总设计中提出的意见，通常是原则而不是具体的施工方法，但它对编制单位工程施工组织设计具有指导意义，具体的施工方法应在单位工程施工组织设计中进行细化，使之具有可操作性。

5. 编制施工准备工作计划

为保证工程建设项目的顺利开工和总进度计划的按期实现，在施工组织总设计中应编制施工准备工作计划，其内容主要包括：按照建筑总平面设计要求，做好现场测量控制网，引测和设置标准水准点；办理土地征用手续；居民迁移及障碍物(如房屋、管线、树木等)的拆除工作；对工程设计中拟采用的新结构、新技术、新材料、新工艺的试制和试验工作；安排场地平整、场内外道路、水、电、气引入方案；有关大型临时设施的建设；组织材料、设备、加工品、半成品和机具等的申请、订货、生产等工作计划；建立工程管理指挥机构及领导组织网络。

特别提示

编制施工准备工作计划时，应重点做好“三通一平”的规划工作。

4.4 施工总进度计划

施工总进度计划是以拟建项目交付使用的时间为目标而确定的控制性施工进度计划，是施工组织总设计的中心工作，也是施工部署在时间上的体现，对资源需要量计划的编制、施工总平面图的设计和大型临时设施的设计具有重要的决定作用。因此，正确编制施工总进度计划是保证各个建设工程以及整个建设项目按期交付使用，充分发挥投资效益，降低建筑工程成本的重要条件。

编制施工总进度计划的基本要求是：保证拟建工程在规定的期限内完成，采用合理的施工方法保证施工的连续性和均衡性，发挥投资效益，节约施工费用。

1. 施工总进度计划的编制原则与内容

1）施工总进度计划的编制原则

（1）合理安排施工顺序，保证在人力、物力、财力消耗最少的情况下，按规定工期完成施工任务。

（2）采用合理的施工组织方法，使建设项目的施工能够保持连续、均衡、有节奏地进行。

（3）在安排全年度工程任务时，要尽可能按季度均匀分配基本建设投资。

（4）节约施工费用。

2）施工总进度计划的编制内容

施工总进度计划的编制内容一般包括：①列出主要工程项目一览表并计算(估算)其实物工程量；②确定各单位工程的施工期限；③确定各单位工程开工、竣工时间和相互搭接关系；④编制施工总进度计划表。

2. 施工总进度计划编制的步骤与方法

1）列出工程项目一览表并计算(估算)工程量

施工总进度计划主要起控制总工期的作用，因此在列出工程项目一览表时，项目划分不宜过细。通常按分期分批投产顺序和工程开展程序列出工程项目，一些附属项目、辅助工程及临时设施可以合并列出。

在列出工程项目一览表的基础上，计算各主要项目的实物工程量。此时，计算工程量的目的是为了选择施工方案和主要的施工、运输机械；初步规划主要施工过程的流水施工；估算各项目的完成时间；计算劳动力及技术物资的需要量。

计算工程量，可按初步(或扩大初步)设计图纸并根据各种定额手册进行计算。常用的定额资料如下。

（1）每万元、每10万元投资的工程量、劳动力及材料消耗扩大指标。这种定额规定了某一种结构类型建筑，每万元或10万元投资中劳动力和主要材料的消耗量。根据图纸中的结构类型，即可估算出拟建工程各分项工程需要的劳动力和主要材料的消耗量。

（2）概算指标或扩大结构定额。这两种定额都是预算定额的进一步扩大(概算指标是以建筑物的每$100m^3$体积为单位；扩大结构定额是以每$100m^2$建筑面积为单位)。查定额时，分别按建筑物的结构类型、跨度、高度分类，查出这种建筑物按定额单位所需的劳动力和各项主要材料消耗量，从而推算出拟计算建筑物所需要的劳动力和主要材料的消耗数量。

（3）标准设计或已建房屋、构筑物的资料。在缺少定额手册的情况下，可采用与标准设计或已建类似工程实际所消耗劳动力和材料进行类比，按比例估算。由于和拟建工程完全相同的已建工程是极为少见的，因此在采用已建工程资料时，一般都要进行折算、调整。

除建设项目本身外，还必须计算主要的全工地性工程的工程量，例如场地平整面积、铁路及道路长度、地下管线长度等。这些可以根据建筑总平面图来计算。

将按上述方法计算出的工程量填入统一的工程量计算表中，见表4-1。

表4-1 工程项目一览表

工程项目分类	工程项目名称	结构类型	建筑面积	幢（跨）数	概算投资	主要实物工程量								
						场地平整	土方工程	桩基工程	…	砖石工程	钢筋混凝土工程	…	装饰工程	…
			1 000m^2	个	万元	1 000m^2	1 000m^2	1 000m^2		1 000m^3	1 000m^3		1 000m^2	
全工地性工程														
主体项目														
辅助项目														
永久住宅														
临时建筑														
…														
合计														

2）确定各单位工程的施工期限

影响单位工程施工期限的因素很多，如施工技术、施工方法、建筑类型、结构特征、施工管理水平、机械化程度、劳动力和材料供应情况、现场地形、地质条件、气候条件等。由于施工条件的不同，各施工单位应根据具体条件对各影响因素进行综合考虑，确定工期的长短。此外，也可参考有关的工期定额来确定各单位工程的施工期限。

3）确定各单位工程的开工、竣工时间和相互搭接关系

在确定了施工期限和施工程序后，就需要对每一个单位工程的开工、竣工时间进行具体确定。通过对各单位工程的工期进行分析，应考虑下列因素确定各单位工程的开工、竣工时间和相互搭接关系。

(1）保证重点，兼顾一般。在同一时期进行的项目不宜过多，以免人力、物力的分散。

(2）满足连续性、均衡性的施工要求。尽量使劳动力和技术物资消耗量在施工全程上均衡，以避免出现使用高峰或低谷；组织好大流水作业，尽量保证各施工段能同时进行作业，达到施工的连续性，以避免施工段的闲置。为实现施工的连续性和均衡性，需留出一些后备项目，如宿舍、附属或辅助项目、临时设施等，作为调节项目，穿插在主要项目的流水作业中。

(3）综合安排，一条龙施工。做到土建施工、设备安装、试生产三者在时间上的综合安排，每个项目和整个建设项目的安排要合理化，争取一条龙施工，缩短建设周期，尽快发挥投资效益。

(4) 认真考虑施工总平面图的关系。建设项目的各单位工程的分布，一般在满足规范的要求下，为了节省用地，布置比较紧凑，从而也导致了施工场地狭小，使场内运输、材料堆放、设备拼装、机械布置等产生困难。故应考虑施工总平面图的空间关系，对相邻工程的开工时间和施工顺序进行调整，以免互相干扰。

(5) 全面考虑各种条件限制。在确定各单位工程开工、竣工时间和相互搭接关系时，还应考虑各种客观条件的限制。如施工企业的施工力量，各种原材料、机械设备的供应情况，设计单位提供图纸的时间，各年度建设投资数量等情况。同时，由于建筑施工受季节、环境影响较大，经常会对某些项目的施工时间提出具体要求，从而对施工的时间和顺序安排产生影响。

4) 施工总进度计划的编制

施工总进度计划常以图表的形式表示。目前采用较多的是横道图和网络图。由于施工总进度计划只起控制作用，因此项目划分不必过细。当用横道图表达施工总进度计划时，施工项目的排列可按施工部署确定的工程展开程序排列。横道图式的施工进度表是将所有的建筑物或构筑物列于表的左侧，表的右侧则为时间进度。施工总进度计划表上的时间常以月份进行安排，也有以季度、年度进行安排的，见表4-2。

表4-2 施工总进度计划

序号	工程项目名称	建筑面积	施工进度计划															
			××年									××年					

施工总进度计划还经常采用网络图的形式。网络图的结构严谨，比横道图更加直观明了，还可以表达出各施工项目之间的逻辑关系。但其计算复杂，调整也比较麻烦。近年来，由于网络图可以应用计算机计算和输出，便于对进度计划进行调整、优化、统计资源数量等，网络图在实践中已得到广泛应用。

施工总进度计划表绘制完成后，将同一时期各项工程的工作量加在一起，用一定比例画在施工总进度计划的底部，即可得出建设项目工作量的动态曲线。若曲线上存在较大的高峰和低谷，则表明在该时间内各种资源的需求量较大，需要调整一些单位工程的施工速度或开、竣工时间，以便消除高峰和低谷，使各个时期的工作量尽可能达到均衡。

4.5 各项资源需要量计划

编制各项资源的需要量计划，其依据一是施工总进度计划；二是施工图预算。应力求做到供应及时，平衡协调。其内容主要有劳动力需要量计划、材料需要量计划和机械需要量计划等。

1. 劳动力需要量计划

劳动力需要量计划是规划临时设施工程和组织劳动力进场的依据。编制时，首先根据工程量汇总表中分别列出的各个建筑物的主要实物工程量，查预算定额或有关资料即可求出各个建筑物主要工种的劳动量，再根据施工总进度计划表的各单位工程各工种的持续时间，即可得到某单位工程在某段时间里的平均劳动力数量。按同样方法可计算出各施工阶段各工种的用工人数和施工总人数。确定施工人数高峰期的总人数和出现时间，力求避免劳动力进退场频繁，尽量达到均衡施工。同时，应提出解决劳动力不足的措施以及有关专业工种技术培训计划等。表 4-3 为劳动力需要量计划表。

表 4-3　劳动力需要量计划

序号	工种名称	高峰期需用人数	××年						××年					现有人数	多余或不足人数
1	瓦工														
2	木工														
⋮	⋮														
	合计														

根据劳动力需要量计划，有时在总进度计划表的下方，用直方图形式表示施工人数随工程进度时间的动态变化。这种表示方法直观易懂，见表 4-4。表的上半部分为施工进度计划，下半部分为劳动力人数动态图。

表 4-4　××工程施工进度计划表及劳动力动态图

序号	工程项目	施工进度计划													附注
1															
2															
3															
⋮															
	劳动力动态（人）	300 250 200 150 100 50													

2. 材料、构件及半成品需要量计划

根据工种工程量汇总表和总进度计划的要求，查概算定额即可得到各单位工程所需的建筑材料、构件和半成品的需要量，从而编制需要量计划，见表 4-5。

表 4-5 主要材料、构件和半成品需要量计划

序号	工程名称	材料、构件、半成品名称							
		水泥/t	砂/m^3	砖/块	…	混凝土/m^3	砂浆/m^3	…	木结构/m^2

3. 施工机械需要量计划

施工机械需要量计划是组织机械进场，计算施工用电量，选择变压器容量等的依据。主要施工机械的需要量是根据施工进度计划、主要建筑物施工方案和工程量，套用机械产量定额得到的，辅助机械可根据工程概算指标求得。其表格形式见表 4-6。

表 4-6 施工机具需要量计划

序号	机具名称	规格型号	数量	生产效率	需要量计划										
					××年					××年					

4.6 大型临时设施的设计

临时设施的类型、规模因工程而异，主要有工地加工厂组织、工地仓库组织、工地行政办公及福利设施组织、工地供水组织和工地供电组织。

4.6.1 工地加工厂的设计

工地加工厂类型主要有钢筋混凝土预制构件加工厂、木材加工厂、粗木加工厂、细木加工厂、钢筋加工厂、金属结构构件加工厂等，其结构形式应根据使用期限长短和建设地区的条件而定。一般使用期限较短，宜采用简易结构，使用期限较长者，宜采用砖木结构或装拆式活动房屋等。

工地加工厂的建筑面积，主要取决于设备尺寸、工艺过程、设计和安全防火等要求，通常可参考有关经验指标等资料确定。

对于钢筋混凝土预制构件加工厂、木材加工厂、粗木加工厂、细木加工厂、钢筋加工厂、金属结构构件加工厂等，其建筑面积可按下式计算：

$$F=KQ/TSa$$

式中 F——所需建筑面积，m^2；

K——不均衡系数，取 1.3～1.5；

Q——加工总量；

T——加工总时间，月；

S——每平方米场地月平均加工量定额；

a——场地或建筑面积的利用系数。

常用各种临时加工厂的面积参考指标见表4-7、表4-8。

表4-7 临时加工厂面积参考指标

序号	加工厂名称	年产量		单位产量所需面积	占地总面积/m²	备注
		单位	数量			
1	混凝土搅拌站	m^3	3 200	$0.022(m^2/m^3)$	按砂石堆场考虑	400L搅拌机2台
		m^3	4 800	$0.021(m^2/m^3)$		400L搅拌机3台
		m^3	6 400	$0.02(m^2/m^3)$		400L搅拌机4台
2	临时性混凝土预制厂	m^3	1 000	$0.25(m^2/m^3)$	2 000	生产屋面板中小型梁柱板等配有蒸氧设施
		m^3	2 000	$0.2(m^2/m^3)$	3 000	
		m^3	3 000	$0.15(m^2/m^3)$	4 000	
		m^3	5 000	$0.125(m^2/m^3)$	小于6 000	
3	半永久性混凝土预制厂	m^3	3 000	$0.6(m^2/m^3)$	9 000～12 000	
		m^3	5 000	$0.4(m^2/m^3)$	12 000～15 000	
		m^3	10 000	$0.3(m^2/m^3)$	15 000～20 000	
4	木材加工厂	m^3	15 000	$0.024\ 4(m^2/m^3)$	1 800～3 600	进行原木、木方加工
		m^3	24 000	$0.019\ 9(m^2/m^3)$	2 200～4 800	
		m^3	30 000	$0.018\ 1(m^2/m^3)$	3 000～5 500	
5	综合木工加工厂	m^3	200	$0.3(m^2/m^3)$	100	加工门窗、模板、地板、屋架等
		m^3	500	$0.25(m^2/m^3)$	200	
		m^3	1 000	$0.2(m^2/m^3)$	300	
		m^3	2 000	$0.15(m^2/m^3)$	420	
6	粗木加工厂	m^3	5 000	$0.12(m^2/m^3)$	1 350	加工屋架、模板
		m^3	10 000	$0.1(m^2/m^3)$	2 500	
		m^3	15 000	$0.09(m^2/m^3)$	3 750	
		m^3	20 000	$0.08(m^2/m^3)$	4 800	
7	细木加工厂	m^3	50 000	$0.014(m^2/m^3)$	7 000	加工门窗、地板
		m^3	100 000	$0.011\ 4(m^2/m^3)$	10 000	
		m^3	150 000	$0.010\ 6(m^2/m^3)$	14 000	
8	钢筋加工厂	t	200	$0.35(m^2/t)$	280～560	加工、成型、焊接
		t	500	$0.25(m^2/t)$	380～750	
		t	1 000	$0.2(m^2/t)$	400～800	
		t	2 000	$0.15(m^2/t)$	450～900	

表 4-8 现场作业棚所需面积参考指标

序号	名称	单位	面积/m^2	备注
1	木工作业棚	m^2/人	2	占地为面积 2～3 倍
2	电锯房	m^2	80	86～92cm 圆锯 1 台
3	电锯房	m^2	40	小圆锯 1 台
4	钢筋作业棚	m^2/人	3	占地为建筑面积 3～4 倍
5	搅拌棚	m^2/台	10～18	
6	卷扬机棚	m^2/台	6～12	
7	烘炉房	m^2	3 040	
8	焊工房	m^2	20～40	
9	电工房	m^2	15	
10	白铁工房	m^2	20	
11	油漆工房	m^2	20	
12	机、钳工修理房	m^2	20	
13	立式锅炉房	m^2/台	5～10	
14	发电机房	m^2/kW	0.2～0.3	
15	水泵房	m^2/台	3～8	
16	空压机房(移动式)	m^2/台	18～30	
17	空压机房(固定式)	m^2/台	9～15	

4.6.2 临时仓库和堆场的设计

确定临时仓库和堆场的面积主要依据建筑材料的储备量。如何选择既能满足连续施工的需要，又能使仓库面积最小的最经济的储备量，这是确定仓库面积时应首先研究的问题。

1. 工地物资储备量的确定

1）建设项目(建筑群)全现场的材料储备量

建筑项目(建筑群)全现场的材料储备量，一般按年、季组织储备。其储备量可按下式计算：

$$P_1 = K_1 Q_1$$

式中 P_1——某项材料的总储备量，t(m^3…)；

K_1——储备系数，根据具体情况确定；

Q_1——该项材料最高年、季需用量。

2）单位工程的材料储备量

单位工程的材料储存量的大小要根据工程的具体情况而定，场地小、运输方便的可少储存；对于运输不便的、受季节影响的材料可多储存。

对经常或连续使用的材料，如砖、瓦、砂、石、水泥、钢材等可按储备期计算：

$$P_2=\frac{T_c Q_i K_j}{T}$$

式中 P_2——某种材料的储备量，m^3 或 kg；

T_c——材料储备天数又称储备期定额，d(见表4-9)；

Q_i——某种材料年度或季度的总需要量，可根据材料需要量计划表求得，t 或 m^3；

T——有关施工项目的施工总工作日；

K_j——某种材料使用不均衡系数(见表4-9)。

2. 确定仓库和堆场面积

求得某种材料的储备量后，便可根据某种材料的储备定额，用下式计算其面积：

$$F=\frac{P}{qK}$$

式中 F——某种材料所需的仓库总面积，m^2；

P——仓库材料储备量，用于建设项目(建筑群)时为 P_1，用于单位工程时为 P_2；

q——每平方米仓库面积能存放的材料、半成品和成品的数量；

K——仓库面积有效利用系数(考虑人行道和车道所占面积，见表4-9)。

表4-9 计算仓库和堆场面积的有关系数

序号	材料及半成品	单位	储备天数 T_c	不均衡系数 K_j	每平方米储存定额 P	有效利用系数 K	仓库类别	备注
1	水泥	t	30～60	1.3～1.5	1.5～1.9	0.65	封闭式	堆高10～12袋
2	生石灰	t	30	1.4	1.7	0.7	棚	堆高2m
3	砂(人工堆放)	m^3	15～30	1.4	1.5	0.7	露天	堆高1～1.5m
4	砂(机械堆放)	m^3	15～30	1.4	2.5～3	0.8	露天	堆高2.5～3m
5	石子(人工堆放)	m^3	15～30	1.5	1.5	0.7	露天	堆高1～1.5m
6	石子(机械堆放)	m^3	15～30	1.5	2.5～3	0.8	露天	堆高2.5～3m
7	块石	m^3	15～30	1.5	10	0.7	露天	堆高1.0m
8	预制钢筋混凝土槽型板	m^3	30～60	1.3	0.26～0.30	0.6	露天	堆高4块
9	梁	m^3	30～60	1.3	0.8	0.6	露天	堆高1.0～1.5m
10	柱	m^3	30～60	1.3	1.2	0.6	露天	堆高1.2～1.5m
11	钢筋(直筋)	t	30～60	1.4	2.5	0.6	露天	占钢筋的80%，堆高0.5m
12	钢筋(盘筋)	t	30～60	1.4	0.9	0.6	封闭库	占钢筋的20%，堆高1m
13	钢筋成品	t	10～20	1.5	0.07～0.1	0.6	露天	

续表

序号	材料及半成品	单位	储备天数 T_c	不均衡系数 K_j	每平方米储存定额 P	有效利用系数 K	仓库类别	备注
14	型钢	t	45	1.4	1.5	0.6	露天	堆高0.5m
15	金属结构	t	30	1.4	0.2～0.3	0.6	露天	
16	原木	m^3	30～60	1.4	1.3～15	0.6	露天	堆高2m
17	成材	m^3	30～45	1.4	0.7～0.8	0.5	露天	堆高1m
18	废木料	m^3	15～20	1.2	0.3～0.4	0.5	露天	约占锯木量的10%～15%
19	门窗扇	m^3	30	1.2	45	0.6	露天	堆高2m
20	门窗框	m^3	30	1.2	20	0.6	露天	堆高2m
21	木屋架	m^3	30	1.2	0.6	0.6	露天	
22	木模板	m^3	10～15	1.4	4～6	0.7	露天	
23	模板正理	m^3	10～15	1.2	1.5	0.65	露天	
24	砖	千块	15～30	1.2	0.7～0.8	0.6	露天	堆高1.5～1.6m
25	泡沫混凝土制作	m^3	30	1.2	1	0.7	露天	堆高1m

说明 储备天数根据材料来源、供应季节、运输条件等确定。一般就地供应的材料取表中之低值，外地供应采用铁路运输或水运者取高值。现场加工企业供应的成品、半成品的储备天数取低值，工程处的独立核算加工企业供应者取高值。

4.6.3 临时建筑物设计

在工程项目建设中，必须考虑施工人员的办公、生活用房及车库、修理车间等设施的建设。这些临时性建筑物是建设项目顺利实施的必要条件，必须组织好。规划这类临时建筑物时，首先确定使用人数，然后计算各种临时建筑物的面积，最后布置临时用房的位置。

1. 确定使用人数

(1) 直接生产工人(基本工人)，其数量一般用下式计算：

$$n=\frac{T}{t}k_2$$

式中 n——直接生产的基本工人数；

T——工程项目年(季)度所需总工作日；

t——年(季)度有效工作日；

k_2——年(季)度施工不均衡系数，取1.1～1.2。

(2) 非生产人员，按国家规定比例计算，见表4-10。

(3) 家属：职工家属人数与建设工期的长短、工地与建筑企业生活基地远近有关。一般可按职工人数的10%～30%估算。

表 4-10 非生产人员比例表

序号	企业类别	非生产人员比例/%	其中		折算为占生产人员比例/%
			管理人员	服务人员	
1	中央省市自治区属	16～18	9～11	6～8	1 922
2	省辖市、地区属	8～10	8～10	5～7	16.3～19
3	县(市)企业	10～14	7～9	4～6	13.6～16.3

说明 (1) 工程分散，职工数较大者取上限；
(2) 新辟地区、当地服务网点尚未建立时应增加服务人员 5%～10%；
(3) 大城市、大工业区服务人员应减少 2%～4%。

2. 确定临时建筑物的建筑面积

当人数确定后，可按下式计算临时房屋的面积：

$$S=NP$$

式中 S——建筑面积，m^2；

N——施工工地人数；

P——建筑面积指标(见表 4-11)。

表 4-11 行政、生活福利临时建筑面积参考指标 单位：m^2/人

序号	临时建筑物名称	指标使用方法	参考指标
一	办公室	按使用人数	3～4
二	宿舍		
1	单层通铺	按高峰年(季)平均人数	2.5～3.0
2	双层床	(扣除不在工地住人数)	2.0～2.5
3	单层床	(扣除不在工地住人数)	3.5～4.0
三	家属宿舍		16～25m^2/户
四	食堂	按高峰年平均人数	0.5～0.8
	食堂兼礼堂	按高峰年平均人数	0.6～0.9
五	其他		
1	医务所	按高峰年平均人数	0.05～0.07
2	浴室	按高峰年平均人数	0.07～0.1
3	理发室	按高峰年平均人数	0.01～0.03
4	俱乐部	按高峰年平均人数	0.1
5	小卖部	按高峰年平均人数	0.03
6	招待所	按高峰年平均人数	0.06
7	托儿所	按高峰年平均人数	0.03～0.06

续表

序号	临时建筑物名称	指标使用方法	参考指标
8	子弟学校	按高峰年平均人数	0.06~0.08
9	其他公用	按高峰年平均人数	0.05～0.10
10	开水房	每个项目设置一处	10～40m²
11	厕所	按工地平均人数	0.02～0.07
12	工人休息室	按工地平均人数	0.15

4.6.4 临时供水的设计

为了满足建设工地在施工生产、生活及消防方面的用水需要，建设工地应设置临时供水系统。施工临时供水设计一般包括以下一些内容：计算整个施工工地的用水量；选配适当的管径和管网布置方式；选择供水水源等。

1. 确定用水量

施工临时用水主要由施工生产用水、生活用水及消防用水 3 方面组成。

(1) 施工生产用水量：包括工程施工用水和施工机械用水。可用下式计算：

$$q_1 = k_1 \sum \frac{Q_1 N_1}{T_1 b} \times \frac{k_2}{8 \times 3\ 600} + k_1 Q_2 N_2 \times \frac{k_3}{8 \times 3\ 600}$$

式中 q_1——施工生产用水量，L/s；

k_1——未预见的施工用水系数(1.05～1.15)；

Q_1——年度(或季、月)工种最大工程量(以实物计量单位表示)；

Q_2——同一种机械台数，台；

N_1——施工用水定额(见表 4-12)；

N_2——施工机械用水定额(见表 4-13)；

T_1——年(季)度有效作业日，d；

b——每天工作班数，班；

k_2——用水不均衡系数(见表 4-14)。

k_3——施工机械用水不均衡系数(见表 4-14)。

表 4-12 施工用水(N_1)参考定额表

序号	用水对象	单位	耗水量 N_1/L	备注
1	浇注混凝土全部用水	m³	1 700～2 400	
2	搅拌普通混凝土	m³	250	实测数据
3	搅拌轻质混凝土	m³	300～350	
4	搅拌泡沫混凝土	m³	300～400	
5	搅拌热混凝土	m³	300～350	

续表

序号	用水对象	单位	耗水量 N_1/L	备注
6	混凝土养护(自然养护)	m^3	200～400	
7	混凝土养护(蒸汽养护)	m^3	500～700	
8	冲洗模板	m^3	5	
9	搅拌机清洗	台班	600	实测数据
10	人工冲洗石子	m^3	1 000	
11	机械冲洗石子	m^3	600	
12	洗砂	m^3	1 000	
13	砌砖工程全部用水	m^3	150～250	
14	砌石工程全部用水	m^3	50～80	
15	粉刷工程全部用水	m^3	30	
16	砌耐火砖砌体	m^3	100～150	包括砂浆搅拌
17	洗砖	千块	200～250	
18	洗硅酸盐砌块	m^3	300～350	
19	抹面	m^2	4～6	不包括调制用水
20	楼地面	m^2	190	找平层同
21	搅拌砂浆	m^3	300	
22	石灰消化	t	3 000	

表4－13　施工机械(N_2)用水参考定额表

序号	用水对象	单位	耗水量 N_2	备注
1	内燃挖土机	L/(台班·m^3)	200～300	以斗容量 m^3 计
2	内燃起重机	L/(台班·t)	15～18	以起重 t 计
3	蒸汽起重机	L/(台班·t)	300～400	以起重 t 计
4	蒸汽打桩机	L/(台班·t)	1 000～1 200	以锤重 t 计
5	蒸汽压路机	L/(台班·t)	100～150	以压路机 t 计
6	内燃压路机	L/(台班·t)	12～15	以压路机 t 计
7	拖拉机	L/(昼夜·台)	200～300	
8	汽车	L/(昼夜·台)	400～700	
9	标准轨蒸汽机车	L/(昼夜·台)	10 000～20 000	
10	窄轨蒸汽机车	L/(昼夜·台)	4 000～7 000	
11	空气压缩机	L/台班·(m^3/min)	40～80	以压缩空气机排气量 m^3/min 计

续表

序号	用水对象	单位	耗水量 N_2	备注
12	内燃机动力装置(直流水)	L/(台班·马力)	120～300	
13	内燃机动力装置(循环水)	L/(台班·马力)	25～40	
14	锅驼机	L/(台班·马力)	80～160	不利用凝结水
15	锅炉	L/(h·t)	1 000	以h蒸发量计
16	锅炉	L/(h·m²)	15～30	以受热面积计
17	点焊机25型	L/h	100	实测数据
	点焊机50型	L/h	150～200	实测数据
	75型	L/h	250～350	实测数据
	100型	L/h	—	
18	冷拔机	L/h	300	
19	对焊机	L/h	300	
20	凿岩机01－30(CM－56)	L/min	3	
	01－45(TN－4)	L/min	5	
	01－38(KⅡM－4)	L/min	8	
	YQ－100	L/min	8～12	

表4-14 施工用水不均衡系数表

k号	用水名称	系数
k_2	施工工程用水	1.5
	生产企业用水	1.25
k_3	施工机械运输机具	2.00
	动力设备	1.05～1.10
k_4	施工现场生活用水	1.30～1.50
k_5	居民区生活用水	2.00～2.50

(2) 生活用水量：主要包括现场生活用水和生活区生活用水。可用下式计算得到：

$$q_2=\frac{P_1N_3k_4}{b\times 8\times 3\ 600}+\frac{P_2N_4k_5}{24\times 3\ 600}$$

式中 q_2——施工现场生活用水量，L/s；

P_1——施工现场高峰期职工人数，人；

N_3——施工现场生活用水定额，一般为20～60L(人·班)，视当地气候、工种定；

k_4——施工现场生活用水不均衡系数(见表4-14)；

b——每天工作班数，班；

P_2——生活区居民人数，人；

N_4——生活区昼夜全部用水定额(见表4-15)；

k_5——用水不均衡系数(见表4-14)。

表4-15 生活用水量(N_4)参考定额表

序号	用水对象	单位	耗水量 N_4	备注
1	工地全部生活用水	L/(人·日)	100～120	
2	生活用水(盥洗生活饮用)	L/(人·日)	25～30	
3	食堂	L/(人·日)	15～20	
4	浴室(沐浴)	L/(人·次)	50	
5	沐浴带大池	L/(人·次)	30～50	
6	洗衣	L/人	30～35	
7	理发室	L/(人·次)	15	
8	小学校	L/(人·日)	12～15	
9	幼儿园托儿所	L/(人·日)	75～90	
10	医院病房	L/(病床·日)	100～150	

(3) 消防用水量：消防用水主要供应工地消火栓用水，其用水量 q_3 见表4-16。

表4-16 消防用水量

序号	用水名称	火灾同时发生次数	单位	用水量/L
1	居民区消防用水 5 000人以内 10 000人以内 25 000人以内	 1 2 3	L/s	 10 10～15 15～20
2	施工现场消防用水 施工现场在25mm以内 每增加25mm递增	1	L/s	 10～15 5

(4) 总用水量 Q。按下式计算。

① 当 $(q_1+q_2)\leqslant q_3$，且工地面积大于5公顷时，只考虑一半工程施工，其总用水量为

$$Q=\frac{1}{2}(q_1+q_2)+q_3$$

② 当 $(q_1+q_2)>q_3$ 时，则

$$Q=q_1+q_2$$

③ 当 $(q_1+q_2)<q_3$，且工地面积小于5公顷时，则

$$Q=q_3$$

当总用水量 Q 确定后，还应增加10%，以补偿不可避免的管网渗漏等损失，即

$$Q_{总}=1.1Q$$

2. 供水管径计算

当总用水量确定后，即可按下式计算供水管道的管径：

$$D=\sqrt{\frac{4Q_i\times 1\ 000}{\pi v}}$$

式中 D——某管道的供水管直径，mm；

Q_i——某管段用水量(L/s)，供水总管段按总用水量 $Q_{总}$ 计算，环形管网布置的各管段采用环管内同一用水量计算；枝状管段按各枝管内的最大用水量计算；

v——管网中水流速度(可查表 4－17 获得)，m/s。

表 4－17 临时水管经济流速 v

项次	管径/m	流速/(m/s)	
		正常时间	消防时间
1	支管 D<0.10	2	
2	生产消防管道 D=0.1～0.3	1.3	>3.0
3	生产消防管道 D>0.3	1.5～1.7	2.5
4	生产用水管道 D>0.3	1.5～2.5	3.0

3. 选择水源

建筑工地临时供水水源一般有两种方案，即采用供水管道或天然水源系统。当城市供水管道能满足供水要求时，应优先采用供水管道方案。若供水能力不能满足时，可以利用其一部分作为生活用水，而生产用水可以利用江河、水库、泉水、井水等天然水源。

选择水源时应注意以下因素：①水量充足可靠；②生活饮用水、生产用水的水质应符合要求；③与农业、水利综合利用；④取水、输水、净水设施要安全、可靠、经济；⑤施工运转、管理和维护方便。

4. 确定供水系统

临时供水系统可由取水设施、储水构筑物(水塔及蓄水池)、输水管和配水管线综合而成。这个系统应优先考虑建成永久性给水系统，只有在工期紧迫、修建永久性给水系统难以应付急需时，才修建临时给水系统。

(1) 确定取水设施。取水设施一般由进水装置、进水管和水泵组成。取水口距河底(或井底)一般 0.25～0.9m。给水工程所用水泵、隔膜泵及活塞泵 3 种。所选用的水泵应具有足够的抽水能力和扬程。

(2) 确定储水构筑物。一般有水池、水塔或水箱。在临时供水时，如水泵房不能连续抽水，则需设置储水构筑物。其容量以每小时消防用水量来决定，但不得小于 10～20m^3。储水构筑物(水塔)高度应按供水范围、供水对象位置及水塔本身的位置来确定。

5. 临时给水管网的布置

布置临时给水管网应注意以下事项：

(1) 尽量利用永久性给水管网。

(2) 临时管网的布置应与场地平整、道路修筑统一考虑。注意避开永久性生产下水道和电缆沟的位置，以免布置不当，造成返工浪费。

(3) 在保证供水的情况下，尽量使铺设的管道总长度最短。

(4) 过冬的临时给水管道要埋置在冰冻线以下或采取保温措施。

(5) 临时给水管网的铺设，可采用明管或暗管，一般以暗管为宜。

(6) 临时水池、水塔应设在地势较高处。

(7) 消火栓沿道路布置，其间距不大于120m，距拟建房屋不大于5m，距路边不大于2m。

4.6.5 临时供电的设计

建筑工地临时供电设计主要内容有：计算用电量；选择电源；确定变压器；布置配电线路和确定导线截面等。

1. 计算用电量

建筑工地用电主要是动力设备用电和照明用电两大部分。在计算用电量时应考虑以下因素：全工地所使用的动力设备及照明设备的总数量；整个施工阶段中同时用电的机械设备的最高数量以及照明情况。其总用电量按下式计算：

$$P=(1.05\sim1.10)\left(K_1\frac{\sum P_1}{\cos\varphi}+K_2\sum P_2+K_3\sum P_3+K_4\sum P_4\right)$$

式中 P——供电设备总需要容量，kVA；

P_1——电动机额定功率，kW；

P_2——电焊机额定功率，kW；

P_3——室内照明容量，kW；

P_4——室外照明容量，kW；

$\cos\varphi$——电动机的平均功率因数，施工现场最高为0.75～0.78，一般为0.65～0.75；

K_1、K_2、K_3、K_4——需要系数，见表4-18。

表4-18 需要系数(K值)表

用电名称	数量	需要系数				备注
		K_1	K_2	K_3	K_4	
电动机	3～10台 11～30台 30台以上	0.7 0.6 0.5				如施工上需要电热时，将其用电量计算进去。式中各动力照明用电应根据不同工作性质分类计算
加工厂动力设备		0.5				
电焊机	3～10台 10台以上		0.6 0.5			
室内照明				0.8		
室外照明					1.0	

其他机械动力设备以及工具用电可参考有关定额。

由于照明用电量远小于动力用电量，为简化计算，可取机械设备用电量的10%作为照明用电量，即

$$P_{总}=1.1P_{动}$$

2. 选择电源

选择工地临时用电电源通常有以下几种情况。

(1) 从建设单位配电房或厂区供电线路上引入工地，在工地入线处设立总配电箱和电表计量，然后再布线通往各用电施工点；

(2) 由工地附近的电力系统供给，将附近的高压电通过设在工地的变压器引入工地；

(3) 当工地附近的电力系统只能供给一部分时，工地需增设临时电站以补不足；

(4) 如工地属于新开发地区，附近没有供电系统，电力则完全由工地临时电站供给。

采用哪种方案，可根据工程所在地区的具体情况进行技术经济比较后确定。

3. 变压器的选择

建筑工地所用的电源，一般都是由工地附近已有的高压电通过设在工地的变压器引入工地。因为工地的电力机械设备和照明所需的电压大都为380/220V的低电压，需要选择容量合适的变压器。

变压器的功率可按下式计算：

$$P=K\left(\frac{\sum P_{max}}{\cos\varphi}\right)$$

式中 P——变压器的功率，kW；

K——功率损失系数，可取1.05；

$\sum P_{max}$——施工现场的最大计算负荷，即$P_{总}$，kW；

$\cos\varphi$——功率因数。

计算出变压器功率后，可从产品目录中选取略大于该结果的变压器。

工地临时变压器安装时应注意：尽可能设在负荷中心；高压线进线方便，尽可能靠近高压电源；当配电电压为380V时，其供电半径不应大于700m；运输方便、易于安装并避免设在剧烈震动和空气污染的地方。

4. 选择导线截面

配电导线的选择，应满足以下基本要求。

(1) 按机械强度选择：导线在各种敷设方式下，应按其强度需要，保证必须的最小截面，以防拉、折而断。导线按机械强度要求允许的最小断面，见表4-19。

表4-19 导线按机械强度所允许的最小截面

导线用途	导线最小截面/mm²	
	铜线	铝线
照明装置用导线：户内用	0.5	2.5①
户外用	1.0	2.5
双芯软电线：用于吊灯	0.35	—
用于移动或生活用电设备	0.5	—

续表

导线用途	导线最小截面/mm²	
	铜线	铝线
多芯软电线及软电缆：用于移动式生产用电设备	1.0	—
绝缘导线：用于固定架设在户内绝缘支持件上，其间距：2m及以下 6m及以下 25m及以下	1.0 2.5 4	2.5[①] 4 10
裸导线：户内用 户外用	2.5 6	4 16
绝缘导线：穿在管内 木槽板内	1.0 1.0	2.5[①] 2.5[①]
绝缘导线：户外沿墙敷设 户外其他方式	2.5 4	4 10

① 目前已能生产小于2.5mm²的BBLX、BLV型铝芯绝缘电线，因此可以根据具体情况，采用小于2.5mm²的铝芯截面。

(2) 按允许电流选择：导线必须能承受负荷电流长时间通过所引起的温升。

① 三相四线制线路上的电流可按下式计算：

$$I=\frac{P}{\sqrt{3}V\cos\varphi}$$

② 二线制线路可按下式计算：

$$I=\frac{P}{V\cos\varphi}$$

式中 I——电流值，A；

P——功率，W；

V——电压，V；

$\cos\varphi$——功率因数，临时管网取0.7～0.75。

当计算出某配电线路上的电流值后，可参见有关资料选择所用导线的截面。

(3) 按允许电压降选择：导线满足所需要的允许电压，其本身引起的电压降必须限制在一定范围内。因此，应考虑容许电压降来选择导线截面。

根据以上3个条件选择的导线，取截面面积最大的作为现场使用的导线。通常导线的选取先根据计算负荷电流的大小来确定，而后根据其机械强度和允许电压降进行复核。

5. 布置临时供电线路

施工用电临时供电线路的布置有3种方式：枝状式、环状式和混合式。一般3～10kV的高压线路采用环状式布线；380V/220V的低压线路采用枝状式布线。

临时供电线路的布线应注意以下一些原则：线路应尽量架设在道路的一侧，不得妨碍交通；同时要考虑到塔式起重机的装、拆、进、出；避开将要堆料、开槽、修建临时设施等用地；选择平坦路线，保持线路水平且尽量取直，以免电杆受力不匀。线路距建筑物应大于1.5m。在380V/220V低压线路中，木杆或水泥杆间距应为25～40m，高度一般为

4～6m，分支线和引入线应由电杆接出，不得由两杆之间接出。各用电设备必须装配与设备功率相应的闸刀开关，其高度与装设点应便于操作，单机单闸。配电箱与闸刀在室外装配时，应有防雨措施。

特别提示

单位工程施工组织设计中临时用水和临时用电的设计也可参照以上方法。

4.7 施工总平面图设计

施工总平面图是拟建项目现场施工部署的平面布置图，是施工组织总设计的一个重要组成部分，也是施工部署在空间上的反映，对于有组织、有计划地进行文明和安全施工，节约施工用地，减少场内运输，避免相互干扰，降低工程费用具有重大的意义。

4.7.1 施工总平面图设计的原则、依据和内容

1. 施工总平面图的设计原则

(1) 尽量减少施工土地，使平面布置紧凑合理。

(2) 做到道路畅通，运输方便。合理布置仓库、起重设备、加工厂和机械的位置，减少材料及构件的二次搬运，最大限度降低工地的运输费。

(3) 尽量降低临时设施的修建费用，充分利用已建或待建建筑物及可供施工的设施。

(4) 要满足防火和安全生产方面的要求，特别是恰当安排易燃易爆品和有明火操作场所的位置，并设置必要的消防设施。

(5) 要便于工人生产和生活，合理地布置生活福利方面的临时设施。

(6) 施工区域的划分和场地的确定，应符合施工流程要求，尽量减少专业工种和各工程之间的干扰。

2. 施工总平面图的设计依据

施工总平面图的设计，应力求真实地、详细地反映施工现场情况，以期能达到便于对施工现场控制，为此，掌握以下资料是十分必要的。

(1) 设计资料，包括建筑总平面图、地形地貌图、区域规划图、建设项目范围内有关的一切已有的和拟建的各种地上、地下设施及位置图。

(2) 建设地区资料，包括当地的自然条件和经济技术条件、当地的资源供应状况和运输条件等。

(3) 建设项目的建设概况，包括施工方案、施工总进度计划，以便了解各施工阶段情况，合理规划施工现场。

(4) 物资需求资料，包括建筑材料、构件、加工品、施工机械、运输工具等物资的需要量表，以规划现场内部的运输线路和材料堆场的位置。

(5) 各构件加工厂、仓库、临时性建筑的位置和尺寸。

3. 施工总平面图设计的内容

(1) 建筑项目的建筑总平面图上应有一切地上、地下的已有和拟建建筑物、构筑物及其他设施位置和尺寸。

(2) 一切为全工地施工服务的临时设施的布置，包括：①施工用地范围、施工用道的各种道路；②加工厂、搅拌站及有关机械的位置；③各种建筑材料、构件、半成品的仓库和堆场的位置，取土弃土位置；④办公、宿舍、文化生活和福利设施等建筑的位置；⑤水源、电源、变压器位置，临时给排水管线和供电、通信、动力设施位置；⑥机械站、车库位置；⑦安全、消防设施位置；等等。

(3) 永久性测量放线标桩位置。

4.7.2 施工总平面图的设计步骤与方法

施工总平面图的设计步骤为：引入场外交通道路→布置仓库→布置加工厂、搅拌站等→布置内部运输道路→布置临时房屋→布置临时水电管网和其他动力设施→绘总平面图。

1. 场外运输道路的引入

场外运输道路的引入，主要决定于大批材料、设备、预制成品和半成品等进入现场的运输方式，通常有3种，即铁路、公路和水路。

当场外运输主要采用铁路运输方式时，首先要解决铁路的引入问题。铁路应从工地的一侧引入，不宜从工地中间引入，以防影响工地的内部运输；当大批物资由水路运输时，应考虑码头的吞吐能力和是否增设专用码头的问题；当大量物资由公路运进现场时，由于汽车运输路线可以灵活布置，一般先布置场内仓库、加工厂等生产性临时设施，然后再布置通向场外的汽车路线。

2. 仓库与材料堆场的布置

工地仓库与堆场是临时贮存施工物资的设施。在设置仓库与堆场时，应遵循以下几点原则。

(1) 尽量利用永久性仓库，节约成本。

(2) 仓库和堆场位置距使用地尽量接近，减少二次搬运。

(3) 当采用铁路运输物资时，尽量布置在铁路线旁边，并且要有足够的装卸前线。布置铁路沿线仓库时，应将仓库设在靠近工地一侧，避免跨越铁路运输，同时仓库不宜设置在弯道或坡道上。

(4) 根据材料用途设置仓库与堆场，如砂、石、水泥等仓库或堆场宜布置在搅拌站、预制场附近；钢筋、金属结构等布置在加工厂附近；油库、氧气库等布置在僻静、安全处；砖、瓦和预制构件等直接使用材料应布置在施工现场吊车半径范围之内。

3. 加工厂的布置

加工厂一般包括混凝土搅拌站、构件预制厂、钢筋加工厂、木材加工厂、金属结构加工厂等。布置这些加工厂时，应主要考虑来料加工和成品、半成品运往需要地点总运输费用最小，且加工厂的生产和工程项目施工互不干扰。

(1) 搅拌站：根据工程的具体情况可采用集中、分散或集中与分散相结合3种方式布置。当现浇混凝土量大时，宜在工地设置混凝土搅拌站；当运输条件好时，以采用集中搅拌为好；当运输条件较差时，宜采用分散搅拌。

(2) 预制构件厂：一般建在空闲地带，既能安全生产，又不影响现场施工。

(3) 钢筋加工厂：根据不同情况，采用集中或分散布置。对于需要进行冷加工、对焊、点焊的钢筋或大片钢筋网，宜布置在中心加工厂；对于小型加工件，利用简单机具成型的钢筋加工，宜分散在钢筋加工棚中进行。

(4) 木材加工厂：根据木材加工的性质、加工的数量，采用集中或分散布置。一般原木加工批量生产的产品等加工量大的应集中在铁路、公路附近；简单的小型加工件可分散布置在施工现场，设几个临时加工棚。

(5) 金属结构、焊接、机修等车间：应集中布置在一起，以适应生产上相互间密切联系的需要。

(6) 其他会产生有害气体和污染环境的加工厂，如沥青熬制、石灰熟化等场所，应布置在施工现场的常年主导风向的下风向。

4. 场内运输道路的布置

根据各加工厂、仓库及各施工对象的相对位置，考虑货物运转，区分主要道路和次要道路，进行道路的整体规划。在内部运输道路布置时应考虑以下几方面。

(1) 尽量利用拟建的永久性道路，将它们提前修建，或先修路基和简易路面，作为施工所需的临时道路。

(2) 保证运输畅通。道路应设两个以上的进出口，避免与铁路交叉，一般场内主要道路应设成环形，宜采用双车道，宽度不少于 6m，次要道路设为单车道，宽度不少于 3.5m。

(3) 合理规划拟建道路与地下管网的施工顺序。在修建拟建永久性道路时，应考虑路下的管网，避免将来重复开挖，尽量做到一次性到位，节约投资。

5. 临时设施布置

临时设施一般有办公室、汽车库、职工休息室、开水房、浴室、食堂、商店、厕所、俱乐部等。布置时应考虑以下几方面。

(1) 全工地性管理用房(办公室、门卫等)应设在工地入口处。

(2) 工人生活福利设施(商店、俱乐部、浴室等)应设在工人较集中的地方。

(3) 食堂可布置在工地内部或工地与生活区之间。

(4) 职工住房应布置在工地以外的生活区，一般距工地 500～1 000m 为宜。

6. 临时水电管网的布置

布置临时性水电管网时，尽量利用可用的水源、电源。一般排水干管和输电线沿主要道路布置；水池、水塔等储水设施应设在地势较高处；总变电站应设在高压电入口处；消防站应布置在工地出入口附近，消火栓沿道路布置；过冬的管网要采取保温措施。

综合上述，场外交通、仓库与堆场、加工厂、内部道路、临时设施、水电管网等布置应系统考虑，多种方案进行比较，确定后绘制在总平面上。

4.7.3 施工总平面图的绘制

施工总平面图是指导实际施工管理、归入档案的技术经济文件之一。因此，必须做到精心设计、认真绘制，其绘制步骤和要求如下。

1. 确定图幅大小和绘图比例

图幅大小和绘图比例应根据工地大小及布置内容多少来确定，图幅一般可选 1～2 号图纸，比例为 1:1 000～1:2 000。

2. 合理规划和设计图面

施工总平面图，除了要反映施工现场的布置内容，还要表示周围环境和面貌(如已有建筑物、现有管线、道路等)。故绘图前，应作合理部署。此外，还有必要的文字说明、图例、比例及指北针等。

3. 形成施工总平面图

绘制施工总平面图应做到比例正确，图例规范，字迹端正，图面整洁美观。

绘制施工总平面图的常用图例见表 4-20。

表 4-20 施工平面图图例

序号	名称	图例
一、地形及控制点		
1	水准点	点号/高程
2	房角坐标	x=1 530 y=2 156
3	室内地面水平标高	105.10
二、建筑、构筑物		
4	原有房屋	
5	拟建正式房屋	
6	施工期间利用的拟建正式房屋	
7	将来拟建正式房屋	
8	临时房屋：密闭式敞棚式	
9	拟建的各种材料围墙	
10	临时围墙	
11	建筑工地界线	
12	烟囱	
13	水塔	
三、交通运输		
14	现有永久道路	
15	施工用临时道路	
四、材料、构件堆场		
16	临时露天堆场	
17	施工期间利用的永久堆场	
18	土堆	
19	砂堆	
20	砾石、碎石堆	
21	块石堆	
22	砖堆	
23	钢筋堆场	
24	型钢堆场	LID

续表

序号	名称	图例	序号	名称	图例
25	铁管堆场		38	消火栓(原有)	
26	钢筋成品场		39	消火栓(临时)	L
27	钢结构场		40	原有化粪池	
28	屋面板存放场		41	拟建化粪池	
29	一般构件存放场		42	水　源	水
30	矿渣、灰渣堆		43	电　源	
31	废料堆场		44	总降压变电站	
32	脚手架、模板堆场		45	发电站	
33	锯材堆场		46	变电站	
五、动力设施			47	变压器	
34	原有的上水管线		48	投光灯	
35	临时给水管线		49	电杆	
36	给水阀门(水嘴)		50	现有高压6千伏线路	-*WW*6——*WW*6-
37	支管接管位置	s	51	施工期间利用的永久高压6千伏线路	-*LWW*6—*LWW*6-

续表

序号	名称	图例	序号	名称	图例
六、施工机械			62	推土机	
52	塔轨		63	铲运机	
53	塔式起重机		64	混凝土搅拌机	
54	井架		65	灰浆搅拌机	
55	门架		66	洗石机	
56	卷扬机		67	打桩机	
57	履带式起重机		七、其他		
58	汽车式起重机		68	脚手架	
59	缆式起重机		69	淋灰池	灰
60	铁路式起重机		70	沥青锅	
61	多斗挖土机		71	避雷针	

4.8 施工组织总设计实例

▶▶应用案例

某剪力墙结构高层公寓群体工程施工组织总设计

1. 工程概况

1) 建设项目概况

本工程为一公寓小区，由9栋高层公寓和整套服务用房组成，建筑面积16万m^2，占地4.8万m^2。

该小区东临城市道路，西北面紧靠河道，南面是拟建中的另一建筑物。9栋公寓呈环形布置，中央是一座拥有600车位的大型地下车库，由人行通道与各公寓地下室衔接。为公寓服务的用房还有热力变电站、餐厅、幼儿园、房管办公楼、传达室、花房、垃圾站等，分布在公寓群周围(图4.2、表4-21)。

表 4-21 主要建筑物和构筑物表

序号	工程名称	层数	面积/(m^2/栋)	结构特征
1	地下车库	3	21 000	现浇
2	3 号楼	15	14 000	内浇外板
3	7 号、8 号、9 号楼	15	14 000	内浇外板
4	1 号、2 号、4 号楼	15	14 000	内浇外板
5	5 号楼	15	14 000	内浇外板
6	6 号楼	15	14 000	内浇外板
7	餐　厅	2		混合结构
8	热力变电站	3		混合结构
9	房管办公楼	4		混合结构
10	花　房	1		混合结构
11	传达室	1		混合结构
12	幼儿园	2		混合结构
13	垃圾站	1		混合结构
14	外　线			

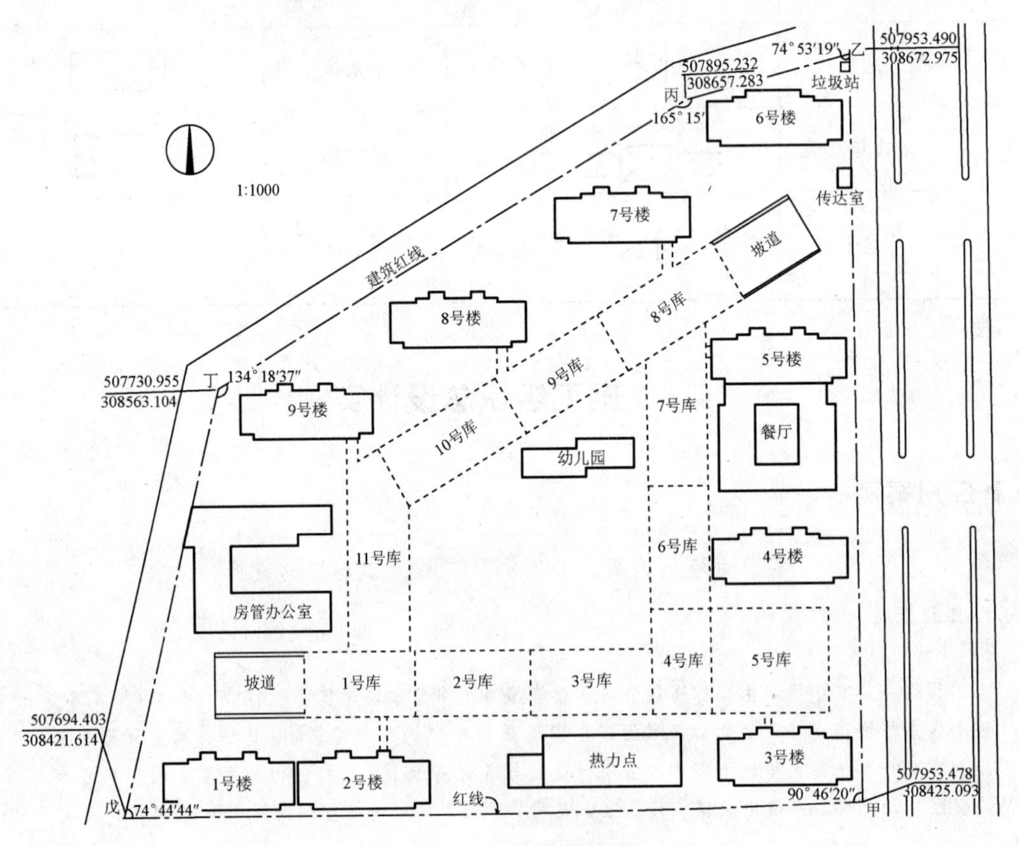

图 4.2 公寓小区平面图

2）水文地质情况

拟建场地地势平坦，地面标高39.18～40.95m，根据上年度6～7月测得本场地地下静止水位标高为34.28～36.22m，第二层静止水位标高14.94～15.39m，历年最高水位标高38.50m，水质无侵蚀性。本工程最深基底标高31.00m，处于地下水位以上。

地下车库及公寓采用深埋天然地基，持力层土质为申重亚粘、轻亚粘、重亚砂土层，其上为中密一密实的重亚砂、轻亚粘土、中轻亚粘土的交互层，表层为厚1.10～3.00m的人工回填土。

3）工程设计情况

本工程车库全部埋设在地下，由11座车库组成，共3层，底标高－11.00m，全高7.8m。上两层供存车使用，最下层为防水架空层。车库宽20.5m，每座库长约40m，全长530m，为全现浇钢筋混凝土结构，顶盖为无柱帽的元梁楼盖，每个库间设有伸缩缝。车库迎水面的墙、板均为C_{30}自防水密实混凝土。库内设备除照明、电话、广播系统外，尚有电视监测、感烟报警和自动灭火等现代化设施。

9栋公寓均正南正北布置，除6号楼为南入口外，其余均为北入口，公寓的建筑形式及

构造也大致相同，以3号楼为基本形式，其他只改变地下室通往车库的出口及标准层局部布置。

公寓±0.00相当于42.00m，地下3层，分别为人防、地下室及设备层。地上17层，15层以下为客房，16层为设备层，17层为机房水箱间。标准层层高3.2m，建筑物总高55.20m。房间开间尺寸为5.0m和4.2m，进深为7.2m和6.6m，共10个开间，南面有1.8m宽暖廊，北面有两个2.7m宽楼梯间，建筑物总宽18.6m，总长47.4m，每层面积约300m^2。

结构抗震烈度按8度设防，深埋天然地基、箱形基础，基底标高－1.00m。上部结构形式为大模板剪力墙体系，外纵墙为预制轻混凝土墙板，山墙为复合墙(外层18cm厚预制墙板，内层加22cm厚现浇层)，楼板为6cm预应力钢筋混凝土薄板加10cm厚现浇叠合层。楼梯段为预制，休息板现浇。

室内装修为中档偏高等级。卧室、起居室、餐厅为可赛银涂料墙面、预制磨石地面；卫生间为瓷砖墙面、陶瓷锦砖地面，顶棚除起居室喷苯球、卫生间石棉板吊顶外，其他均为抹白灰喷浆。外墙饰面大部为白色陶瓷锦砖，楼梯间外墙粘石碴、窗套刷涂料，门头、台阶为剁斧石。

设备情况：采暖分两个系统，第1～8层为低压双管，8层以上高层双管。生活用水1～3层由市政供应，第4～15层由屋顶水箱供给，第17层设高位热水箱。

室外管线：污水、煤气、热力与小区东侧干线连接，由热力点送出的热力(暖气、热水)管线敷设在车库一层顶板下，经地下车库供给各公寓。生活用水分东西两个进口。雨水管分两个出口排至滨河市政管网。

4）施工条件

(1) 由于小区工程量大，设计单位分期出图，承接任务时仅有建筑总平面图和地下车库施工图，编制本方案时已有3号楼施工图。

(2) 施工场地情况如下。

① 拟建场地征地已解决，但有部分占地未腾清，民房拆迁难度较大。

② 根据建设单位提供的情况，红线内地下无障碍物；现场东西两侧均有上水干管并已留截门，可接施工用水；现场东北角有560kW变压器一台，西南角有高压电源，可引入施工用电。

③ 小区建筑面积16万m^2，占地面积4.8万m^2，施工用地为1:0.3，且工程基础深，放坡大，多栋号同时施工，施工用地比较紧张，原可用作暂设房的房管办公楼、幼儿园等又未出图，不能先期施工。

④ 主要材料、设备、劳动力已初步落实，构件及一般加工制品已有安排，但塔式起重机需求量较大，尚须解决。

2. 施工部署

本工程为多栋号群体工程，工期较长，为更快形成社会效益，上级要求9栋公寓分期交付使用，即每年竣工3栋。根据这一要求，一套大模板的劳动组织，每年安排三栋高层建筑流水作业的综合效果较

好。因此，总的施工部署以每年完成3栋公寓为一周期，适当安排配套工程，做到年计划与长远计划相适应，搞好工程协作，分期分批配套地组织施工。

1）施工安排

本工程应根据上级要求，定额经济指标及实际力量，积极地、科学地组织施工。首先要安排好公寓个体工程的工期，以基础工程控制在5个月左右，主体工程控制在6个月左右为宜，装修工程、水电设备工程采取提前插入、交叉作业等综合措施，以缩短工期。装修安排11个月左右完成，单栋控制工期为22个月左右，比定额工期(32个月)提前10个月。在栋号流水中，也要组织平行流水、交叉作业，充分利用时间、空间。配套工程项目应同时安排，相互衔接。

施工总部署分4个阶段，总工期控制4.5年。

第一阶段：地下车库(21 000m^2)，第1年度4月至第2年度12月。

按照先地下、后地上的原则以及公寓竣工必须使用车库的要求，先行施工地下车库。车库面积大、基底深，为尽量缩短基坑暴露时间，整个车库又分两期施工。第1期为1～7号库，先施工5号库(为3号楼开工创造条件)，然后向1号及7号库方向流水。第二期施工8～11号库。

第二阶段：3号、4号、5号楼(14 000m^2/栋)，第2年度1月至第3年度12月。

此3栋楼临街，先行完成对市容观瞻有利，故作为首批竣工对象。3号、4号楼地下室在车库左右侧，可在车库施工期间穿插进行。

在此阶段内，热力变电站(约1 000m^2)应安排施工，因其是小区供电供热的枢纽，须先期配套使用，而且该栋号设备安装工期长，这一点应予以足够的重视。

第三阶段：6号、1号、2号楼(14 000m^2/栋)，第2年度10月至第4年度12月。

考虑到1号、2号楼所在位置的拆迁工作比较困难，故开工顺序为6号→1号→2号。

此阶段同时要施工的还有房管办公楼，此楼作为可供施工时使用的项目安排。由于施工用地紧张，先将部分暂设房安排在准备第四阶段开工的7号、8号、9号楼位置上，故要求在房管楼出图后尽早安排开工，并在结构完成后只做简易装修，利用其作施工用房(此时将7号、8号、9号楼位置上的暂设拆除)，作为最后交工栋号。

第四阶段：9号、8号、7号楼(14 000m^2/栋)，第3年度4月至第5年度10月。

此3栋的开工顺序根据其地基上的暂设房拆除的条件来决定，计划先拆除混凝土搅拌站、操作棚，后拆除仓库、办公室，故开工栋号的顺序为9号→8号→7号。此外，餐厅、幼儿园、花房、垃圾站等工程可作为调剂劳动力的部分，以达到均衡施工的目的。

室外管线由于出图较晚，不可能完全做到先期施工，而且该小区管网为整体设计，布设的范围广、工程量大，普通施工不能满足公寓分期交付使用的要求，故宜配合各期竣工栋号施工，并采取临时封闭措施，以达到各阶段自成系统分期使用的目的，但每栋公寓基槽范围内的管线应在回填土前完成。

2）主要工程量

主要工程量见表4-22。

表4-22 主要工程量

工程项目	单位	地下车库	公寓		总计
			单栋	9栋	
机械挖土	m^3	18 000	11 268	101 412	281 412
素混凝土	m^3	1 283	80	720	2 003
钢筋混凝土	m^3	15 012	5 838	52 542	67 554

续表

工程项目	单位	地下车库	公寓		总计
			单栋	9栋	
钢筋	t	3 200	649	5 841	9 041
砖墙	m^3	339	145	1 305	1 644
预制板	块	2 138	204	1 836	3 974
外墙板	块		390	3 510	3 510
预应力薄板	块		922	8 298	8 298
楼梯构件	件		120	1 080	1 080
钢模板	m^2	45 144	38 121	343 089	388 233
回填土	m^2	90 000	2 040	18 360	108 360
抹白灰	m^2		13 385	120 465	120 465
抹水泥	m^2		5 629	50 661	50 661
现制磨石地	m^2		487	4 383	4 383
预制磨石地	m^2		7 017	63 153	63 153
缸砖地面	m^2		2 076	18 684	18 684
陶瓷锦砖地面	m^2		515	4 635	4 635
瓷砖墙面	m^2		3 400	30 600	30 600
吊顶	m^2		14 082	126 738	126 738
干粘石	m^2		2 800	25 200	25 200
水刷石	m^2		50	450	450
水刷豆石	m^2		155	1 395	1 395
室内管道	m		14 153	127 377	127 377
炉片	个		399	3 591	3 591
卫生洁具	套		347	3 123	3 123
电线管、钢管	万m		2.2	19.8	19.8
各种电线	万m		9	81	81
配电箱	个		192	1 728	1 728
灯具	份		1 071	96 39	9 639

3. 施工总进度控制计划

1) 施工总进度控制计划(见表4-23)

表 4－23 施工总进度控制计划

年度、季度 / 项目	第 1 年度				第 2 年度				第 3 年度				第 4 年度				第 5 年度			
	1	2	3	4	1	2	3	4	1	2	3	4	1	2	3	4	1	2	3	4
车库一期(1～7 号)																				
3 号公寓基础																				
3 号公寓结构																				
3 号公寓装修																				
4 号公寓基础																				
4 号公寓结构																				
4 号公寓装修																				
5 号公寓基础																				
5 号公寓结构																				
5 号公寓装修																				
公寓餐厅基础																				
公寓餐厅结构																				
公寓餐厅装修																				
6 号公寓基础																				
6 号公寓结构																				
6 号公寓装修																				
1 号公寓基础																				
1 号公寓结构																				
1 号公寓装修																				
2 号公寓基础																				
2 号公寓结构																				
2 号公寓装修																				
9 号公寓基础																				
9 号公寓结构																				
9 号公寓装修																				
8 号公寓基础																				
8 号公寓结构																				
8 号公寓装修																				
7 号公寓基础																				
7 号公寓结构																				

续表

年度、季度 项目	第1年度				第2年度				第3年度				第4年度				第5年度			
	1	2	3	4	1	2	3	4	1	2	3	4	1	2	3	4	1	2	3	4
7号公寓装修																				
热力变电基础																				
热力变电结构																				
热力变电装修																				
房管办公楼基础																				
房管办公楼结构																				
房管办公楼装修																				
二期地下车库																				
幼儿园工程																				
室外管线工程																				
庭院道路工程																				

2）流水段划分

地下车库以每一库为一大流水段，各段又按自然层分3层进行台阶流水。一期车库先从5号库开始(为3号楼开工创造条件)，分别向7号及1号方向流水。二期车库从8号向11号方向流水(图4.3)。

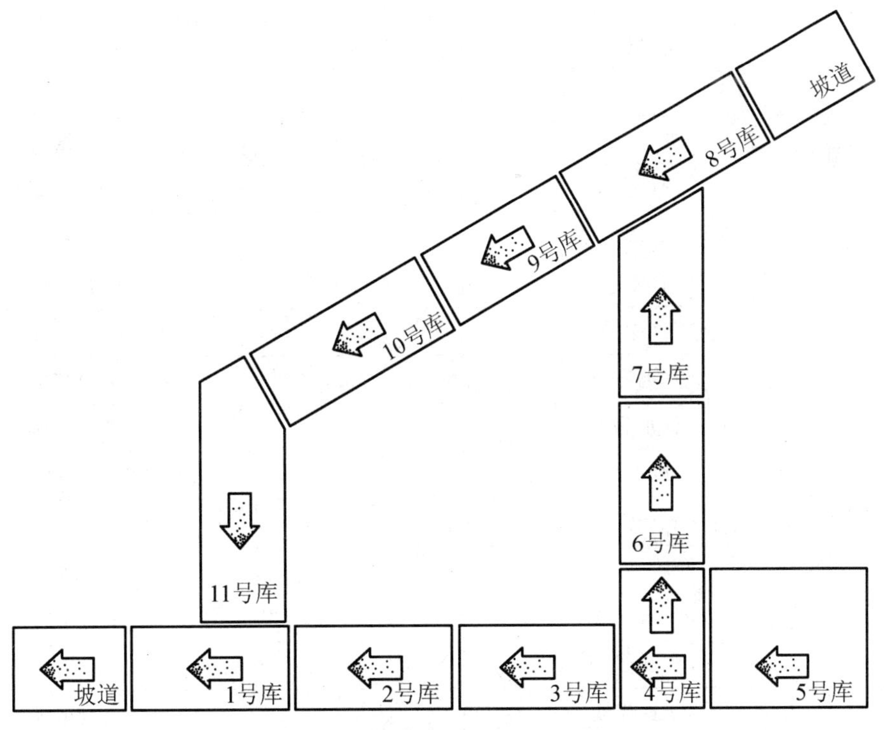

图4.3 地下车库施工顺序示意图

公寓结构阶段分5段流水，常温阶段每天一段，5d一层(图4.4)。

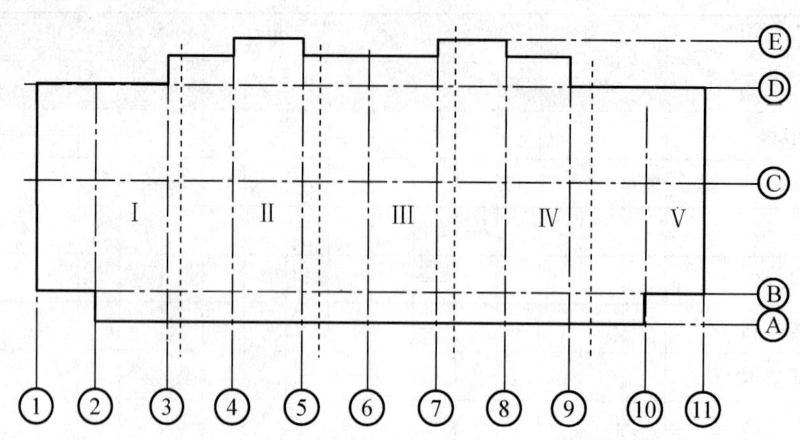

图4.4 公寓施工流水段划分示意图

4. 施工总平面布置

(1) 施工总平面布置图如图4.5所示。

(2) 现场暂设工程见表4-24。

表4-24 暂设工程一览表

序号	工程名称	面积/m^2	备注
1	混凝土(砂浆)搅拌站	315	3台400L搅拌机
2	水泥库	140	
3	工具库	800	混合结构
4	五金库	125	混合结构
5	办公室	220	混合结构
6	锅炉房	56	2台0.4L锅炉
7	木制品成品库	215	混合结构
8	食堂	210	混合结构
9	油库	20	
10	水电库	200	混合结构
11	饮水房	50	混合结构
12	厕所	30	3座
13	吸烟室	20	2座
14	危险品库	20	2座(地下)
15	水泵房	30	混合结构
16	钢筋棚	400	混合结构
17	木工操作棚	200	混合结构
18	水电操作棚	400	混合结构

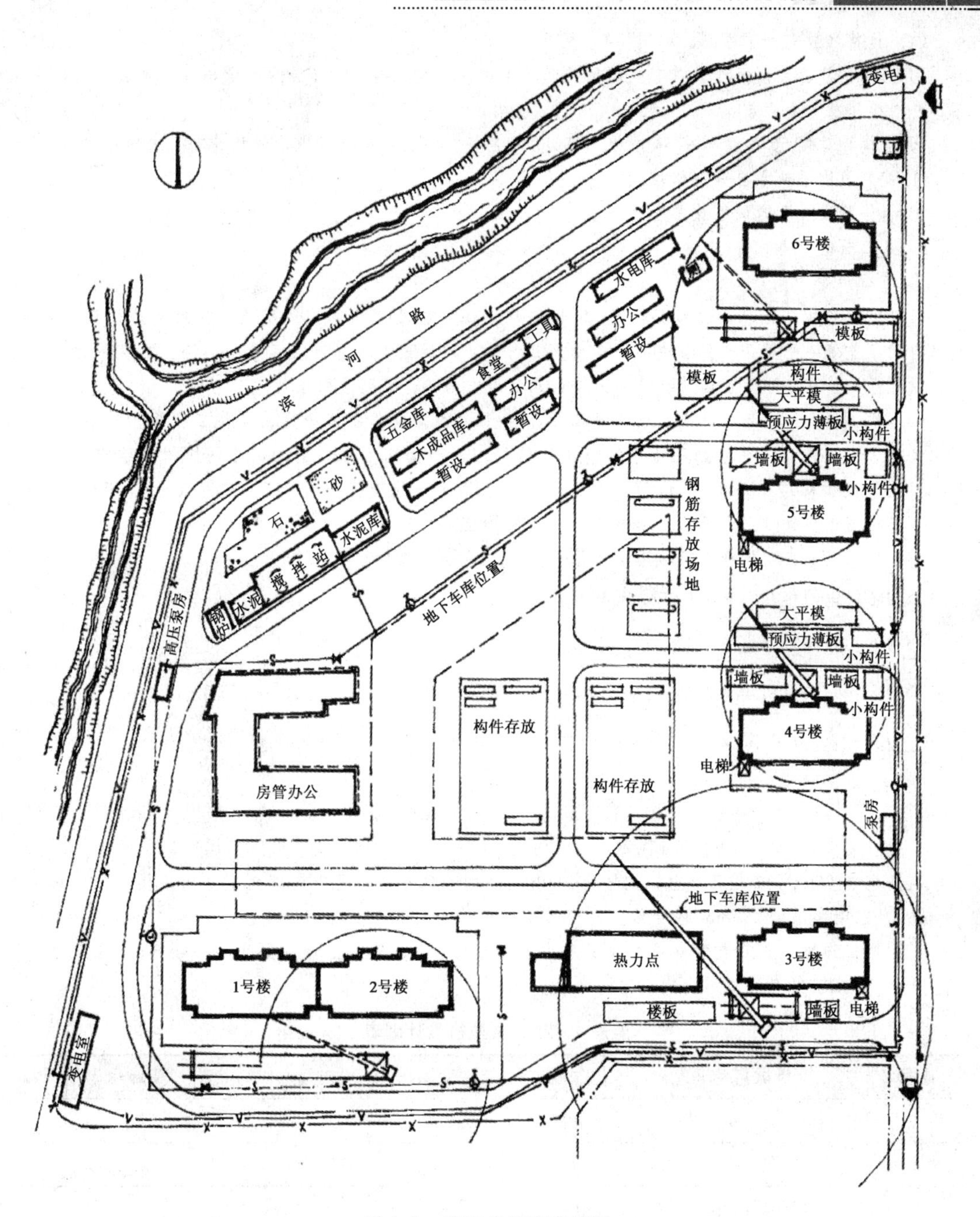

图 4.5　施工总平面布置图

(3) 根据栋号多、工期长、施工场地紧张及分期交工的特点，现场按下列原则布置。

① 大量混凝土采用商品混凝土，现场设一座 2 台 400L 搅拌机(加 1 台备用)的小型搅拌站。

② 暂设用房大部分先安排在现场北面 7 号、8 号、9 号楼位置。7 号、8 号、9 号楼开工前，完成房管办公楼作暂设，将原暂设迁至办公楼。

③ 混凝土搅拌站迁移位置另定。

④ 暂设用房一般采用混合结构，如采用易燃物支搭须经消防部门批准。

(4) 材料堆放有如下原则。

① 预制构件、大模板堆放在塔式起重机回转半径内，预制构件按二层的用量准备，堆放场地碾平压实。外墙板用插放架存放。

② 大模板每楼 66 吊，其中 64 吊为平模、2 吊筒模。按全部落地考虑，堆放场砌二皮砖地城墙。

③ 钢筋及脚手架木应分规格堆放。

④ 装修阶段应及时调整施工平面布置。

5. 施工准备

1) 三通一平

(1) 平整场地：场地自然地坪标高 39.18～40.95m，接近建筑物室外标高。尚有部分民房未拆除，施工前期不能统一平整。拟先解决地下车库施工场地，以后随拆迁进展陆续平整，但应有统一的竖向设计，以利雨季排水。原则上西北面坡向河道，东面坡向马路，南面坡向土路。

(2) 施工用水：现场不设生活区，施工用水主要为搅拌及养护混凝土、装修工程用水。根据计算，用水量按 15L/s 设计。水源由现场东侧市政管道引出，干管选用 $\phi25$ 钢管，管网按树枝状布置，埋深 60cm。沿现场循环道一侧每 100m 设一个消火栓，至消火栓处管径变为 $\phi75$。高压水泵(3BA－6)2 台，设在现场西北角。楼内用水设 $\phi100$mm 上水管，随楼层结构接长，每层设截门。

(3) 施工用电：现场施工机械用电量见表 4-25(大型机具计划表)。

$\sum P1$：电动机总功率，1 056.3kW；

$\sum P2$：电焊机总容量，728kW；

$\sum P3$：室内照明容量，6kW(1 000m^2×6W/m^2)；

$\sum P4$：室外照明容量，10kW(10 000m^2×1W/m^2)。

供电设备总需容量：

$$P = 1.05 \times (0.5 \times 1\,056.3/0.75 + 0.5 \times 728 + 0.8 \times 6 + 10 \times 1) = 1\,137.15\text{kW}$$

现场已有 560kW 变压器一台，拟增设 560kW 的变压器一台，置于西南角，分两路供电，西路采用 185mm^2，东南路采用 150mm^2胶铝线，电杆间距 35m。

(4) 施工道路：施工道路布置见施工总平面布置图(图 4.5)。主干道宽度不小于 6m，路面碾平压实。上铺 10cm 厚焦砟，道路两侧设明沟排水。

表 4-25　大型机具计划表

序号	机械名称	单位	数量	用电量/(KW/台)	高峰用电量/kW
1	挖土机	台	2		
2	推土机	台	2		
3	自卸汽车	辆	10		
4	TQ60/80 塔式起重机	台	2	55	110
5	QT4－10 塔式起重机	台	3	72.5	217.5
6	H@－36B 塔式起重机	台	1	160	160
7	混凝土搅拌机	台	3	10	20
8	电焊机	台	26	28	728

续表

序号	机械名称	单位	数量	用电量/(KW/台)	高峰用电量/kW
9	高压水泵	台	4	17	68
10	抽水泵	台	12	17	204
11	外用电梯	台	6	10	60
12	卷扬机	台	6	15	90
13	振捣棒	个	80	1.5	15
14	平板振动器	台	20	0.5	5
15	钢筋弯钓机	台	1	7	7
16	钢筋切断机	台	1	2.8	2.8
17	电　锯	台	2	4	8
18	电　刨	台	2	7.5	15
19	压　刨	台	2	4.5	9
20	套管机	台	3	5	15
21	截管机	台	3	5	15
22	蛙式夯土机	台	10	2.5	25
23	空气压缩机	台	1	10	10
24	气焊设备	套	6		
25	压路机	台	1		

2）技术准备

(1) 先了解和掌握出图计划，摸清设计意图，如热力变电站施工图和外线图、公寓外装修作法等。

(2) 编制施工组织总设计和各分项施工方案。

(3) 编制加工订货和大型机具计划：预制混凝土构件、水泥制品、木门窗、木制品，一般铁件由施工队提加工订货计划，钢门窗、卫生陶瓷、陶瓷锦砖由建设单位提供，设备项目另议。

(4) 设计大模板及大型脚手架。

(5) 公寓外墙板预贴陶瓷锦砖工艺试验：公寓预制外墙板的外饰面，设计为现贴白色陶瓷锦砖，因现贴工艺效率低且受外界气候影响，考虑采取预制措施，即在预制外墙板时一并铺贴完成，此项工艺需与构件厂共同研究试制，经合格鉴定后再大批量生产。

3）几个需要解决的问题

(1) 3号、4号、5号、6号楼东外墙距马路人行道仅4m，而挖槽放坡需8m，基础回填后又需布置构件、道路，因此需要占用马路慢行道约300m长，拟请建设单位办理临时占地手续。

(2) 本工程土方量很大，挖方约28万平方米，填方约10万平方米，需要大量存土和弃土的场地，须与建设单位及分包机械施工公司共同设法解决。

(3) 公寓主要预制构件有外墙板、山墙板、预应力薄板等约15 000件，每年完成3栋则约5 000件，尤其是外墙板预贴饰面加长了生产周期，拟请公司组织落实构件生产，以确保供应。

主要施工准备工作计划见表4-26。

表4-26 主要施工准备工作计划表

序号	施工准备工作内容	负责单位	要求完成时间
1	民房及其他单位占用房拆迁	建设单位	第1年度5月
2	现场测量控制网	施工队	第1年度3月
3	平整场地、施工道路	施工队	第1年度4月
4	施工水、电设施	施工队专业队	第1年度6月
5	暂设用房	施工队	第1年度4～12月
6	了解出图计划、设计意图	项目经理部	第1年度4～6月
7	编制施工组织设计	项目经理部	第1年度4～10月
8	大型机具计划	项目经理部	第1年度4～10月
9	成品、半成品、加工品计划	施工队	第1年度
10	设计大模板	项目经理部	第2年度5月
11	试验预贴陶瓷锦砖墙板	公司构件厂	第1年度1月
12	解决存土、卸土场地	建设单位、机械施工公司	第1年度5月
13	解决新车路占用慢行道	建设单位	第1年度10月

6. 主要施工方法

本工程按以下工艺流程进行。

(1) 地下车库工艺流程为：挖土→垫层→底板→架空层结构→回填土→地下二层结构→回填土→地下一层结构→回填土。

回填土如不能分层进行时，可在每一库结构完成后再回填。

(2) 公寓结构阶段工艺流程为：挖槽→垫层→人防层保护墙、内贴油毡→人防层结构→回填土→地下二层结构→地下一层结构→回填土→立塔→1～7层结构→8～17层结构。

(3) 7层以下设备安装、内装修→8层以上设备安装、内装修→外装修。

装修工程工艺流程如图4.6所示。

1) 基础挖方

(1) 挖方：车库及公寓地下室底标高均为－11.00m，实际挖深9.5m，采用W100正铲挖土机开挖，配合推土机1台、自卸汽车10辆。挖土由市机械施工公司承包。

(2) 放坡：土方分两层开挖，第一层由地面至地面以下5.5m，坡度1:0.6，留70cm平台。第二层4m左右，坡度1:0.7。

(3) 排水措施：本工程槽底均在地下水位以上，地表水及雨水采用明沟→集水井→水泵系统排出场外。

(4) 护坡处理有以下几点。

① 地下车库护坡钉钢丝网、抹5cm厚豆石混凝土。

② 雨期施工中有公寓地下室同上(非雨期施工的地下室不做护坡)。

③ 坡脚易塌方的部位用土袋码垛护坡。

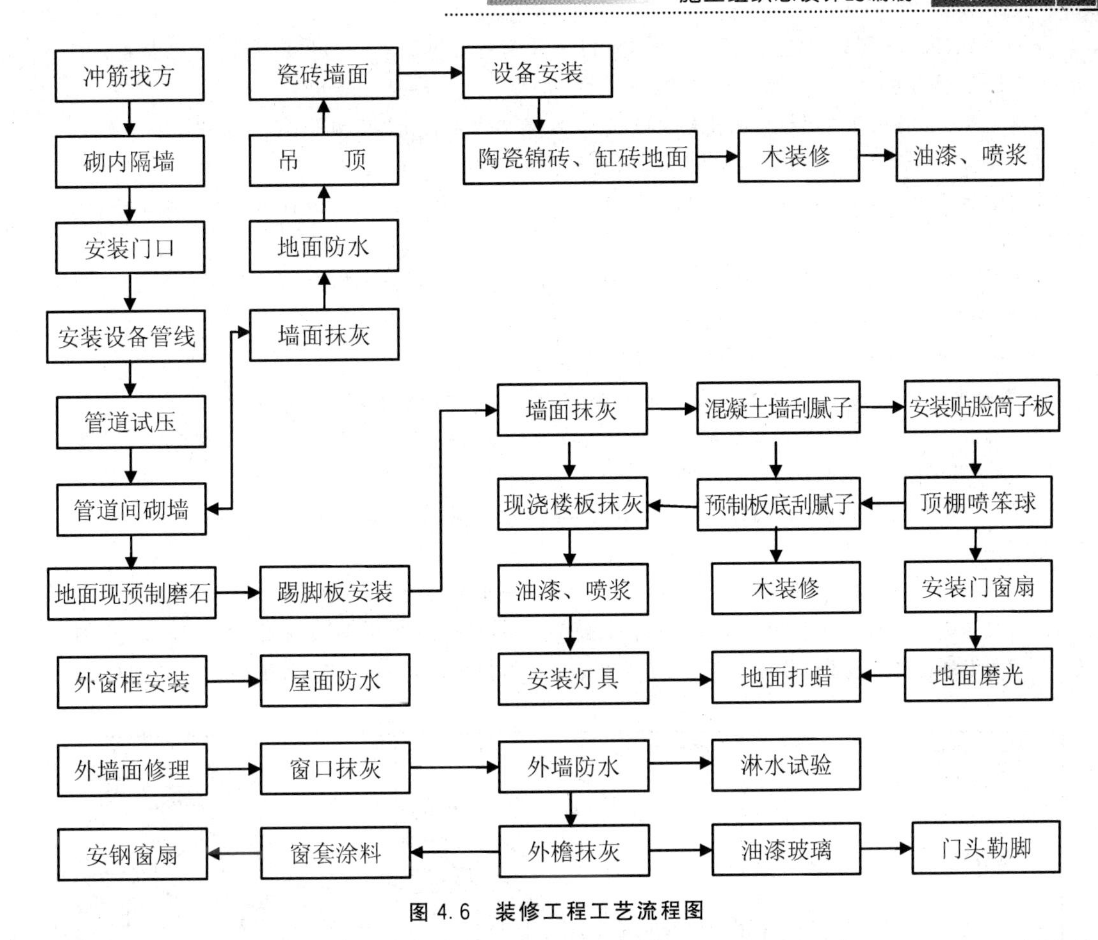

图 4.6 装修工程工艺流程图

(5) 挖土至底层时，土中水分趋于饱和，可能影响挖土机械作业(主要是车库)，要求准备一定量的级配砂石，必要时在机械作业范围内铺垫 60cm 厚级配砂石。

(6) 为防止超挖或扰动老土，基底预留约 20cm 土用人工清理，清理后及时覆盖，以防曝晒或受冻。

2) 水平及垂直运输

(1) 水平运输。预制构件用拖车，大宗材料用卡车，商品混凝土用罐车运至现场，场内运输混凝土用小翻斗车，其他零星小件用手推车。

(2) 结构阶段垂直运输。主要采用塔式起重机，塔式起重机的选型和布置根据下列因素决定。

① 车库及公寓基础基坑坡口宽 38m，最重构件 2t，需要工作半径 30m，一般可用 TQ60/80 或 QT4—10 型塔式起重机。

② 公寓结构总高 57.7m，最宽处 18.6m，最重构件 7.6t，位于建筑物北侧。一般情况塔式起重机可立在楼北面，4 号、5 号、7 号、8 号、9 号公寓选用 QT4—10 塔式起重机，有的公寓北侧不能立塔，如 1 号、2 号、3 号楼北面是地下车库，6 号楼北面临河道，则应用 300t/m 大塔；塔式起重机的设置应考虑各期施工能周转使用，尽量减少拆装运输。

根据上述原则，各阶段施工期塔式起重机布置如下。

第一阶段：1 号～7 号库、3 号楼基础[图 4.7(a)]。

1 号～3 号库北侧 1 台 TQ60/80—2 号塔；1 号～5 号库东侧 1 台 TQ60/80—3 号塔；4 号～5 号库南侧 1 台 QT4—10—1 号塔。

第二阶段：8 号～11 号及 3 号、4 号、5 号楼基础[图 4.7(b)]。

8 号～10 号库北侧 1 台 QT4－10—5 号塔；11 号库西侧 1 台 TQ60－80—2 号塔；3 号楼基础南侧 1 台 QT4－10—4 号塔。

4 号、5 号楼基础则在两栋楼间设 1 台 QT4－10，即 3 号塔，此塔于 4 号、5 号库完成后移至此。

第二阶段：3 号、4 号、5 号楼结构，11 号库继续施工[图 4.7(c)]。

3 号楼因北面为车库不能立塔，基础阶段南面所立 QT4－10 塔至结构阶段起重量不够，需换 6.5m 臂长大塔。

3 号楼南侧 l 台 H3－36B—6 号塔；4 号楼北侧 1 台 QT4－10—3 号塔；5 号楼北侧 1 台 QT4－10—5 号塔；11 号库西侧 l 台 TQ60/80—2 号塔。

热力变电站在 3 号楼大塔工作半径以内，不另设塔。

第四阶段：6 号、1 号、2 号楼基础、房管办公楼基础、结构[图 4.7(d)]。

6 号楼北侧为河道，塔式起重机宜立在南侧，在 3 号楼结构完成后将 6 号塔式起重机移至此楼，基础及结构均用此塔式起重机。

1 号、2 号楼基础合用 1 台 QT4－10—4 号塔；6 号楼南侧 l 台 H3－36B—6 号塔；房管楼结构 l 台 TQ60/80—2 号塔。

第五阶段：6 号、1 号、2 号楼结构，9 号、8 号、7 号楼基础[图 4.7(e)]。

6 号楼南侧 l 台 H3－36B—6 号塔；1 号楼北侧 1 台 QT4－10—4 号塔；2 号楼北侧 1 台 QT4－10—5 号塔；9 号楼基础 1 台 QT4－10—3 号塔；8 号楼基础 l 台 TQ60/80—1 号塔；7 号楼基础 l 台 TQ60/80—2 号塔。

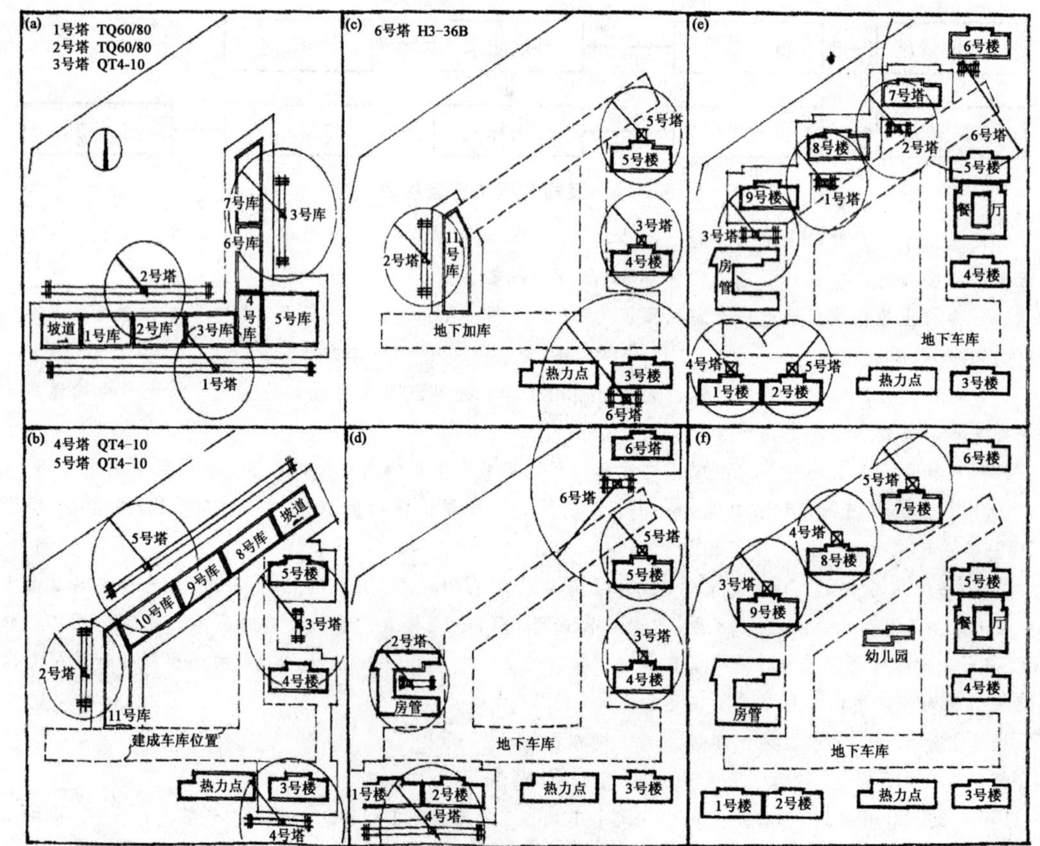

图 4.7　塔式起重机布置示意图

第六阶段：9号、8号、7号楼结构[图4.7(f)]。

9号楼北侧1台QT4—10—3号塔；8号楼北侧1台QT4—104—4号塔；7号楼北侧1台QT4—105—5号塔。

公寓结构阶段采用QT4—10自升塔时，塔中距建筑物外墙6m，均为固定式基础，上部在第7层和第13层处与墙体锚固(图4.8)。

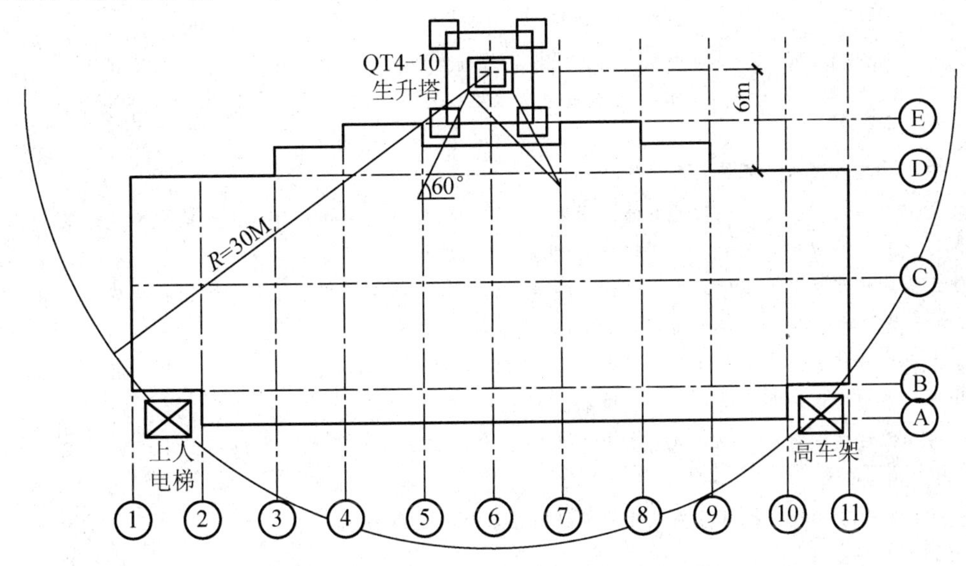

图4.8 公寓结构阶段QT4—10塔位示意图

(3) 施工用电梯。每一公寓楼设1台双笼外用电梯，结构施工至第7层时安装，供上人及运输装修材料用，安装位置在楼北侧D～O/0轴间。

(4) 高车架。每一公寓设1台高车架，供运输装修、水电材料及架设施工上水管道用，结构施工至第6层时搭设，位置在0～O/0轴间。

3) 架子工程

(1) 地下车库全部采用钢管提升架，随支随拆。

(2) 公寓结构主要用钢管插口架子。

(3) 电梯间随结构施工搭钢管架子。

(4) 现浇楼梯间外墙采用型钢制作的悬挑三脚架。

(5) 外装修用双层吊篮架子，在第15层屋顶预埋锚环、挑16号工字钢挑梁，吊篮导轨用12.8mm钢丝绳，保险绳用9.6mm钢丝绳，提升吊篮用1.5t手压葫芦。

4) 模板工程

主要采用钢模及钢支撑，不合钢模模数的部分用清水木模补充。不论是大平模或小钢模拼装，均应作模板设计，必要时应有计算。

(1) 地下车库模板。立墙用大平模配两个库的量。顶板模用小钢模及8钢管组成的可以平移的台模，台模以3m×4m左右为宜，具体尺寸由分项设计决定，配2个库的量。p600圆柱采用特制钢模，形式为两个半圆组成，板面用3mm钢板，柱箍用L50×5，中距400，共配8套，每套周转使用25次。

(2) 公寓模板的要求有以下几点。

① 地下室架空层先砌保护墙，内贴油毡，利用保护墙作外模，内模甩小钢模拼装。

② 架空层以上内外模均用小钢模拼装，但宜事先翻大样并将小钢模预拼成大片，以利提高工效并减少塔式起重机吊次。

③ 顶板以预制叠合板、预应力薄板作模板，其支撑的要求见预制构件安装部分。

④ 标准层模板按5段流水配置，墙模大部分用大平模，内纵墙每面一块，内横墙每面两块，上设0.9m宽操作平台，角模为固定式，门口为钢制假口。标准层模板共配置2套。

⑤ 电梯间模板采用自收式筒模，共配两吊。

⑥ 山墙系现浇加预制复合墙体，利用预制外墙板作外模，在加工外墙板时应留设与内大模相对应的螺栓孔。

⑦ 楼梯间现浇混凝土外墙内外模均用大平模，外模为外承式，支撑在下层墙体的三脚架上。

⑧ 第16、17层为非标准层，应尽可能利用标准层的大平模，不合适的部分用小钢模拼装。

(3) 模板支拆要求如下所述。

① 支模前应弹模板位置线。

② 竖向结构的模板与楼地面间的缝隙用砂浆勾严，墙内钢筋应加文杆，内外模用螺栓拉接。

③ 用预制山墙板作外模时，应在螺栓孔处加通长木方以增加受力面。

④ 顶板底模为永久性模板，预应力钢筋混凝土薄板，其安装及文顶要求见预制构件安装部分。现制梁板模板大龙骨间距80cm，小龙骨间距50cm，支柱间距80cm。

⑤ 阳台板连续支顶不少于3层。

⑥ 模板应经常清理并涂刷有效的脱模剂。

⑦ 拆模强度按现行施工规范执行，楼板如需提前拆模，其混凝土强度应不低于设计强度的85倍，并加临时支撑。

⑧ 拆模时先拆除全部附件并先从模板下部撬松，然后再吊出。

5) 预制构件安装

公寓的预制构件有外墙板、预应力薄板、暖廊板及阳台栏板等。

(1) 设计要求外墙板之间的构造柱钢筋的上下搭接采用电弧焊，但按通常外挂内浇的施工顺序立完外墙板先封模，就无法施焊，因此本公寓预制墙板及模板的施工顺序应为外纵墙板斗山墙板十墙体钢筋升焊构造柱筋马焊键槽筋十入内模。先安外墙板固定较为困难，须在楼板叠合层内预埋适当的预埋件，以固定临时支撑。

(2) 外墙板安装前，应先检查和修理防水构造。楼板相应位置应抹找平点，安装后及时捻塞干硬性砂浆。

(3) 外墙板的临时固定可用钢支撑，通过墙板窗口上钢筋与叠合楼板内的埋件连接，每块板设两根，并及时焊接键槽钢筋。

(4) 预制山墙板作为复合山墙的外模，临时支撑应不影响入内模。固定可分两步进行：第一步用可调钢支撑通过板中埋件与叠合层埋件连接固定后，焊接山墙板底及相邻墙板间连接件。第二步通过山墙板顶部埋件分别与外墙板的吊钩及内纵墙钢筋焊接拉牢，撤除可调支撑。入内模后穿螺栓将两者连接。

(5) 安装预应力薄板：薄板设硬架支撑，用5cm×10cm方木(或可调钢支撑)组成排架。7.2m开间每行排架7根方木；6.6m开间每行6根方木，该支撑应连续支顶两层，冬期连续支3层。

6) 钢筋工程

本工程钢筋总量约8 000余吨，大宗钢筋由公司加工厂统一配料成型，现场只设少量小型加工设备如切断机、弯钩机等，以便零星加工。

(1) 本工程所用钢筋由钢筋厂提供合格证。凡加工中采用焊接接头的钢筋由钢筋厂负责工艺试验并提供试验单。凡在施工现场发现钢筋脆断等异常现象时，由施工队取样作化学分析，在现场焊接的钢筋亦由施工队作工艺试验。

(2) 钢筋翻样由施工队负责。钢筋规格不符合设计要求时，应与设计人员洽商处理，不得任意代用。

(3) 所有钢筋均为散绑。墙体钢筋横筋在外，竖筋在内，上下错开接头50。

(4) 组合柱、键槽钢筋焊接采用 T50 焊条。

(5) 钢筋绑扎要求：①车库底板、顶板钢筋较密，上下层钢筋应分两次隐检；②车库墙身的防水混凝土，钢筋顶杆加止水板；③公寓外墙板组合柱钢筋一定要插入套箍内，并作 10d 搭接焊；④墙体钢筋两网片间加门钩支撑，间距 lm，按梅花形布置。

7) 混凝土工程

混凝土现浇量共约 7 万 m^3，其中 C25、P8 防水混凝土约 16 000m^3，用于地下车库，其他普通混凝土为 C2O～C30。

(1) 原材料及配合防水混凝土应使用 425～525 号水泥，冬期用普通硅酸盐水泥。所有混凝土掺加的粉煤灰应为袋装磨细粉煤灰，减水剂用木钙粉或建 1 型。每批材料均应经试配。

(2) 混凝土的配制大体积混凝土(如底板、顶板)采用集中搅拌站供应的商品混凝土，外加剂在现场添加。防水混凝土及内墙、楼板叠合层混凝土由现场搅拌站供应。

(3) 混凝土浇筑有以下几点。

车库迎水面为防水混凝土，其他为普通混凝土。浇筑方法及要求为：每库底板混凝土一次浇筑，不设后浇缝，与外墙交接处留凸形水平施工缝。每库外墙中部留一道 60cm 宽竖直后浇缝。后浇缝在墙体混凝土龄期不小于 28d 后，用微膨胀混凝土补齐，并养护 6 周。

车库地下一层、二层底板(即车道)要求随打随抹，一次成活。柱子一次浇筑至板底。

公寓地下室及地上混凝土浇筑方法及要求为：底板与地下室墙身均不设后浇缝。内墙垂直施工缝根据流水段划分设置在门口处。组合柱、暖廊分户墙要与内横墙同时浇筑，墙体混凝土浇筑高度控制在叠合板以下 l0cm。竖向结构混凝土分层浇筑的高度寸第一次不大于 50cm，以上不大于 1m。复合山墙板更应严格控制，不得用料斗直接浇灌混凝土。

(4) 混凝土养护。防水混凝土不论使用何种水泥，湿养护不得少于 14 昼夜。车库的车道为一次抹面，可先覆盖一层塑料薄膜，待混凝土强度达 1.2MPa 后，再改用湿草袋养护 14 昼夜。大模混凝土喷水养护不少于 3d。

8) 防水工程

(1) 地下车库迎水面为防水混凝土，须作好下列处理。

① 外墙过墙管应加法兰套管。

② 变形缝止水带采用焊接，固定止水带不得用钉结合，应用铅丝将止水带固定在钢筋或模板上，下灰或振捣时不要碰止水带。

③ 补后浇缝应在混凝土龄期不少于 28d 后进行，并认真清理缝内杂物，将接搓两边松散部分剔除，安装附加钢筋，支模后浇水湿润 1 昼夜后再灌混凝土。后浇缝用微膨胀剂配制混凝土，强度等级提高一级，坍落度 40～60mm，配合比由试配确定。浇筑时用铁锹喂灰，每层厚度不超过 50cm，应认真振捣密实，湿养护 6 周。

④ 防水混凝土墙的螺栓孔用微膨胀剂配制的砂浆堵孔，另编操作工艺。

(2) 公寓地下室油毡防水：考虑土坡的安全，架空层以下先砌保护墙内贴油毡，利用保护墙作外模板。架空层以上先浇筑混凝土外贴油毡后砌保护墙。要注意做好接搓。

(3) 公寓屋顶为了外装修吊篮架子而预埋的 p12 锚环，应尽量设在暖沟内或靠近暖沟，并在屋面保温层做完后先铺一层油毡。

(4) 卫生间铺贴油毡后，禁止任意剔凿破坏，必须剔凿者，应通知油毡工及时修补。

(5) 外墙空腔防水。竖直、水平防水槽应经检查修理再吊装，板下坐浆要严实，安塑料条前应将空腔内清理干净，塑料条要按实测防水槽宽度、长度裁剪，护面砂浆要勾严。

9) 回填土工程

(1) 土方平衡措施如下所述。

① 两期车库及分期施工的公寓地下室应尽可能以挖补填。

② 车库东西坡道及附属用房开工时间可灵活掌握，可作为取土回填的后备来源。

③ 在拆迁问题能提前解决的情况下，可利用未开工的公寓适当存土(如1号、2号楼位置)。

④ 场外存土地点尽量就近解决。

(2) 回填土工程的几项要求。

① 车库3层台阶式流水施工，每一层结构完成后尽早回填土，以便安装上一层模板，免搭脚手架，有利于混凝土的养护，可防止防水混凝土裂缝。

② 公寓架空层以下先砌保护墙并回填土，以利于边坡稳定。

上述两项如条件不允许时可一次回填。

③ 在回填土过程中，应尽可能将回填范围内的外管线一并完成。

④ 5号车库与3号楼间的回填可在3号楼地下室完成后同时进行。

⑤ 分层回填土时，应有排水措施，并将原集水井随回填土升高，保持持续抽水。

⑥ 回填土压实采用蛙式打夯机。

10) 室外管线

室外管线出图较晚，不能做到先期施工，但在公寓分期竣工时，应配合完成有关部分。据了解，外线线路是按总的系统(9栋公寓同时使用)设计的。为分期使用，在施工中还必须采取适当的临时措施，使每期公寓(3栋)完成后，外线能形成各自的系统，创造分段使用的条件，在九栋公寓全部完成后，又可恢复原设计意图。

根据草图的情况，污水管线可不影响分期使用，其他管线处理的原则如下。

(1) 自来水：一次水有东、西两个进口，高压水分1号～4号楼及5号～9号楼两个区域，可根据分期要求加设阀门或加堵(还应考虑高位水箱的连接)，但消防水管道不得加阀门。

(2) 煤气进口在东侧马路，分期使用可采取封口措施，但要注意接口时停气问题。

(3) 暖气及热水系统可加堵处理，但不要设在车库内。

(4) 雨水分两个出口通向西北侧道路雨水干线，请设计单位根据竣工次序稍加调整。

11) 室内管线及设备

(1) 认真熟悉图纸，重点注意专业与土建施工的矛盾及管道间的矛盾，并提前解决。

(2) 配合土建进行预埋铁件、箱及预留槽、洞、暗埋管线施工，设专人核对尺寸及看管。外墙的过墙管用防水套筒，卫生间管道穿楼板处用钢套管。

(3) 本工程管道系统比较符合标准化要求，应尽量预制。

(4) 结构施工至4层以上时可插入安装，试水分高压、低压两个阶段进行。

(5) 管道保温：污水托吊管用麻布油毡3道，采暖管用珍珠岩瓦块外抹石棉水泥壳。

(6) 散热片在地面、墙面做完后安装，浴盆在做饰面前安装，其他器具在做饰面后安装。

(7) 凡吊式灯具均在楼板内下钢筋吊环。

(8) 凡敷设在现浇混凝土内或焦砟层内的管线均应加堵，管子连接用丝扣，吊顶内管子必须里外带螺母。

(9) 必须在所有电气设备装齐后，经绝缘摇测合格方可进行电气工程调试运转。

12) 装修工程

(1) 生产部署。生产部署和施工组织内装修与结构交叉进行，结构完成至8层时插入第一条装修线，由第2～8层逐层向上进行。结构完成后插入第二条装修线，由第8层逐层向上进行。外装修在第8～15层墙面冲筋及安完钢门窗后进行。预制陶瓷锦砖墙面先自下而上修补，然后自上而下清洗。现浇外墙粘石碴先自下而上做窗口，后自上而下做机喷石。

装修工程以施工队为主，组织抹灰工、木工、粉石工等工种的混合队进行专业承包。油漆粉刷由专业队组织力量配合土建进度完成各项任务。水、暖、电、卫根据控制进度计划组织施工，装修进入8层施工时，专业管线必须安装完毕，水暖管线分低压、高压两个阶段试压，在装修装饰面以前完成。

(2) 施工准备有以下要求。

① 进一步熟悉图纸，将各房间的作法标牌张挂在相应的房间。

② 逐月逐旬落实加工订货及到货和质量情况。

③ 进行结构验收及专业项目的隐检或试压。

④ 要求先做样板墙、样板间，然后再大面积展开进行装修。

(3) 材料运输及堆放如下所述。

① 结构完成并拆除塔式起重机后，应调整施工平面布置。结构与装修交叉期间，装修材料以场外存放为主，楼周围留出周转用地。

② 木制品及轻钢龙骨存放于仓库或地下室。

③ 瓷砖、陶瓷锦砖、预制磨石及石碴临时放在露天时，应加盖苫布。

④ 安装上人及装修材料用电梯、高车架及高层联络通信设备。

(4) 主要项目施工方法如下所述。

① 地面工程：基层清理应作为一道工序安排，并进行隐检。面层标高由楼道统一引向各房间，块材应由门口往里铺设。水泥地面及以水泥砂浆作结合层的地面应适当养护，并在3d以内不准上人。

② 内墙装修：泡沫混凝土墙与混凝土墙交接处加贴10cm宽玻璃丝布。墙面抹灰均先在基层刷一道界面黏结剂。

混凝土墙面用107胶水泥浆贴瓷砖；加气混凝土墙贴瓷砖需先加一层0.8mm钢板网，刷一道107胶水泥浆后再做结合层。

③ 顶棚工程：凡石棉板吊顶处均事先在混凝土楼板内预留d6吊环，大龙骨用10号铅丝与吊环锚固。喷苯球顶棚先做试验，编制工艺卡后再施工。

④ 外墙装修：外装修架子用双层吊篮，自上而下进行装修。现浇外墙粘石用机喷，陶瓷锦砖墙面修理应按正常工序要求，不得因面积小而减少工序，基层刷界面黏结剂。

13) 季节性施工措施

(1) 雨期施工的车库、公寓地下室基槽边坡应加钉铅丝网(拐过上口50～100cm)，抹5cm厚豆石混凝土，槽口外加10cm高挡水台。

(2) 暑期施工大体积混凝土(如车库底板、地下室底板、车库顶板等)，宜采用低水化热水泥和缓凝型减水剂，以防混凝土出现裂缝。

(3) 防水混凝土要注意防晒、防热和加强湿养护；不要过早涂刷热沥青层，以防吸热。

(4) 冬期挖槽不能连续施工时，槽底及下部槽帮应覆盖保温。如在严冬阶段施工钢筋混凝土底板，基槽应适当加深，铺垫20cm厚级配砂石并碾压密实。

(5) 冬期混凝土工程原则上采用综合蓄热法施工。现场设两台0.4t煤气锅炉及两个$1m^3$高位水箱。尽可能采用高标号普通硅酸盐水泥和高效抗冻早强剂。模板用高热阻材料保温，小钢模用5cm厚岩棉块填塞，大模板用5cm厚聚苯板紧贴板面再外封一层纤维板。严冬阶段大模应配两套。混凝土脱模强度应根据同条件试块或成熟度推算决定。现浇混凝土外墙因需挂外架子(安装挂架子时混凝土强度不低于4MPa)，可增加远红外线热养护措施。公寓楼板叠合层及局部现浇楼板采用硫铝酸盐水泥配制的早强混凝土。凡采用此混凝土时，底模为木模者其表面应加一层纤维板。硫铝酸盐水泥混凝土的施工工艺应按专门规定执行。

(6) 室内装修利用正式热源及正式供热系统。

(7) 室外装修避免在严冬阶段进行。

7. 主要技术措施

1) 技术质量管理

(1) 认真贯彻各项技术管理制度和岗位责任制。认真学习图纸、说明和有关施工的规程、规范、工艺标准。

(2) 施工组织设计要三结合编制，报上级技术部门审批。要加强中间检查制度，对施工方案、技术措施、材料试验等，应定期检查执行情况。

(3) 新材料、新工艺、新技术要经过批准、试验、鉴定后再采用，并建立完整的资料归档。

(4) 工程质量要实行目标管理，推行全面质量管理。

① 防水工程要抓好地下防水作法的各个环节，如防水混凝土、变形缝、止水带、穿墙管、螺栓孔的处理，外墙回填土的质量等。卫生间及屋面严禁任意剔凿，防水细部做法要认真处理。

② 结构工程要抓好轴线标高(测设主轴线及水准点要用经纬仪闭合后确定)、混凝土配合比、大模板混凝土烂根及钢筋绑扎、焊接质量等问题。

③ 装修工程要抓好样板间，工序安排应合理。

④ 水暖电卫工程要抓好设备孔洞预留，土建与专业队均应设专人管理此事。

(5) 对成品保护，要制订详细的措施和奖惩办法。应抓好以下工作。

① 带饰面外墙板的运输及堆放均应立放在插放架上，并有防碰撞措施。

② 木装修及饰面块材、卫生陶瓷应存放在库内，运输时要轻拿轻放。

③ 严禁在装修装饰面上任意剔凿或搭设脚手架，不得在任何成品地面上拌和灰浆。

④ 进行油漆、喷浆等作业时，应在可能污染的范围内采取防护措施。

2) 消防安全管理

(1) 健全各级消防安全组织和专职人员，组织巡回检查，现场设驻场消防值班员。

(2) 各分项施工方案、工艺设计均应有详细的安全措施。针对本工程特点应重点抓好下列几个方面。

① 现场主要出入口应设专人指挥车辆。

② 基坑边坡上设护身栏。坑、槽、洞、井边设红灯标志。

③ 东侧马路上高压线应搭设防护架，塔臂吊物时距高压线的垂直距离不小于3m。

④ 现浇外墙所设计的三角挂架应有设计计算书并进行荷载试验。各类架子组装后应由安全和技术部门验收合格后方准使用。

⑤ 高层施工时应设联络通信装置。

⑥ 冬施保温材料不得使用易燃物品。

⑦ 现场设高压水泵房。地面消火栓的有效范围为50m。每栋公寓设一根100mm消防立管，随结构层安装，分层设消火栓接口。冬施期间立管应做好保温。

⑧ 墙板插放架的高度应不小于构件高度的3/4。大平模堆放时要板面对板面，并有70°～80°倾角。吊运时须两边对称进行。

8. 主要物资、劳动力、大型机具计划

1) 主要物资供应计划(略)

2) 主要劳动力需用量计划(略)

3) 大型机具计划。

大型机具计划见表4-25。

9. 主要技术经济指标

1) 各项经济技术指标(略)

2) 降低成本技术措施效果(略)

本章小结

本章阐述了施工组织总设计编制的基本内容和依据；详细讲述了施工组织总设计的施工部署、施工方案、施工总进度计划、施工总平面图，以及大型临时设施设计的基本内容和基本方法，并通过具体的工程案例来说明相关内容。

习　题

一、单选题

1. 施工组织总设计是由(　　)主持编写的。

A. 监理公司总工程师　　B. 建设单位的总工程师

C. 工程项目经理部的总工程师

2. 施工总进度计划是(　　)。

A. 指导性文件　　B. 控制性文件　　C. 既起指导也起控制作用

3. 施工总平面图中仓库与材料堆场的布置应(　　)。

A. 考虑不同的材料和运输方法而定

B. 布置在施工现场

C. 另外设置一个独立的仓库

4. 为保证场内运输畅通，主要道路的宽度不应小于(　　)。

A. 5m　　B. 5.5m　　C. 6m　　D. 6.5m

5. 根据运输情况和运输工具的不同类型，一般与省、市公路相连的路应采用(　　)。

A. 级配碎石路面　　B. 混凝土路面　　C. 土路或砂石路

6. 施工总平面中砂浆搅拌站的布置宜(　　)。

A. 集中　　B. 分散　　C. 分散与集中相结合

二、多选题

1. 施工组织总设计的主要作用有(　　)。

A. 建设项目或项目群的施工作出全局性的战略部署

B. 为确定设计方案的施工可行性和经济合理性提供依据

C. 指导单位工程施工全过程各项活动的经济文件

D. 为做好施工准备工作保证资源供应提供依据

2. 施工组织总设计的编制依据是(　　)。

A. 计划文件及有关合同

B. 设计文件及有关资料

C. 经过会审的图纸

D. 施工现场的勘察资料

E. 现行规范、规程和有关技术资料

3. 施工组织总设计编制的内容包括(　　)。

A. 施工总进度计划

B. 施工资源需要量计划

C. 施工方案

D. 施工总平面图和主要技术经济指标

E. 施工准备工作计划

4. 施工部署中应解决(　　)问题。

A. 确定工程开展程序

B. 拟订工程项目的施工方案

C. 明确施工任务划分与组织安排

D. 编制施工准备工作计划

三、 案例分析题(建筑群流水)

某工程为8幢6层住宅楼，总建筑面积为23084m^2，1＃、2＃、3＃楼的劳动量相等，4＃、5＃楼的劳动量相等，6＃、7＃、8＃楼的劳动量相等，计划工期为18个月，其合同签订的开工顺序为8＃→7＃→6＃→5＃→4＃→3＃→2＃→1＃，其劳动量一览表见表4-27，要求画出控制性流水进度计划。

表4-27　劳动量一览表

	分部工程	劳动量/工日	工人人数
8＃	基础	314	10
	结构	1 679	20
	整修	1 613	30
	附属	338	15
7＃	基础	314	10
	结构	1 679	20
	整修	1 613	30
	附属	338	15
6＃	基础	314	10
	结构	1 679	20
	整修	1 613	30
	附属	338	15
5＃	基础	351	10
	结构	1 343	20
	整修	1 290	30
	附属	269	15

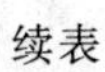

续表

	分部工程	劳动量/工日	工人人数
4#	基础	351	10
	结构	1 343	20
	整修	1 290	30
	附属	269	15
3#	基础	376	10
	结构	2 014	20
	整修	1 935	30
	附属	405	15
2#	基础	376	10
	结构	2 014	20
	整修	1 935	30
	附属	405	15
1#	基础	376	10
	结构	2 014	20
	整修	1 935	30
	附属	405	15

第5章 综合应用案例

教学目标

了解施工组织与管理过程中出现的工程现状，掌握针对施工组织实际情况，解决问题时采取的基本理论、方法和手段。

教学要求

能力目标	知识要点	权重
掌握流水施工的运用	流水施工的组织方式横道图的绘制	20%
掌握网络技术的运用	关键线路的判定与运用时标网络计划的运用	20%
掌握施工方案的运用	施工方案的审批程序、审查要点施工方案的表现形式、内容及应用	40%
掌握现场管理的基本知识	项目组织机构在实际工程中的表现形式现场管理的内容、方法与手段	20%

▶▶引例

俗话说“万丈高楼平地起”，要编制好一份施工组织设计，就应掌握好施工组织与管理的每一个知识点，把这些知识点融会贯通。通过一些经典案例的学习，不仅能够帮助我们巩固理论知识，更能够进一步了解工程实际，提高分析问题和解决问题的能力。

案 例 一

有一幢4层楼的装修工程，该装修工程分为4个施工过程，每层划分为两个施工段，地面面层施工后要间歇两天才能进行室内粉刷，现工期要求为46天，各施工过程的工程量、产量定额见表5-1。

表5-1 各施工过程工程量产量定额

序号	施工过程	总工程量		产量定额
		单位	数量	
1	内墙面抹灰	m^2	6 000	$8m^2$/工日
2	地面面层	m^2	2 000	$10m^2$/工日
3	室内粉刷	m^2	5 000	$25m^2$/工日
4	安装门窗扇	m^2	600	$15m^2$/工日

问题：

(1) 组织等节奏流水施工，并画出流水施工的横道计划。

(2) 确定每个施工专业队的人数。

解答：

(1) 等节奏流水施工的工期为 $T=(m+n-1)K+\sum t_j$，其中 m 表示施工段数，n 表示施工过程数，K 表示流水节拍，$\sum t_j$ 表示技术间歇和组织间歇时间总和。在本题中已知 $m=8$，$n=4$，$\sum t_j=2$，$T=46$ 天，代入上述公式解得 $K=4$ 天。

等节奏流水施工的安排见表5-2。

(2) 由于 $K=Q/mSR$，得出 $R=Q/mSK$，其中 Q 表示总的工程量，S 表示每一工日(或台班)的计划产量，R 表示施工人数(机械台班数)，利用该公式计算如下。

内墙面抹灰施工人数 $R_1=6\ 000/(8\times4\times8)\approx24$ 人

地面面层施工人数 $R_2=2\ 000/(8\times4\times10)\approx7$ 人

室内粉刷施工人数 $R_3=5\ 000/(8\times4\times25)\approx7$ 人

安装门窗扇施工人数 $R_4=6\ 000/(8\times4\times15)\approx2$ 人

表 5-2 等节奏流水施工安排

施工过程	施工进度/天											
	4	8	12	16	20	24	28	32	36	40	44	48
内墙面抹灰	①	②	①	②	①	②	①	②				
地面面层		①	②	①	②	①	②	①	②			
室内粉刷				① ②	①	②	①		② ①		②	
安装门窗扇				①	②	①		② ①		② ①		②

案 例 二

某工程由 A、B、C、D、E 五个分项工程组成，它在平面上划分为 4 个施工段，各分项工程在各个施工段上的流水节拍均为 3 天。A、B 施工过程和 B、C 施工过程允许平行搭接 1 天，C、D 施工过程和 D、E 施工过程之间各有两天技术间歇时间。施工单位拟对该工程组织流水施工。

问题：

(1) 按照流水的节奏特征不同分类，流水施工的基本组织方式可分为哪几种？

(2) 本工程宜采用何组织方式？试述其特点。

(3) 根据背景条件，试组织等节奏流水施工。

解答：

(1) 分为等节奏流水方式、异节奏流水方式和无节奏流水方式 3 种。

(2) 宜采用等节奏流水方式。它的特点是在流水组中，每个施工过程本身在施工段中的作业时间(流水节拍)都相等，各个施工过程之间的流水节拍也相等，这是最理想的一种流水组织方式。

(3) 本工程流水步距为 $K=3\text{d}$，流水工期为 $T_P=(5+4-1)\times 3-2+4=26\text{d}$，其流水施工指示图标如图 5.1 所示。

分项工程编号	施工进度/d																									
	1	2	3	4	5	6	7	8	9	10	11	12	13	14	15	16	17	18	19	20	21	22	23	24	25	26
A		①			②			③			④															
B				①			②			③			④													
C						①			②			③			④											
D											①			②			③			④						
E																①			②			③			④	

图 5.1 等节奏流水施工图

案 例 三

某集团小区建造 4 栋结构形式完全相同的 6 层钢筋混凝土结构住宅楼。如果设计时把每一栋住宅楼作为一个施工段，并且所有的施工段都安排一个工作队或安装一台机械时，每栋楼的主要施工过程和各个施工过程的流水节拍如下：基础工程 7 天，结构工程 14 天，室内装修工程 14 天，室外工程 7 天。根据流水节拍特点，可组织异节奏流水施工。

问题：

(1) 什么是异节奏流水组织方式，试述其特点。

(2) 什么是流水节拍，应怎样计算？

(3) 试根据背景资料，组织成倍节拍流水施工。

解答：

(1) 异节奏流水组织方式，亦称为成倍节拍流水。在流水施工组织中，各施工过程在每个施工段上的流水节拍相等，而不同的施工过程之间，由于劳动量的不等以及技术或组织上的原因，其流水节拍互成倍数。根据实际情况，异节奏流水施工组织方式又可以分为一般成倍节拍流水和加快速度节拍流水施工。

(2) 流水节拍是指某个专业施工队在各个施工段完成各自施工过程所必须持续的作业时间，通常以 t_i 表示，其计算公式是：

$$t_i=\frac{Q_i}{S_iR_iN}=\frac{P_i}{R_iN}$$

式中 t_i——某施工过程在某施工段上的流水节拍；

Q_i——某施工过程在某施工段上的工程量；

S_i——某专业工程或机械的产量定额；

R_i——某专业工作队人数或机械台数；

N——某专业工作队或机械的工作班次；

P_i——某施工过程在某施工段上的劳动量。

(3) **解：** ① 确定流水步距

$$t_1<t_2,\ K_2=t_1=2\text{d}$$

$$t_2=t_3,\ K_3=t_2=14\text{d}$$

$$t_3>t_4,\ K_4=mt_3-(m-1)t_4=4\times14-3\times7=35\text{d}$$

② 确定流水工期

$$T_p=(7+14+35)+4\times7=84\text{d}$$

③ 绘制流水指示图标，如图 5.2 所示。

施工过程	施工进度/d											
	7	14	21	28	35	42	49	56	63	70	77	84
基础过程	①	②	③	④								
结构安装		①		②		③		④				
室内装修				①		②		③		④		
室外工程									①	②	③	④

图 5.2 异节拍流水施工图

案 例 四

某工程可以分为A、B、C三个施工过程，每个施工过程又分为4段，在每个施工过程上每段作业时间见表5-3。根据流水节拍的特点，该工程适合组织无节奏流水施工。

表5-3 各施工过程流水节拍

施工过程	流水节拍			
	一段	二段	三段	四段
A	2	3	4	3
B	3	4	2	2
C	3	2	3	4

问题：

(1) 什么是无节奏流水组织方式，试述其实质。

(2) 无节奏流水的流水步距应怎样计算？

(3) 试根据背景资料，组织无节奏流水施工。

解答：

(1) 无节奏流水组织方式，亦称分别流水组织方式。当各施工段(区)的工程量不相等，各专业施工队的生产效率互有差异，并且没有可能组织全等节拍或成倍节拍流水时组织的一种无节奏流水方式。其实质是：各专业施工队连续流水作业，流水步距K经过计算后确定，使得专业施工队之间在一个施工段(区)内不互相干扰，或前后两专业施工队之间工作紧紧衔接。

(2) 无节奏流水的流水步距K值的计算，是采用“相邻队组每段作业时间累加数列错位相减取最大差”的方法，即首先分别将两相邻工序每段作业时间逐项累加得出两个数列，后续工序累加数列向后错一位对齐，逐个相减最后得到第三个数列，从中取最大值，即为两工序施工队间的流水步距。

(3) 计算流水步距。

累加数据数列：施工过程A为2、5、9、12；施工过程B为3、7、9、11；施工过程C为3、5、8、12。相邻两个施工过程的累加数据数列错位相减。

A、B两施工过程的流水步距：

$$
\begin{array}{rrrrrr}
 & 2 & 5 & 9 & 12 & 0 \\
- & 0 & 3 & 7 & 9 & 11 \\
\hline
 & 2 & 2 & 2 & 3 & -11
\end{array}
$$

B、C两施工过程的流水步距：

$$
\begin{array}{rrrrrr}
 & 3 & 7 & 9 & 11 & 0 \\
- & 0 & 3 & 5 & 8 & 12 \\
\hline
 & 3 & 4 & 4 & 3 & -12
\end{array}
$$

由以上计算可知：$K_{AB}=3$，$K_{BC}=4$，其无节奏流水作业如图 5.3 所示。

施工过程	施工进度/d																		
	1	2	3	4	5	6	7	8	9	10	11	12	13	14	15	16	17	18	19
A		①		②				③			④								
B					①				②			③		④					
C									①			②		③				④	

图 5.3　无节奏流水施工图

案　例　五

某工程项目双代号时标网络计划如图 5.4 所示，该计划执行到第 35 天(第 35 天已完成)，其实际进度如图中前锋线所示。执行到第 40 天(第 40 天已完成)时如图 5.5 所示。

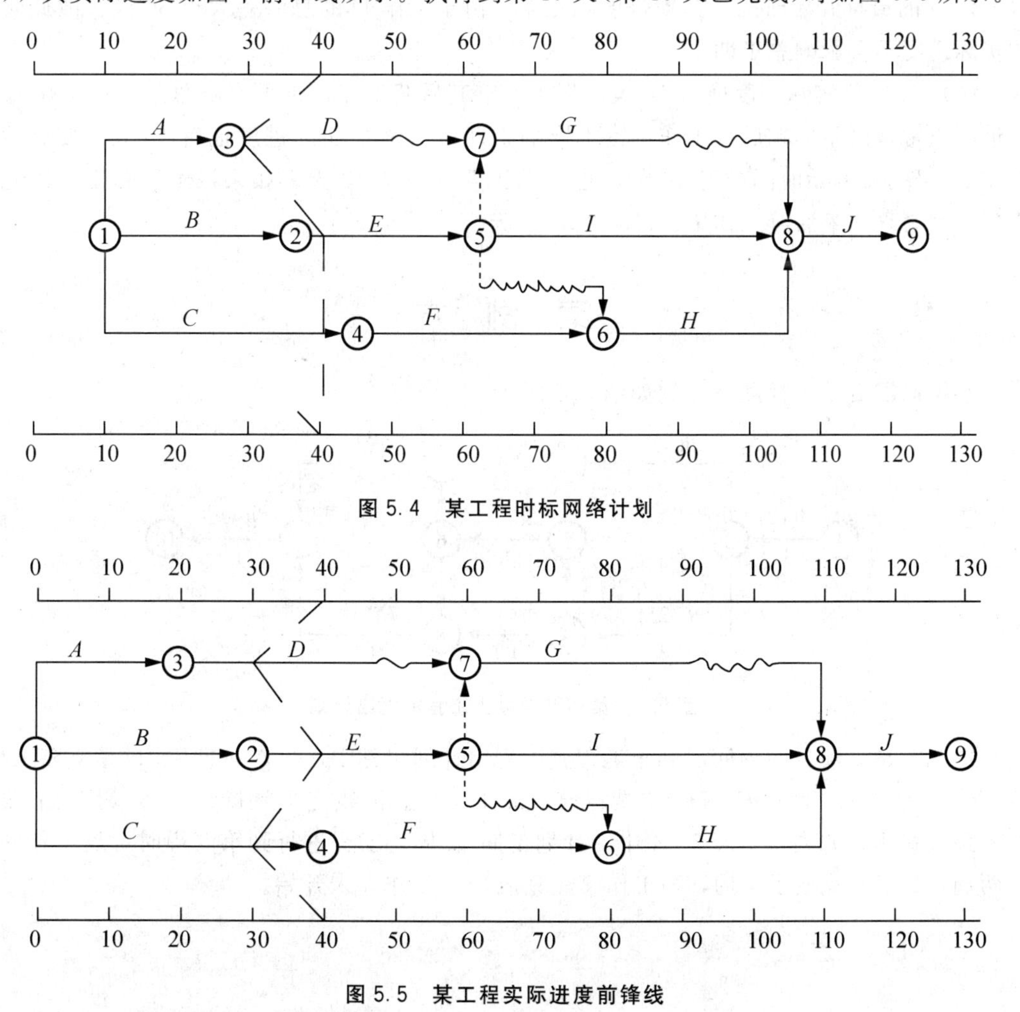

图 5.4　某工程时标网络计划

图 5.5　某工程实际进度前锋线

问题：

(1) 建设工程实际进度和计划进度的比较方法有哪些？

(2) 由图 5.4，分析目前实际进度对后续进度和总工期的影响。

(3) 由图 5.5，分析目前实际进度对后续进度和总工期的影响，并提出调整措施。

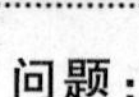

知识链接

进度前锋线是一种简单地进行工程实际进度与计划进度的比较方法。它主要适用于时标网络计划，其主要方法是从检查时刻的时标点出发，首先连接其相邻的工作箭线的实际进度点，以此类推，将检查时刻正在进行工作的点都依次连接起来，组成一条一般为折线的前锋线。按前锋线与工作箭线交点的位置判断工程施工实际进度与计划进度的偏差。

解答：

(1) 实际进度与计划进度的比较是建设工程进度监测的重要环节。常用的进度比较方法有横道图、s 曲线、香蕉曲线、前锋线和列表比较法。

(2) 从图 5.4 中可以看出，目前只有工作 *D* 的开始时间拖后了 15 天，从而影响其后续工作 *G* 的最早开始时间，其他进度均正常。由于工作 *D* 的总时差大于 30 天，故此时 *D* 的实际进度不会影响总工期。

(3) 工作 *D* 实际进度拖后 10 天，但不影响其后续工作，也不影响总工期；工作 *E* 实际进度正常，既不影响后续工作，也不影响工期；工作 *C* 实际进度拖后 10 天，使其后续工作 *F*、*H*、*I* 开始时间推迟 10 天，也是总工期延长了 10 天。如果该工程总工期不允许拖延，则必须压缩后续工作 *F*、*H*、*J* 共 10 天。

案　例　六

某钢筋混凝土工程网络计划如图 5.6 所示。

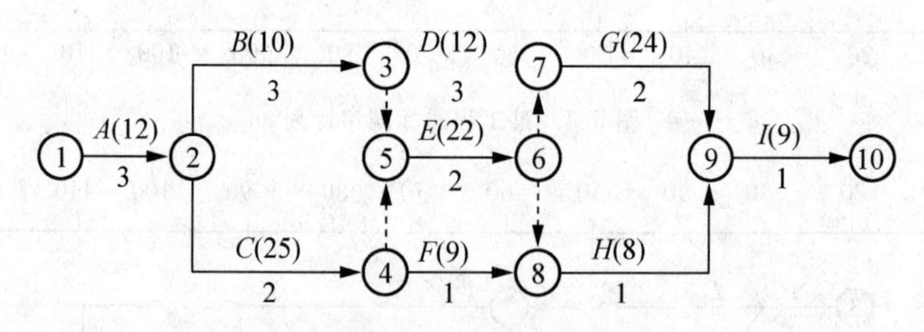

图 5.6　某钢筋混凝土工程的网络计划

图 5.6 是某项目的钢筋混凝土工程施工网络计划。其中，工作 *A*、*B*、*D* 是支模工程；*C*、*E*、*G* 是钢筋工程；*F*、*H*、*I* 是浇筑混凝土工程。箭线之下是持续时间(周)，箭线之上是预算费用，并列入了表 5-4 中。计划工期 12 周。工程进行到第 9 周时，*D* 工作完成了两周，*E* 工作完成了 1 周，*F* 工作已经完成，*H* 工作尚未开始。

表 5-4 网络计划的工作时间和预算造价

工作名称	A	B	C	D	E	F	G	H	I	合计
持续时间/周	3	3	2	3	2	1	2	1	1	
造价	12	10	25	12	22	9	24	8	9	131

问题：

(1) 绘制本例的实际进度前锋线。

(2) 第 9 周结束时累计完成造价多少？按挣值法计算其进度偏差是多少？

(3) 如果后续工作按计划进行，试分析上述实际进度情况对计划工期产生了什么影响？

(4) 重新绘制第 9 周至完工的时标网络计划。

解答：

(1) 绘制第 9 周的实际进度前锋线。

根据第 9 周的进度检查情况，绘制的实际进度前锋线如图 5.7 所示，现对绘制情况进行说明如下：为绘制实际进度前锋线，首先将图 5.6 搬到了时标表上；确定第 9 周为检查点；由于 D 工作只完成了两周，故在该箭线上(共 3 周)的 2/3 处(第 8 周末)打点；由于 E 工作(2 周)完成了 1 周，故在 1/2 处打点；由于 F 工作已经完成，而 H 工作尚未开始，故在 H 工作的起点打点；自上而下把检查点和打点连起来，便形成了图 5.7 的实际进度前锋线。

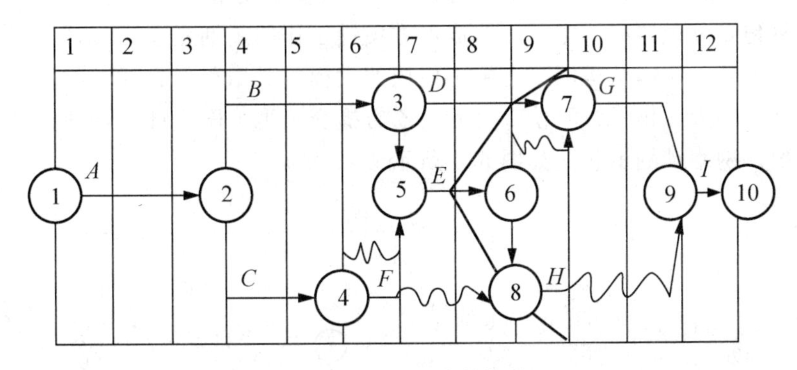

图 5.7 实际进度前锋线

(2) 根据第 9 周检查结果和图 5.7 中所列数字，计算已完成工程预算造价是：

$A+B+2/3D+1/2E+C+F=12+10+2/3\times12+1/2\times22+25+9=75$ 万元

到第 9 周应完成的预算造价可从图 5.7 中分析，应完成 A、B、D、E、C、F、H，故：

$A+B+D+E+C+F+H=12+10+12+22+25+9+8=98$ 万元

根据挣值法计算公式，进度偏差为：$S_V=BCWP-BCWS=75-98=-23$ 万元，即进度延误 23 万元。

进度绩效指数为：$S_{PI}=BCWP/BCWS=75/98=0.765=76.5\%$，即完成计划的 76.5%。

(3) 从图5.8中可以看出，D、E工作均未完成计划。D工作延误一周，这一周是在关键路上，故将使项目工期延长一周。E工作不在关键线路上，它延误了两周，但该工作有一周总时差，故也会导致工期拖延一周。H工作延误一周，但是它有两周总时差，对工期没有影响。D、E工作是平行工作，工期总的拖延时间是一周。

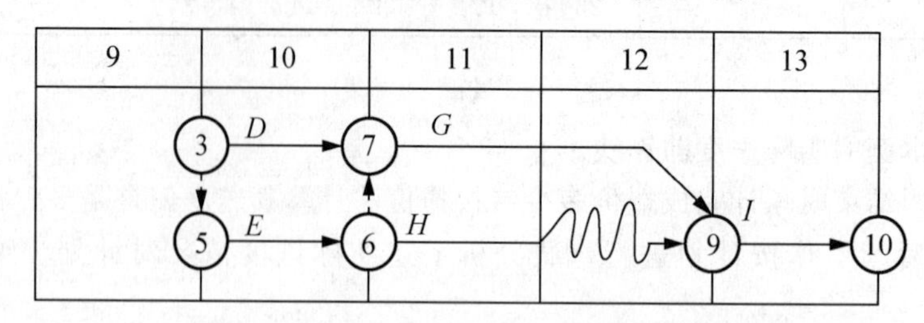

图5.8　重绘的第9周末至竣工验收的网络计划

(4) 重绘的第9周末至竣工验收的时标网络计划如图5.8所示。与计划相比，工期延误了一周，H的总时差由两周减少到一周。

案　例　七

某建筑工程，建筑面积3.8万平方米，地下1层，地上16层。施工单位(以下简称“乙方”)与建设单位(以下简称“甲方”)签订了施工总承包合同，合同工期600天。合同约定，工期每提前(或拖后)1天，奖励(或罚款)1万元。乙方将屋面和设备安装两项工程的劳务进行了分包，分包合同约定，若造成乙方关键工作的工期延误，每延误一天，分包方应赔偿损失1万元。主体结构混凝土施工使用的大模板采用租赁方式，租赁合同约定，大模板到货每延误一天，供货方赔偿1万元。乙方提交了施工网络计划，并得到了监理单位和甲方的批准。网络计划示意图如图5.9所示。

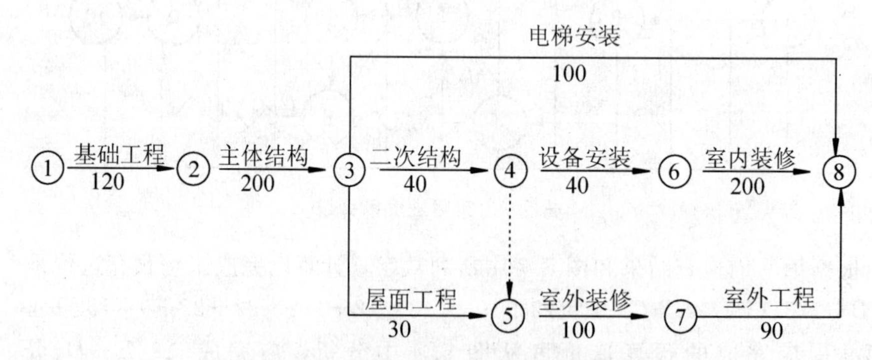

图5.9　××工程网络计划示意图(单位：天)

施工过程中发生了以下事件。

事件一，底板防水工程施工时，因特大暴雨突发洪水原因，造成基础工程施工工期延长5天，因人员窝工和机械闲置造成乙方直接经济损失10万元。

事件二，主体结构施工时，大模板未能按期到货，造成乙方主体结构施工工期延长10天，直接经济损失20万元。

事件三，屋面工程施工时，乙方的劳务分包方不服从指挥，造成乙方返工，屋面工程施工工期延长3天，直接经济损失0.8万元。

事件四，中央空调设备安装过程中，甲方采购的制冷机组因质量问题退换货，造成乙方设备安装工期延长9天，直接费用增加3万元。

事件五，因为甲方对外装修设计的色彩不满意，局部设计变更通过审批后，使乙方外装修晚开工30天，直接费损失0.5万元。

其余各项工作，实际完成工期和费用与原计划相符。

问题：

(1) 用文字或符号标出该网络计划的关键路线。

(2) 指出乙方向甲方索赔成立的事件，并分别说明索赔内容和理由。

(3) 分别指出乙方可以向大模板供货方和屋面工程劳务分包方索赔的内容和理由。

(4) 该工程实际总工期为多少天？乙方可得到甲方的工期补偿为多少天？工期奖(罚)款是多少万元？

(5) 乙方可以得到各劳务分包方和大模板供货方的费用赔偿各是多少万元？

(6) 如果只有室内装修工程有条件可以压缩工期，在发生以上事件的前提条件下，为了能最大限度地获得甲方的工期奖，室内装修工程工期至少应压缩多少天？

解答：

(1) ①→②→③→④→⑥→⑧

(2) 索赔成立的分别是：事件一，赔工期5天，赔费用；事件四，赔工期9天，赔费用，因为此天气是一个有经验的承包商所无法预料的，造成了工期延误因此索赔，而恶劣的自然条件或不可抗力引起的工程损坏及修复应由业主承担责任；事件五，赔费用，不赔工期，因为此事件的发生是承包商造成的，但非关键工作未影响工期。不能成立的索赔是：事件二、事件三，因为此事件的发生是承包商自身的原因。

(3) 乙方可以向大模板供货方和屋面工程劳务分包方索赔费用，因为合同中已作了明确的约定。

(4) 该工程的总工期为：600＋5＋9＋10＝24(天)。

乙方可以得到甲方的工期补偿为14天。

工期奖(罚)款为罚款10万元。

(5) 向模板供应商索赔30万元，向劳务分包商索赔0.8万元。

(6) 最大限度压缩工期为624－595(第二条最大线路)＝29(天)。

案 例 八

某工程项目，业主通过招标与甲建筑公司签订了土建工程施工合同，包括A、B、C、D、E、F、G、H八项工作，合同工期36周。业主与乙安装公司签订了设备安装施工合同，包括设备安装与高度工作，合同工期18周。经过相互的协调，编制了如图5.10所示的网络进度计划。

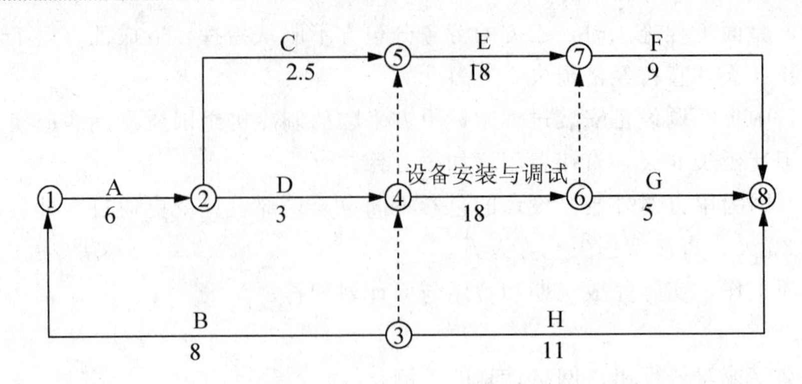

图 5.10 网络进度计划

该工程施工过程中发生了以下事件。

事件一，基础工程施工时，业主负责供应的钢筋混凝土预制桩供应不及时，使 A 工作延误 0.5 周。

事件二，B 工作施工后进行检查验收时，发现一预埋件埋置位置有误，经核查，是由于设计图纸中预埋件位置标注错误所致。甲建筑公司进行了返工自理，损失 5 万元，且使 B 工作延误 1.5 周。

事件三，甲建筑公司因人员与机械调配问题造成 C 工作增加工作时间 0.5 周，窝工损失 2 万元。

事件四，乙安装公司安装设备时，因接线错误造成设备损坏，使乙安装公司安装调试工作延误 0.5 周，损失 12 万元。

发生以上事件后，施工单位均及时向业主提出了索赔要求。

问题：

(1) 施工单位对以上各事件提出索赔要求，分析业主是否应给予甲建筑公司和乙安装公司工期和费用补偿。

(2) 如果合同中约定，由于业主原因造成延期开工或工期延期，每延期一周补偿施工单位 6 000 元，由于施工单位原因造成延期开工或工期延误，每延误一天罚款 6 000 元。计算施工单位应得的工期与费用补偿各是多少?

解答：

(1) 首先分析出网络计划的关键线路与相关参数。

事件一，业主钢筋混凝土预制桩供应不及时，造成 A 工作延误，因 A 工作是关键工作，业主应给甲建筑公司补偿工期和相应的费用。

业主应顺延乙安装公司的开工时间和补偿相关费用。

事件二，因设计图纸错误导致甲公司返工处理，由于 B 工作是非关键工作，因为已经对 A 工作补偿工期，B 工作延误的 1.5 周在其总时差范围以内，故不给予甲建筑公司工期补偿，但应给甲建筑公司补偿相应的费用。

因对乙安装公司不造成影响，故不应给乙安装公司工期和费用补偿。

事件三，由于甲公司原因使 C 工作延长，不给予甲建筑公司工期和费用补偿。

因未对乙安装公司造成影响，业主不对乙安装公司补偿。

事件四，由于乙安装公司的错误造成总工期延期与费用损失，业主不给予工期和费用补偿。

由此引起的对甲公司的工期延误和费用损失，业主应给予补偿。

(2) 甲公司应得到的工期补偿为：事件一，工期补偿0.5周；事件四，工期补偿0.5周。

甲公司应得到的费用补偿为：事件一，0.5×6 000=0.30(万元)；事件二，5万元；事件四，0.5×6 000=0.3(万元)；合计5.6万元。

乙安装公司应得到的工期补偿为0.5周。

乙安装公司应得到的费用补偿为：事件一，0.5×6 000=0.3(万元)；事件四罚款，0.5×6 000=0.3(万元)；合计为，0.3−0.3=0(万元)。

案 例 九

有一房屋建筑工程，经进行项目分解，可分解成*A*、*B*、*C*、*D*、*E*、*F*、*G*七项工作，其工作明细表见表5-5。

表5-5 工作明细表

工作名称	紧前工作	工作历时	备注
A			
B	*A*		
C	*A*		
D	*B*		
E	*A*、*B*		
F	*D*、*E*		
G	*D*、*F*、*C*		

问题：

(1) 简述绘制单代号网络图的基本规则。

(2) 表5-5中，工作历时的确定方法有几种?

(3) 试根据上述材料绘制单代号网络图。

解答：

(1) 在网络图的开始和结束增加虚拟的起点节点和终点节点，保证网络计划有一个起点，一个终点；网络中严禁出现循环回路；网络图中严禁出现双箭头或无箭头的连线；网络图中除起点节点和终点节点外，不允许出现没有内向箭线的工作节点和没有外向箭头的工作节点；网络图中不允许出现重复编号的工作，一个编号只能代表一项工作；网络图中的编号应是紧后工作的节点编号大于紧前工作的节点编号。

(2) 有定额计算法和三时估计法两种。前者用于组成网络图的各项工作可变因素较少，能够确定一个时间消耗值的情况，后者用于当各项可变因数多，因而有工作历时不能确定一个单一时间值的情况。

(3) 首先设置一个起点节点，然后根据表中各工作的逻辑关系，从左至右进行绘制，最后设置一个终点节点；整理、编号，整理后的单代号网络图如图5.11所示。

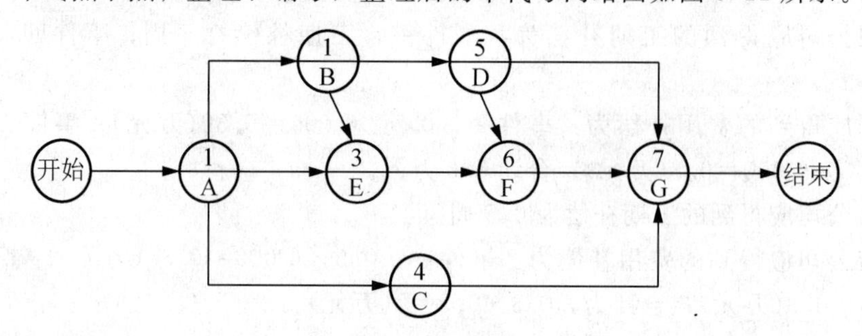

图5.11 单代号网络图

案 例 十

通过检查分析，如果发现原有进度计划已不能适应实际情况时，为了确保进度控制目标的实现或需要确定新的计划目标，就必须对原有进度计划进行调整，以形成新的进度计划，作为进度控制的新依据。

问题：

(1) 施工进度计划调整的具体方法有哪两种?

(2) 通过缩短网络计划中关键线路上工作的持续时间来缩短工期的具体措施有哪几种?具体做法是什么?

解答：

(1) 一是通过缩短某些工作的持续时间来缩短工期；二是通过改变某些工作间的逻辑关系来缩短工期。

(2) 具体措施包括如下。

① 组织措施：增加工作面，组织更多的施工队伍；增加每天的施工时间(如采用三班制等)；增加劳动力和施工机械的数量。

② 技术措施：改进施工工艺和施工技术，缩短工艺技术间歇时间；采用更先进的施工方法，以减少施工过程的数量(如将现浇框架方案改为预制装配方案)；采用更先进的施工机械。

③ 经济措施：实行包干奖励；提高奖金数额；对所采取的技术措施给予相应的经济补偿。

④ 其他配套措施：改善外部配合条件；改善劳动条件；实施强有力的调度等。

案例十一

某项目经理部为了创建文明施工现场，对现场管理进行了科学规划。该规划明确提出了现场管理的目的、依据和总体要求，对规范厂容、环境保护和卫生防疫作出了详细的设计。以施工平面图为依据加强场容管理，对各种可能造成污染的问题，均有防范措施，卫生防疫设施齐全。

问题：

（1）在进行现场管理规划交底时，有人说，现场管理只是项目经理部内部的事，这种说法显然是错误的，提出两点理由。

（2）施工现场管理和规范场容的最主要依据是什么？

（3）施工现场入口处设立的“五牌”和“两图”指的是什么？

（4）施工现场可能产生的污水有哪些？怎样处理？

（5）现场管理对医务方面的要求是什么？

解答：

（1）现场管理不只是项目经理部内部的事，还涉及与各项目参与方的关系，涉及执行法律法规问题，涉及环境保护问题。

（2）施工现场管理和规范场容的最主要依据是施工平面图。

（3）施工现场入口处设立的“五牌”是工程概况牌、安全纪律牌、防火须知牌、安全无重大事故计时牌、安全生产、文明施工牌；“两图”是施工现场平面图、项目经理部机构及人员名单图。

（4）施工现场可能产生的污水有凝土搅拌机、输送泵、输送管的冲洗污水应经沉淀池沉淀后再排到市政污水管中；食堂下水道应设置油篦子；冲洗车辆污水要经沉淀再从排水沟流出。

（5）现场管理对医务方面的要求是：现场配置必要的医务设施，在办公室内显著位置张贴急救车和有关医院电话号码。

案例十二

某项目经理部在承包的房屋建筑工程编制施工项目管理实施规划中，绘制了安全标志布置平面图。在报项目负责人审批时，项目负责人为了考核编制者和实施安全标志设置，向编制人提出了下列问题：①安全警示牌由什么构成？②安全色有哪几种，分别代表什么意思？③安全警示标志怎样构成？④设置安全警示标志的“口”有哪几个？

同时指出了该图存在的两个重要问题：第一，编制人员只编制了一次性的图；第二，该图与施工平面图有矛盾。

问题：

（1）回答项目负责人提出的各项问题。

（2）为什么只编制一次性的安全标志布置平面图？存在什么问题？

（3）项目负责人提出的该安全标志布置平面图与施工平面图有矛盾，说明编制人忽略了一个什么环节？

解答：

（1）安全警示牌由各种标牌、文字、符号以及灯光等构成。一般说来，安全警示牌包括安全色和安全标志。安全色有红、黄、蓝、绿四种颜色，分别表示禁止、警告、指令和提示；安全标志由图形符号、安全色、几何图形(边框)或文字组成，分禁止标志、警告标志和提示标志；设置安全警示标志的“口”有6个：出入通道口、楼梯口、电梯井口、孔洞口、桥梁口、隧道口。

(2) 按建设部规定，绘制施工现场安全标志平面图，应根据不同阶段的施工特点，组织人员进行有针对性的设置、悬挂或增减。因此，施工现场安全标志平面图应按阶段设置多个，一个一次性的安全标志布置平面图是不能满足安全警示的动态要求的。

(3) 编制人忽略了依据施工平面图布置安全标志布置平面图的重要环节。

知识链接

项目管理规划是指导项目管理工作的纲领性文件，应对项目管理的目标、依据、内容、组织、资源、方法、程序和控制措施进行确定。

根据GB/T 50326—2006《建设工程项目管理规范》，项目管理实施规划包括下列内容：①项目概况；②总体工作计划；③组织方案；④技术方案；⑤进度计划；⑥质量计划；⑦职业健康安全与环境管理计划；⑧成本计划；⑨资源需求计划；⑩风险管理计划；⑪信息管理计划；⑫项目沟通管理计划；⑬项目收尾管理计划；⑭项目现场平面布置图；⑮项目目标控制措施；⑯技术经济指标。

案例十三

某装饰工程公司承接某市区内一栋20层的办公楼装饰工程，现安排某安全员负责该工地的消防安全管理，并做了如下工作。

(1) 施工现场设置了消防车道。

(2) 设置了消防竖管和消火栓，配备了足够的消防器材。

(3) 电焊工从事电气设备安装和气焊作业时均要求按有关规定进行操作。

(4) 因施工需要搭设了临时建筑，为了降低成本、就地取材，用木板搭设工人宿舍。

(5) 施工材料的存放、保管符合防火安全要求。

(6) 现场有明显的防火宣传标志，施工现场严禁吸烟。

(7) 使用明火按规定执行，专人看管，人走火灭。

(8) 该工程的消防安全管理工作比较到位，在施工全过程中，未发生一起火灾。

问题：

(1) 施工场地是否要设消防车道？设置消防车道有什么具体要求？

(2) 简述该工地消防进水平管、竖管的直径要求及消火栓口楼层分布要求？

(3) 电、气焊切割作业前，需办理什么证件？现场须做哪些消防准备工作？

(4) 该施工现场搭设临时建筑时，对材料有什么要求？对搭建木板房有什么要求？

(5) 对于装饰装修工程，施工现场对易燃易爆材料有哪些安全管理要求？

解答：

(1) 施工现场必须设置消防车道。本工程为20层办公楼，属高层建筑。因工程进入装修阶段，建筑主体已建成。故本工程的消防安全应按照现行《高层民用建筑设计防火规范》设置消防车道。

(2) 消防进水平管直径不小于100mm；消防进水竖管直径不小于65mm。每隔一层设一处消火栓口。

(3) 电、气焊切割作业前，需办理现场施工动用明火的审批手续、操作证和用火证。电、气焊切割作业前，现场需作消防准备工作，按照现行《建筑工程施工现场用电安全规范》的相关规定执行。

① 动用明火前，要清理附近易燃物，配备看火人员和灭火用具。

② 施工现场必须采取严格的防火措施，指定负责人，配备灭火器材，确保施工安全。

③ 必须在顶棚内进行电、气焊作业时，应先与消防部门商定，妥善布置防火措施后，方可施工。

(4) ①施工现场搭设临时建筑时，临时建筑材料不得使用易燃材料，城区内的施工一般不准支搭木板房。必须支搭时，需经消防监督机关批准。

② 对搭建木板房有如下要求。

a. 必须支搭木板房时，要有消防监督机关批准手续；

b. 木板房应符合防火、防盗要求；

c. 木板房未经保卫部门批准不得使用电热器具；

d. 高压线下不准搭设木板临时建筑；

e. 冬期炉火取暖要专人管理，注意燃料的存放；

f. 木板临时建筑的周围应防火，疏散道路畅通，基地平整干净；

g. 木板临时建筑应按工地场地布局图和临时建筑平面图建造；

h. 木板临时建筑之间的防火间距不应小于6m。

(5) 油漆、涂料等必须集中存放，并远离施工现场，设专人管理，远离火源、配电箱、开关箱柜。油漆涂料施工现场不得动用电气焊等明火作业，同时应增加施工现场空气对流及有害有毒气体的排放。

案例十四

某比赛场工程，工程总建筑面积11 600m^2，主比赛场5 600m^2，为框架剪力墙结构形式，功能用房6 000m^2，地下1层、地上5层框架结构。施工现场设315kW变压器一台；控制用电设备的第三级配电箱设置了漏电保护器；潮湿的地下室照明采用安全电压供电。

问题：

(1) 判断施工现场临时用电组织设计由安全员编制、项目技术负责人审批是否符合规定?

(2) 判断背景中为了保证设备用电安全，现场配电系统只在控制用电设备的三级配电箱设置了漏电保护器是否可行，是否存在问题?

(3) 低压照明采用自耦变压器供电是否安全、合理? 临时用电强制性条文要求是什么?

解答：

(1) 有两个错误：第一，临时用电组织设计及变更必须由电气工程技术人员编制，而不能由安全员编制；第二，应由相关部门审批、具有法人资格企业的技术负责人批准，而不能由项目技术负责人批准。

（2）存在的问题是：现场临时用电工程应采用三级配电系统、二级漏电保护系统，而不能只在末级开关箱设置漏电保护器。

（3）按规范规定，照明变压器必须使用双绕组型安全隔离变压器，而严禁使用自耦变压器。

案例十五

某建设项目，工程总建筑面积150 000m²，由A、B、C、D共4幢户型相同独立的住宅楼组成。地下1层，地上28层，建筑高度84m，剪力墙结构；合同质量要求是当地省部级优质结构工程。

技术方案评议时，项目经理认为该项目的主要施工技术方案应采用以下几点。

钢筋工程：直径12mm以上受力钢筋，采用剥助滚压直螺纹连接。

模板工程：剪力墙采用30系列组合小钢模板，顶板采用50mm厚木板。

脚手架工程：外脚手架方案采用敞开式双排钢管脚手架搭设从地到顶。

垂直运输：3台吊篮。

问题：

（1）该钢筋方案的选择是否合理？为什么？

（2）该模板方案是否合理？为什么？

（3）该脚手架方案是否合理？为什么？

（4）该垂直运输方案是否合理？为什么？

解答：

（1）不合理。因为直径16mm以下采用剥助滚压直螺纹连接，剥助套丝后钢筋直径不能满足工艺要求，不具有可操作性。剥助滚压直螺纹连接适用于直径16mm以上40mm以下的热轧II、III级(HRB335、HRB400)同级钢筋的钢筋连接。

（2）不合理。组合钢模板安拆劳动强度高，拼缝多，混凝土观感效果差。在创优工程剪力墙中，30系列组合小钢模板已基本不用。顶板模板采用50mm厚木板，过于厚重，不经济，而且安拆劳动强度高，拼缝多，通用性较差。

（3）不合理。因为建筑物设计高度为84m，根据《建筑施工扣件式钢管脚手架安全技术规范》(JGJ 130—2001)规定：敞开式双排钢管外脚手架允许搭设高度为50m。

（4）不合理。吊篮适用于高层建筑外装修施工。另外，4幢独立住宅楼，配3台吊篮，数量少。每个楼配置一台施工电梯、一台塔式起重机比较合理。

案例十六

某建设项目，总建筑面积142 000m²，裙房以下建筑面积45 000m²，主塔楼标准层建筑面积1 400m²，东、西塔楼标准层建筑面积各为1 200m²。地下2层，地上主塔楼52

层，东、西塔楼各28层。裙房5层，裙房高度24m，主楼高度160m，整个建筑裙房5层连成整体，5层以上各自独立。全现浇钢筋混凝土框架一剪力墙结构。该工程合同工期24个月，开工日期从垫层浇筑混凝土时开始计算。合同质量要求省部级优质工程。

施工单位制订了如下方案：基于工期相对紧张的原因，5层裙房以下每层同时施工，不采用流水施工；5层以上东、西塔楼作为主要工程施工项目。总工期安排为26个月。为了减少投入，5层裙房以下结构完工拆除外脚手架后，周边不设围护。

问题：

（1）本项目选择的工期计划方案是否合理？为什么？

（2）本项目的主要工程施工项目选择是否合理？为什么？

（3）本项目主体结构5层以下周边不设围护方案是否合理？说明理由。

解答：

（1）不合理。施工计划工期安排26个月，未满足合同工期24个月的要求。

（2）不合理。主要工程施工项目是指工程项目中工程量大、施工难度大、工期长，对整个建设项目的完成起关键作用的建筑物或构筑物以及全场范围内工程量大、影响全局的特殊分项工程。总体技术方案选择时，应首先考虑主要工程施工项目的技术方案。本项目的东、西塔楼与主塔楼相比，无论工程量、施工难度，还是工期，都是主塔楼最高，面积最大，工期长，因此，主塔楼对整个建设项目的完成起关键作用。

（3）不合理。违反了《建筑施工高处作业安全技术规范》(JGJ 80—1991)的规定。该规范第3.1.1条规定：对临边高处作业，必须设置防护措施，并符合头层墙高度超过3.2m的二层楼面周边，以及无外脚手的高度超过3.2m的楼层周边，必须在外围架设安全平网一道。

案例十七

某大型建筑综合楼项目，建筑面积138 000m²。某建筑公司以工程施工总承包的方式承包了该项目。公司十分重视，选派了一位优秀支部书记任项目经理，该同志没有项目经理证书，也未从事过项目施工管理。项目经理个人选定了一家分包单位承包该工程，采用以包代管的管理方案。分包单位又将机电设备安装工程转给某安装工程公司，将装饰装修工程转给某装饰公司。

问题：

（1）该项目经理上岗是否恰当？说明理由。

（2）该工程机电和装饰分包的做法是否恰当？说明理由。

（3）该工程总包单位管理方案是否合理？说明理由。

解答：

（1）不恰当。理由：项目经理无项目经理证书，不符合国家关于建筑业企业项目经理资质管理制度对项目经理资质要求的规定；且项目经理没有类似项目的管理经验。

（2）不恰当。理由：转包是指承包单位承包工程后，不履行合同约定的责任和义务，将其承包的全部建设工程转给他人或者将其承包的全部工程肢解后以分包的名义分别转给他人的行为。分包单位将机电设备安装工程转给某安装工程公司，将装饰装修工程转给某装修公司，其做法是一种转包行为，但该转包是一种违法分包。

(3) 不合理。理由：违背了工程施工总承包的相关规定，建筑主体结构的施工必须由总承包单位自行完成。此外，总包单位对项目管理的程序应体现在每一管理过程中，都有计划、实施、检查、处理的持续改进过程，而不是以包代管。

案例十八

A、B两栋相同的住宅项目，总建筑面积86 000m^2。施工时分A、B分区，项目经理下分设两名栋号经理，每人负责一个分区，每个分区又安排了一名专职安全员。项目经理认为，由栋号经理负责每个栋号的安全生产，自己就可以不问安全的事了。

A区地下1层结构施工时，业主修改首层为底商，因此监理工程师通知地下1层顶板不能施工，但是墙柱可以施工。为了减少人员窝工，项目经理安排劳务分包200人退场，向B区转移剩余人员50人。A区墙柱施工完成后3个月复工，项目经理又安排200人进场。向业主索赔时，业主说，A区虽然停工了，但是B区还在施工，也没有人员窝工，因此只同意A区工期延长3个月。

工程竣工后，项目经理要求质量监督站组织竣工验收。

问题：

(1) 该项目经理对安全的看法是否正确？为什么？

(2) 业主对索赔的说法是否正确？施工单位在A区停工期间可索赔哪些费用？

(3) 项目经理向质量监督站要求竣工验收的做法是否恰当？为什么？

解答：

(1) 不正确。《建设工程安全生产管理条例》第二十一条规定：施工单位的项目负责人应对建设工程项目的安全施工负责，落实安全生产负责制度、安全生产规章制度和操作规程，确保安全生产费用的有效使用，并根据工程的特点组织制订安全施工措施，消除安全事故隐患，及时、如实报告生产安全事故。项目经理不能只安排了人员管理安全工作，就认为自己可以不对安全负责，应对整个合同项目内的安全负全面领导责任。

(2) 不正确。施工单位停工期间可索赔A区如下费用。

人工费：200人进出场费。

材料费：材料价格上涨费，部分材料超期保管费。周转料具租赁费和进出场费的分摊费。

机械费：自有机械停滞台班费，租赁机械实际租金和进出场费的分摊费。

现场管理费：工期延长3个月增加的工地管理费。

保险费：工期延长3个月增加的保险费。

保函手续费：工期延长3个月增加的保函手续费。

利息：工期延长3个月增加的利息。

(3) 不恰当。因为，竣工验收应由施工单位先自行组织有关人员进行检查评定，合格后，向建设单位提交工程竣工验收申请报告及相关资料；建设单位收到工程验收申请报告后，应由建设单位(项目)负责人组织施工(含分包单位)、设计、监理等单位(项目)负责人进行单位工程验收；当参加验收各方对工程质量验收不一致时，可请当地建设行政主管部门或工程质量监督机构协调处理。

案例十九

某工程地下室1层，地下建筑面积4 000m²，场地面积14 000m²。基坑采用土钉墙支护，于5月份完成了土方作业，制订了雨期施工方案。

计划雨期主要施工部位：基础SBS改性沥青卷材防水工程、基础底板钢筋混凝土工程、地下室1层至地上3层结构、地下室土方回填。

施工单位认为防水施工一次面积太大，分两块两次施工。在第一块施工完成时，一场雨淋湿了第二块垫层，SBS改性沥青卷材防水采用热熔法施工需要基层干燥。未等到第二块垫层晒干，又下雨了。施工单位采取排水措施如下：让场地内所有雨水流入基坑，在基坑内设一台DN25水泵向场外市政污水管排水。由于水量太大，使已经完工的卷材防水全部被泡，经过太阳晒后有多处大面积鼓包。由于雨水冲刷，西面临近道路一侧土钉墙支护的土方局部发生塌方。事后，施工单位被业主解除了施工合同。

问题：

(1) 本项目雨期施工方案中的防水卷材施工安排是否合理？为什么？

(2) 本项目雨期施工方案中的排水安排是否合理？为什么？

(3) 本项目比较合理的基坑度汛和雨期防水施工方案是什么？

解答：

(1) 不合理，因为，雨期防水卷材施工，关键的就是需要基层干燥。因此，本工程分两块两次施工不合理，拖延了工期，贻误时机。

(2) 不合理，因为，场地面积内雨水不能汇入基坑，土钉墙支护的基坑更不能被水冲刷，4 000m² 的基坑设置一台DN25水泵排水量明显不足。

(3) 基坑雨期安全防汛，最重要的是防止雨水冲入基坑与排水相结合，因此除了增加水泵数量外，应在基坑边上设置围堰，四周设置收水沟和集水井，集水井的水排入市政雨水管网，而不是市政污水管网。

雨期防水卷材施工，关键的就是基层干燥，因此，应增加人员，在天气好基层符合验收条件时，就全部完成基层验收，验收后立即组织人员做好冷底子油，全部抢出第一层。

案例二十

某高层住宅楼工程，地下2层，基础底板尺寸为：90m×40m×1m，中间设一条后浇带。工程地处市内居民区，拟建项目南侧距居民楼最近处20m，北侧场地较宽。混凝土采用商品混凝土。在底板大体积混凝土施工时，施工单位制订了夜间施工方案：为了减少混凝土运输车在场内夜间运输距离，混凝土泵布置在场地南侧；适当增加灯光照明亮度，增加人员值班。

夜里12点，部分居民围住工地大门，因为施工单位夜间施工噪声太大，要求施工单位出示夜间施工许可证，否则停工。

项目经理对居民说，底板大体积混凝土每块必须连续浇筑混凝土，否则地下室会因为施工缝而漏水，不能停止施工，请求大家谅解，并保证以后特殊情况下进行夜间施工作业时，都提前公告附近居民。

问题：

(1) 居民的要求是否合理？为什么？

(2) 项目经理关于夜间施工提前公告的说法是否合理？为什么？

解答：

(1) 合理。符合《环境噪声污染防治法》规定，在城市范围内向周围生活环境排入建筑施工噪声的，应当符合国家规定的建筑施工场界环境噪声排放标准。在城市市区范围内，建筑施工过程可能产生噪声污染，施工单位须在开工前15天以前向所在地县以上环境行政主管部门申报该工程采取的环境噪声污染防治情况。

(2) 合理。符合《环境噪声污染防治法》以下规定：在城市市区噪声敏感区域内，禁止夜间进行产生噪声污染的施工作业，但个别情况除外者，必须公告附近居民。

案例二十一

某工程有两块厚2.5m，平面尺寸分别为27.2m×34.5m和29.2m×34.5m的板。设计中规定把上述大块板分成小块(每大块分成6小块)，间歇施工。混凝土所有材料为：42.5级普通硅酸盐水泥、中砂、花岗岩碎石；混凝土强度等级为C20。施工完成后发现大部分板的表面都发现不同程度的裂缝，裂缝宽度为0.1～0.25mm，长度从几厘米到一百多厘米，裂缝出现时间是拆模后1～2天。

问题：

(1) 案例中裂缝事故发生的原因是什么？

(2) 在工程施工过程中应如何防治混凝土裂缝的产生？

(3) 此类工程中混凝土的养护方法有哪些特殊规定？养护时间有什么规定？

(4) 该工程中可选择的混凝土浇筑方案有哪些？

解答：

(1) 该工程属于大体积混凝土工程，水泥水化热大，裂缝多是在拆模一两天出现，根据这些情况判定发生裂缝的可能有混凝土内外温差太大、表面温度突然降低、干缩等原因引起的。

(2) 该工程属于大体积混凝土工程，可采用以下措施来防止裂缝产生：①优先选用低水化热的矿渣水泥拌制混凝土，并适当使用缓凝减水剂；②在保证混凝土设计强度等级前提下，适当降低水灰比，减少水泥用量；③降低混凝土的入模温度，控制混凝土内外的温差(当设计无要求时，控制在25℃以内)，如降低拌合水温度(拌合水中加冰屑或用地下水)，骨料用水冲洗降温，避免曝晒；④及时对混凝土覆盖保温、保湿材料；⑤可预埋冷却水管，通过循环水将混凝土内部热量带出，进行人工导热。

(3) 大体积混凝土的养护方法分为保温法和保湿法两种。为了确保新浇筑混凝土有适宜的硬化条件，防止在早期由于干缩而产生裂缝，大体积混凝土浇筑完毕后，应在12h内加以覆盖和浇水。普通硅酸盐水泥拌制的混凝土养护时间不得少于14d；矿渣水泥、火山灰水泥等拌制的混凝土养护时间不得少于21d。

(4) 大体积混凝土浇筑时，一般采用分层浇筑。分层的方法主要有全面分层、分段分层和斜面分层3种。

案例二十二

某职工宿舍楼为3层砖混结构，纵墙承重。楼板为预制板，支撑在现浇钢筋混凝土梁上。该工程于当年6月开工，7月中旬开始砌墙，采用的施工方法为“三一”砌砖法和挤浆法，9月份第一层楼砖墙砌完，10月份接着施工第二层，12月份进入第三层施工。当3楼砖墙未砌完，屋面砖薄壳尚未开始砌筑，横墙也未砌筑时，在底层内纵墙上发现裂缝若干条，始于横梁支座处，并略呈垂直向下，长达2m多。事故调查时发现该工程为套用标准图，但降低了原砌筑砂浆的强度等级，还取消了原设计的梁垫，由此造成了砌体局部承载力局部下降了60%，此外砌筑质量低劣，这些是造成这起事故的原因。

问题：

(1) 一般砌体结构裂缝产生的原因有哪些？试分析该案例中裂缝产生的原因是什么？

(2) 案例中所提裂缝应怎样处理？

(3) 该工程中采用的“三一”砌砖法和挤浆法是砌体工程中最常用的施工方法，试述其施工特点。

(4) 砌体工程中常见质量通病除案例中提到的墙体裂缝外还有哪些？

解答：

(1) 一般砌体裂缝主要由以下3种原因引起：①地基的不均匀下沉；②温度变化；③施工不当。该案例中裂缝产生主要是温度的变化和施工不当造成的。

(2) 出现案例中产生的裂缝后，应暂缓施工上层的楼层及屋面。经观察与分析，裂缝能够造成建筑物倒塌的，应采取临时支撑等应急措施；不致造成建筑物倒塌的，不用采取应急措施，但必须进行加固处理。处理方法是用混凝土扩大原基础，然后紧贴原砖墙增砌扶壁柱，并在柱上现浇混凝土梁垫，经加固处理后再继续下一步的施工。

(3) “三一”砌砖法即是一块砖、一铲灰、一揉压并随手将挤出的砂浆刮去的砌筑方法。挤浆法是用灰勺、大铲或铺灰器在墙顶上铺一段砂浆，然后双手拿砖或单手拿砖，用砖挤入砂浆中一定厚度之后把砖放平，达到下齐边、上齐线、横平竖直的要求。

(4) 砌体结构中主要的质量通病除裂缝外还有：①砂浆强度偏低、不稳定；②砌体砂浆和易性差，沉底结硬；③砌体组砌方法错误；④墙面灰缝不平直，游丁走缝，墙面凹凸不平；⑤墙体留槎错误；⑥拉结钢筋被遗漏；⑦墙面渗水；⑧层高超高。

案例二十三

某施工单位承建了天津市某医院门诊楼工程。工程为钢筋混凝土框架结构，当年9月

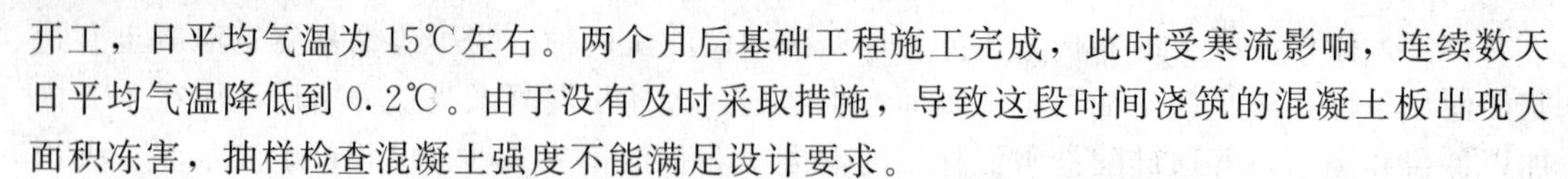

开工，日平均气温为15℃左右。两个月后基础工程施工完成，此时受寒流影响，连续数天日平均气温降低到0.2℃。由于没有及时采取措施，导致这段时间浇筑的混凝土板出现大面积冻害，抽样检查混凝土强度不能满足设计要求。

问题：

（1）什么气温条件下应对混凝土施工采取特殊措施，防止冻害？

（2）此类工程中配制混凝土时，对材料和材料加热的要求有哪些？

（3）上述工程中，当气温降低到0.2℃后，应对混凝土的搅拌、运输和浇筑采取哪些特殊措施？

解答：

（1）当日平均气温降到5℃或5℃以下，或者最低气温降到0℃或0℃以下时，混凝土工程必须采用特殊的技术措施进行施工。

（2）要求为：①该例中配制混凝土用的水泥，应优先选用活性高、水化热量大的硅酸盐水泥和普通硅酸盐水泥，不宜用火山灰质硅酸盐水泥和粉煤灰硅酸盐水泥。水泥的强度等级不应低于42.5级，最小水泥用量不宜少于300kg/m³。水灰比不应大于0.6。水泥不得直接加热，使用前1～2d运入暖棚存放，暖棚温度宜在5℃以上。因为水的比热是砂、石骨料的5倍左右，所以拌制混凝土时应优先采用加热水的方法，但加热温度不得超过有关规定；②骨料要求提前清洗和贮备，做到骨料清洁，无冻块和冰雪。骨料所用贮备场地应选择地势较高不积水的地方。该例中拌制混凝土的砂、石温度要符合热工计算需要的温度。不得用火焰直接加热骨料，加热的方法可因地制宜，但以蒸气加热法为好；③原材料不论用何种方法加热，在设计加热设备时，必须先求出每天的最大用料量和要求达到的温度，根据原材料的初温和比热，求出需要的总热量，同时要考虑加热过程中热量的损失；④钢筋冷拉可在负温下进行，但温度不宜低于－20℃。如采用控制应力方法时，冷拉控制应力较常温下提高30N/mm²，采用冷拉率控制方法时，冷拉率与常温相同。钢筋的焊接宜在室内进行，如必须在室外焊接，其最低气温不低于－20℃，且应有防雪和防风措施。刚焊接的接头严禁立即碰到冰雪，避免造成冷脆现象。

（3）采取的措施：①混凝土不宜露天搅拌，应尽量搭设暖棚，优先选用大容量的搅拌机，以减少混凝土的热量损失。搅拌前，用热水或蒸汽冲洗搅拌机。混凝土的拌和时间比常温规定时间延长50%。由于水泥和80℃左右的水拌和会发生骤凝现象，所以材料投放时应先将水和砂石投入拌和，然后加入水泥。若能保证热水不和水泥直接接触，水可以加热到100℃；②混凝土的运输时间和距离应保证不离析、不丧失塑性。采取的措施主要为减少运输时间和距离，使用大容积的运输工具并加以适当保温；③混凝土在浇筑前应清除模板和钢筋上的冰雪和污垢，尽量加快混凝土的浇筑速度，防止热量散失过多。混凝土拌合物的出机温度不宜低于10℃，入模温度不得低于5℃。采用加热养护时，混凝土养护前的温度不低于2℃；④在施工操作上要加强混凝土的振捣，尽可能提高混凝土的密实度。冬期振捣混凝土要采用机械振捣，振捣时间应比常温时有所增加；⑤加热养护整体式结构时，施工缝的位置应设置在温度应力较小处；⑥为了保证新浇筑混凝土与钢筋的可靠黏结，当气温在－15℃以下时，直径大于25mm，的钢筋和预埋件，可喷热风加热至5℃，并清除钢筋上的污土和锈渣；⑦冬期不得在强冻胀性地基上浇筑混凝土。在弱冻胀性地基上浇筑时，地基上应进行保温，以免遭冻。

案例二十四

工人王某在搬运完建筑门窗后，准备离开施工现场回家，由于楼内光线不足，在行走途中，不小心踏上了通风口盖板上(通风口为1.2m×1.4m，盖板为1.5m×1.5m，厚1mm的镀锌铁皮)，铁皮在王某的踩踏作用下，迅速变形塌落，王某随塌落的盖板掉到地下室地面(落差15.35m)，经抢救无效于当日死亡。

问题：

(1) 这是由什么防护不到位所引起的伤亡事故，何谓“三宝”、“四口”?

(2) “临边”指哪些部位?

(3) 建立安全管理体系有哪些要求?

(4) 关于安全生产管理，做如下选择。

① 建筑工程安全生产管理必须坚持“安全第一、预防为主”的方针，建立健全安全生产的(　　)和群防控制制度。

A. 责任制度　　B. 领导制度　　C. 管理制度　　D. 监督制度

② 项目经理对工程项目生产经营过程中的安全生产负(　　)。

A. 直接领导责任　　B. 间接领导责任　　C. 全面领导责任　　D. 主要领导责任

③ 建筑安全生产监督管理，应当根据(　　)的原则，贯彻预防为主的方针，依靠科学管理和技术进步，推动建筑安全生产工作的开展，控制人身伤亡事故的发生。

A. 安全第一　　B. 以人为本　　C. 管生产必须管安全　　D. 上岗培训

(5) 为减少安全事故的发生，施工单位应严格遵守安全纪律，安全生产的六大纪律是什么?

解答：

(1) 三宝是安全帽、安全带、安全网；四口是楼梯口、电梯井口、预留洞口、通道口。

(2) 临边通常指尚未安装栏杆或栏板的阳台周边，无外脚手架防护的楼面与屋面周边，分层施工的楼梯与楼梯段边、井架、施工电梯或外脚手架等通向建筑物的通道的两侧边，框架结构建筑的楼层周边、斜道两侧边、卸料平台外侧边、雨篷与挑檐边、水箱与水塔周边等。

(3) 建立安全管理体系的要求有：管理职责；安全管理体系；采购控制；分包单位控制；施工过程控制；安全检查、检验和标识；事故隐患控制；纠正和预防措施；安全教育和培训；内部审核；安全记录。

(4) ①A　②C　③C

(5) 安全生产六大纪律是：①进入现场必须戴好安全帽，扣好帽带，并正确使用个人劳动防护用品；②2m以上的高处、悬空作业，无安全设施的，必须戴好安全带，扣好保险钩；③高处作业时，不准往下或向上乱抛材料和工具等物件；④各种电动机械设备必须有可靠有效的安全接地和防雷装置，方能开动使用；⑤不懂电气和机械的人员，严禁使用和玩弄机电设备；⑥吊装区域非操作人员严禁入内，吊装机械设备必须完好，把杆垂直下方不准站人。

案例二十五

某金融大厦地下室底板的长度为133.9m，宽度为90m，其投影面积为12051m^2，整个底板坑口有7个，深浅不一，主楼筏基－14.26m，柱基坑－13.96m，车库底板－13.76m。由于地下水过高，在施工前，需要人工降低地下水。直至竣工之期，此过程没有发生重大伤亡事故，因为施工单位负责人非常重视安全问题，一直强调安全管理的目标，受到有关方面的好评。

问题：

(1) 人工降低地下水的方法有哪些？

(2) 本建筑在施工过程中必须进行测量，其目的是什么？

(3) 如果你是本施工单位的负责人，其安全管理的目标是什么？

解答：

(1) 主要方法有：轻型井点；喷射井点；电渗井点；管井井点；深井井点。

(2) 把设计图纸中规划设计的建筑物的平面位置和高程，按设计要求，使用测量仪器以一定的方法和精度测设到地面上，并设置标志作为施工的依据，在施工过程中还应进行一系列的测试工作以衔接和指导各工序间的施工。

(3) 伤亡事故控制目标：杜绝死亡，避免重伤，一般事故应有控制指标。

安全达标目标：根据工程特点，按部位制订安全达标的具体目标。

文明施工实现目标：根据作业条件的要求，制订文明施工的具体方案和实现文明工地的目标。

案例二十六

某办公楼工程地下为3层混凝土结构，片筏基础，地面以上为11层，北部裙房为钢结构，总建筑面积80万m^2，建筑高度48.7m，其中地下室每层面积均为1.5万m^2左右，3层总建筑面积为4.5万m^2。在此建筑物施工规划时，有人提出施工规划中不包括环境保护内容及方法，并未重视；而在竣工验收时，其主要功能项目的抽查结果均符合相关专业质量验收规范之规定，但在竣工1年后，建筑的给排水管道出现问题。

问题：

(1) 该案例中，其对施工规划中施工方案的认识正确吗？并简述在施工规划中施工方案所含的内容。

(2) 结合该案例，除其所提到的验收内容，还有哪些单位工程质量验收的内容？

(3) 对此建筑物而言，此刻是否处于保修期限内？为什么？

解答：

(1) 不正确。其包括施工程序和施工顺序、施工段划分、施工方法和施工机械选择、职业健康安全与环境管理计划、施工进度计划、质量计划、资源需要量计划、成本计划等内容。

(2) ①单位工程所含分部工程的质量均应验收合格；②质量控制资料应完整；③单位工程所含分部工程有关安全和功能的检测资料应完整；④主要功能项目的抽查结果应符合相关专业质量验收规范之规定；⑤观感质量验收应符合要求。

(3) 若在正常使用条件下，属于保修期限内，因为按《建筑工程质量管理条例》规定，正常的电气管线、给排水管道、设备安装的保修期为两年。

案例二十七

某4层砖混结构办公楼，占地面积2 000m^2，总建筑面积3 200m^2。施工中采用现砌砖墙、现浇混凝土梁、混凝土预制板构件。施工中主要用水量是：混凝土和水泥砂浆搅拌用水、消防用水、现场生活用水。日最大砌砖量为60m^2，现场使用了10辆拖拉机、高峰施工人数为150人，现场不设生活区(砌砖用水定额取250L/m^3，拖拉机用水取300L/m^3，施工现场生活用水定额取60L/人·班，每天取两个工作班)。

问题：

(1) 试对本案例进行用水量计算。

(2) 施工单位在现场选择水源时应注意哪些因素?

(3) 如需要计算工地现场用电量，应考虑哪些因素?

解答：

(1) 施工用水量，按日最大砌砖量计算，其中K_1取1.05，K_2取1.5，N_1取250L/m^3，计算得：

$$q_1=1.05\times250\times60\times1.5/(8\times3\ 600)=0.82(L/s)$$

施工机械用水，其中K_1取1.05，K_3取1.5，N_2取300L/m^{3}计算得：

$$q_2=1.05\times300\times10\times1.5/(8\times3\ 600)=0.16(L/s)$$

施工现场生活用水量，计算得：

$$q_3=150\times60\times1.5/\ (8\times2\times3\ 600)\ =0.23(L/s)$$

现场不设生活区，不计算q_4消防用水量计算，本施工现场面积远小于25ha，q_5取10(L/s)则：

$$q_1+q_2+q_3=1.21<10(L/s)$$

总用水量计算，因工地面积小于5 000m^2，得：

$$Q=q_5=10(L/s)$$

(2) 选择水源时应注意：①水量充沛、可靠，能满足整个工程建设项目施工用水需要；②生产用水的水质，特别是生活饮用水的水质，应当符合国家有关标准的规定；③所设置的取水、输水设施，一定要安全、可靠、经济；④选择的水源，要考虑施工、运转、管理和维护的方便；⑤施工用水应与农业、水利综合利用。

(3) 施工现场用电量，可分为动力用电量和照明用电量两类。在计算用电量时，应考虑到：全工地使用的电力机械设备、工具和照明的用电功率；施工总进度计划设计中，施工高峰期间的用电数量；各种电力机械的利用情况等。

案例二十八

某市拟建一个群体工程，其占地东西长400m，南北宽200m。其中，有一栋高层宿舍，是结构为25层大模板全现浇钢筋混凝土塔楼结构，使用两台塔式起重机。设环行道路，沿路布置临时用水和临时用电，不设生活区，不设搅拌站，不熬制沥青。

问题：

(1) 施工平面图的设计原则是什么？

(2) 进行塔楼施工平面图设计时，以上设施布置的先后顺序是什么？

(3) 如果布置供水，需要考虑哪些用水？如果按消防用水的低限(10L/s)作为总用水量，流速为1.5m/s，管径选多大？

(4) 布置道路的宽度应如何决策？

(5) 起码要设置几个消火栓？消火栓与路边距离应是多少？

(6) 按现场的环境保护要求，晚10点至晨6时，对噪声施工有哪些限制？

(7) 电线、电缆穿路的要求有哪些？

解答：

(1) 原则：少占地；少二次搬运；少临建；利于生产和生活；保证安全；依据充分。

(2) 这是一个单位工程的施工平面图，应按下列顺序布置：确定起重机的位置⟶定材料和构件堆场⟶布置道路⟶布置水电管线。

(3) 用水种类：施工用水，机械用水、现场生活用水；消防用水。

消防用水低限为10L/s，管径计算如下：

$\sqrt{4}Q/\pi\times v\times 1\,000=\sqrt{4}\times 10/3.14\times 1.5\times 1\,000=0.092\text{m}=92\text{mm}$

所以，选100mm管径。

(4) 布置道路宽度如下：单行道3～3.5m；双车道5.5～6.0m；木材场两侧有6m宽通道，道路端头设12m×12m回车场。

(5) 按120m间距计算，如果沿路设消火栓，按周长400×2+200×2－4×30=1 080(m)计，设消火栓数量为：1 080÷120=9(个)。消火栓离路边应不大于2m。

(6) 晚10时至晨6时，不进行混凝土浇筑和产生强噪声作业；渣土、垃圾外运；按要求办理停电、停水、封路手续。

(7) 电线、电缆穿路的要求：电线穿路用直径51～76mm的钢管，电缆穿路用直径102mm钢管，埋入地下不小于60cm处。

案例二十九

某实施监理的工程项目监理工程师对施工单位报送的施工组织设计审核时发现两个问题：一是施工单位为方便施工，将设备管道竖井的位置作了移位处理；二是工程的有关试验主要安排在施工单位试验室进行。总监理工程师分析后认为，管道竖井移位方案不会影响工程使用功能和结构安全，因此，签认了该施工组织设计报审表并送达建设单位；同时指示专业监理工程师对施工单位试验室资质等级及其试验范围等进行考核。项目监理过程中有如下事件。

事件一：在建设单位主持召开的第一次工地会议上，建设单位介绍工程开工准备工作基本完成，施工许可证正在办理，要求会后就组织开工。总监理工程师认为施工许可证未办理好之前，不宜开工。对此，建设单位代表很不满意，会后建设单位起草了会议纪要，纪要中明确边施工边办理施工许可证，并将此会议纪要送发监理单位、施工单位，要求遵照执行。

事件二：设备安装施工要求安装人员有安装资格证书。专业监理工程师检查时发现施工单位安装人员与资格报审名单中的人员不完全相符，其中5名安装人员无安装资格证书，他们已参加并完成了该工程的一项设备安装工作。

事件三：设备调试时，总监理工程师发现施工单位未按技术规程要求进行调试，存在较大的质量和安全隐患，立即签发了工程暂停令，并要求施工单位整改。施工单位用了两天时间整改后被指令复工。对此次停工，施工单位向总监理工程师提交了费用索赔和工程延期的申请，强调设备调试为关键工作，停工两天导致窝工，建设单位应给予工期顺延和费用补偿，理由是虽然施工单位未按技术规程调试但并未出现质量和安全事故，停工两天是监理单位要求的，但监理工程师没有批准。

问题：

(1) 总监理工程师应如何组织审批施工组织设计？总监理工程师对施工单位报送的施工组织设计内容的审批处理是否妥当？说明理由。

(2) 专业监理工程师对施工单位试验室除考核资质等级及其试验范围外，还应考核哪些内容？

(3) 事件一中建设单位在第一次工地会议的做法有哪些不妥？写出正确的做法。

(4) 监理单位应如何处理事件二？

(5) 在事件三中，总监理工程师的做法是否妥当？施工单位的费用索赔和工程延期要求是否应批准？试说明理由。

解答：

(1) 总监理工程师组织审批施工组织设计的方法如下所述。

总监理工程师在约定的时间内，组织专业监理工程师对承包商提交的施工组织设计进行审查，提出意见后，由总监理工程师审核签认。

总监理工程师对施工单位报送的施工组织设计内容的审批处理不妥当。

理由：施工单位将设备管道竖井的位置作了移位处理，涉及的是设计变更，应征得建设单位同意并办理书面变更手续，凡涉及施工图审查内容的设计变更还必须报请原审查机构审查后再批准实施。

(2) 专业监理工程师对施工单位实验室除考核资质等级及其试验范围外，还应考核的内容有以下几点。

① 试验设备、检测仪器能否满足工作质量检查要求，是否处于良好的可用状态；

② 精度是否符合需要；

③ 法定计量部门标定资料、合格证、率定表是否在标定的有效期限；

④ 试验室管理制度是否齐全、符合实际；

⑤ 试验、检测人员的上岗资质是否符合要求。

(3) 第一次工地会议的做法中不妥之处如下。

① 开工准备工作基本完成，施工许可证正在办理，要求会后就组织开工。

正确做法是：开工准备工作全部完成，施工许可证办理完毕后，才可以开工。

② 会后建设单位起草了会议纪要。

正确做法是：会议纪要由项目监理机构负责起草。

③ 将会议纪要送发监理单位、施工单位。

正确做法是：会议纪要由与会各方代表会签。

(4) 监理单位对事件二的处理：监理工程师下达停工令，并责令施工企业将5名无安装资格证书的安装人员撤出施工现场，并对已完成的设备安装工程进行检验，责令施工企业进行整改。

(5) 总监理工程师的做法是妥当的。

施工单位的费用索赔和工程延期不应该被批准。

理由：该质量和安全隐患是由施工单位未按技术规程的要求进行调试，虽然是关键工作，但也不应该批准工期顺延，费用由施工单位承担。

案例三十

某29层写字楼工程建设项目，其初步设计已经完成，建设用地和筹资也已落实，某300人的建筑工程公司，凭借150名工程技术人员，10名国家一级资质的项目经理的雄厚实力，以及近5年来的优秀业绩，与另一个一级企业联合，通过竞标取得了该项目的总承包任务，并签订了工程承包合同，开工前，承包单位作了详细的施工实施规划，内容如下所述。

(1) 工程概况，包括工程地点、建设地点及环境特征、施工条件、项目管理特点及总体要求、施工项目的目录清单。

(2) 施工部署，包括项目的质量、安全、进度成本目标；拟投入的最高人数和平均人数、分包计划、劳动力使用计划、材料供应计划、机械设备供应计划；施工程序；项目管理总体安排。

(3) 施工项目组织构架，包括对专业性施工任务的组织方案(如怎样进行分包，材料和设备的供应方式等)、项目经理部的人选方案。

(4) 施工进度计划：施工进度计划说明、施工进度计划图(表)、施工进度管理规划。

(5) 劳动力供应计划，包括管理人员、技术工人、特种岗位人员、安全员等。

(6) 施工准备工作计划，包括施工准备工作组织和时间安排、技术准备和编制质量计划、施工现场准备、作业队伍和管理人员准备、物资准备、资金准备。

(7) 施工平面图，包括施工平面图说明、施工平面图、施工平面图管理规划。

(8) 技术组织措施计划，包括保证进度目标的措施、保证质量和安全目标的措施、保证成本目标的措施、保证季节施工的措施、保护环境的措施、文明施工措施。

(9) 文明施工及环境保护规划，包括文明施工和环境保护特点、组织体系、内容及其技术组织措施。

(10) 项目通信管理，包括信息流通系统、信息中心的建立规划、项目管理软件的选择与使用规划、信息管理实施规划。

(11) 技术经济指标分析，包括规划指标、规划指标水平高低的分析和评价、实施难点的对策。规划指标包括总工期、质量标准、成本指标、资源消耗指标、其他指标(如机械化水平等)。

问题：

(1) 该项目由该企业承包是否可行？为什么？

(2) 施工企业的项目实施规划有无不妥？为什么？

(3) 如果指定某项目经理负责该工程项目的建设，项目经理责任制的内容包括哪些？

解答：

(1) 该项目的承包不可行，因为该企业资质不符合规定。

根据规定，29～40层的高层建筑应该有一级企业承包。一级企业的标准有以下几点。

① 企业近5年承担过下列6项中的4项以上工程的施工总承包或主体工程承包，工程质量合格。具体包括：①25层以上的房屋建筑工程；②高度100m以上的构筑物或建筑物；③单体建筑面积30 000m^2以上的房屋建筑工程；④单跨跨度30m以上的房屋建筑工程；⑤建筑面积100 000m^2以上的住宅小区或建筑群体；⑥单项建安合同额1亿元以上的房屋建筑工程。

② 企业经理具有10年以上从事工程管理工作经历或具有高级职称；总工程师具有10年以上从事建筑技术管理工作经历并具有本专业高级职称；总会计师具有高级会计职称；总经济师具有高级职称。

③ 企业有职称的工程技术和经济管理人员不少于300人，其工程技术人员不少于200人；工程技术人员中具有高级职称的人员不少于10人，具有中级职称的人员不少于60人，企业具有的一级资质项目经理不少于12人。

④ 注册资本金5 000万元以上；企业净资产6 000万元以上；企业近3年最高年工程结算收入2亿元以上；企业具有与承包工程范围相适应的施工机械和质量检测设备。可见，该企业150名工程技术人员不足200名，10名一级资质项目经理不满足12名的要求。该企业属于二级企业，即使与另一个一级企业联合，也应该按照二级企业的标准承接任务。

(2) 施工企业的项目实施规划内容不完整。缺少项目如下所述。

① 施工方案，包括施工流水和施工顺序、施工段划分、施工方法和施工机械选择、安全施工设计、环境保护内容及方法。

② 资源供应计划，包括：劳动力需求计划；主要材料和周转材料需求计划；机械设备需求计划；预制品订货和需求计划；大型工具、器具需求计划。

③ 项目风险管理，包括风险因素识别一览表、风险可能出现的概率及损失值估计、风险管理重点、风险防范对策、风险管理责任。

多余项目如下所述。

① 施工项目组织构架，包括对专业性施工任务的组织方案(如怎样进行分包，材料和设备的供应方式等)、项目经理部的人选方案。

② 文明施工及环境保护规划，包括文明施工和环境保护特点、组织体系、内容及其技术组织措施。

(3) 项目经理责任制的内容，包括：企业各层之间的关系；项目经理的地位和素质要求；项目经理目标责任书的制订和实施；项目经理的责、权、利；项目管理的目标责任体系；有项目经理的目标责任制、项目经理部内部各职能部门的目标责任制、项目经理部各成员的目标责任制；可建立以施工项目为对象的三种类型目标责任制；项目的目标责任制，子项目的目标责任制，班组的目标责任制。

说明：以上案例解答仅供参考。

本章小结

本章通过对施工现场案例分析，从分项的施工计划、分部分项工程的施工方案到单位工程的施工组织设计、施工组织总设计，全方位介绍了施工组织设计编制的内容、方法和手段，拓宽了专业知识视野，为科学解决施工中的实际问题提供了参考。

单位工程施工组织设计实例

本工程施工组织设计，主要依据目前国家对建设工程质量、工期、安全生产、文明施工、降低噪声、保护环境等一系列的具体要求，依照《中华人民共和国建筑法》、《建设工程质量管理条例》、《2002版国家现行建筑工程施工质量验收规范》、《上海市高速公路电子不停车收费管理用房新建工程施工招标文件》以及根据政府建设行政主管部门制定的现行工程等有关配套文件，结合本工程实际，进行了全面而细致的编制。

第1章　工程概况

1.1　工程描述

1.1.1　项目概况

本工程为高速公路联网电子不停车收费管理用房，位于嘉定区华江路230弄66号(现高速公路管理署所在地)，本工程为二层建筑，总建筑面积约1998.5m²，其中一层建筑面积约1091.5m²，主要包括综合监控室、大屏监控室、呼叫中心、数据分析室等，二层建筑面积907m²，主要包括应急处理厅、空调机房、计算机房、系统维护室等。总建筑高度约10.35m，层高4.5m。上部为混凝土框架结构，基础形式采用承台桩基础。

1.1.2　结构概况

1. 外墙与内隔墙

±0.000以下填充墙：墙体采用混凝土小型空心砌块Mu10，水泥砂浆(商品)M10砌筑，并采用C20混凝土灌孔，要求填充墙容重不超过24kN/m³。

±0.000 以上填充墙：内墙采用加气混凝土砌块 A5，混合砂浆(商品)M5 砌筑，要求填充墙容重不超过 7.5kN/m^3，外墙采用封底混凝土小型砌块 Mu7.5，水泥砂浆(商品)M5 砌筑，并采用 C20 混凝土灌孔，要求填充墙容重不超过 14kN/m^3。

2. 防水处理

凡潮湿房间(男厕、女厕、无障碍厕所、开水间等)隔墙底部为 150 高素混凝土，地面采用 15 厚聚氨酯防水涂膜二度，须翻至墙体 100 高。

3. 屋面构造

屋面防水等级为Ⅱ级。屋面构造包括：屋面板；界面剂一道；加气混凝土或陶粒混凝土找坡 3%(最薄处≥40mm)；20mm 厚 1:2.5 水泥砂浆找平；合成高分子涂膜；合成高分子卷材 APP(≥1.2mm)；30mm 厚挤塑聚苯板；土工布；40mm 厚 C20 细石混凝土(Φ4@200 双向)。

1.1.3 周边环境与施工条件

周边环境与施工条件能满足施工的要求。

1.2 施工准备工作计划

施工准备工作计划见附表 1-1。

附表 1-1 施工准备工作计划

序号	项目	工作内容	负责单位及人员	涉及单位	完成日期
1	现场准备				
1.1		施工现场围护砌筑及临时道路修筑	施工单位	建设单位	
1.2		施工现场临时设施搭设	施工单位		
1.3		定位抄平放线	施工单位	监理公司	
1.4		大型机具进场	施工单位		
1.5		各种工器具进场	施工单位		
1.6		组织劳动力进场	施工单位		
2	技术准备				
2.1		组织施工图纸会审	建设单位	设计单位 施工单位	
2.2		绘制现场施工平面图	施工单位		
2.3		编制单位工程施工组织设计	施工单位		
2.4		提出各种材料用量计划	施工单位		
2.5		提出各种构、配件加工计划	施工单位		
2.6		编制施工图预算	施工单位		

续表

序号	项目	工作内容	负责单位及人员	涉及单位	完成日期
3	物资准备				
3.1		筹措建设资金	建设单位	施工单位	
3.2		组织材料进场	施工单位		
4	人员准备	项目班子	施工单位		
		施工班组			
5	季节性准备	收尾工作、验收工作	施工、监理、设计、建设单位		

第 2 章　施工部署

2.1　工程目标

（1）工期目标：工程暂定于 2009 年 8 月 10 日开工，2010 年 1 月 13 日竣工。

（2）质量目标：一次性通过验收率 100％，上海市优质工程。

（3）安全生产目标：无重大伤亡事故，轻伤频率控制在 1‰以内。

（4）文明施工目标：创上海市标化工地、市文明工地。

2.2　总体施工组织安排

组织安排如附图 2.1 所示。

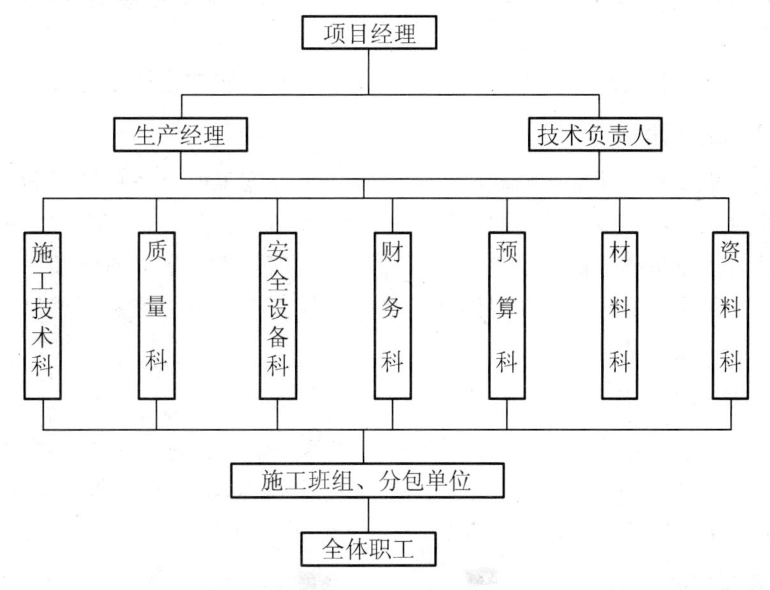

附图 2.1　项目经理部组织机构图

第3章 主要分部分项施工方案

3.1 施工测量

3.1.1 成立测量小组并责任到人

3.1.2 高程引测与定位

以甲方提供的标准红线桩(坐标与高程联带)为依据，通过测算利用直角坐标法确定纵、横方向轴线控制桩，经闭合无误后，用混凝土浇筑桩身加以保护，并标明网点及轴线号。两个金属桩埋设深度为800mm，并做好围护，做为高程控制水准点，高程引测后标明高程并做好记录。

为了确保工程质量达到标准，仪器使用前，应经法定检测部门检测合格后方可使用。

3.1.3 建筑物轴线的平面控制

为使建筑物定位放线时轴线测量准确，在放线前，先将现场杂物及障碍物铲除干净，达到通视的程度，再将放线路径的标高测量出来，计算出高差，以备纠正由于场地的高差而产生的测量误差。

建立平面控制轴线网。

测量仪器、工具在测量前必须经专业部门检验校正，测量使用的钢尺选用50m长的塑钢钢尺，以减小测量误差和导尺次数。

(1) 依据给定的建筑红线与建筑物的轴线位置关系，建立轴线平面控制网。

(2) 建筑物设两道主控制轴：横向四道，纵向一道。放线时，选用钢尺能一次测量到位的，以两个区段的轴线点作为主控轴，以便减小由于导尺和移动仪器所产生的测量误差。

(3) 主控轴确定后，确定6道辅助控制轴，以便精确控制建筑物的轴线位置。

3.1.4 基础放线措施

(1) 轴线：考虑土方开挖对控制网点的影响，土方施工前，将控制网标志桩延伸到施工影响区以外的地方，妥善保护，确保标志桩不被破坏。土方开挖完成后，利用标志桩将控制轴线投射到基础基底，根据控制线测设出独立基础及条形基础的位置。

(2) 标高：利用给定的标高控制网点，将基础标高控制点引测到基槽侧壁上，高出基底0.5～1m，用来控制基础标高。

3.1.5 主体放线措施

主体测量采用激光经纬仪“天顶法”，将主楼辅助轴线点逐层投射，再进行各楼层的测量放线，主楼施工至±0.000标高时，将控制轴线点埋设到楼板上(预埋150mm×150mm钢板)，以上各楼层相对应预留200mm×200mm洞口。

3.1.6 垂直度的控制

利用激光经纬仪采取“铅垂法”进行垂直度控制。

3.1.7　标高的控制

（1）安水准仪。

（2）确定楼（地）面一个＋50cm点，在楼板上应按设计要求加上楼面层设计厚度。

（3）根据已定的＋50cm点，用水准仪确定塔尺的读数。注意塔尺底部要与＋50cm点对平。

（4）塔尺的读数或标记，用水准仪测出每间屋内转角处的＋50cm点。

（5）根据塔尺的读数或标记，在每层确定固定轴线的部位，引测到外墙上作好标记，记上标高，用来控制层高和总高。

（6）用墨线连接所有的＋50cm点，于是本层的＋50cm水平线就测量完了。

3.1.8　轴线的控制

（1）基础工程放线：根据永久性坐标桩，投测基槽挖土和混凝土垫层面，控制轴线。

（2）标高控制：基础施工阶段在基坑内设置固定标高控制点，以控制基础各施工过程标高。

（3）主体施工时，每一层楼面标高要引出，用50m钢卷尺15m拉力器，从楼层固定标高标准点到各楼层柱钢筋上，均设水准控制点。

3.1.9　沉降观测周期的确定

建筑物建成后会引起基础及其四周的地层产生变形，这种变形在一定范围内是正常的，但超过一定的限度，不仅会影响建筑物正常使用，严重时还会危及生命。

为了建筑物的安全使用，对其进行变形观测是一项不容忽视的工作。在实际工作中，我公司按照《建筑变形测量规程》（JGJ/T 8—97），对建筑物进行有效监测，及时、准确地反映出沉降规律。

根据荷载的变动，可将观测周期分为三个阶段。

第一阶段：从开始施工到满负荷载。此阶段的观测周期视施工进度而定，一般约为10天至一个月左右。

第二阶段：从满荷载至沉降速度变化趋向稳定。此阶段观测周期，在施工过程中每完成一层主体，作一次沉降观测，不得超过3个月复测一次。

第三阶段：自沉降速度稳定到基本停止沉降（0.01mm/d），其观测周期为开始为半年或一年一次，以后可2～3年一次。

为了保证观测精确度，按规定埋设永久性观测点，采取“三固定措施”，即仪器固定、主要观测人员固定、观测的线路固定。竣工后，并认真分析汇总沉降观测结果做好记录，交工时并入竣工资料交建设单位存档。

3.2　基础工程

3.2.1　基础工程施工顺序

定位放线→机械挖土→人工清土→桩检测、桩头处理→混凝土垫层→涂膜防水、保护层→地下系统工程穿插进行。

3.2.2 基坑降水

为了保证正常施工，故应采取明沟降水。

3.2.3 土方工程

本工程采用机械挖土人工平整。挖出的土方外运，预留回填需用的好土，存于工地附近空地；多余土方，应一次运走，避免二次空运。

开挖过程中，随时注意边坡有无松动现象，设置足够照明措施，以保证施工安全。

挖土注意事项：①派专人指挥挖土；②派专人测量挖土深度，谨防挖土超深、超宽；③组织人员随时清除剩余未挖的土方，减少土方抬运；④随时检查降水水位情况，及时在基坑外设置1个ϕ500深度700的集水坑，及时排除明沟的雨水；⑤注意基坑边坡的土质情况遇有塌方及时采取措施；⑥基坑四周设置防护栏杆，夜间要设照明灯，预防人员坠落。

3.2.4 回填土

(1) 承台及基础梁施工完毕后及时回填，但应对已完的工程经有关部门进行隐蔽验收合格方可进行回填工作。

(2) 回填土前，应清除沟(槽)内的积水和有机杂物。

(3) 回填土料每层铺填厚度和压实要求：人工夯实每层铺土厚度不大于200mm，每层压实3～4遍，一夯压半夯，夯夯相连，夯高过膝，蛙式打夯机，每层铺土200～250mm，压实3～4遍。

④ 基坑(槽)回填在相对两侧或四周进行。

⑤ 回填土不准用腐植土、淤泥、冻土块回填，大块土必须打碎再回填。

3.3 主体结构工程

3.3.1 主要施工工序

主体部分每层施工顺序：放线→绑扎钢筋→支模→支现浇面模板→绑扎平板钢筋→现浇面浇混凝土→上一层工序循环。

3.3.2 钢筋工程

1. 审图把关、控制难点、把握重点

本工程框架梁、柱头钢筋较密，现场提前放样，与监理、设计洽商解决办法，还有梁柱节点、抗震结构的加强区箍筋的加密区都有难题。还要注意边跨柱头的钢筋构造要求等。

2. 钢筋进场验收和检验

进场钢筋表面或每捆(盘)钢筋必须有标识。进场钢筋由项目物资部组织验收。不合格钢筋坚决组织退场，并做好相关物资管理记录和重新进场计划。

1) 原材检验及复试

对进场钢筋必须认真检验，在保证设计规格及力学性能的情况下，钢筋外观必须清洁无损伤，不得带有颗粒状或片状铁锈裂纹结疤折叠油渍和漆污等，钢筋端头保证平直，无弯曲。

原材料试验报告单的分批按新规范要求必须正确，同炉号同牌号同规格同交货状态同冶炼方法的钢盘≤60t可作为一批；每批并按规定取样复试，复试合格的钢筋必须做好标识，注明合格复试报告单号，不合格的钢筋坚决阻止退场，并报请建立备案，做好相关记录及不合格钢筋的处理结果。

2）现场验收与储存

钢筋原材料试验报告单必须与出厂合格证明上填写的内容相对应。对经调直处理钢筋如箍筋等，应搭设棚架，集中码放，防雨淋锈蚀。其他钢筋应架空分规格码放，其架空高度不应小于10cm。钢筋码放场地应平整，有良好的排水措施。码放钢筋应做好标识，标识上应注明规格、产地、日期、使用部位等。

3. 钢筋加工

1）备料

钢筋在加工前应洁净、无损伤，油渍、漆污和铁锈等应在使用前清理干净。

钢筋代换应遵循规范要求并征得设计同意。

2）钢筋加工

为保证钢筋加工形状、尺寸准确，可制作钢筋加工的定型卡具控制钢筋尺寸，如梯子筋是控制钢筋间距和钢筋保护层的一种有效措施，其效果已经在很多工程实践中得到验证。但是，由于制作梯子筋工人的素质以及管理力度的不同，造成梯子筋的加工质量不同。因此，对钢筋保护层和钢筋间距的控制效果也不同。为了消除这些人为因素，可制作梯子筋的加工平台。通过梯子筋的加工平台定位梯子筋的横撑长度、模撑两端的长度和横撑的间距，并且在梯子筋一批加工完毕后，进行预检，保证梯子筋符合标准要求。

3）钢筋弯曲

Ⅰ级钢筋末端应做180°弯钩，圆弧弯曲D≥2.5d，平直部分长度≥3d；Ⅱ级弯曲D≥4d；弯起钢筋中间部位弯折处的直径D≤5d。

4）箍筋的加工

弯钩成135°，平直长度为10d。

5）钢筋加工的允许误差(见附表3-1)

附表3-1 钢筋加工的允许误差

项目	允许偏差/mm
受力钢筋顺长度向全长的净尺寸	±10
弯起钢筋的弯折位置	±20

4. 钢筋绑扎

1）钢筋绑扎前的准备

钢筋绑扎前要放线，顶板钢筋绑扎前在顶板上弹线、标柱钢筋型号及间距。

2）钢筋绑扎接头规定

钢筋绑扎接头规定见附表3-2。

附表 3-2 钢筋绑扎接头规定

部位	技术规定
搭接长度末端距弯折处	不小于直径 10 倍，接头不宜位于最大弯折处
受拉区	Ⅰ级钢筋末端应做成弯钩；Ⅱ级钢筋搭接长度符合附表 3-3 规定
受压区	Ⅰ级钢筋末端应做成弯钩；Ⅱ级钢筋搭接长度符合附表 3-3 规定
搭接处	应在中心和两端扎牢

附表 3-3 钢筋锚固长度和搭接长度的规定

锚固长度 La(受压 0.7La)			搭接长度 1.2La(受压 0.7×1.2La)	
	C25	≥C30	C25	≥C30
Ⅰ级	25d	20d	30d	24d
Ⅲ级	40d	36d	48d	42d

3）钢筋绑扎规定

钢筋绑扎规定见附表 3-4。

附表 3-4 钢筋绑扎规定

节点部位	技术规定
交叉点	均应采用铁丝扎车
梁、柱箍筋	应与受力筋垂直，弯钩叠合处应沿受力盘方向错开设置绑扎，箍筋要平直，开口对角错开，规格间距依据图纸，扎丝尾部朝柱、梁内侧，同时柱箍盘梁、柱箍筋伸入梁中不少于一个，梁两端箍筋距柱外筋的外皮 50mm；顶层梁筋锚固部分全长加设箍筋，柱子箍筋开口呈螺旋绑扎，墙体水平筋与柱子箍筋间距错开 20mm
柱箍筋	角部箍筋的弯钩平面与模板面形成的角度(矩形柱)应为 45°，多边形柱应成平分角，圆形则与圆切边垂直，中间筋钩平面与模板垂直，小型截面柱弯柱箍筋钩与模板夹角成 45°

4）柱钢筋绑扎

（1）柱筋按设计要求设置。在其底板上口增设一道限位箍，保证柱钢筋的定位。柱筋上口设置一钢筋定位卡，保证柱筋位置准确，如附图 3.1 所示。

（2）纵向受力钢筋混凝土保护层厚度为 25mm，且不小于受力钢筋直径。

（3）当柱每边钢筋不多于 3 根时，接头可在同一水平面上；每边钢筋为 4～8 根时，接头在两个水平截面上错开高度不少于 35d。

（4）当柱有变截面时，截面宽度之差与此处梁高 $b/a \leqslant 1/6$ 时，柱竖筋可弯折，否则柱筋要搭接绑扎，钢筋锚固长度为 40d。

（5）柱箍筋端头弯成 135°，平直长度不小于 10d(d 为箍筋直径)。

（6）柱上、下两端箍筋加密，加密区长度及箍筋的间距均应按设计要求绑扎。

（7）为了保证柱筋的保护层厚度，采用在柱主筋外侧卡上塑料卡，塑料卡的厚度为柱筋保护层厚度。

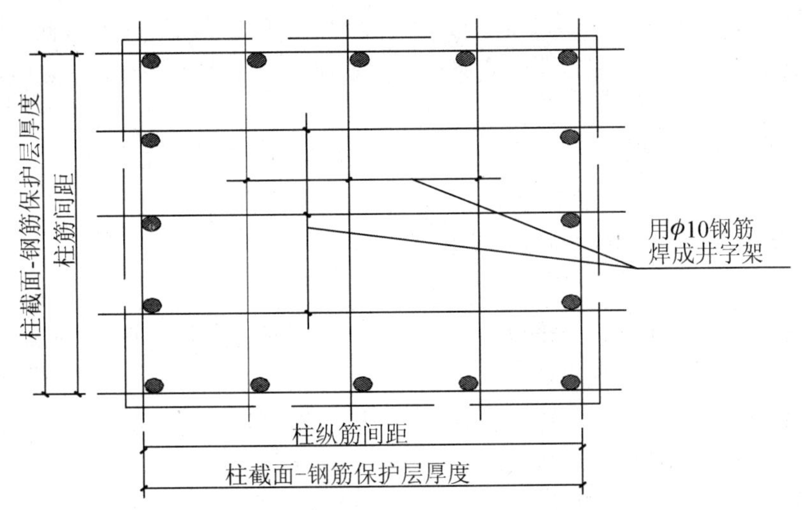

附图 3.1 柱筋定位卡

(8) 预埋盒的埋设如附图 3.2 所示。

工程结构中要预埋各种机电预埋管和线盒，埋设时为了防止位置偏移，预埋管和线盒用 4 根附加钢筋箍起来，再与主筋绑扎牢固。限位筋紧贴线盒，与主筋用粗铁丝绑扎，不允许点焊主筋，如附图 3.3 所示。

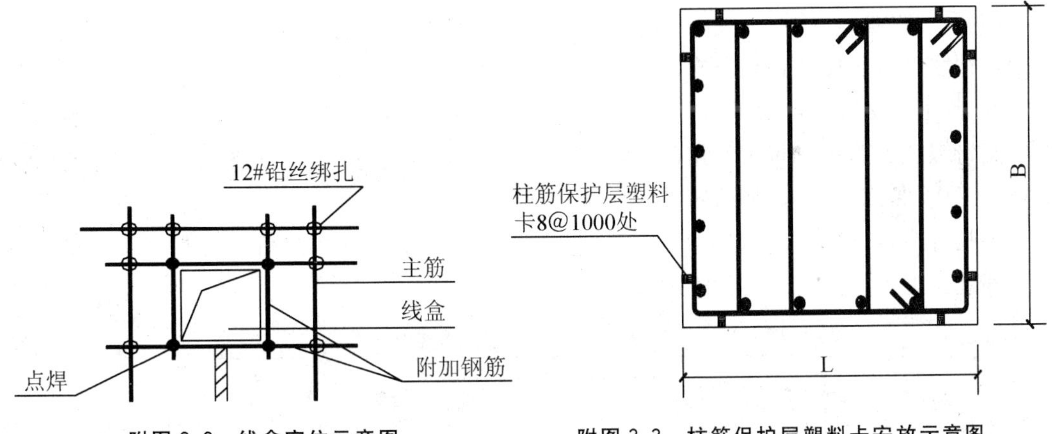

附图 3.2 线盒定位示意图

附图 3.3 柱筋保护层塑料卡安放示意图

5) 梁钢筋绑扎

(1) 施工流程图：支设梁底模板→布设主梁下、上部钢筋、架立筋→穿主梁箍筋并与主梁上下筋固定→穿次梁下、上部纵筋→穿次梁箍筋并与次梁上下筋固定→布设吊筋。

(2) 梁钢筋绑扎要求如下。

① 梁分为框架梁、框架连梁、次梁、悬挑梁，梁钢筋内设有箍筋、拉筋、附加箍筋、吊筋。梁的箍筋均为封闭箍，弯钩角度及弯折段直线长度按设计要求设置。

② 在主次梁或次梁间相交处，两侧按图纸要求设附加箍筋和吊筋。

③ 根据设计要求，次梁上下主筋置于主梁上下主筋之上；纵向框架梁的上部主筋置于横向框架梁上部主筋之上；当两者梁高相同时纵向框架连梁的下部主筋置于横向框架梁下部主筋之上；当梁与柱或墙侧平时，梁该侧主筋应置于柱或墙竖向纵筋之内，构造按设计说明。

④ 梁内纵向钢筋的接头位置：下部钢筋在支座内，上部钢筋在跨中 1/3 净跨范围内。

⑤ 在梁箍筋上加设塑料定位卡，保证梁钢筋保护层的厚度。

⑥ 梁箍筋按设计要求弯钩均为 135°。

6）楼板钢筋

(1) 工艺流程：清理模板→模板上画线→绑板下部受力钢筋→绑上层钢筋。

(2) 板钢筋绑扎有如下要求。

① 清扫模板杂物，模板上表面刷涂脱模剂后，放出轴线及上部结构定位边线。在模板上划好主筋，分布筋间距线，依线绑筋。

② 按弹出的间距线，先摆受力主筋，后放分布筋。预埋件、电线管、预留孔等及时配合安装。

③ 板端下部钢筋锚入梁支座长度≥15d 及 1/2 支座宽，上部钢筋锚入梁支座长度≥25d。楼板的上下部钢筋锚入抗震剪力墙内均≥25d。

④ 楼板短跨上部主筋应置于长跨上部主筋之上，短跨向下部主筋应置于长跨向下部主筋之下。

⑤ 板内的通长钢筋，其板底钢筋应在支座处搭接，板上部钢筋应在 1/3 范围的跨中搭接，钢筋搭接长度按设计要求。

⑥ 绑扎板钢筋时，用顺扣或八字扣，除外围两根钢筋的相交点全部绑扎外，其余各点可交错绑扎。为确保板负弯矩的钢筋的位置，在两层钢筋间加设马凳铁，马凳铁用 ϕ10 钢筋加工成“几”字形，如附图 3.4 所示。

绑扎时在负弯矩筋端部拉通长小白线就位绑扎，保证钢筋在同一条直线上，端部平齐，外观美观，间距均匀，如附图 3.4 所示。

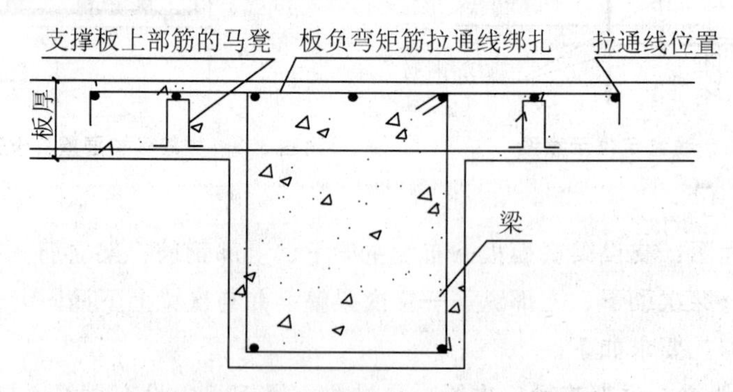

附图 3.4　板负弯矩筋拉通线绑扎示意图

⑦ 为了保证楼板钢筋保护层厚度，采用塑料卡横纵每间隔 1 000 设置一个固定在楼板最下部钢筋上。

7）楼梯钢筋

（1）施工工艺流程

铺设楼梯底模→画位置线→绑平台梁主筋→绑踏步板及平台板主筋→绑分布筋→绑踏步筋→安装踏步板侧模→验收→浇筑混凝土

（2）楼梯钢筋绑扎示意图如附图 3.5 所示。

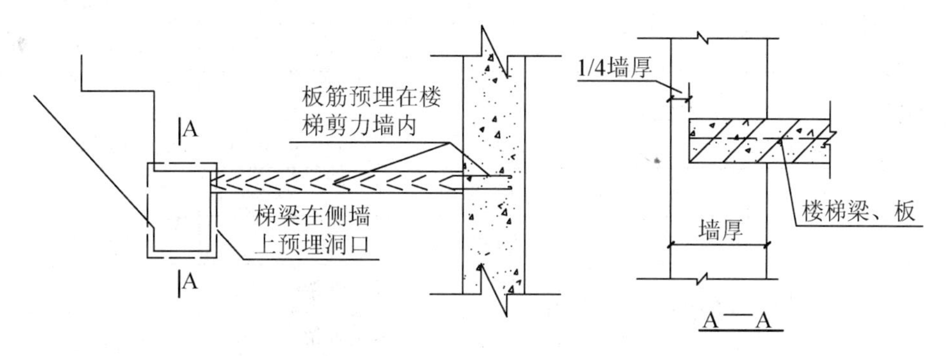

附图 3.5 楼梯钢筋绑扎示意图

① 在楼梯段底模上画主筋和分布筋的位置线。

② 绑扎楼梯钢筋时，先绑扎主筋后绑扎分布筋，每个交点均绑扎。

③ 当休息平台有梁时，在浇筑墙混凝土先在梁位置处预留梁豁，梯梁伸入墙内与梯板一同浇筑混凝土。梁豁深度为 3/4 墙厚，在楼梯剪力墙外侧留出 1/4 墙厚，确保梁钢筋满足锚固长度且混凝土不出现色差(见附图 3.5)。

④ 楼梯板钢筋锚固到墙、梁内长度为 $30d$(上筋)、$15d$(下筋)。

⑤ 楼梯板钢筋的混凝土保护层厚度为 15mm，为保证保护层厚度用塑料卡卡住板下铁。

8）钢筋施工质量控制

钢筋绑扎“七不准”和“五不验”包括以下内容。

（1）“七不准”：

①已浇筑混凝土浮浆未清除干净不准绑钢筋；②钢筋污染清除不干净不准绑钢筋；③控制线未弹好不准绑钢筋；④钢筋偏位未检查、校正合格不准绑钢筋；⑤钢筋接头本身质量未检查合格不准绑钢筋；⑥技术交底未到位不准绑钢筋；⑦钢筋未通过检验合格不准绑钢筋。

（2）“五不验”：①钢筋未完成不验收；②钢筋定位措施不到位不验收；③钢筋保护层垫块不合格、达不到要求不验收；④钢筋纠偏不合格不验收；⑤钢筋绑扎未严格按技术交底施工不验收。

（3）绑扎网和绑扎骨架允许偏差项目，见附表 3-5。

（4）钢筋保护层。钢筋保护层尺寸控制是否准确及钢筋位置是否满足设计要求是创优检查的一项重点内容，也是存在问题较多和不易控制的问题。在钢筋保护层控制及其措施上，可采取下列办法进行控制：采取砂浆垫块和塑料卡块控制保护层厚度。砂浆垫块有专人负责制作，基础梁板采用砂浆垫块，柱、墙采用塑料垫块和卡子保护层，保护层厚度详见附表 3-6，保护层垫块间距为 600～800mm。

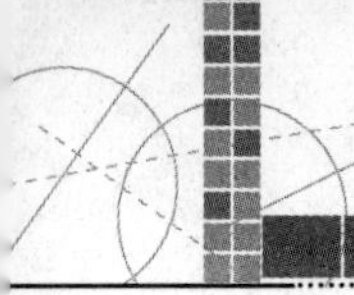

附表 3-5 允许偏差项目

项次	项目		允许偏差/mm
1	网的长与宽		±10
2	绑扎网眼		±20
3	骨架宽度、高度		±5
4	骨架长度		±10
5	受力筋间距		±10
6	受力筋排距		±5
7	钢筋弯起点位移		0
8	箍筋、横向钢筋间距	绑扎骨架	±20
		焊接骨架	±10
9	焊接预埋件中心线位置	水平位移	5
		水平高差	+3，−0
10	受力筋保护层	基础	±10
		梁、柱	±5
		墙、板	±3

附表 3-6 保护层厚度

基础底板	剪力墙	柱	梁	楼板
35	15	20	25	15

(5) 墙体模板上口控制钢筋保护层措施。墙体钢筋高度越高，其可变形程度越大，因此，控制模板上口处的钢筋保护层是非常重要的。可用 5mm 厚的钢板做成定位钢板固定在钢大模板上口内侧，定位钢板作为外顶措施顶在墙体模板上，保证钢筋板不向外靠。墙体钢筋内侧采用梯子筋或Ⅱ型撑作为内撑，保证墙体钢筋不向内拢，从而确保钢筋保护层的精确。

(6) 柱子钢筋定位措施。采用定位箍卡在柱竖内侧筋，间距 1.5～1.8m 设置，保证柱底部及顶部各设一道，间距 0.8～1.0m，柱箍开口方向应间隔布置。控制钢筋间距位置，用塑料垫块保护层。

(7) 箍筋要求及抗震要求。注意箍筋的加密区的位置、长度、箍筋间距、箍筋弯钩长度、平直长度以及支座内应有一道箍筋。

(8) 预留洞、门窗洞口加强筋，梁柱钢筋的锚固。根据图纸要求设置预留洞口、门窗洞口等的加强筋，加设措施筋焊接固定，防止混凝土浇筑时移位，对梁柱钢筋锚固长度重点控制。

(9) 水电线盒的固定。采用增加附加定位措施筋的方法将水电线盒焊接定位。

(10) 钢筋绑扎要求。绑扎时注意间距及钢筋的规格、钢筋间距、锚固长度等要求，对于悬挑结构，钢筋的摆放应正确。钢筋保护层厚度要保护，还要注意不得漏扣以及绑扣丝向里，防止其锈蚀污染混凝土外表面。

3.3.3 模板工程

1. 施工工序

施工准备→模板的选择→拼装→支撑柱、梁、板模板→安装→校核→浇混凝土→拆模→清理→再周转使用。

2. 准备工作

按设计要求，对各部分制订配模及支撑方案，按照方案确定几何形状、尺寸、规格、数量、间距，不得任意加大，防止产生结构变形。

3. 模板的选择

柱模板：采用木模板配大模板，该模板施工剪力墙表面平整光滑，线条顺直，几何尺寸准确，无麻面、蜂窝、露筋现象。在墙的转角处及模板间用海绵条挤严。对于非直角转角，模板边缘按角度刨成坡楂，使板缝拼接严密。

楼板模板：采用 915mm×1 830mm 木模板，该模板结实耐用，表面平整光滑，混凝土成型质量较高。模板纵向错缝拼接。支模时，模板边缘刨平刨直，拼接遇拼缝不严密的，用海绵条挤紧，使整个模板体系拼缝处严密不漏浆。

模板支撑加固体系采用 ϕ48 钢管，加固时纵肋在内、横肋在外。纵肋为单管间距为 500mm，并根据模板拼缝情况，随时调整纵肋加固间距。横肋在外侧，用双管间距 1 000mm，并用 ϕ18 对拉螺栓及卡具与另一侧横肋连接扣紧，使加固体系与模板靠严，螺栓中部设止水环。

模板按基础上弹出的墨线支设。模板加固时随时校核垂直平整，模板整体加固时，在顶部拉通线校核垂直平整。

4. 支撑系统

采用钢管脚手架早拆支撑体系，具有功能多、效率高、承载力大，安装可靠、便于管理等特点。顶板搁栅采用 50mm×100mm 木方，100mm×100mm 木方作为搁栅托梁。采用早拆养护支撑，当混凝土强度达到设计强度 75%时(预应力混凝土达到 100%时)，即可拆去部分顶板模板和支撑，只保留养护支撑不动，直到混凝土强度完全达到设计要求强度后拆除即可。

1) 梁、顶板模板施工

(1) 梁模板。梁侧模和底模均采用覆膜多层板，主次龙骨分别采用 50mm×100mm 木方和 100mm×100mm 木方，在梁侧模板与板模板交接处的拼接采用板模压梁模方式。

(2) 顶板模板。底模采用覆膜多层板，主次龙骨分别采用 50mm×100mm 木方和 100mm×100mm 木方。

(3) 预留洞模板。预留洞模板用 50mm×100mm 木方作成定型盒子，合模前放入，盒子放入前刷脱模剂，以利于拆模时取出。

(4) 梁板模板支设工艺流程：弹出梁轴线及梁板水平线并复核→搭设梁板模支架→安装梁主次龙骨→铺梁底模板→梁底起拱→绑扎钢筋→安装梁侧模板→安装上下销口楞、斜楞及腰楞和对拉螺栓→复核梁模尺寸、位置→立板主次龙骨→调整板下皮标高及起拱→铺板底模→检查模板上皮标高、平整度。

① 在柱子上弹出梁的轴线、梁位置线及梁板水平线，并复核。

② 在楼面上立钢管，梁支架的排列、间距要符合模板设计的规定。

③ 从边跨一侧开始安装，先安装第一排龙骨和支柱，临时固定再安装第二排龙骨和支柱，依次逐排安装，支柱间距 1 200mm，主龙骨间距 1 200mm，次龙骨间距 300mm。立杆加可调底座和可调顶托，支柱中间和下方加横杆或斜杆。

④ 调节支柱高度，将主龙骨找平，当梁底板跨度等于及大于 7m 时，梁底起拱，起拱高度为梁跨的 1/400。

⑤ 铺模板：先铺梁底模，顺次铺梁侧模、板底模，板模拼缝处用胶带封死。

⑥ 平台板铺完后，用水平仪测量模板标高，进行校正，并用靠尺找平。

⑦ 将模板上杂物清理干净，办预检。

(5) 安装主次梁交接处模板有以下要求。

① 在主梁和次梁梁底交接处，先支设柱头梁豁模板，再支设主次梁的底模和侧模。

② 在次梁和次梁交接处，先支设梁底模，在较高的次梁侧模上留梁豁，同时支设次梁侧模，在交接处粘贴海绵条保证模板支设的严密性，防止漏浆。

2) 楼梯模板施工

踏板模板采用木模板，模板支设必须满足行人通过。楼梯模板施工前应根据实际层高放样，先支设平台模板，再支设楼梯底模板，然后支设楼梯外梆侧模，外梆侧模先在其内侧弹出楼梯底板厚度线、侧板位置线，再钉好固定踏步侧模的挡板，在现场装钉侧板。支模如附图 3.7、附图 3.8 所示。

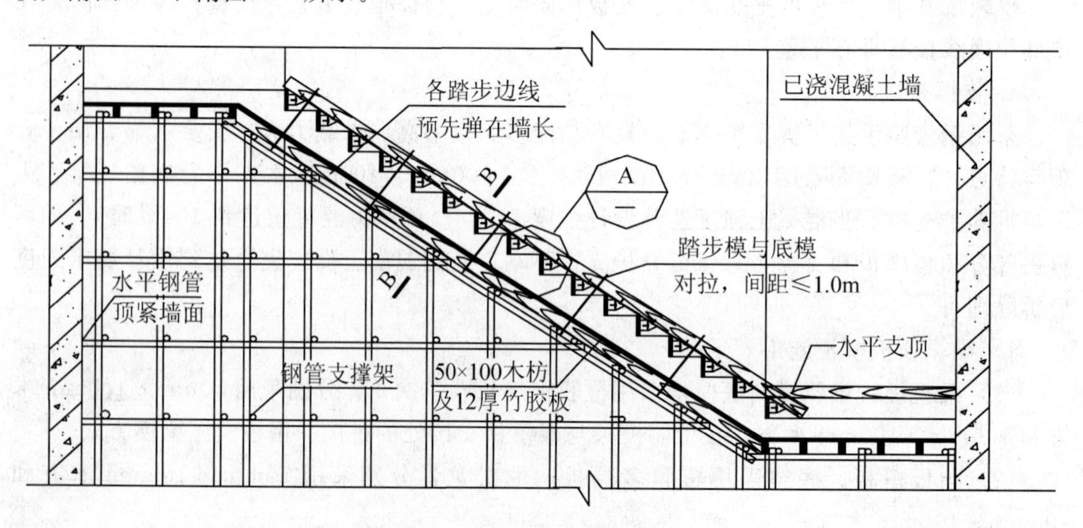

附图 3.7 楼梯模板支模示意图 1

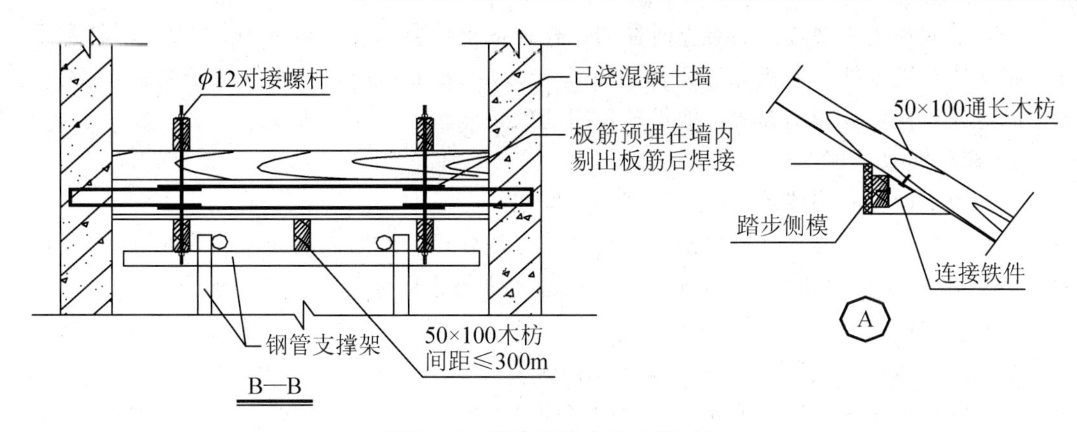

附图 3.8 楼梯模板支模示意图 2

5. 模板的拆除

拆除支撑及模板时，应满足混凝土养护期，并请示项目技术负责人同意后方可拆除模板。模板拆除时不得对混凝土表面造成损伤。

梁板模板的拆除方法如下所述。

① 先拆掉脚手架横杆，然后拆除立杆，每根龙骨留两根立杆暂不拆。

② 操作人员站在已拆除的空隙，拆去近旁余下的立杆。

③ 先拆除板模板，然后拆除梁模板。

④ 墙柱模板拆除时间根据天气温度掌握控制，一般 12～24h 左右，拆模时不得使用大锤以防止模板碰撞使混凝土产生裂缝。常温条件下墙体模板的拆除应根据混凝土的强度，保证其表面及棱角不因拆模而损坏，且不小于 1.2MPa(根据同条件养护试块确定)。

顶板模板的拆除以同条件下养护试块的抗压强度为准。根据工程实际情况，楼板跨度均在 8m 以内时，为了方便施工，要求同时拆除模板，则楼板混凝土同条件试块的抗压强度必须达到设计强度的 75%才允许拆模。悬挑件强度必须达到设计强度的 100%后方可拆除。拆模条件通过制作同条件试块并作试验来确定。

6. 模板的堆放与养护

模板拆除后及时清理干净，刷油性脱模剂。在吊装使用前应检查脱模剂是否被污染或被雨水冲刷。必须保证工作面上使用的模板上的脱模剂，涂刷均匀一致，无漏刷现象，且不能有颗粒物附着在模板上。

模板堆放场地应作地面硬化处理，并设有排水坡度，堆放时模板底部垫 10cm×10cm 的木方。

模板堆放时，应两两相对而放，其倾角控制在 75°～80°自稳角之间。

7. 模板工程质量保证措施

1) 进场前严格检查

模板进场前要进行验收，主要检查模板的平整度、模板的接缝情况、加工精度、支架焊接情况等。

2) 墙柱烂根的处理

(1) 安装前，按墙边线抹好水泥砂浆找平层，但找平层不能伸入墙身内。

(2) 采取在浇筑现浇面混凝土时在墙、柱根部支设模板处分别用4m和2m刮杠刮平，并控制墙体两则及柱四周板标高，标高偏差控制在2mm以内，并用铁抹子找平，支模时加设海绵条或橡胶软管的办法可取得较理想的效果。

3) 模板漏浆处理

(1) 现浇面模板和墙体的接缝处理如下所述。

可采用在墙体混凝土浇筑控制浇筑高度的办法处理，即墙体混凝土浇筑时高出楼板底标高3～4cm，在剔除2～3cm浮浆后将顶板边木方靠紧墙体后支设顶板模。

模板与墙体的接缝处，如果将现浇面模板直接靠墙上，容易造成接缝过大导致漏浆，另一种成熟的做法是应用带企口的木方代替板模，在木方上角留一个宽25mm，深15mm企口，板模板搭在企口上，板模与木方接触处垫上海绵条，防止漏浆，木方用夹具夹紧在墙面上。

(2) 模板拼缝内侧用3mm厚的海绵胶条粘贴，以防止模板拼缝细部渗浆。

(3) 墙体阴阳角模板的螺栓和拼缝螺栓必须紧固到位，并增加弹簧垫。

4) 防止胀模、偏位可采取的措施

(1) 模板设计强度控制。

(2) 背楞加密。

(3) 模板支设前放线定好位，控制轴线。

(4) 墙柱安装就位前采取定位措施。

3.3.4 混凝土工程

1. 混凝土的施工

现场不设混凝土搅拌站，混凝土均采用预拌混凝土、泵送加塔式起重机的施工方法。

2. 混凝土的浇筑

1) 柱混凝土

(1) 柱混凝土采用塔式起重机料斗浇筑施工，浇筑前在底部先铺垫与混凝土配合比相同的水泥砂浆一层。柱混凝土分层浇筑，每层浇筑厚度500mm。

(2) 柱混凝土自由倾落高度3m之内，超过此高度用简易溜槽施工，严防混凝土发生离析。

(3) 混凝土振捣要均匀密实，震捣下层混凝土，振捣棒插入下一层混凝土内至少50mm，重点振捣好柱四角，振捣方式快插慢拔，达到混凝土表面泛浆为止。

(4) 柱、梁、板交叉节点处，先浇筑高强度等级混凝土，后浇筑其他强度等级混凝土，其不同等级混凝土接缝处用5×5筛网封口隔离。

2) 梁、板混凝土浇筑

(1) 梁、板混凝土强度等级相同时，梁板同时浇筑，浇筑方法由梁的一端开始用“赶浆法”施工。先浇筑梁，根据梁高分层浇筑成阶梯形，当达到板底位置时，再与板混凝土一起浇筑，随着阶梯形连续浇筑不断延伸。

(2) 梁、板混凝土强度等级不同时，浇筑由梁的一端开始向梁的另一端浇筑。梁按分层浇筑法施工，先浇筑板上的梁高部分，当梁顶平板呈T形，再开始浇筑板混凝土，并采用5×5筛网在接缝处隔离遮挡。

3. 泵送混凝土的施工工艺和质量控制

1) 施工顺序

施工顺序如附图3.9所示。

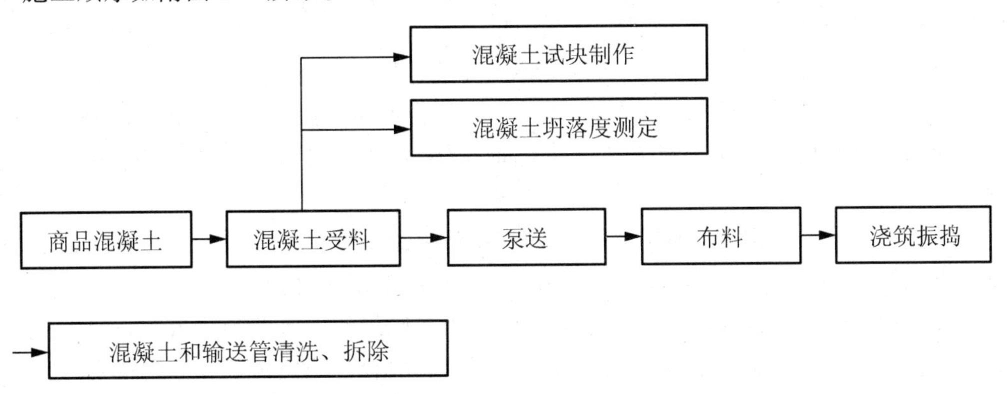

附图3.9 施工顺序

2) 输送管线布置和支架固定要求

(1) 输送管布设应符合“线路短、弯道少、接头密”的原则，并使混凝土浇筑后移动方向与泵送方向相反。

(2) 混凝土输送管分水平和垂直管两种，地面水平管一般是固定的，随着浇筑距离由远而近，逐步予以拆除，楼面水平管每浇一层就要重新铺设。该工程立管沿电梯井旁的管道井往上，每层进行加固处理。

(3) 在混凝土泵送过程中，由于管路中产生较大的脉冲振动，故要求支承系统必须与模板、钢筋分离架设，防止泵送振动致使模板、钢筋产生位移和松动，其搭设要牢固，输送管在架子上搁置应横平竖直。

(4) 在浇筑混凝土出料前端，还可利用塔式起重机对软管前两节管子垂吊施工(一般情况管长为4～5m，离浇筑面20～30cm高)，这样移动方便、省力，减轻了劳动强度。

3) 混凝土泵的安装与调整

(1) 混凝土泵应尽可能设置在靠近浇筑地点处，且应安装在坚实的地面上，机身必须水平，支腿加垫并锁紧。还应设在方便道路畅通处，以便清洗泵和管道，保证混凝土运输车进出卸料方便等。该工程具体位置见总平面图。

(2) 泵管安装前要检查是否清理干净，有无残留混凝土。

(3) 泵送开始时，要注意观察混凝土泵的液压表和各部位工作状态，一般在泵的出口处(即Y型管和锥管内)，最易发生堵塞现象。如遇堵塞，应将泵机立即反转运行，使出口处堵塞分离的混凝土能回流到料斗内，将它搅拌后再进行泵送。这时油泵的转数应定在1100r/min以下，经3～4次处理不见效果，应及时停泵拆管，清除堵塞混凝土。

4) 泵送混凝土操作要点

(1) 混凝土在输送前，管道要加水润湿，而后注入水泥浆或水泥砂浆，使管壁处于充分滑润状态，再正式泵送混凝土。

(2) 混凝土卸入输送泵料斗后，应在泵送同时利用泵的搅拌机搅拌混凝土，料斗内的混凝土必须盖过输送缸，如果剩料少，不但会使输送量减少，而且易于吸入空气，造成堵塞。

(3) 泵送混凝土尽可能避免或减少中途停歇。如出现停料情况，迫使混凝土泵停车，料斗中应留有足够混凝土搅拌物，混凝土泵必须每隔4～5min进行约4个行程的动作。如果泵送停歇时间超过45min或混凝土出现离析时，应立即排除管道内的混凝土。对坍落度小的混凝土，更要严加注意。

(4) 液压系统油温过高(一般不超过80℃)应及时采取降温措施。

(5) 因堵管等原因，必须拆管卸管路时，首先要反泵消除管内残余压力。清管道时，管路末端必须装有接收装置。管道口喷射方向，严禁站人，管道两边应设防护板，防止意外伤人。

(6) 垂直向上输送混凝土时，由于水堕作用使混凝土产生逆流，输送效率下降。故在泵车与垂直管之间设置一段10～15米的水平管，以抵消反堕冲力影响。

(7) 往地下或基坑输送混凝土时，由于混凝土在倾斜的下行管道中容易离析，造成堵塞，而压送中断时管内又会混入空气，对压送不利。故管道倾斜角度宜控制在4°以内。

(8) 混凝土浇筑完毕，应加强养护，对泵车进行保养。

5) 泵送混凝土浇筑要求，试块留设浇筑完毕时间

(1) 同一般混凝土浇筑，但要注意泵送混凝土的坍落度，出机时坍落度一般为140～160mm，而入模时的坍落度为90～100mm，振捣防止漏振，平台梁既要用振动棒又要用平板振动器振动，否则外观上会出现气孔、蜂窝、麻面、孔洞、露筋、裂缝等质量问题，故浇捣混凝土是否密实是影响泵送混凝土质量的主要环节，应引起现场施工和质量人员的高度重视。

(2) 泵送混凝土对模板内倾冲击力较大，故对模板及其支撑系统具有特别的要求，除要满足强度、刚度、稳定性外，其支撑系统部分必须有足够的支撑面积。否则，模板会出现胀模、漏浆、混凝土构件位移、支撑体系下沉等情况，既影响混凝土的结构外观，又影响混凝土质量，故模板支撑体系的好坏，不仅关系到混凝土质量，而且也关系到泵送混凝土能否顺利进行浇筑，模板支撑在主体结构中详细说明。

7) 试块制作

常温时制作28d标养试块及备用试块、同条件试块(梁、顶板各一组，用于控制拆模时间，积累经验)。同条件试块置于现场带篦加锁铁笼中做好标识同条件养护。抗渗混凝土留置两组28d试块，一组标养，一组同条件。

8) 施工缝留置

严格按GB 50204—92混凝土规范执行，其中楼梯施工缝留置在楼梯段1/3的部位。

柱墙与板及板与柱墙交接部分均先浇筑50～100mm厚同配比无石子砂浆，不得遗漏。

墙柱混凝土下灰高度根据现场使用振捣棒(50棒或30棒)而定，为振捣器作用部分长度的1.25倍，采用尺杆配手把灯加以控制。洞口两侧混凝土高度保持一致，必须同时布混凝土，同时振捣，以防止洞口变形，大洞口下部模板应开口补充振捣，封闭洞口留设透气孔。

9) 混凝土养护

混凝土养护设专人负责，墙体混凝土拆模后及时喷养生灵养护，楼板混凝土浇筑8～12小时内浇水养护，不少于7天，施工缝处混凝土和抗渗混凝土应养护14天以上。严格

控制顶板混凝土浇筑厚度，以便于墙柱模板支立。混凝土浇筑完毕及浇筑过程中设专人清理落地灰及玷污成品上的混凝土颗粒。

3.4　砌筑工程

本工程±0.000 以下填充墙墙体采用混凝土小型空心砌块 Mu10，水泥砂浆（商品）M10 砌筑，并采用 C20 混凝土灌孔。±0.000 以上填充墙：内墙采用加气混凝土砌块 A5，混合砂浆（商品）M5 砌筑；外墙采用封底混凝土小型砌块 Mu7.5，水泥砂浆（商品）M5 砌筑。

3.4.1　材料要求

（1）采用小型空心混凝土块砌筑填充墙，施工时要严格按照《建筑抗震设计与施工规程》的要求施工。砌块使用前必须达到以下要求：砌块必须做标号检验、耐久性、外观检查、几何尺寸要符合规范规定。

（2）砂浆准备工作：砌筑由水泥砂浆和混合砂浆两类组成。砂浆各项性能指标需满足以下要求：流动性、保水性、强度、粘接力等。

（3）脚手架：填充墙砌筑时采用搭设内脚手架。

3.4.2　墙体砌筑顺序

砌块排列：按砌块排列图在砌体线范围内分块定尺、划线，排列砌块的方法和要求如下。

（1）砌块砌体在砌筑前，根据工程设计施工图，结合砌块的品种、规格，绘制砌体砌块的排列图，经审核无误，按图排列砌块。

（2）砌块排列上、下皮错缝搭砌，搭砌长度为砌块的 1/2，不得小于砌块高度的 1/3，也不得小于 150mm，如果搭错缝长度满足不了规定的搭接要求，根据砌体构造设计规定采取压砌钢筋网片的措施。

（3）外墙转角及纵横墙交接处，将砌块分皮咬槎，交错搭砌。

（4）砌块就位与校正：砌块砌筑前一天进行浇水湿润，并清除砌块表面的杂物后方可吊、运就位。砌筑就位按先远后近、先下后上、先外后内顺序；每层开始时，从转角处或定位砌块处开始；应吊砌一皮、校正一皮，皮皮拉线控制砌体标高和墙面平整度。

3.4.3　墙体砌筑的留槎

外墙转角处同时砌筑，内外墙交接处可以留直槎或斜槎，留直槎必须接规范要求预植拉结筋（附图 3.10）；斜槎长度不小于墙体高度的 2/3，槎子必须平直、通顺；分段位置在变形缝或门窗口角处。隔墙或柱不同时砌筑留阳槎加预植拉接筋，沿墙高度每 50cm 预留 $\phi6$ 钢筋根数按规范规定，其埋入长度从墙的留槎算起，一般每边均不小于 50cm，末端加 90°弯钩。

1. 墙体拉结筋的位置

（1）丁字砌筑墙拉接筋放置，如附图 3.10 所示。

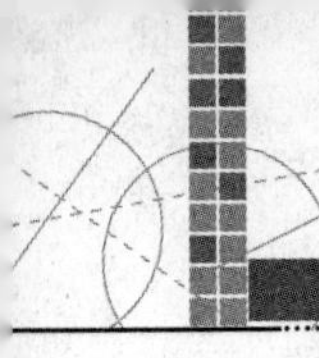

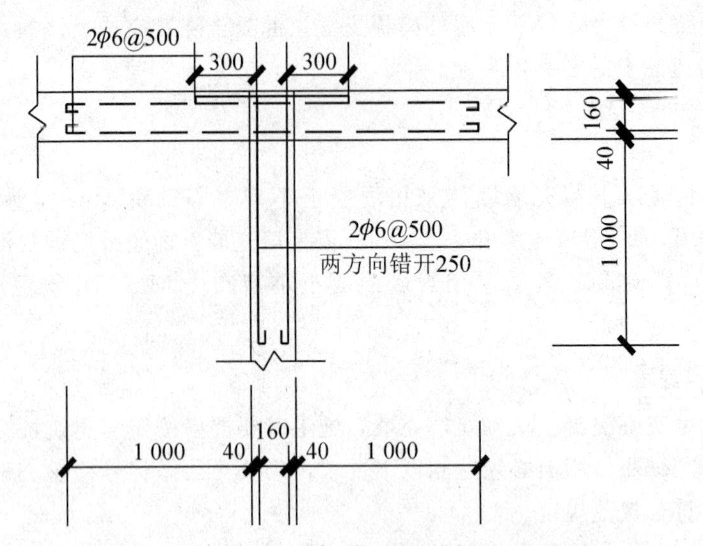

附图 3.10 丁字砌筑墙体拉接筋放置图

（2）在砌筑墙体与混凝土柱，墙构造柱交接处预留墙体拉接筋，拉接筋的设置标高由楼层在层面 0.6m、砖墙为 0.5m 起至柱顶止，拉接筋规格及数量 2φ6.5@600。砌体砌筑时按 30d 搭接接长，沿砌筑墙体通长布置，如遇门窗洞口时在门窗洞口边切断(附图 3.11a)。填充墙体交接处设置 2φ6@600 加强拉接筋(附图 3.11b)。竖向拉接到顶的填充墙顶部与梁(或板)底的拉接(附图 3.11c)。

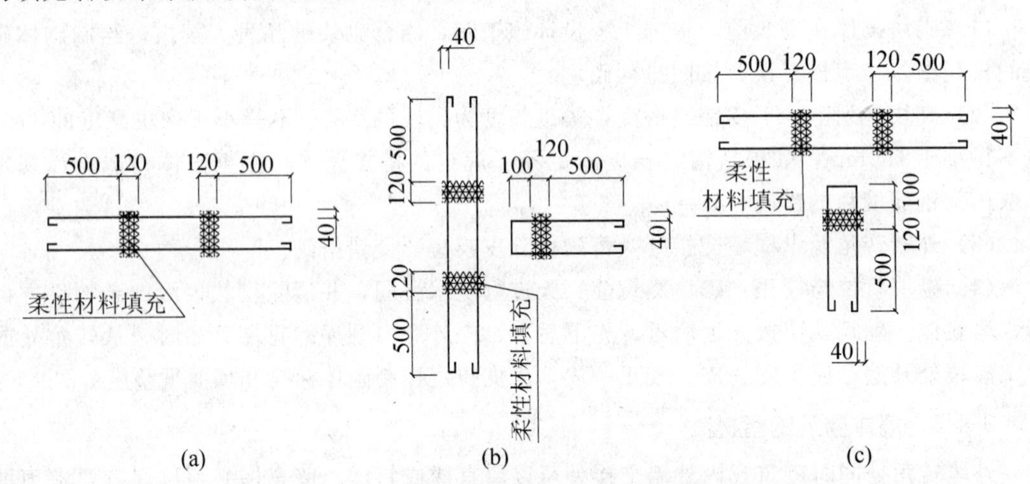

附图 3.11 一般墙体与混凝土柱拉结构钢筋放置图

2. 砌块砌筑施工要点

（1）根据建筑施工图纸在楼面放出砌筑墙面墨线。

（2）砌块提前 2 天以上适当浇水湿润，一般以水侵入砌块四边 1.5cm 即可。

（3）砌筑前根据砌块皮数制作皮数杆，在墙体转角处及交接处竖立，皮数杆间距不得超过 15m。

（4）使用全顺砌筑形式，上下皮竖向灰缝相互错开 1/2 砌块长，并不小于 120mm。

(5) 砌筑时使砌块底面向上，上下皮对孔错缝砌筑。

(6) 水平灰缝厚度和竖向灰缝厚度为 12mm。按净面积计算砂浆饱满度不应低于 90%，竖向灰缝采用加浆法，使其砂浆饱满，严禁用水冲浆灌缝，不得出现瞎缝、透明缝。

(7) 需要移动已砌好的砌块或对被撞动的砌块进行修整时，需清除原有砂浆，重新铺浆砌筑。

(8) 墙体转角处及交接处应同时砌筑，不能同时砌筑时，留置斜槎，斜槎长度大于或等于斜槎宽度。

(9) 墙体构造柱底部钢筋已按图纸要求在楼板预埋。

(10) 填充墙过梁、圈梁与柱或剪力墙相交时在柱或剪力墙内植筋，在柱或剪力墙每端外长度 600mm，柱或剪力墙接触面凿毛。

(11) 与砌筑墙体相连的结构应预留钢筋。未做预留的，采用环氧树脂植筋。

3.5 脚手架工程

根据工程特点，本工程采用双排落地式钢管脚手架。

3.6 屋面防水工程

本工程屋面平屋面，屋面防水等级为Ⅱ级。

由合成高分子卷材 APP(≥1.2mm)和 40 厚 C20 细石混凝土($\Phi4@200$ 双向)共二道设防。

屋面保温按设计要求厚度铺设，防水层采用防水卷材，人工铺帖，塔式起重机运输，分层施工。屋面保温、防水材料必须有出厂合格证及二次复试报告。卷材施工时，应先做好节点，附加层和屋面排水比较集中的水落口处，然后由屋面最低处向上施工，卷材的铺设按平行屋脊的方向进行，根据主导风向，注意卷材的搭接，上下卷材不得相互垂直铺帖。

作业条件：施工前审核图纸，编制屋面防水施工方案，并进行技术交底。屋面防水工程必须由专业施工队持证上岗。

铺贴防水层的基层施工完毕，经养护、干燥后进行防水层施工，防水层施工前将基层表面清扫干净，同时进行基层验收，合格后方可进行防水层施工。

基层坡度必须符合设计要求，不得有空鼓、开裂、起砂、脱皮等缺陷。

防水层施工按设计要求，准备好卷材及配套材料，存放和操作远离火源，防止发生安全事故。

屋面工程施工前，凡进入隐蔽工程的施工项目时，应对前分项、分部工程进行验收。防水施工前，基层应干燥、平整、光滑，阴阳角要做成小圆脚。屋面工程施工时，注意掌握温度，保证防水功能，无渗漏现象，其构造和防水保温层必须符合设计要求。屋面工程施工完成后，应加强成品保护工作。

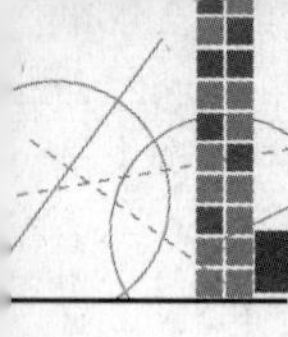

3.6.1 施工准备

对进库的防水卷材应进行抽样复试，其抗拉强度、延伸率、耐热性、低温柔性以及不透水性均应达到规定指标。

3.6.2 施工要求

保温层：保温层的厚度、坡度要根据设计要求铺设，表面平整、密实。

找平层：找平层的表面必须平整整齐，坡度一致，无积水，不起砂。找平层与管道必须抹成圆弧状，以便铺贴屋面防水卷材。

排气管：在浇筑细石混凝土找平层时，按6m间距留设纵横排气道，十字交叉处安插排气管。

3.6.3 施工工序

施工顺序：清理基层→试铺、弹线→卷材→辊压、排气→搭接缝密封处理→清理→检查、验收。

(1) 清理基层：找平层表面必须清理干净，特别是檐沟、落水口、排气道内的杂物均应清理干净。

(2) 铺贴防水卷材：施工前先将卷材打试铺，在基层上弹线定位。卷材长边搭接7cm，短边搭接10cm。

(3) 防水卷材铺贴要保持松弛态，不宜拉紧，铺贴时应用压辊由卷材中央向两端压实，赶出气泡，避免空鼓、皱折。

(4) 防水卷材之间接缝粘结：待大幅卷材铺贴后，对压实、粘牢的接缝处，亦可再用密封膏进行封口处理，以确保严实。

(5) 屋面防水卷材施工前，应将管道根、烟囱根、落水口等节点周围以及转角处的卷材剪开，采用密封膏封固。

(6) 屋面防水卷材施工完毕后，应认真检查接缝和各节点部位的粘贴密封质量，以保证防水层整体质量严密，不渗水。

(7) 排气：每当铺完一卷卷材后，立即用干净松软的长把滚刷从卷材一端开始，卷材的横向顺序用力滚压一遍，排除卷材黏结层间的空气。

(8) 压实：排除空气后，平面部位用外包橡胶的长300mm、重30kg的铁辊滚压，使卷材与基层粘结牢固，垂直部位用手持压辊滚压。

(9) 卷材末端收头及封边嵌固：为了防止卷材末端剥落，造成渗水，卷材末端收头用密封材料封闭。当密封材料固化后，表面再涂刷一层防水涂料。

(10) 卷材接头粘贴。卷材搭接宽度：满粘法80mm。卷材搭接缝用丁基胶粘剂A、B两个组份，按1:1的比例配合搅拌均匀，用油漆刷均匀涂刷在翻开的卷材接头的两个黏结面上，静置干燥20min，从一端开始粘合，操作时用手从里向外一边压合，一边排除空气，并用手持小铁压辊压实，边缘用聚氨酯嵌缝膏封闭。

(11) 保护层施工：在卷材铺贴完毕，确认无渗漏，屋面用长把滚刷均匀涂刷着色保护涂料。

3.6.4 细部处理

卷材防水屋面一些细部大多数是变形集中表现的部位，如结构变形，基层和防水层收缩及温差变形等，这些部位易产生开裂而导致渗漏。对这些部位简称为“一头、一缝、二口、二根”采取以下处理方法。

1. 一头——选材收头

女儿墙四周留设1/4砖槽，槽下部采用水泥砂浆抹成斜面，卷材压进槽内，用油膏封严，再用水泥砂浆抹女儿墙时抹收头。

2. 一缝——变形缝

在变形缝上铺贴2层(附加一层)防水卷材，各粘贴一边，以适应沉降变形的需要。

3. 二口——出入口、落水口

(1) 出入口：屋面的洞口容易踏破卷材引起渗水，因此在出入口采用双层防水卷材铺贴，以增强防水能力。

(2) 落水口：为保证屋面雨水迅速排出，落水口应低于檐沟，而檐沟必须坡向落水口，在初抹后还要放水试验，以保证坡度的正确。

4. 二根——女儿墙根、管道根

在女儿墙根、管道根与屋面交界处，均采用细石混凝土或水泥砂浆抹成圆弧状。粘贴防水卷材时，底部先贴一层附加层，上部防水卷材收头贴进凹槽内，并用密封膏封固。管道根部采用细石混凝土拍成锥形，粘贴防水卷材时(底部先贴一层附加层)，上部剪成三角形与管道粘贴牢固，并用密封膏封固。

3.6.5 把好检查验收关

(1) 屋面防水卷材贴完验收后，必须将卷材物理性能的检查报告及其他有关资料收集归档。

(2) 屋面不应有积水渗漏现象存在。检查积水或渗漏的一般方式有3种：①在下雨后进行；②浇水进行；③蓄水的方法。

(3) 防水卷材的接缝必须粘贴牢固，封闭严密，不允许有皱折、孔洞、脱层或滑移和其他缺陷。

(4) 落水口周边以及防水卷材的末端(收头)必须封闭粘贴牢固，并要把落水口和檐沟的尘土、杂物清扫干净，以确保排水畅通。

屋面工程施工时，注意掌握温度，保证防水功能，无渗漏现象，其构造和防水保温层必须满足设计要求。屋面工程施工完成后，应加强成品保护工作，避免二次返修。

3.6.6 注意事项

(1) 卷材防水层空鼓：此问题发生在找平层与卷材之间，尤其是卷材的接缝处。原因是基层不干燥，气体排除不彻底，卷材粘贴不牢，压的不实。重点控制各工序的交接验收。

(2) 卷材屋面防水层渗漏：管根、水落管口、伸缩缝和卷材搭接处，做好细部处理收头粘贴工作，施工中保护好接搓，嵌缝时及时清理，使干净的接搓面相粘，以保证施工质量，认真做蓄水试验。

(3) 积水：屋面、檐沟泛水坡度做的不顺，坡度不够，屋面平整度差。施工时基层找平层泛水坡度按设计施工。

(4) 防水层蓄水试验：卷材防水层施工后，经隐蔽工程验收，确认做法符合设计要求，做24小时蓄水试验，确认无渗漏后，施工防水层的保护层。

3.6.7 细石混凝土刚性防水层施工要点

(1) 施工前将板面清理干净，洒水冲洗湿润。

(2) 屋面用细石混凝土施工，严格按配合比施工，搅拌不少于3min。

(3) 混凝土应分仓浇灌，浇前先刷水泥浆一遍，随后将混凝土倒在板上铺平，使其厚度一致，用平板振动器振实后，用铁滚筒十字交叉地往返滚压5～6遍至密实，表面浇浆，用木抹平压实。待混凝土初凝前再进行二遍压浆抹光，最后一遍待水泥收干时进行。

(4) 铺混凝土应严格控制钢筋网位置，将钢筋网提至上半部，使钢筋与屋面基层的距离约为防水层厚的2/3。

(5) 分格缝木条作成上口宽20～25mm，下口宽15～20mm，高度等于防水层厚度。在铺设防水层前嵌好，在防水层抹压最后一遍时取出，所留凹槽用1:2.5～1:3水泥砂浆填灌，缝口留15～20mm深。

(6) 混凝土终凝后，及时用草袋覆盖浇水养护，并不少于14天。

(7) 防水层养护完毕，并干燥，清除缝口杂质污垢后，用油膏嵌缝。

3.7 楼地面工程

3.7.1 地面工程施工工艺流程控制程序图(略)

3.7.2 地砖地面工程

操作程序分两种情况。有排水要求的房间为：基层处理→贴灰饼、冲筋→做找平(坡)→(作防水层)→抹结构层砂浆→铺贴地砖→勾缝(擦缝或嵌缝)→清洁→养护；走廊、大厅等室内地坪为：基层处理→贴灰饼、冲筋→垫层→抹结合层砂浆→铺贴地砖→勾缝(擦缝或嵌缝)→清洁→养护。

基层处理：对较光滑的混凝土基层进行凿毛处理，凿毛深度5～10mm，凿毛痕的间距为30mm左右。

弹线、定位有：对角定位法(砖缝与墙角成45°)和直角定位法(砖缝与墙面平行)两种。非整砖应放在房间不显眼的位置。设置地面标准高度面按铺地砖的工艺，贴两行地砖。

铺贴时，水泥浆应饱满的抹于地砖背面，并且橡皮锤敲实，并且一边铺贴一边用水平尺检查校正，同时即刻擦去表面的水泥浆。

铺贴完养护 2d 以后，进行白水泥加色擦缝。将白水泥调成干性团，在缝隙上擦抹，使防滑地砖内填满白水泥，再将防滑地砖表面擦净。

3.7.3 楼地面工程

水泥地面施工艺流程：基层清理→浇水湿润→贴饼冲筋→找平层抹灰→结合层→面层抹灰→压光→洒水养护。

施工方法、技术措施如下所述。

(1) 根据墙面上的墨线找好地面水平，抹灰厚度要求进行贴饼、冲筋。冲筋的距离一般为 1.5～2.0m，墙边应设冲筋。冲筋的厚度宜薄于抹灰层厚度 2～3mm。

(2) 找平层的水泥砂浆如设计无要求时，其配合比宜为水泥：砂＝1∶3(体积比)、稠度不大于 35mm。

(3) 做面层时，需待找平层砂浆强度达到能走人不致损坏找平层时为宜。

铺设找平层水泥砂浆时，应用大拉板刮平，木抹子压实、压光，表面不要粗糙，并应注意与墙、柱等部位连接。

面层水泥砂浆的配合比宜为水泥：砂＝1∶2(体积比)。砂浆稠度：在混凝土底层上用干硬性砂浆(手握成团稍出浆为准)。

水泥砂浆面层分抹平和压光两步。抹平应在砂浆初凝前完成，用铁抹子拍实抹平。压光工作应在砂浆终凝前抹压 3 遍完成，每遍要逐渐加大压力。压力操作人员应穿平底鞋。

面层压光 12 小时后，应加以覆盖，使用层在潮湿条件下养护，常温养护不少于 7 天。

3.8 装饰工程

3.8.1 抹灰工程

1. 技术要求

(1) 主体结构须经过有有关部门(质量监理、设计院、建设单位等)进行工程检查合格验收后，方可进行抹灰工程。

(2) 检查门窗框及需要埋设的配电管、接线盒、管道套管是否齐全及固定牢固。连接缝隙应用 1∶3 水泥砂浆或 1∶1∶6 水泥石灰混合砂浆分层嵌塞密实，并事先将门窗框包好粘贴保护的塑料薄膜。

(3) 将混凝土构件、门窗过梁、梁垫、圈梁、组合柱等表面凸出部分凿平。对有蜂窝、麻面、露筋、疏松部分的混凝土表面凿到实处，并刷素水泥浆一道(掺水泥重 10％的 107 胶)，然后用 1∶2.5 水泥砂浆分层补平压实，把外露的钢筋头和 22 号铁线剔除清掉；脚手眼、窗台砖、内隔墙与楼板、梁底等处应堵严实和补砌整齐。

(4) 各项预埋件或螺栓的位置和标高应准备设置，且做好防腐、防锈涂料工作。

(5) 混凝土及砖结构表面的灰尘、污垢和油渍等应清除干净，对混凝土结构表面、砖墙表面应在抹灰前两天浇水湿透(每天两遍以上)。

(6) 应先搭好抹灰用脚手架子(也可用木板、木方钉做的高马凳子)，架子或高马凳子要离开墙面及墙角200～250mm，以便于操作。

(7) 屋面防水工程未完工前进行室内抹灰时，必须采取防雨措施。

(8) 室内抹灰的环境温度一般应不低于5℃，不得在冻结的墙面、顶棚上抹灰。

(9) 抹灰前熟悉图纸，制订抹灰方案，做好抹灰的样板间，经检查鉴定达到优良标准后，再正式抹灰施工。

2. 操作方法

1) 墙面浇水

墙面应用细管或喷壶逢上而下浇水湿透，一般在抹灰前1d进行，每天不少于两次。

2) 找规矩、做灰饼

根据设计图纸要求的抹灰质量等级，按照基层表面平整垂直情况，用一面墙做基准先用方尺规定。

房间面积较大时应先在地上弹出十字中心线，然后按基层面平整度弹出阴角线。随即在距阴角100mm处吊垂线并弹出铅垂线，再按地上弹出的墙角线往墙上翻引出阴角两面墙上的墙面抹灰层厚度控制线。室内砖墙抹的平均总厚，不得大于下面规定：普通抹灰，18mm；中级抹灰，20mm；高级抹灰，25mm；经检查确定抹灰厚度，但最薄处不应小于7mm；墙面凹度较大时要分层抹平，每遍厚度宜控制在7～9mm。套方找规矩做好后，以此做灰饼打墩，操作时先贴上灰饼再贴下灰饼，同时要注意分清做踢脚板还是水泥墙裙，选择好下灰饼的准确位置，再用靠尺板找好垂直与平整。灰饼用1:3水泥砂浆做成5cm见方或近圆形状均可。

3) 抹水泥踢脚板

洒水润透墙面，并把污物冲洗干净，用1:3水泥砂浆抹底层，表面用木杠或2m靠尺刮平，再用木抹子搓毛，常温下待第二天抹面层砂浆，面层采用1:2:5水泥砂浆抹平压光。一般做法为凸出石灰墙壁面5～7mm，但也有的做法与石灰墙面一样平，或者凹进石灰墙面。总之要按设计要求施工。

4) 做护角

室内墙面、柱面的阳角和门窗洞口的阳角，根据砂浆饼和门窗框边离墙面的空隙，用方尺归方后，分别在阳角两边吊直和固定好靠尺板，用1:3水泥砂浆打底与贴灰饼找平，待砂浆稍干后再用水泥砂浆抹成小圆角。宜用1:2水泥砂浆做明护角(比底灰或冲筋高2mm)。用阳角抹子推出小圆角，最后用靠尺板，在阳角两边0.5m以外位置，以40°斜角将多余砂浆切除、清洁，其高度不应低于2m，过梁底部要规方。门窗口护角做完后应及时用清水刷洗门窗框上的水泥浆。

5) 抹灰泥窗台

抹灰前将窗台基层清理干净，对松动砖要重新砌筑。砖缝要划深，浇水湿透，然后用1:2:3细石(豆石)混凝土铺实，厚大于2.5cm，次日再刷掺水泥重10%的107胶的素水泥浆一道，接着抹1:2.5水泥砂浆面层，待面层有初始强度或表面开始变白色时，浇水养护

3～4d，施工时要特别注意窗台板下口要平直，不得有毛刺。

6）墙面冲筋

用与抹灰层相同的砂浆冲筋，冲筋的根数应根据房间墙面的高度而定。操作时在上下灰饼之间做宽度约 30～50mm 左右的灰浆带，并以上下灰饼为准用压尺杠推(刮)平；阴阳角的水平标筋应连接起来，并相互垂直。冲筋(打样)完毕，待稍干后才能进行墙面底层抹灰作业。

7）抹底灰

在墙体湿润情况下进行抹底灰。一般需冲完全筋 2h 左右就可以抹底灰，即不能过早也不能过迟。抹时先薄薄抹一层，不得漏抹，要用力压使砂浆挤入细小缝隙内，接着分层装档压实抹平至与标筋一平，再用大木杠或靠尺板垂直水平刮找一遍，并用木抹子搓毛。然后全面进行质量检查，检查底子灰是否平整，并用 2m 长标尺板检查墙壁面垂直和平整情况，墙的阴角用阴角器上下抽动扯平。地面踢脚板和水泥墙裙及管道背后应及时清理干净。

8）抹预留洞、配电箱、槽、盒

设专人把墙面上预留孔洞、槽、盒周边 5cm 宽的石灰砂浆清除干净，洒水湿润，改用 1:1:4 水泥混合砂浆把孔洞、箱、槽、盒边抹成方正、光滑、平整(要比底灰或冲筋高 2mm)。

9）抹罩面灰

罩面面灰在底子灰有六七成干时，开始抹罩面灰(如果底灰过干时应充分浇水湿润)。罩面灰宜二遍成活，控制灰厚度不大于 3mm，宜两人同时操作，一人先薄薄刮一遍，另一个人随即抹平压光，按先上后下顺序进行，再压实赶光，用钢皮抹子通压一遍，最后用塑料抹子顺抹子纹压光，并随即用毛刷蘸水将罩面灰污染处理干净。施工时不应甩破活，但遇到预留的施工洞，可甩下整面墙为宜。

3.9 门窗工程

3.9.1 铝合金门窗安装

1. 技术准备

(1) 主体结构已施工完毕，并经有关部门验收合格。或墙面已粉刷完毕，工各之间已办好交接手续。

(2) 当门窗采用预埋木砖与墙体连接时，墙体中应按设计要求埋置防腐木砖。对于加气混凝土墙，应预埋胶粘圆木。

(3) 同一类型的门窗及其相邻的上、下、左、右洞口应保护通线，洞口应横平竖直，对于高级装饰工程及放置过梁的洞口，应做洞口样板。洞口宽度和高度尺寸的允许偏差见下表。

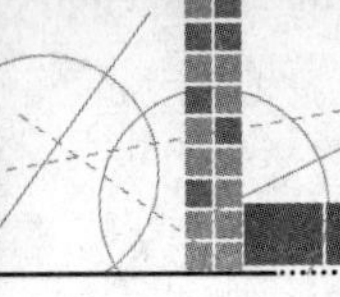

附表 3-7 洞口宽度或高度尺寸的允许偏差　　单位：mm

墙体表面 \ 洞口宽度或高度	<2 400	2 400～4 800	>4 800
未粉刷墙面	±10	±15	±20
已粉刷墙面	±5	±10	±15

(4) 按图要求的尺寸弹好门窗中线，并弹好室内+50cm 水平线。

(5) 组合窗的洞口，应在拼樘料的对应位置设预埋件或预留洞。

(6) 门窗安装应在洞尺寸按第 3 条的要求检验并合格，办好工种交接手续后，方可进行。门的安装应在地面工程施工前进行。

2. 施工方法

(1) 将不同型号、规格的塑料门窗搬到相应的洞口旁竖放。当有保护膜脱落时，应补贴保护膜，并在框上下边划中线。

(2) 如果玻璃已装在门窗上，应卸下玻璃，并做好标记。

(3) 在门窗的上框及边框上安装固定片，其安装应符合下列要求。

① 检查门窗框上下边的位置及其内外朝向，并确认无误后，再安固定片。安装时应先采用直径为 $\phi3.2$ 的钻头钻孔，然后将十字槽端头自攻螺钉 M4×20 拧入，严禁直接锤击钉入。

② 固定片的位置应距门窗角、中竖框、中横框 150～200mm，固定片之间的间距应不大于 600mm。不得将固定片直接装在中横框、中竖框的挡头上。

(4) 根据设计图纸及门窗扇的开启方向，确定门窗框的安装位置，并把门窗框装入洞口，并使其上下框中线与洞口中线以齐。安装时应采取防止门窗变形的措施。无下框平开门应使两边框的下脚低于地面标高线 30mm。带下框的平开门或推拉门应使下框低于地面标高线 10mm。然后将上框的一个固定片固定在墙体上，并应调整门框的水平度、垂直度和直角度，用木楔临时定位；窗的上下框中线与洞口中线对齐后，窗的上下框四角及中横框的对称位置用木楔临时固定。当下框长度大于 0.9m 时，其中间也用木楔塞紧。然后调整垂直度、水平度及直角度。

(5) 门窗与墙体的固定：砖墙间洞口采用膨胀钉或水泥钉固定并不得固定到砖缝上。

(6) 应将门窗框或两窗框与拼樘料卡接，并用紧固件双向扣紧，其间距不大于 600mm；紧固件端头及拼樘料与窗框之间缝隙用嵌缝油膏密封处理。

(7) 门窗框与洞口之间的伸缩缝内腔应采用闭孔泡沫塑料、发泡聚苯乙烯等弹性材料分层填塞。之后去掉临时固定用的木楔，其空隙用相同材料填塞。

(8) 门窗洞口内外侧与门窗框之间缝隙的处理如下所述。

① 普通单玻璃窗、门：洞口内外侧与门窗框之间用水泥砂浆填实抹平；靠近铰链一侧，灰浆压住门窗框的厚度以不影响扇的开户为限，待水泥砂浆硬化后，外侧用嵌缝膏进行密封处理。

② 保温、隔声门窗：洞口内侧与窗框之间采用水泥砂浆填实抹平；当外侧抹灰时，应用片材将抹灰层与门窗框临时隔开，其厚度为 5mm，抹灰层应超出门窗框，其厚度以

不影响扇的开启为限。待外抹灰层硬化后，撤去片材，将嵌缝膏挤入抹灰层与门窗框缝隙内。

(9) 门扇应待水泥砂浆硬化后安装。

(10) 门窗玻璃的安装应符合下列规定。

① 玻璃不得与玻璃槽直接接触，应在玻璃四边垫上同厚度的玻璃垫块。边框上的垫块应用聚氯乙烯胶加以固定。

② 将玻璃装入框扇内，然后用玻璃压条将其固定。

③ 安装双层玻璃时，玻璃夹层四周应嵌入中隔条，中隔条应保证密封，不变形、不脱落；玻璃槽及玻璃内表面应干燥、清洁。

(11) 门锁、执手、铰链等五金配件应安装牢固，位置正确，开关灵活。安装完后应压实压条。

3. 质量标准

1) 主控项目

(1) 铝合金门窗及其附件质量必须符合设计要求和有关标准的规定。

(2) 铝合金门窗安装的位置、开户方向，必须符合设计要求。

(3) 铝合金门窗安装必须牢固；预埋件数量、位置、埋设连接方法及防腐处理必须符合设计要求。

2) 一般项目

(1) 铝合金门窗扇安装应符合以下规定。

① 平开门窗扇关闭严密，搭接量均匀，开关灵活，密封条不脱槽。开关力：平铰链≤80N，滑撑铰链≤80N。

② 推拉门窗扇关闭严实，扇与框搭接量符合设计要求，开关力≤100N。

③ 旋转窗有关附件安装齐全，位置正确，安装牢固，使用灵活，达到各自的使用功能。

(2) 铝合金门窗附件安装齐全，位置正确，安装牢固，使用灵活，达到各自的使用功能。

(3) 铝合金门窗框与墙体间缝隙填嵌饱满密实，表面平整、光滑，无裂缝，填塞材料、方法符合设计要求。

(4) 铝合金门窗表面洁净，无划痕、碰伤，型材无开焊断裂。门窗处于关闭时，扇与框间无明显缝隙，密封面上的密封条应处于压缩状态。

(5) 铝合金门窗带密封条的压条必须与玻璃全部贴紧，压条与型材的接缝处应无明显缝隙，接头缝隙≤1mm。玻璃密封条与玻璃及玻璃槽口的接触应平整，不得卷边、脱槽。

(6) 门窗玻璃不得直接接触型材，玻璃应平整、安装牢固，不应有松动现象，玻璃表面应洁净。若为双层玻璃时，夹层内不得有灰尘和水气。

(7) 验收标准见下附表 3－8。

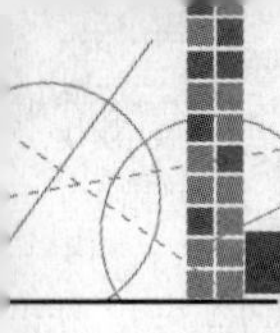

附表 3-8 铝合金门窗安装的允许偏差及检验方法

序号	项目		允许偏差/mm	检验方法
1	门窗框两对角线长度差	≤200mm	±3.0	用 3m 金刚卷尺检查，量内角
2		＞2 000mm	±5.0	
3	门窗框(含拼樘料)正、侧面的垂直度	≤2 000mm	2.0	用线坠、水平靠尺检查
4		＞2 000mm	3.0	
5	门窗框(含拼樘料)的水平度	＜2 000mm	2.0	用水平靠尺检查
6		＞2 000mm	3.0	
7			2.5	
8	门窗下横框的标高		+5.0	用钢板尺检查，与基准线比较
9	双层门窗内外框、框(含拼樘料)中心距		+4.0	用钢板尺检查
10	门窗竖向偏离中心		5.0	用线坠、钢板尺检查
11	平开门窗	门扇与框搭接宽度	±2.5	用深度尺或钢板尺检查
12		同樘门窗相邻扇的横角高度差	±2.0	用拉线或钢板尺检查
13		门窗框铰链部位的配合间隔	+2.0、-1.0	用楔形塞尺检查
14	推拉门窗	门扇与框搭接宽度	+1.5、-3.5	用深度尺或钢板尺检查
15		门窗扇与框或相邻扇立边平行度	±2.0	用 1m 钢板尺检查

4. 成品保护

(1) 门窗在安装过程中，应及时清除其表面的水泥砂浆。

(2) 已安装门窗框、扇的洞口，不得再作料通道。

(3) 严禁在门窗框扇上支脚手架、悬挂重物；外脚手架不得压在门窗框、扇上，并严禁蹬踩门窗框扇或窗撑。

(4) 应防止利器划伤门窗表面，并应防止电、气焊火花烧伤面层。

(5) 立体交叉作业时，门窗严禁碰撞。

5. 施工注意事项

(1) 铝合金门窗安装时，必须按施工操作工艺进行。施工前一定要划线定位，使塑料门窗上下顺直，左右标高一致。

(2) 安装时要使塑料门窗垂直方正，对有劈棱和窜角的门窗扇必须及时调整。

(3) 门窗框扇上若粘有水泥砂浆，应在其硬化前用湿布擦干净，不得用硬质材料铲刮窗框扇表面。

(4) 因铝合金门窗材质较脆，所以安装时严禁直接锤击钉钉，必须先钻孔，再用自攻螺钉拧入。

3.9.2 天棚吊顶

工艺流程：单线→安装大龙骨吊杆→安装大龙骨→安装小龙骨→刷防锈漆→安装置面板→安装压条→面层施工。

施工方法：本工程采用轻钢龙骨，在大面积施工前，我公司将选取有代表性的房间做样板，对起拱度、灯槽洞口的构造处理，分块及固定方法等进行试装，并请业主签定无整改意见后，方可大面积展开。

吊顶前应先在四周墙上弹出水平控制线，以控制吊顶标高和起拱，并在该水平线上做出龙骨位置。主龙骨间距小于1.2m，距墙20cm，吊顶面板用专用胶或螺丝固定。

3.10 水电安装施工

3.10.1 设备安装

设备安装工程是处于土建工程与使用之间的一项重要工程，它也是设备从制造厂生产出产品到投入使用的一个主要环节，结合本工程特点与各种设备安装(水泵、通风机等)的普遍性，试拟订机械设备安装工艺。

1. 起重运输

将设备通过一系列吊装方法，放置于设计指定位置。

2. 开箱检查

开箱工作由施工单位、监理单位和建设单位协同在安装前的施工现场进行，检查设备在运搬和保管过程中，是否有损伤或损坏现象以及设备的零部件、附件是否短缺，并详细做好设备开箱记录。

3. 基础验核

基础由土建单位施工，当其混凝土强度达到75%时，由基础施工单位提出书面资料，向安装单位交接，基础检查验收所达要求如下：基础座标位置允许偏差±20mm；基础平面的水平度每米允许偏差5mm，全长10mm；竖向允许偏差每米5mm，全长20mm。

4. 放线就位

各种设备在安装时按照施工图纸，并根据厂房或基础的具体情况，弹出一系列线，作为设备安装的基准，将设备运到所指定的位置上。

5. 找正找平

就位后，必须根据不同设备本身的要求，对设备主要部位做出精确的调整，然后方可将设备固定。

6. 设备固定

用预埋在基础中的一些地脚螺栓，将设备底座与基础紧固在一起，各种设备直接放到基础上是不水平的，为了找平的需要，在设备下面须放一些垫铁，用来调整设备的水平和标高，设备下面放入垫铁后，设备底面与基础之间有一条缝隙，用水泥砂浆或混凝土把它填满，并将垫铁与地脚螺栓牢固定位。

7. 设备清洗

对于有些机械设备的零部件的防锈层，在安装时，需要把一些防锈层清洗掉，如有锈蚀现象，需除锈。

8. 试运转

为全面检验施工过程中各道工序的施工质量和机械设备在设计和制造上的问题，以进一步考查设备在安装过程中的缺陷和问题，并及时加以调整和处理。

9. 设备保护

在设备开箱到就位以及就位以后的过程中，各个施工人员都必须要有很强的责任心，同时要加以某些具体措施(如安排人员监督，设置防护设备等)，必须保证设备的完好性，直至工程验收。

3.10.2 给排水系统的安装

1. 给水系统的安装

生活给水用铜管焊接或卡箍式连接，室外用钢塑复合管。

(1) 工艺流程：安装准备→预制加工→干管安装→立管安装→支管安装→管道试压→管道冲洗。

(2) 铜管规格种类符合设计要求，均有生产合格证。主管道上起切断作用的阀门逐个试验。试验时每批抽查10%，不少于1个，如有不合格再抽查20%，仍不合格，逐个试验。

(3) 室外钢塑复合管安装，在挖好的管沟达到管底标高时，按流水方向顺序排列，将管子徐徐放入管沟内，临时封堵总出水口，做好临时支撑，按图纸找好坐标、标高、坡度。

(4) 安装前认真熟悉施工图，根据施工方案和技术交底具体措施做好准备工作，核对管道的坐标、标高是否有交叉，按设计图纸画的管道分路、预留管口、阀门位置等施工草图，在实际安装的结构位置上做上标记，按标记分段量出实际安装的准确尺寸。

(5) 铜管安装时从总进入口开始操作，预制完的管道运到安装部位依次编号排开，安装前清扫管膛，焊接或卡箍式连接安装完后找平找正，复核甩口位置、方向无误，做好管口临时防护。

(6) 支吊架位置正确、埋设平整牢固，与管道接触紧密，固定牢靠，排列整齐、间距合理。

干管、立管外皮与墙面净距30～50mm。穿楼板加钢制套管，套管高出地面20mm，穿过变形缝加套管采取抗变形措施，间隔均匀设管卡。

(7) 一般阀门安装前按10%抽检，安装注意介质流向，注意手柄方向，位置、进出口方向的正确，连接牢固，紧密、启闭灵活，朝向合理，表面干净。

(8) 钢塑复合管在连接时注意保护内部衬塑。在连接管径时保持衬塑的连续性。

(9) 管道试压，铺设暗装的给水管在隐蔽前系统安装完后进行综合水压试验。当压力升至试验压力时停止加压，进行检查，如各接口阀门均无渗漏，持续到规定的时间观察其压力降在许可范围内，通知业主或监理验收，办理手续。

(10) 管道在试压完成后即可做冲洗，冲洗用饮用水，保证充足的流量，冲洗净后办理验收手续。

2. 消防管道安装

用镀锌钢管DN≥100mm用法兰或卡箍连接，DN＜100mm用丝扣连接。

(1) 消防管道安装工艺：安装准备→干管安装→报警阀安装→立管安装→喷洒分层干管、消火栓及管路安装→水流指示器安装、接合器安装→管道试压→管道冲洗→喷洒支管安装→报警阀配件消火栓配件喷头安装→系统通水试调。

(2) 安装前熟悉图纸、根据施工方案、技术安全交底具体措施选用材料、测量尺寸绘制草图、预制加工。

查看管道的坐标、标高，检查预埋件、预留洞是否准确、检查管件阀门设备组件是否符合设计要求，安排合理的施工顺序。

(3) 沟槽式卡箍连接时，用专用工具开沟口，接口结构及所有填料符合设计要求，胶圈接口平直无扭曲，对口间隙准确，环缝间隙均匀，胶圈接口回弹间隙符合施工规范规定。

(4) 将卡环或卡箍套在管子接头的外壁将接头配件一端全长插入管端内，将卡环或卡箍拉回放置接头端的中部，用专用卡紧钳将卡环或卡箍夹紧。

(5) 干管每根配管长度不宜超过6m，直管段可把几根连接在一起，使用倒链吊装。紧固卡箍时，紧固螺栓符合规定，先紧最不利点，然后对称紧固，卡箍接口留在易拆装的位置。给水横管坡度不小于0.002。

(6) 消火栓干管的安装，量尺寸下料，然后检查预留口位置方向变径等无误后，找平、找正，再丝接或卡箍连接，紧固卡件，焊缝不得留在支架上或穿墙板处。自动喷水配水管，在下列情况下设置防晃支架(固定支架)：在配水管管径大于DN50的直线段中点或拐弯处设一个；在配水管管径大于DN40的直线段，每15m设一个；当管道穿梁或巾梁安装时，可固定于混凝土上作为防晃支架。

(7) 报警阀组的安装先安装水源控制阀、报警阀，然后再进行报警阀辅助管理的连接，使水流方向一致。按要求距地高度1m左右，报警阀处有排水措施，报警阀组件按产品要求和设计说明安装，控制阀有指示装置，并使阀门处于常开状态，报警阀组附件的安装符合下列要求：压力表安装在报警阀上便于观测的位置，排水管和试验阀安装在便于操作的位置；水源控制阀安装便于操作，且有明显开闭标志和可靠的锁定设施。湿式报警阀组的安装符合下列要求：使报警阀前后的管道中能顺利充满水；压力波动时，水力警铃不发生误报警；报警水流通路上的过滤器安装在延迟器前，便于排渣操作的位置。

(8) 立管每层楼板预留孔洞，随结构穿入，减少立管接口。分层干支管安装，管道分支预留口在安装前预制好，丝接的用三通定位预留口，走廊吊顶的管道安装等通风道的位置要协调好，不同管径的不宜采用补心。

(9) 消火栓箱体要符合设计要求，消火栓支管以栓阀的坐标、标高定位甩口，核定后再稳固箱体，箱体找正稳固后再把栓阀安装好。在交工之前消防水龙带折放在挂架上，消防水枪放在箱体内侧。

消火栓按钮由弱电等专业配合施工。

(10) 水流指示器的安装：每层的水平分支干管上水平安装，前后保持有5倍安装管径长度直管段(大于300mm)安装时注意水流方向。在管道水压试验、清洗后安装在干管始端。安装于水平管道上，垂直向上，无明显倾斜。水平管上开孔焊接三通短管时，铁渣不得留在管内，采取措施清理，或三通宜预制好安装。水流指示器浆片必须垂直插入管内，且不得与管道碰擦。水流方向与水流指示器上方向标记相同。

(11) 水泵接合器的安装，有10套水泵接合器，安装完后标明安装后便于操作，接合器的组件有止回阀、安全阀、闸阀，必要时可加泄水阀。安全阀定压由设计说明确定。高于室内最不利点，水泵接合器安装端正，无明显倾斜。

(12) 喷洒头支管与吊顶装修同步进行，支管装完预留口用丝堵拧紧，准备系统试压。

(13) 消防管道分段试压，由于消防管道点多面广，不易全面检查，在具备进水条件时，首先进行气压试验，如压缩机能停机，说明该段试压管道中无大的泄漏点(如堵头未堵、焊缝漏焊等现象)。此时再进水做水压试验。试压合格后及时办理验收手续。

(14) 系统冲洗符合如下要求：冲洗报警阀，先关闭信号系统的进水阀和排水阀，开启报警阀上部水腔的排水阀，使报警阀瓣打开，阀腔得到冲洗；水力信号系统冲洗，关闭报警阀上部水腔的排水阀，打开试铃阀和信号系统的进水阀，使水力警铃动作，水力信号管道系统得到冲洗；喷水管道在喷嘴安装前进行冲洗，喷嘴管口先加丝堵，打开各分区系统末端的试验泄水阀放水，使喷数管道得到冲洗。泄水阀放水管接至卫生间地漏或洗手间水盘处排水。

(15) 支吊架安装要求，为防止喷头喷水时管道产生大幅度晃动、干管、立管均加防晃固定支架。

喷水管上至少设置一个防晃支架，吊架支架固定于建筑物上。

(16) 喷头安装，喷头规格类型、动作温度符合设计要求，安装的保护面积、间距符合要求，用出厂专用扳手拧紧，填料用聚四氟乙烯带，防止损坏和污染吊顶。喷头安装在系统试压、冲洗合格后进行；喷头安装时宜采用专用的弯头、三通，支管与喷头的异径接头；喷头安装使用专用扳手，严禁利用喷头的框架施拧，不得对喷头进行拆装、改动，并严禁给喷头附加任何装饰性涂层；喷头安装朝向按设计要求，朝上、朝下喷头端正，无明显倾斜。吊顶面上的喷头，镀铬装饰罩紧贴吊顶面。安装在易受机械损伤处的喷头，加设喷头防护罩；喷头在吊顶面上的布置，不得影响吊顶龙骨、装饰图案及照明、音响、空调等器具的安装。

(17) 消防系统通水调试达到消防部门测试规定条件，测试最不利的喷洒头和消水栓的压力，以及消防联动的协调。

报警阀动作检测：可打开排水阀，观察压力表指针动态，上水腔压力表降压，且不久与下水腔压力表压力相似，说明报警阀动作正常。延迟器和水力警钟动作检测：开启信号管阀门，计时观察水力警钟延迟动作时间，一般宜在25～30s之间。观察水力警铃动作是否正常，若发现铃声不正常拆开检修。

压力开关动作检测：开启报警阀后排水阀，报警阀动作，信号管进水，压力开关接到水压信号，即接通电路报警，启动消防泵。压力开关的压力值由电气试调人员调整，动作检测时管道施工人员配合。

水流指示器动作检测：开启分区泄水阀，使电接点接通报警，检测时管道施工人员与电气试调人员配合工作，试验泄水阀须接软管引至下水管口处排水。

喷嘴经有关部门检验合格后安装，安装后再作检测。

3. 排水管道安装

(1) 管材UPVC所用粘接剂是同一厂家配套产品。所有产品有合格证及说明书。

(2) 工艺流程：安装准备→预制加工→干管安装→立管安装→支管安装→卡件固定→封口堵洞→闭水试验→通水试验。

(3) 预制加工，根据图纸要求结合实际情况，按预留口位置测量尺寸，绘制加工草图。根据草图量好管道尺寸，进行断管。断口要平齐，用刮刀去除 UPVC 断口内外毛刺。粘接前对承插口插入试验，插入深度为承口的 3/4 深度，试插合格后，擦去粘接部位的水分和灰尘，用毛刷涂抹粘接剂，先涂承口后涂抹插口，及时用力垂直插入，插入粘接时将插口稍作转动，以利粘接剂分布均匀。约 30s 可粘接牢固。粘牢后立即将溢出的粘接剂擦试干净。多口粘接时注意预留口的方向。

(4) 采用托吊架安装时注意设计坐标、标高、坡向，做好托吊架。施工条件具备时，将预制加工好的管段，按编号运至安装部位进行安装。

干管安装完后使之闭水试验，出口用充气橡胶堵封闭，达到不渗漏，水位不下降为合格。最后将预留口封严和堵洞。

(5) 立管满足设计坐标要求，将洞口预留或后剔首先清理已预留的伸缩节，将锁母拧下，取出 U 型橡胶圈，清理杂物。复查上层洞口是否合适，然后涂上肥皂，套上锁母及 U 型橡胶圈。安装时先将立管上管伸入上一层洞口内，垂直用力插入标志为止，预留胀缩量 20～30mm，合适后用 U 型钢制紧固伸缩带上沿，然后找正找直。无误后可堵洞，并将上层预留伸缩节封严。

(6) 支管安装，将支管水平初步吊起、涂抹粘接剂用力推入预留管口，根据管段长度调整好坡度，合适后固定卡架，封闭各预留管口和堵洞。

(7) 器具连接管安装，检查建筑物地面、墙面做法、厚度，找出预留口坐标、标高，按准确尺寸修整预留洞口，分部位实测尺寸做记录，并预制加工、编号，安装粘接时，必须将预留管口清理干净，粘接完后找正找直，封闭管口和堵洞，打开下一层立管扫除口用充气橡胶堵封闭上部进行闭水试验。合格后，撤去橡胶堵封好扫除口。

(8) 排水管道安装好后按规定要求进行闭水试验，卫生洁具及设备安装后，必须进行通水试验。

4. 卫生洁具安装

(1) 安装准备→卫生洁具及配件检验→卫生洁具安装→卫生洁具配件预装→卫生洁具稳装→卫生洁具与墙地缝隙处理→卫生洁具外观检查→通水试验。

(2) 卫生洁具安装，与卫生洁具连接的管道水压闭水试验完毕，并办好隐、预检手段。

(3) 卫生洁具符合设计要求，参照图集及厂家提供说明书进行安装。

(4) 在稳装前先进行检验、清洗、配件与洁具的配套。坐便器安装：清理预留口，将座便器出水口对准预留口，放平找正，在座便器两侧固定螺栓眼孔处画好印记后，稳住座便器，将印记做十字线打地脚螺栓，使固定螺栓与座便器眼孔吻合，在排水洞抹上油灰后，将座便器螺栓放平找正，螺栓上套好橡胶皮垫，螺母拧至松紧适度。水箱配件安装，溢水管口低于水箱固定螺孔 10～20mm，浮球阀安装调至例行位置，安装水箱翻板排水时，将挑杆与翻板用尼龙线连接好，活动自如。

洗脸盆安装：先将水口根母、眼圈、胶垫卸下，将上垫好油灰后，插入脸盆排水口孔内，下水口中的溢水口要对准脸盆排水口中的溢水眼。脸盆水嘴安装时，先将水嘴锁母卸下，插入脸盆给水孔眼，下面再套胶眼圈，带上根母后，左手按住水嘴，右手用扳手将锁母紧至松紧适度。

小便器安装，符合如下要求：墙面埋置螺栓和挂钩，螺栓的位置，根据不同型号的产品实样尺寸定位；壁挂式小便器小封出水口有连接法兰，安装时拆下连接法兰，将连接法兰先拧在墙内暗管的内螺纹管件上，调整好连接法兰凹入墙面的尺寸；小便器挂墙后，出水口与连接法兰用胶热密封，用螺栓将小便器与连接法兰紧固。小便器墙内暗管为DN50，管件口在墙面内45mm左右，暗管管口为小便器中心线位置，高510mm。

3.10.3 电气工程安装

本工程电气安装项目包括线管架设、管内导线、电缆桥架安装，器具安装、配电箱安装、电缆架设、弱电工程、系统调试。

1. 变压器安装

委托电力部门安装变压器，安装要求如下。

(1) 施工前熟悉图纸、规程、标准图册，掌握具体施工要求。

(2) 安装前会同业主代表共同进行设备检查。

(3) 出厂合格证、试验记录，说明书。

(4) 变压器铭牌、型号、规格与设计是否相符。

(5) 油箱是否漏油。

(6) 零部件是否齐全，有无损坏、锈蚀、变形等。

(7) 安装尺寸是否符合设计要求。

(8) 在技术人员指导下，准备好施工机械、工具、材料并进行现场布置。

(9) 变压器搬运过程中不得损坏绝缘和密封，无严重振动、颠簸、冲击，移运时最大坡度不超过15°。

(10) 变压器的基础，轨道水平，轮距轨距一致。

(11) 变压器就位时，注意方位满足施工图纸要求。

(12) 变压器外壳用良好接地，装有可供拆卸的测试点。

(13) 安装载分接开关，传动机构动作灵活，润滑良好，机械联锁及限位开关动作正确，主触头接触良好，分接开关与指示正确无误。

2) 高低压成套柜安装

成套柜安装工序常分为：基础型钢配料，基础型钢埋设，盘柜搬运检查，找正固定、接线、调整。

选用10号槽钢，先调直除锈，按图下料。

与土建密切配合，核对各种预留孔、预留沟、预埋件位置、数量、尺寸等。

基础型钢安装后，其顶部高出抹平地面10mm。

型钢基础调整完毕，与预埋件焊牢，型钢基础可靠接地，接地点不少于两点。

盘柜两次搬动时防止磕碰。开箱检查时按图核对盘型、尺寸、清点仪表、开关、继电器等元部件，检查其完好性，做好记录，保存好合格证、出厂图纸、试验报告等有关资料文件。

盘柜成列安装时，在距柜顶和柜底各 200mm 处，按规定位置拉两根基准线，比照基准就位，精确调整每年盘柜，调整至盘面一致，排列整齐，水平误差不大于 1/1 000，全长不大于 5mm，垂直误差不得大于 1.5/1 000，盘与盘之间无明显缝隙，最大不超过 2mm。

盘柜之间，盘柜与基础型钢之间用镀锌螺栓固定。

盘柜接地牢固可靠，用软导线与接地的金属构架可靠接地。

盘柜与母线安装，母线留一定安装预度，连接牢固可靠。

3. 电线管暗敷设工程

(1) 工艺流程：暗管敷设→预制加工→测量盒箱位置→稳定盒箱→管路连接。

(2) 暗配管沿最近线路敷设，穿墙时和穿越伸缩缝用软管过度，做好跨接。

(3) 顶棚内电管敷设用支架和跨马卡固定，尽可能避免顶棚内的的其他专业管路。

(4) 中间按线盒留置按规范要求。

(5) 测定盒箱位置，以土建弹出水平线基准，挂线找平，线坠找正，标出实际尺寸，线管与盒箱连接时，用丝扣内外锁紧螺母固定，大于 ϕ32 管用焊接固定。

4. 管内穿线(缆)

选择导线→穿带线→扫管→放线及断线→导线与带线绑扎→带护口→穿线→导线接头→接头包扎→线路检查，绝缘测量。

采用铜芯聚氯乙烯绝缘导线及阻燃电缆，要求导线规格、型号符合设计要求，有出厂合格证，A、B、C 三相分别黄、绿、红色线，按地线为黄绿双色线。

(1) 清扫管路：用压缩空气，吹入已敷设的管路中，除去尘土和水份，随后向管内吹入适量的滑石粉。

(2) 放线前用设计图核对导线的规格、型号断线前导线预留长度分别为：接线盒、开关盒、灯头盒为 15cm，进入配电箱导线预留长度为配电箱体周长的 1/2。

(3) 导线在变形缝处补偿装置活动自如，导线留有一定含量。

(4) 绝缘导线中间和分支接头，用塑料绝缘带均匀缠绕严密，接头处用黑胶布封严成枣核状。2.5mm^2 以下连接可用尼龙压接帽，大于 10mm^2 时用接线端子或套管压接。

(5) 穿线完毕后，用摇表测线路，照明线路不小于 0.5MΩ，动力线路，绝缘阻值不小于 1MΩ，并做好记录。

5. 桥架安装

弹线定位→支架螺栓固定→安装桥架→保护地线安装→电缆敷设→线路检查及绝缘测试。

垂直方向的桥架与土建施工时预留，固定于标定的位置找正。

吊顶内的用托盘吊装时，吊杆间距：水平距离为 2m，垂直方向为 1.5m，支吊架平直切口无卷边、毛刺、扭曲长短误差控制在 5mm 以内。

在进出线箱、转角转弯及变形缝丁字接头处设置固定支撑点。桥架穿墙预留洞用防火枕作封堵。按设计要求测量出电缆长度锯断和敷设电缆，敷设完毕后及时进行整理绑扎，挂标牌。

6. 桥架配线

本工程弱电部分火灾自动报警系统、公用广播、背景音乐系统、保安监控系统、语言通讯系统、主干线路设计均采用电缆桥架敷设。本工程电缆桥架设计采用镀锌托盘槽式桥架安装吊顶层内。

安装前准备工作包括以下几点。

(1) 线路复测：电缆桥架的型号和规格在施工图中已经确定，其敷设线路在施工图中是示意性的，对于线路准确长度、三通、四通、弯通等一般不作表示。这就要经过复测，确定各部分的准确长度，配件数量，支吊架的制作尺寸，经过复测，提出备料计划。

(2) 支架和吊架是电缆桥架的主要支持件，一般采用角钢现场加工制作比较合适，加工件进行除锈、刷漆防腐处理。

电缆桥架安装要求如下所述。

(1) 桥架安装因地制宜选择支、吊架，桥架可水平、垂直敷设，可转直角和斜角，可进行T型和十字型分支。

(2) 桥架安装有利于穿放电缆，桥架安装好后，进行调直，桥架用压片固定在支架上。

(3) 支持桥架的支、吊架长度与桥架宽度一致，没有长短不一致现象。

(4) 电缆桥架严禁采用电气焊焊接，接地螺栓制造厂家在喷涂前焊在每节处缘。施工时用砂纸磨去螺栓表面油漆，再进行接地跨接。

(5) 电缆上下桥架通过引下装置，在安装引下装置的部位两侧1m处增设加强支架吊架。

(6) 桥架在水平端每1.5～3m设置一个支吊架，垂直段每1～1.5m设一个支架，距三通、四通、弯头处两端1m处设置支、吊架。

(7) 桥架经过建筑物的伸缩缝时，断开100～150mm间距，间距两端进行接地跨接。

定型支架安装：定型支架由主柱和托臂两部分组成。主柱可以采用膨胀螺栓固定，在梁或顶板上托臂可以挂固在立柱上面，立柱由槽钢、角钢和工字钢等型钢加工而成，上面设有成排长方孔，可以调整托臂的标高。

自制支吊架安装：自制电缆桥架支吊架根据现场敷设线路的实际情况进行测量尺寸，绘出加工草图，根据桥架及电缆的重量，选择适当的角钢或槽钢进行加工，吊杆一般采用ϕ8～10mm圆钢，吊架承载面上，开两个固定孔。

桥架吊装：桥架支、吊架制作安装完毕后，可以安装桥架。桥架在地面将两节三节连接起来，连接时，将桥架摆直，内外连接片分别对准桥架连接孔，用方颈螺栓固紧，采用两个定滑轮水平起吊，起吊前将吊架上桥架一侧的吊杆螺母松开，使桥架能水平放在支架上。起吊要平直，两端用力均匀，三通、四通和弯头均可连接在直线段上起吊，定滑轮可挂在梁或其他可承载的构件上，每吊上去一段进行连接，将桥架大致固定在支架上，以免掉下来。等架上桥架连接完毕后，方可进行最后调直紧固。

桥架的接地：桥架的接地按设计要求进行施工，在桥架上有多处与地相连，接地施工在敷设电缆前进行，桥架上的所有连接、接地螺栓向外，以免敷设电缆时挂坏电缆，桥架上各处接地点均有可靠的电气连接。

敷设桥架电缆：敷设桥架电缆可在桥架上电缆放线滑轮，滑轮为塑料制品，也可采用蝶式瓷瓶以代用。在桥架上水平段每4～6m绑扎一个，垂直段每4～5m绑一个，在拐弯处必须绑扎一个。根据拐弯的方向可将拐角处的绑成垂直的或45°。当滑轮绑好后，先将一根麻绳通过滑轮敷设在桥架上，一头由人牵头，一头绑扎电缆，采用自制网套引头拉上桥架。

电缆敷设的起点根据电缆敷设的路线，电缆盘运输条件、支盘的场地等决定。一般选用配电房(或附近)拐角处、三通和四通连接处，粗电缆每次可以敷设一根，较细的电缆一次可以敷设2～4根。

敷设电缆时，拉力要均匀，桥架上有人调整滑轮，以防电缆滑出滑轮，扭结在一起。当电缆较长时，可以选中间为起点向两头敷设，这时电缆的长度一定要测量准确。

电缆桥架水平安装两排时或垂直安装几排时，放电缆先里边，后外边。垂直安装时，先下边后上面。电缆敷设在桥架上，立即开始整理使电缆松弛地，沿直线方向摆放在桥架上。在建筑物伸缩缝处摆放成S形，电缆摆放时，转弯处紧松一致，每3～5m用塑料线绑扎一次，或缆卡固定，桥架上的电缆平行整洁。

7. 开关插座安装工程。

(1) 开关插座安装前各种管路盒子皆敷设完毕，盒子收口平整，导线已穿完，并且做绝缘测。

(2) 将盒子里杂物清除干净，准备内导线留出量，削出线芯，将盒内甩出的导线与开关、插座面板连接好，将开关或插座推入盒内。

(3) 开关位置与灯位相对、开关必须断相线，插座接线相序正确。

(4) 成排开关、插座高度一致，高差不大于2mm，同一室内安装高低差不大于5mm，开关插座面板平整，紧贴建筑物表面。

8. 灯具安装工程

检查灯具→组装灯具→安装灯具→通电试运行。

大(重)型灯具及吊扇等安装用的吊钩、预埋件必须埋设牢固。

吊扇吊杆及其销钉的防松、防振装置齐全、可靠。

器具及其支架牢固端正，位置正确，有木台的安装在木台中心。

暗插座、暗开关的盖板紧贴墙面，四周无缝隙。灯具及其控制开关工作正常。

连接牢固紧密，不伤芯线。压板连接时压螺栓连接时，在同一端子上导线不超过两根松动，防松垫圈等配件齐全。

开关切断相线，螺口灯头相线接在中心触点的端子上；同样用途的三相插座接线，相序排列一致，单相插座的接线，面对插座，右极接相线，左极接零线，单相三孔，三相四孔插座的接地(接零)线接在正上方，插座的接地(接零)线单独敷设，不与工作零线混同。

成排灯具排列整齐，中心线允许偏差5mm。

9. 配电箱的安装

动力箱(照明箱)其位置在土建施工中密切配合，用水泥浆填实，周边打平齐，要求盘面平整、间隙均称，照明配电箱上设相线及PE、N线端子排，绑扎成束，排列整齐，引进、引出线留有余量，导线压接不得露铜。多股线加装线端子并刷锡。

安装完毕后认真检查箱内元件配线是否引起振动，加以紧固，进行绝缘测量。

10. 防雷接地工程

本工程配电系统接地形式为TN-S制式、单相三级插座的保护接零端与专用保护零线可靠连接。从配电箱引出电缆均为三相五芯电缆，N线与PE线严格分开。

设备防雷措施有高压开关柜设避雷器，低压开关柜各级装设电源电涌防护器。设备接地与建筑物防雷接地等做联合接地。屋面所有金属管道、设备均与屋面防雷装置相连。

利用基础内桩基础作接地极，所有地梁主筋连成一个完整的通路。接地电阻不得大于1Ω。

3.11 PHC管桩

3.11.1 施工准备

(1) 当压桩场地距周边建筑物较近，或距道路及地下管线较近时，可在桩基施工区域与管线之间开挖沟宽和沟深1.5～2.0m左右的防挤沟，保护建筑、管线及道路。

(2) 如果压桩场地存在大面积较厚饱和软土，压桩机无法行走或行走影响成桩质量时，可以用中粗砂置换1.5～2.5m厚饱和软土，既利于下部饱和软土固结，又便于压桩机械行走移位，防止因挤土效应致使管桩偏倾及断桩。

(3) 做好现场三通一平工作，及时清除地下障碍物和处理架空线路。场地应平整、坚实，地面高低不平度应小于300mm，电压必须达到110kV，以满足机械施工的需要。

(4) 管桩进场时，应根据现场施工要求，进行合理吊装、堆放。

(5) 管桩进场必须有厂方提供的产品合格证，运至现场后应进行外观检验。

(6) 压桩前根据设计施工图纸，对现场桩位轴线、标高进行测定，并经过检查办理复核签证手续；根据轴线定出的桩位点，用竹签或短钢筋打好定位桩，并采用白灰进行标识。

3.11.2 桩机调试就位

桩机行走就位后，调整桩机机架处于水平状态，使夹桩器钳口板与地面垂直，张开钳口夹具，以便吊插预应力管桩，此时注意二次放样。桩机横向移动最大距离为600mm/次，纵向移动最大距离为3 000mm/次，一次回转最大角度为90°。

3.11.3 试压桩（探桩）

工程施工前，应先进行试压桩，以确定压桩终压条件及桩长。

3.11.4 吊装定位

(1) 吊装时用索具绑住桩身上部L/5处，吊车顺起吊管桩，插入桩机夹具中，夹紧夹具。

(2) 夹桩器夹持力大小的控制十分关键。通过调整夹桩液压油缸的压力来获得合适的夹桩力(一般夹持力为压桩力的0.8倍)以避免因夹持力过大夹碎管桩或过小使夹桩器产生滑动。

3.11.5 静力压桩

(1) 桩就位后，必须用经纬仪检查两个正交方向的桩身垂直度，桩插入后，垂直度偏差不得超过 0.5%L(L 为桩长)。符合要求后方可压桩，施压速度一般不宜超过 2m/min。

(2) 压桩时，应使纵向(长船)步履着地，随时调整桩机水平，确保管桩垂直下沉；横向(短船)步履离地一般不宜超过 300mm，避免发生断桩现象。

(3) 当压桩完成一个行程，需要重新调整夹具进行压桩时，应将压桩手柄回推，使压桩压力降至 0～2MPa 左右，再松开夹桩油缸。

(4) 压桩宜连续一次性将桩沉到设计标高，尽量缩短中间停顿时间，同一根桩的中间间歇时间不宜超过半小时。沉桩过程应有完整的记录。

(5) 沉桩过程中出现压桩力异常、桩身漂移、倾斜或桩身及桩顶破损，应查明原因，进行必要的处理后，方可继续施工。

(6) 合理确定压桩顺序。

对于场地地层中局部含砂、碎石、卵石时，宜先对该区域进行压桩；若持力层埋深或桩的入土深度差别较大时，宜先施压长桩后施压短桩；根据桩的入土深度，宜先长后短、先高后低；若桩较密集，且距建筑物较远，场地开阔时，宜从中间向四周进行；若桩较密集，场地狭长，两端距建筑物较远时，宜从中间向两端进行；若桩较密集，且一侧靠近建筑物时，宜从相邻建筑物的一侧开始，由近向远进行；桩数多于 30 根的群桩基础，应从中心位置向外施压；承台边缘的桩，待承台内其他桩压完并重新测定桩位后，再插桩施压；有围护结构的深基坑中的静压管桩，宜先压桩后再做基坑的围护结构。

3.11.6　接桩

(1) 接桩采用端板焊接连接或机械连接。管桩接头不宜超过 3 个。接桩时，宜在桩头高出地面 0.5～1.0m 处进行且应保持上下节桩段轴线一致。

(2) 应避免桩尖接近或处于硬持力层中接桩。在福建沿海地区接桩时，接头应放置在非液化土层中。

(3) 管桩机械连接前应在桩端处均匀涂抹 2～3mm 厚的益胶泥，确保管桩机械连接接头有效传递弹性波。

(4) 接桩前应先将下节桩的接头处清理干净，设置导向箍以方便上节桩的正确就位，接桩时上下节桩中心线偏差不宜大于 2mm，节点弯曲矢高不得大于桩段长的 0.1%。

(5) 管桩对接前，上下端板表面应用钢丝刷清刷干净，坡口处应刷至露出金属光泽。

(6) 焊接采用焊条(焊条宜用 E4303 或 E4316)或焊丝(二氧化碳气体保护焊)。焊接时宜先在坡口圆周上对称电焊 4～6 点，待上下节桩固定后拆除导向箍，再分层施焊，施焊宜由两个持证上岗的焊工对称进行。

(7) 拼接处坡口槽电焊应分 3 层对称进行，内层焊渣必须清理干净后方能施焊外一层，焊缝应连续饱满，其外观质量应符合二级焊缝的要求。

(8) 电焊结束后，停歇时间应大于 1min，并应对接头焊接质量进行隐蔽验收，方可继续施压。隐蔽验收焊缝质量要求见附表 3-9。

(9) 施焊完成的桩接头应自然冷却后才能连续沉桩，自然冷却时间不应少于 10min，不得用水冷却或焊好即沉；当采用二氧化碳气体保护焊时，自然冷却时间不应少于 5min。

(10) 抗拔桩的接头焊缝应作可靠的防锈处理，见附表 3-9。

附表 3-9 焊缝质量检验表

序号	检查项目	允许偏差或允许值		检查方法
		单位	数值	
1	上下节端部错口	mm	≤2	用钢尺量
2	焊缝咬边深度	mm	≤0.5	焊缝检查仪
3	焊缝加强层高度	mm	2	焊缝检查仪
4	焊缝加强层宽度	mm	2	焊缝检查仪
5	焊缝电焊质量外观	无气孔，无焊瘤，无裂缝		直观
6	焊缝探伤检验	满足设计要求		按设计要求

3.11.7 终压条件

(1) 根据试沉桩情况、桩端进入持力层情况及沉桩压力等因素，结合邻近工程沉桩经验，由勘察、设计、施工、监理等有关单位共同商定。

(2) 当管桩被压入土中一定深度，或桩尖进入持力层一定深度，达到设计要求可停止压桩，最终压桩力作为参考。

(3) 静压法沉桩宜做试沉桩，应在有代表性的地基位置，先施工 1～3 根桩。如进入设计标高后压桩力仍较小，对粘性土或残积土待 24h 后采取与桩的设计极限承载力相等的压桩力进行复压，如果桩身稳定，可按试沉桩的桩长和标高进行施工，否则应适当调整。压桩力可根据试桩资料和桩端进入持力层的要求来确定。

3.11.8 送桩

当桩顶设计标高在地面以下需要送桩时，送桩器的轴线必须与桩轴线一致，如有偏位应及时调正。在静力压桩施工中，不允许用“桩对桩”进行送桩作业，应采用专用送桩器。

送桩器与桩之间应加设弹性衬垫，衬垫厚度应均匀，在压桩期间应经常检查，并及时更换和补充。

3.11.9 截桩

如果桩头高出地面一段距离，而压桩荷载已达到规定压桩值时则要截桩。由于压桩机行走方面的要求，所有高出地面的桩头都必须截断掉。截桩的方法是先用锤子或风镐把桩身四周的主筋敲出，并用气割将钢筋割断，再采用专用截桩器截桩。对于个别露出地面较短的桩头可从上到下凿除。严禁用大锤横向敲打、冲撞，严禁利用压桩机行走推力强行将桩扳断。

第 4 章 完善的工程质量体系

4.1 确保工程质量的组织机构

附图 4.1 为组织机构图。

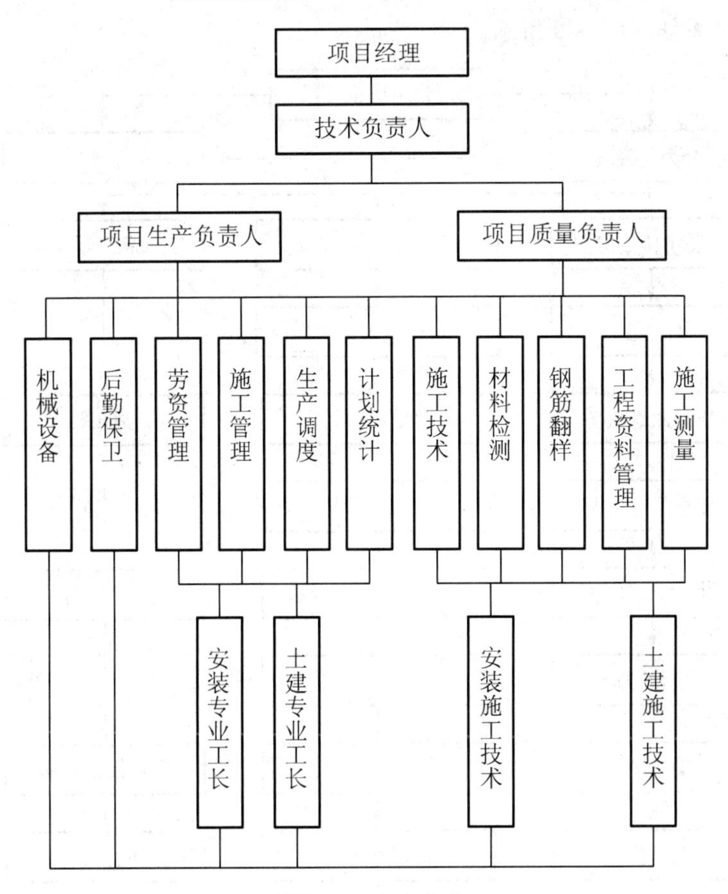

附图 4.1 组织机构

4.2 质量控制和质量保证的指导原则

建立完善的质量保证体系，配备高素质的项目管理、质量管理人员，强化“项目管理，以人为本”。严格过程控制和程序控制，开展全面质量管理，树立创“精品工程”的质量意识，使该工程成为我公司具有代表性的优质工程。制订质量目标层层分解，质量责任、权力彻底落实到位，严格奖罚制度。建立严格而实用的质量管理和控制办法、实施细则。严格样板制、三检制、工序交接制度和质量检查、审批等制度。广泛深入开展质量职能监督分析、质量讲评，大力推行“一案三工序”管理措施，即“质量设计方案、监督上工序、保证本工序、服务下工序”。利用计算机技术等先进的管理手段，进行项目管理、质量管理和质量预控，强化了质量检测和验收系统，加强了质量管理的基础性工作。严把材料(包括原材料、成品、半成品)、设备的出厂质量和进场质量关。

4.3 质量保证体系

从产品原材料采购，施工过程到交付均严格按照质量保证手册、程序文件及《作业指导书》等 ISO9001 质量标准运行。

质量保证体系如附图 4.2 所示。

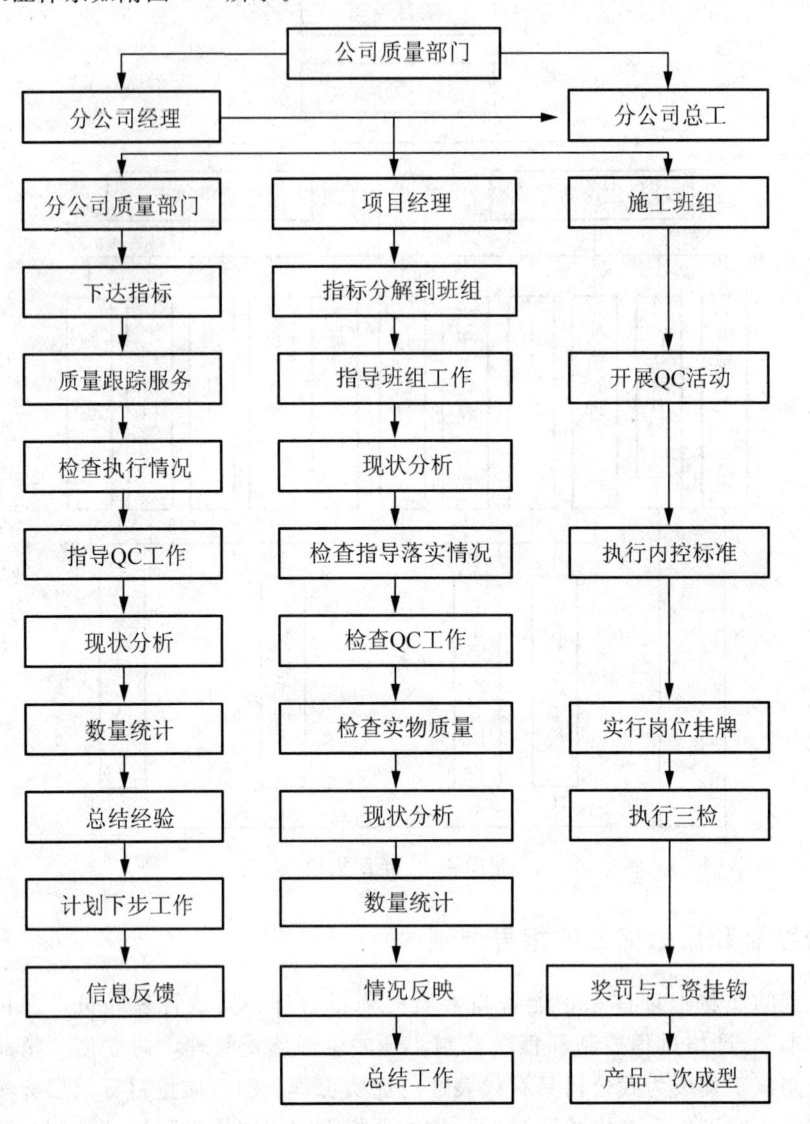

附图 4.2 质量保证体系

4.4 质量保证措施

根据质量保证体系，建立岗位责任制和质量监督制度，明确分工职责，落实施工质量控制责任，各负其责。根据现场质量体系结构要素构成和项目施工管理的需要，由公司服务和控制，形成由项目经理领导、技术负责人组织实施的质量保证体系。现场各专业小班子进行中间控制，各专业质检员、班组质检员进行现场检查和监督，形成横向从结构、装修、防水到机电等各个专业项目，纵向从项目经理到施工班组的质量管理网络，从而形成项目经理部管理层到作业班组的现场质量管理职能体系，从组织上保证了质量目标的实现。

4.4.1　过程质量执行程序（附图 4.3）

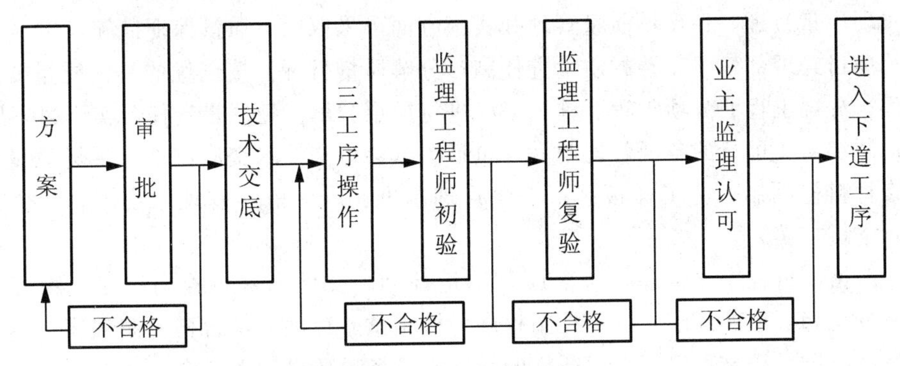

附图 4.3　过程质量执行程序

4.4.2　质量保证程序（附图 4.4）

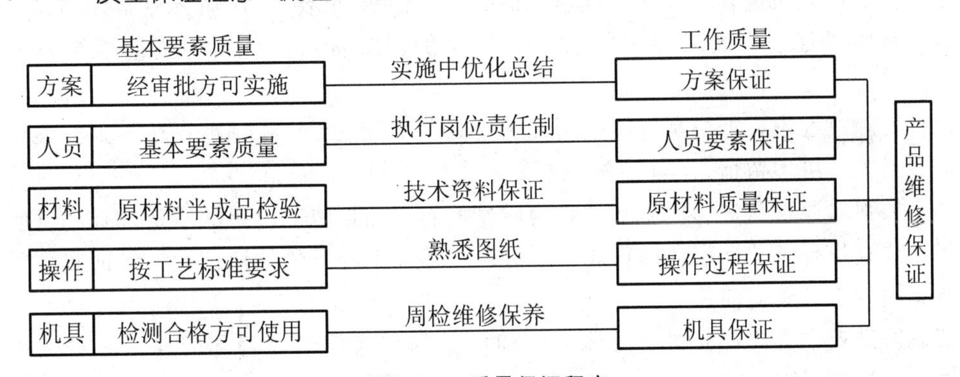

附图 4.4　质量保证程序

4.5　质量控制的主要环节

4.5.1　加大对设计工作的协调力度

只有图纸的深度和设计的质量达到完善的程度，才能为施工提供切实可行的依据，并可大大减少设计修改和不必要的返工。因此，我们必须重视图纸会审，积极主动地与设计单位进行协调、沟通和配合，以避免各专业的衔接不到位和产生矛盾。特别是确保土建工程与机电工程、土建工程与装修工程之间的有效合理衔接，为施工单位提供充分详细的施工依据，确保工程质量和进度。

4.5.2　材料设备的选型及其质量标准、档次的确定

（1）首先按照业主、设计和规范的要求，确定其质量标准、档次。

（2）其次是严格遵守样品报批制度，通过业主、监理公司、设计单位的实际评价，确定最优的选择意见。

（3）严格按照设计参数标准、样板或样品进行选型和采购。

（4）对材料设备采购、加工、运输进行过程跟踪控制。

（5）对进入现场的材料、设备质量进行最终控制，达不到质量标准的一律不能用在工程上。

4.5.3 施工现场质量管理和实时控制

为实现质量目标，在现场质量管理和实施方面可采取以下质量保证措施。

(1) 项目经理部建立完善的质量责任制，分解质量目标，按创优的具体质量要求，按单位工程、分部工程、分项工程、施工工序进行层层分解，把质量责任落实到每一层。

(2) 制定切实可行的各项管理制度，包括图纸会审和技术交底制度；现场质量管理制度；装修材料样品制；施工样板制；工序管理制度；内业资料管理制度；质量会诊制度等，并严格贯彻实施。

(3) 严格质量程序化管理，包括项目质量计划、文件和资料控制程序、物资管理程序、产品标识和可追溯程序、过程控制程序、检验试验程序、不合格控制程序、纠正和预防措施程序、质量记录程序等，以严格的程序规范各项质量管理工作。

(4) 强化质量过程控制，包括过程控制计划、质量检验计划、验收质量控制实施细则、分承包方过程质量管理程序、过程标识制度、特殊(重要)工序质量控制计划、月度预控计划、月质量报表、质量分析报告、成品保护、新材料、新工艺质量控制程序、总结等。

(5) 实施过程中，严格实行样板制、三检制，实行三级检查制度；达不到标准要求的工序彻底返工，决不留情。

(6) 加强对原材料进场检验和试验的质量控制，加强施工过程的质量检查和试验的质量控制，认真执行工艺标准和操作规程，进一步提高工程质量的稳定性，保证实现质量目标的所有因素都处于受控状态。

(7) 协助业主、监理公司、设计单位和相关的政府质量监督部门，完成对工程的检验、试验和核验工作。

(8) 通过工序质量控制，实现分部、分项工程的质量控制，通过分部、分项工程的质量控制，保证单位工程的质量目标的实现。

4.6 主要分项工程质量保证措施

质量控制和保证措施在各专项施工中已具体描述，以下对相关的质量管理和控制措施进行简单阐述。

4.6.1 钢筋工程

钢筋工程是结构工程质量的关键，我们要求进场材料必须由合格分供方提供，并经过具有相应资质的试验站检验合格后方可使用。在施工过程中我们对钢筋的绑扎、定位、清理等工序采用规范化、工具化、系统化控制，近几年我公司又探索出了多种定位措施和方法，基本杜绝了钢筋工程的各项隐患。

(1) 箍筋、板筋绑扎前的梁主筋及模板上画出箍筋、板筋位置线保证箍筋、板筋位置、间距准确。楼板上层钢筋采用 $\phi10$ 铁马支撑，间距 900mm×900mm，梅花状布置。为保证柱筋位置准确，在柱根部设一道 $\phi10$ 加强箍与柱主筋、梁板筋点焊。

(2) 为保证钢筋与混凝土的有效结合，防止钢筋污染，在混凝土浇筑后均要求工人立即清理钢筋上的混凝土浆，避免其凝固后难以清除。

(3) 为有效控制钢筋的绑扎间距，在绑板、墙钢筋时，要求操作工人先划线后绑扎。

(4) 工人在浇筑墙体混凝土前安放固定好钢筋，确保浇筑混凝土后钢筋不偏移。

(5) 通过自制垫块来保证钢筋保护厚度，用钢筋卡具控制钢筋排距和纵、横间距。

(6) 钢筋绑扎后，只有土建和安装质量检查员均确定合格后，经监理验收合格方可进行下道工序的施工。

4.6.2 模板工程

模板体系的选择在很大程度上决定着混凝土最终观感质量，我公司对模板工程进行了大量研究和试验，对模板体系的选择、拼装、加工等方面都已趋于完善。能够较好地控制模板的膨胀、漏浆、变形、错台等质量通病。

为保证模板最终支设效果，模板支设前均要求测量定位，确定好每块模板的位置。通过完善的模板制作、安装体系和先进的拼装技术，保证模板工程的质量。模板选用 18mm 厚的多层竹胶模板，这种模板具有易拼装、易拆卸、接缝严密、浇筑后混凝土表面光滑等优点。柱模板安装前，检查模板底混凝土表面是否平整，如不平整，先在模板下口处(不得抹入柱截面内)抹 1～2cm 厚水泥砂浆找平，以免浇筑混凝土时漏浆，造成烂根。

4.6.3 混凝土工程

为保证工程质量，施工中采用流程化管理，严格控制混凝土各项指标，浇筑后，成品保护措施严密，每个过程都存有完整记录，责任划分细致，保证混凝土工程内坚外美的效果。

本工程梁板混凝土全部按清水混凝土施工，特制订了清水混凝土施工措施。浇筑完的楼板混凝土在初凝前进行二次压抹，防止混凝土泌水下沉产生的表面裂缝。梁板混凝土浇筑完 12 小时之内浇水养生，保证混凝土浇筑 14d 处于足够的湿润状态，墙混凝土表面喷洒养护膜养生。

(1) 为保证混凝土浇筑时的分层厚度，制作有刻度的尺杆。当晚间施工时要配合足够的照明，为操作者创造良好的质量控制条件。

(2) 混凝土浇筑后要做出明显的标识，以避免混凝土强度上升期间的损坏。

(3) 为保证混凝土拆模强度，从下料口取同条件制作试块的混凝土，并用钢筋笼保护好，与该处混凝土等条件进行养护，拆模前先试验同条件试块强度，如达到拆模强度方可拆模。

4.6.4 砌筑工程

砌体采用混合砂浆砌筑，砂浆密实饱满，水平灰缝的砂浆饱满度不低于 100%，凝结固化的砂浆不允许再用，拉结筋按设计或规范设置，保证锚固长度，另外，墙上不得留脚手眼。测量放出主轴线，砌筑施工人员弹墙线、边线及门窗洞口的位置。墙体砌筑时应单面挂线，每层砌筑时要穿线看平，墙面随时用靠尺校正平整度、垂直度。墙体每天砌筑高度不宜超过 1.8m。注意配合墙内管线安装。墙体拉结筋按图施工。砌体要横平竖直、砂浆饱满、错缝搭接、接槎可靠。

4.6.5 防水工程

(1) 参与施工的管理人员及操作人员均持证上岗，并具有丰富的施工操作经验。

(2) 必须对防水主材、辅材的优选，保证其完全满足该工程使用功能、设计和规范的要求。对确定的防水材料，除必须具有认证资料外，还必须对进场的材料进行复试，满足要求后方可进行施工。对黏结材料要做黏结试验，对其黏结强度等进行检验。

(3) 防水工程施工时严格按照操作工艺进行施工，施工完后必须进行蓄水试验和淋水试验，合格后及时做好防水保护层的施工，以防止防水卷材被人为地破坏，造成渗漏。

(4) 防水作法及防水节点设计必须科学合理，对防水施工的质量必须进行严格管理和控制。

(5) 对防水层的保护措施和防水层的施工要保证防水的安全、可靠。

(6) 对结构施工缝、结构断面变化的地方以及阴阳角等，将采取特殊稳妥防水作法。

(7) 屋面防水重点要处理好屋面接缝处、阴阳角处、机电管道和防雷接地等薄弱部位处的防水节点和防水层施工的质量控制。

4.7 施工材料的质量控制措施

1. 物资采购

施工材料的质量，尤其是用于结构施工的材料质量，将会直接影响到整个工程结构的安全，因此材料的质量保证是工程质量保证的前提条件。

为确保工程质量，施工现场所需的材料均由材料部门统一采购，对本工程所需采购的物质，进行严格的质量检验控制。主要采取的措施如下。

采购物资必须在合格的材料供应商范围内采购，如所需材料在合格的材料供应商范围内不能满足，就要进行对其他厂家的评审，合格后再进行采购。物质采购遵循在诸多厂家中优中选优，执行首选名牌产品的采购原则。

将所采购的物资分 A 类、B 类，A 类材料必须提供材料质量证明和《准用证》并在规定期限内进行进场复试合格后方可入场，B 类材料必须有合格证。一些材料还要有《准用证》及使用说明。

建立物质评审小组，由材料部门、项目经理部及吸收有关专业技术人员参加，对材料供应商的能力、产品质量、价格和信誉进行预审，建立材料供应商评定卡。采购部门负责人定期(半年度)组织对于选定的材料供应商进行审核，如审核中发现不合格的，从合格材料供应商花名册中除名。

2. 产品标识和可追溯性

为了保证本工程使用的物资设备、原材料、半成品、成品的质量，防止使用不合格品，必须以适当的手段进行标识，以便追溯和更换。

钢筋：必须有材质证明、准用证、复试合格报告，原材必须有规格、钢号等标识，成型钢筋按规格型号，使用部位持牌标识。

水泥：必须有材质证明、准用证、复试合格报告，入库必须分类堆放，持牌标识。

砂石：复试报告合格，入场必须分规格插牌标识。

砖：必须弃工报告合格。

防水材料：必须有出厂合格证和认证书，工艺标准，复试合格报告，按包装标识分类存放。

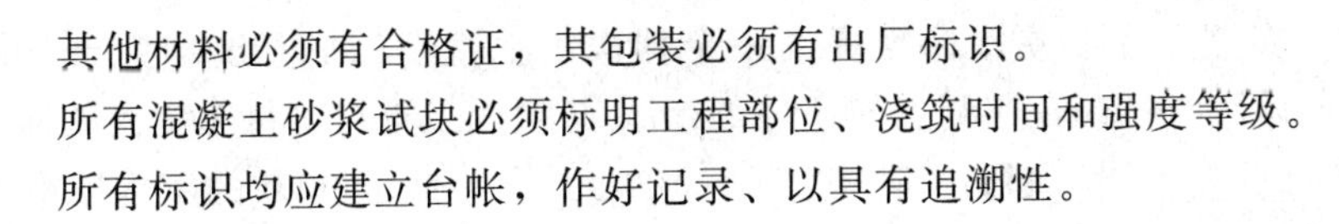

其他材料必须有合格证，其包装必须有出厂标识。

所有混凝土砂浆试块必须标明工程部位、浇筑时间和强度等级。

所有标识均应建立台帐，作好记录、以具有追溯性。

4.8 成品保护措施

4.8.1 结构工程

板负弯距筋的保护：本工程的板负弯距筋较多，为使其在混凝土浇筑后仍保持其位置和形状，施工过程中(包括水准点专业预埋，专业检查和混凝土浇筑)要铺上300mm宽木板走道，以避免施工人员踩踏板负弯距筋。

模板支好后要注意塔式起重机所吊重物不得碰撞模板体系，避免模板偏移。

模板拆模前必须取得技术人员书面通知方可进行。

电气预埋管必须堵头封口，防止石子、混凝土进入。

4.8.2 二次结构工程

二次结构在砌筑完48h内不得进行剔凿，所需剔凿部位必须经土建技术人员同意方可进行。

水暖、电气在二次结构内预埋件必须固定好，非专业人员不得动用。

预埋件剔凿不得对结构混凝土进行破坏性剔凿。

4.8.3 抹灰工程

不允许在楼板上拌制灰浆，为了防止污染和剔凿，抹灰工作应待上下水、电缆通风管道等安装完毕以后再进行。

门洞口处采用竹编板条护角，施工中要避免碰撞。

4.8.4 门窗工程

门窗框安装后应用铁皮保护，其高度以平手推车轴为准。

木门安装后妥善管理，下面应垫起(距地面200mm以上)码放整齐，并用毡布盖高，防止受潮变形，木框靠墙的一侧应做好防腐处理，安装木门扇时，严禁碰伤灰口角，调整修理门扇设不得硬撬，防止损伤扇料，五金安装工具应轻拿轻放，不得乱扔。已安装好的门框应立即用塑料胶带封贴，以防污染。安装五金时不得用螺丝刀划伤金属面，安装完毕后也应用塑料胶带封贴。已安装好的门扇应设专人管理，门窗下用木楔楔紧。严禁将门框扇做为架子支点使用，也不得蹬踏，防止伤损。五金安装防止丢漏，门安好后，不能再用手推车运物。

铝合金门窗应入库保存，下面应垫起、垫平、码放整齐，保护膜要封闭好再进行安装，室内外湿作业未完成之前，不能碰坏保护膜，并在交工前撕掉，残留砂浆及污物应及时清洗干净。

4.8.5 装饰工程

室内喷(刷)浆之前，需用塑料布或报纸把已安装好的灯具、电盒、插座包严，并把地面铺好，移动喷浆机或容器时，不得在地面上拖拉，防止二次污染。

(1) 墙面粉刷时，实侧允许偏差比标准提高一个档次，垂直度、平直度均为±1mm(如在±1－2mm之间为不合格点)，实侧点如超过±2mm必须返工重粉。每个工人的实侧合格率在90～95%之间不奖不罚，超过95%奖50～100元/人，低于90%的工人除修补外，另处罚50～100元/人。

(2) 对影响质量的人、机、料、法、环之类的因素必须严格按质量手册、程序文件、作业指导书等展开质量管理，如若违反将对责任者处以100～1 000元的罚款，直至修正。

4.9 确保实现质量目标奖惩措施

(1) 项目部主要管理人员与公司签订实现本工程质量目标——省优工程的目标责任奖，并交纳1 000～5 000元不等的质量保证金，如达到省优工程，则奖项目部1万元，退还风险抵押金。反之则罚项目部主要管理人员(如项目经理、项目副经理、项目工程师及质检员、施工员等)每人1千元，风险抵押金亦不退还。

(2) 进入本工程施工的班组必须与项目部签订质量责任状，并交纳一定数额的质量保证金，如班组质量达不到要求，除及时修正外，一次处以50～500元数额不等的罚款，第二次予以双倍处罚，直至停工；反之给予等额奖励。

(3) 进入现场的施工人员必须无条件服从项目部的质量要求，执行公司的质量奖惩条例。

4.10 质量通病及防治措施

4.10.1 钢筋锈蚀、混料预防措施

钢筋原料应堆放在料棚内，保持地面干燥；钢筋不得直接堆放在地上，必须打墩垫起，使其离地200mm以上；堆放期尽量短些，根据天气情况，必要时加盖雨布，场地四周有排水措施；所有进场钢筋都必须按规格类别分开堆放，并挂牌标识。

4.10.2 钢筋保护层不准预防措施

确保砂浆垫块厚度准确，根据平面面积大小适当垫够，垫块必须垫在主筋上，而不是在箍筋上，板钢筋网片绑扎好后严禁踩踏，以防下凹，发现下凹及时调正。

4.10.3 混凝土柱外伸钢筋偏位预防措施

在外伸部分加一道临时箍筋，按图纸位置安好，然后用铁卡卡好固定，浇筑混凝土前再复查一遍。如发生移位，则应校正后再浇混凝土，注意浇筑操作，尽量不碰钢筋，浇筑时由专人随时检查，及时校正；如已发生偏位，随时采取垫筋焊接等措施纠正，应使上柱筋保持设计位置。

4.10.4 露筋预防措施

砂浆垫块垫得适量可靠，竖向钢筋采用埋有铁丝的垫块，绑在钢筋骨架外侧。同时，为了保证厚度准确，应用铁丝将钢筋架拉向模板，将垫块挤牢，并严格检查钢筋成型尺寸，板筋绑扎好严禁工人在其上踩踏，浇筑混凝土搭设便桥。

4.10.5 模板上口不直、宽度不够预防措施

(1) 模板应有足够的强度和刚度，支模时垂直度要找准确。

(2) 梁模板上口应用 ϕ10～12 圆钢打入模板顶端内，中距 50～80cm，以控制模板上宽度，并通长拉线，保证上口平直，标高一致。

(3) 混凝土呈塑性状态时切忌在模板外侧用力拍打，以免造成上段混凝土下滑，造成根部缺损。

(4) 组装前应将模板上残渣剔除干净，拼缝应符合规定，侧模应支撑牢靠，支撑直接撑在土坑边时，下面应垫木板，以扩大其接触面。

4.10.6 模板中部下挠预防措施

楼面板采用胶合板大模板，模板下钢管排架必须搭设牢固，采用双扣子扣牢，并适当起拱。模板板缝过大处应用薄铝皮封盖，以确保混凝土表面平整，内排架的水平联系钢管数量不可少。

4.10.7 混凝土麻面预防措施

模板表面清理干净，不得粘有干硬性水泥砂浆等杂物，模板在浇筑混凝土前应用清水充分湿润，清洗干净，不留积水，使模板缝隙拼接严密，防止漏浆，脱模剂要涂刷均匀，不得漏刷；混凝土必须按操作规程分层均匀振捣密实，严防漏振，每层混凝土均应振捣至气泡排除为止。

4.10.8 混凝土蜂窝预防措施

混凝土搅拌严格控制配合比，经常检查，保证材料计量准确，混凝土搅拌均匀，最短搅拌时间不小于 90s。

混凝土浇筑自由倾落高度应严格控制，柱不大于 2m，板不大于 1m。

柱支模前应在下口封口，保证下口严密，开始浇筑混凝土时，底部先填 50mm 与混凝土成份相同的水泥砂浆。混凝土坍落度应严格控制，底层振捣应认真操作。

振捣混凝土时，柱要控制每层浇筑厚度不大于插入式振动器作用部分的 1.25 倍，振捣时应插入下层 50mm，楼面采用平板振捣器，在相邻两段应搭接振捣 30～50mm。振捣时以混凝土不再显著下沉，不再出气泡，混凝土表面出浆呈水平状态，并将模板边角填满充实为准。

4.10.9 混凝土缝隙夹层预防措施

对接缝处进行二次振捣，提高接缝强度和密实度，二次振捣处理施工缝的方法应进行试验，找出规律后方可实际使用。

在已硬化的混凝土表面继续浇筑混凝土前(主要是柱接头)，应除掉表面水泥薄膜和松动石子或软弱混凝土层，并充分湿润和冲洗干净，残留在混凝土表面的水应予以清除。

在浇筑混凝土前，施工缝宜先铺抹一层与混凝土成分相同的水泥砂浆。

4.10.10 混凝土缺棱掉角预防措施

木模板在浇筑混凝土前应充分浇水湿润，混凝土浇筑后应认真浇水养护。

拆除构件侧面非承重模板时，混凝土应具足够的强度(1.2MPa 以上)表面棱角才不会受到损坏。

拆模时不能用力过猛过急，注意保护棱角，吊运时，严禁模板撞击棱角。

加强成品保护，对于处于人多、运料等通道处的混凝土阳角，拆模后可保护好阳角，以免碰损。

4.10.11 混凝土表面裂缝预防措施

常见的裂缝有塑性收缩裂缝、凝缩裂缝、温度裂缝塑性收缩裂缝。

1. 塑性收缩裂缝

(1) 配制混凝土时应严格控制水灰比和水泥用量，选用级配良好的石子，减小空隙率和砂率，同时要振捣密实，以减小收缩量，提高混凝土的抗裂强度。

(2) 浇筑混凝土前，应将基层和模板浇水湿透，避免吸收混凝土中的水份。

(3) 混凝土浇筑后，对裸露表面及时用潮湿材料覆盖，防止强风吹袭和烈日曝晒。

(4) 混凝土浇筑完毕后，应及时做好养护工作。

2. 凝缩裂缝

(1) 混凝土表面应在混凝土终凝前用木蟹搓平压实，次数不少于3次。

(2) 防止在混凝土表面撒干水泥刮抹，如表面粗糙，可在表面加抹一层薄砂浆进行处理。

3. 温度裂缝

(1) 合理选择原材料和配合比，采用级配良好的石子，砂、石含泥量控制在规定范围内，尽量降低水灰比。

(2) 加强混凝土的养护和保温，控制结构与外界温度梯度在允许(25℃)范围内，混凝土浇筑后裸露表面及时喷水养护，冬季应适当延长保温和脱模时间，使其缓慢降温，以防温度骤变，温差过大引起裂缝。

4.10.12 卫生间地面渗漏

措施：卫生间等有防水要求的地面应铺设防水层，其楼面结构层应采用现浇钢筋混凝土或整块预制钢筋混凝土板，其四周支撑处除门洞外，应设置向上翻的边梁，边梁与楼板同时浇筑，边梁高度不应小于120mm，宽度不应小于100mm。

施工中，楼板预留孔洞位置应准确，穿楼板立管、套管、地漏与楼板节点之间在铺设找平层前做好密封处理，并应在管四周设阻水圈。靠近墙面处，防水材料应向上铺涂并应超过套管上口，阴阳角和穿楼管道根部还应增加铺涂防水材料。

防水层施工完毕应做储水检验，并应有检查记录，储水深度为20～30mm，24h内无渗漏为合格，由施工单位和建设(监理)单位签字认可后，方可进行地面面层施工。地面面层施工要保证设计要求的坡度。用水房间地面标高应低于其他室内地面标高20mm。

4.10.13 屋面防水细部不符合要求

措施：设计施工图中应给出刚性防水屋面节点构造图。设计交底中应给予充分明确，施工单位应严格按设计要求施工。

刚性防水层与女儿墙及变形缝两侧墙体交接处应留宽度30mm的缝隙，应用密封材料嵌填，泛水处应铺设卷材或涂膜附加层，伸出屋面管道与刚性防水层交接处应留缝隙，用密封材料嵌填，并应加设柔性防水附加层，收头处应固定密封。

4.10.14　水泥砂浆地面起砂

原因：原材料质量不符合要求，水泥砂浆稠度过大，养护不当，工序安排不合理。

措施：严格控制原材料质量，不得使用不同品种、不同标号的水泥，面层水泥砂浆稠度不得大于35mm，准确掌握面层压光时间，加强养护，合理安排施工流向。

4.10.15　地面空鼓

原因：基层表面清理不干净，面层施工时基层表面不润湿或湿润不足，结合层施工方法不当等。

措施：清除基层表面杂物、油污，必要时进行凿毛处理，面层施工前1～2d应对基层浇水润湿，结合层施工不得采用先撒干水泥后浇水的扫浆方法，刷素灰浆应与铺设面层紧密配合，做到随刷随铺。

第5章　安全生产的技术组织措施

5.1　安全生产的组织机构

安全生产的组织机构如附图5.1所示。

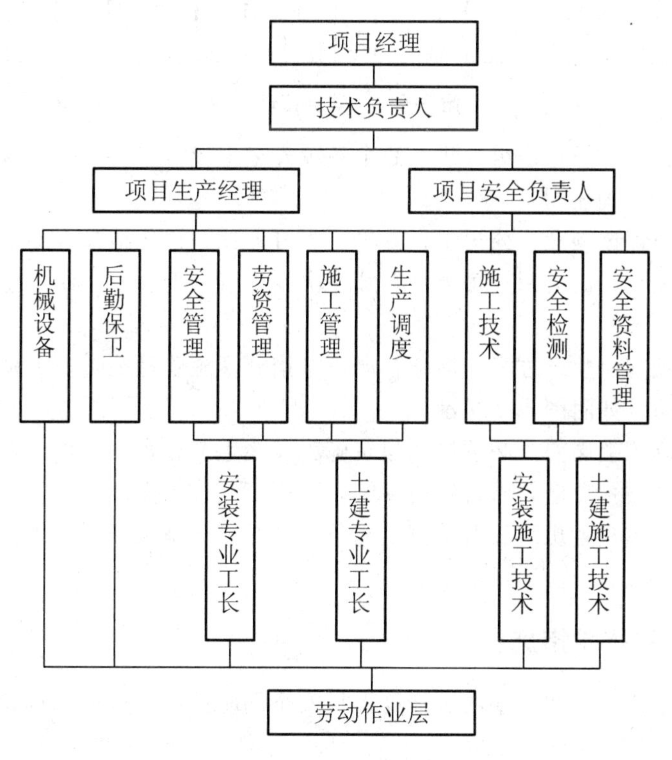

附图5.1　组织机构图

5.2 安全生产的组织措施

(1) 安全生产保证体系：本工程以 JGJ 59—1999 规范标准为依据，将安全生产列入生产管理计划，确保施工过程施工人员安全，防止各类事故发生。安全生产保证体系如附图 5.2 所示。

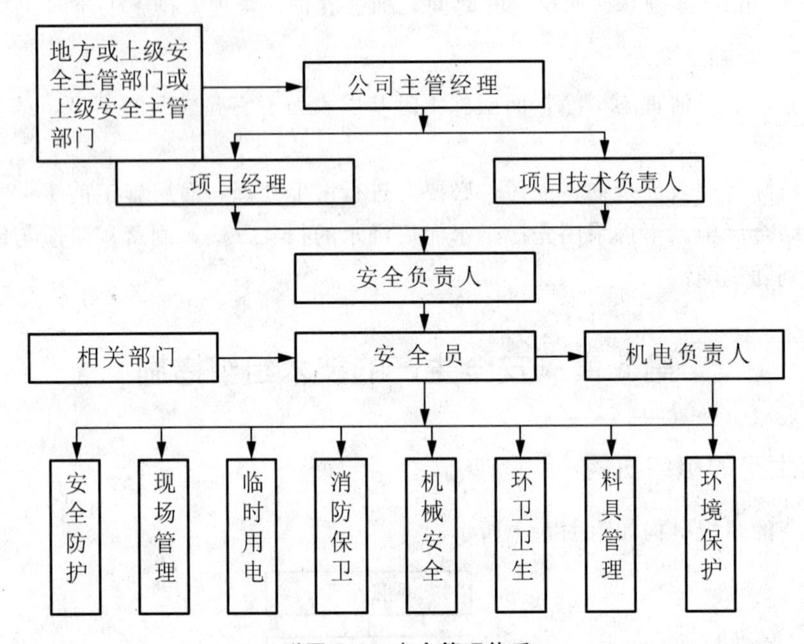

附图 5.2 安全管理体系

(2) 成立安全生产领导小组，建立健全各级安全生产管理制度，层层签订安全生产责任状，定岗、定责，责任到人。

(3) 建立检查评比制度，公司实行月检，当月评比，评比结果内部通报，严管严罚。

(4) 建立安全生产例会制，每半月召开一次安全生产例会，总结安全生产情况，布置安全生产工作。

(5) 编制专项安全生产方案、措施，严格按措施实施管理施工。

安全管理体系，如附图 5.2 所示。

(6) 各工种施工上岗前，必须接受建筑施工安全生产教育，并由专职安全人员对操作人员进行安全生产技术交底，履行签字手续，否则不允许上岗。

(7) 每日上岗前，各班组长召集班组成员，针对当天施工任务，做上岗前安全准备工作，并跟踪落实检查。

5.3 安全生产的技术措施

(1) 本工程采用全封闭，架内满挂高密目安全网防护，作业层满铺跳板，架体底层设一道硬防护。

(2) 吊、脚手架、临时用电模板、支护、基坑围护等五大方案的编制专项安全施工措施，经审批后实施，安装后经主管部门验收合格，投入运行。

(3) 派专人负责大型机械设备的管理，塔式起重机、人货电梯等设备保险装置必须齐全，灵敏可靠，并加强机械设备日常维修保养。

(4) 临时用电采用“三相五线制”，设备用电实行两级保护，一机、一闸、一箱、一保护。

(5) 加强“四口”“五临边”防护，在“四口”“五临边”及时设置防护栏板，如附图 5.3 所示。

(6) 施工安全通道设置硬防护，用钢管，竹胶板棚盖，五彩布软封闭。

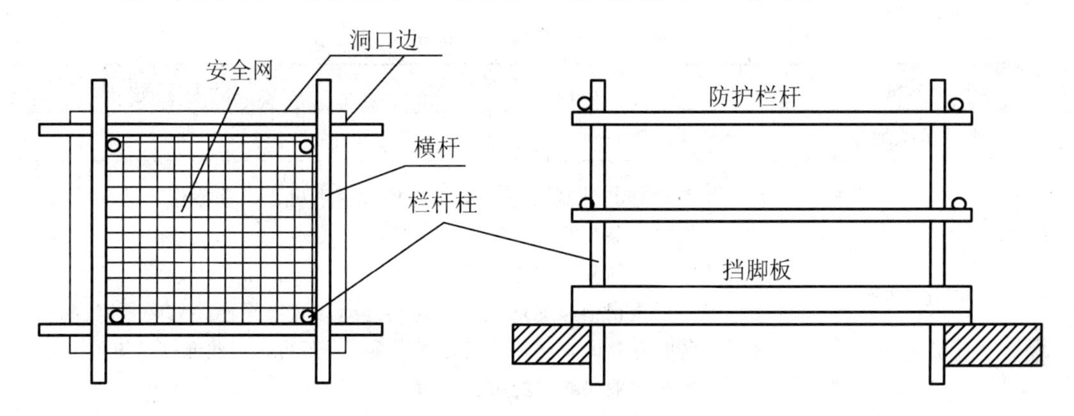

洞口防护栏杆示意图

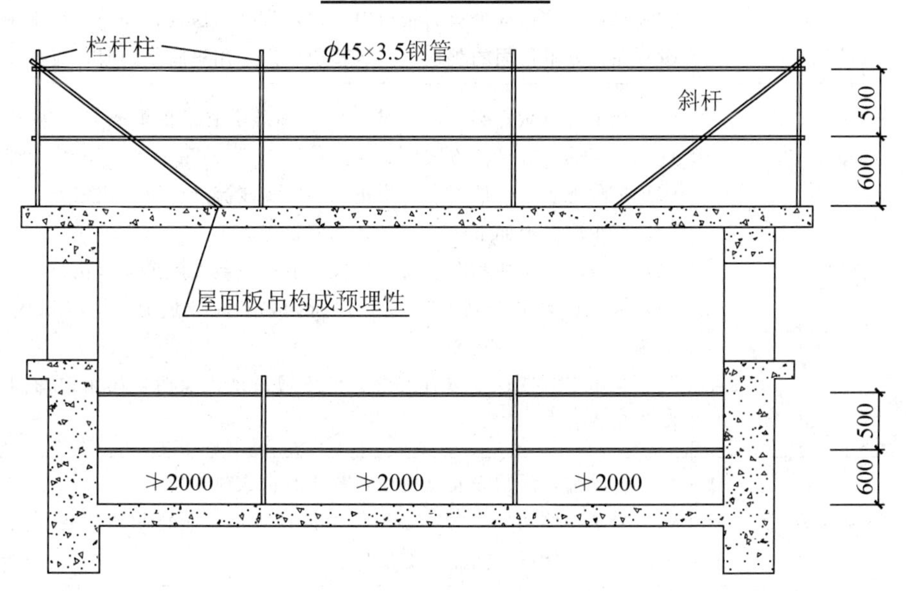

屋面楼层临边防护示意图

附图 5.3　洞口防护栏杆示意图和屋面楼层临边防护示意图

(7) 脚手架搭设必须保证结构刚度，有牢固的附着设施，纵向设置剪力撑结构，脚手架内满挂安全密目网，层层设水平兜网，脚手架操作层，楼内通道设 1.2m 高安全防护栏，外挂安全防护网。

(8) 基坑四周设防护栏，并做醒目标志，设专用通道供行人上下，夜间基坑四周围红色警示灯照明。

(9) 塔式起重机运行施工过程中，派专人指挥，操作人员严格按指挥人员的手势及哨声示意运行，遇5级以上大风等恶劣天气停止运行作业。

5.4 人身安全和施工机械及交通安全措施

人身安全和施工机械及交通安全措施见附表5-1。

附表5-1 安全措施详表

危害名称	砸 伤
危害环节或地点	控制和削减措施
起重钢丝折断	(1) 用前检查其外观质量，不能有松捻、压扁、严重擦伤、过度磨损和化学腐蚀等现象 (2) 采用正确的起重方式 (3) 特别要重视钢丝绳的接头，如钢丝绳与卷筒报连接处必须牢固，两根钢丝绳相连接时，必须使用专用的绳卡，不可将钢丝绳打结使用 (4) 志重工作业时必须配戴安全帽
瓦工作业	(1) 在高空砍砌块时，要面向进而面，任何时候都不许对着别人；不准在基槽或基坑边缘堆放大量材料，也不许把东西放在操作人员手中 (2) 在上方不稳固的跳板上砌筑多层楼房采用里脚手架时，应挂安全网
土方开挖	(1) 施工时应做好必要的地质、水文和地下管道的调查和勘察工作，制订出相应的土方开挖方案 (2) 拔除地表水、地下水，防止水冲刷、浸流产生滑坡或塌方 (3) 挖土应自上而下进行，严禁掏洞挖土施工 (4) 严格按照土质和深度情况放坡，放坡系数按施工规范执行 (5) 施工区域狭窄或为其他条件所限，不能放坡时，应采取固壁支撑措施 (6) 当施工时发现土壤有裂缝、落土或滑动现象时，应采取加固或拔除险情后再施工
拆除工程	(1) 拆除前，周围设安全围栏，禁止其他人员入内 (2) 采取推倒法拆除时，必须经设计计算后，制订和落实各项安全技术措施，统一指挥，防止事故发生
重物搬运、装卸	(1) 工作人员应穿戴好劳动保护用品，作好安全防护工作 (2) 在搬运重物时，要有专人指挥，统一口令，统一步调 (3) 装卸材料时，要分工明确，车上车下分组、分伙，要做到忙而不乱 (4) 要根据材料重量，确定个人独立搬运还是集体共同搬运

续表

危害名称	砸　伤
危害环节或地点	控制和削减措施
台钻作业	(1) 使用台钻要戴好防护眼镜和防护用品，不准带手套操作 (2) 钻孔时，工件必须用钳子夹具或压钳夹紧压牢，禁止用手拿着工件操作，钻薄处理地，下面要垫木头 (3) 在钻孔开始或要钻透时，要轻轻用力，以防工件旋转或甩出
危害名称	**爆　炸**
危害环节或地点	控制和削减措施
氧气、乙炔瓶爆炸	(1) 充气前认真检查钢瓶气样，防止误充，并检查钢瓶试压期限，不合格或过期的钢瓶停止使用，充气速度不能太快 (2) 防剧烈振动与撞击：搬运时应轻装轻卸，不得用肩扛手搬，严禁从高处滑下或在地上滚动，禁止用起重设备越空吊运；实瓶在运输过程中必须戴有瓶帽和护瓶圈 (3) 防热：避免日光暴晒；气瓶与气瓶应高温、明火、熔融金属飞测物和可烯易燃物于 10m 以外；放气不能过快 (4) 使用时，应先检查瓶阀、接管螺纹和减压器，如有漏气、滑扣、表针动作不灵等现象则不能使用，检查是否漏气时应用肥皂水，禁止用明火 (5) 与电焊在同一工作点使用时，瓶底应垫绝缘物 (6) 瓶阀或压器如有冻结现象，只能用热水或水蒸气解冻，严禁用火焰烧烤或用铁器猛击
前线精神疲劳	(1) 安排适当休息时间，避免长时间连续作业 (2) 加强前线思想政治工作教育，提倡互助互爱，增强员工主人翁责任感，给职工创造一个轻松的工作环境
危害名称	**触　电**
危害环节或地点	控制和削减措施
场区供电系统	(1) 应配置带漏电保护的空气开关 (2) 临时变压器应有完备的接地装置 (3) 变压器应有护栏保护、隔离并悬挂“小心触电”警告牌 (4) 露营房、主空调房等大型钢铁构架设施应有完备的保护接地装置 (5) 对供电变压器、开关、电缆进行定期维护，对变压器零线烧断、绝缘磁损坏、开关缺盖、绝缘线皮老化等现象应立即处理、更换 (6) 职工宿舍电缆接头应做好绝缘处理，并避免与房顶接触 (7) 重复利用的电使用前做好外观检查及绝缘电阻测试，必要时重新做好绝缘处理或废弃 (8) 埋地敷设必须严格按 D－6740 执行
小型发电机线场区供电系统	(1) 应有护罩的地方应设置护罩 (2) 有专人维护、操作 (3) 外壳应有完备的保护接地装置

续表

危害名称	触　　电
危害环节或地点	控制和削减措施
施工现场交通安全	(1) 施工现场运输道路必须畅通无阻，较大的现场设交通指挥人员 (2) 运输道路必须平整坚实，经常维修，并有足够的路面宽度和转弯半径 (3) 施工现场要有减速的交通标志，危险地区应悬挂“危险”或“禁止通行”的明显标志，夜间应设红灯示警。场地狭小，来往车辆和交通频繁的地点、叉路上，应设临时交通指挥 (4) 遇到下雨等恶劣天气，应及时排除路面积水，并根据需要采取防滑措施 (5) 行驶车辆应进行安全检查，严禁“带病”行驶 (6) 车辆驾驶员要遵守交通规则和安全操作规程，严禁违章作业
场外交通事故	(1) 杜绝无证驾驶，驾驶人员不可交换车辆驾驶 (2) 建立出车路单管理制度，司机应严格执行路单规定行车路线行驶，并按规定时间收车，杜绝跑私车现象 (3) 不酒后驾驶，不疲劳驾驶 (4) 遵守交通、运输要求，不混载、不超载，不超速行驶 (5) 经常维修检查，保持车况完好，车辆不带病行驶 (6) 随时设置路标等安全警示，做到一停二看三通过 (7) 雨雾天气行车应有防雾灯，雨刮器应良好有效
电、气焊作业	(1) 在易燃易爆材料附近焊接时，其最小水平距离不得小于5m，并根据现场实际情况，采取可行安全措施 (2) 在风力超过5级时，禁止露天焊接或气割。风力在3～5级进行焊接或气割时，必须搭设挡风屏，以防火星飞溅引起火灾 (3) 在可能引起火灾的场所附近进行焊割时，必须有必要的消防器材。焊接人员离开现场前必须检查现场有无火种留下
电气线路	(1) 经常检查开关、导线绝缘层是否有破损、老化现象 (2) 导线与开关负荷相匹配 (3) 刀闸保险丝不可用其他导电材料代替 (4) 配电盘等电器设备防止雨淋，并经常进行打扫
炊事、照明、吸烟等生活用火	(1) 炉灶周围切不可堆放燃物品，使用煤灶和柴灶应防止燃煤和燃柴散落在炉门外，使用煤气、液化气在点火时应先划火柴，后开气体开关，使用完毕要将开关关紧，发现泄露要及时报修 (2) 液化气要放稳，并远离炉灶具，以防钢瓶受热或撞击发生爆炸，严禁在灶旁烧烤衣物等 (3) 做饭时，人不应离开灶间，尤其是熬油和煨、炖鸡、鸭、肉等 (4) 严禁在禁火区内吸烟，也不要躺在床上吸烟，不准随处丢烟头

续表

危害名称	噪 声
危害环节或地点	控制和削减措施
施工机具噪声	(1) 夜间避免使用动力设备施工 (2) 设备经常保养，所有机械噪声控制在100D以下 (3) 不合格设备禁止放在施工现场 (4) 在噪声控制第三区设置噪声隔离板 (5) 在强噪声下工作的人员除应设置耳塞外，还应在连续工作8h后倒班休息
危害名称	**高空坠落**
危害环节或地点	控制和削减措施
瓦工作业	(1) 砌墙体时，不准站在墙上砌筑、划缝或行走 (2) 脚手架上的跳板平时不许用砌块作垫块，未经架子工同意不得随意拆卸脚手架 (3) 无论进行何种抹灰时，一律禁止搭设飞跳板，进行突出部分抹灰时，可利用伸出式脚手架，但必须设置1m高的防护栏杆
场区及施工现场污染	(1) 生活区内设置专用厕所和垃圾箱 (2) 建筑垃圾不得乱堆乱放，应放置在指定位置 (3) 工程完毕后，应恢复施工现场周围原有的地容地貌 (4) 设备维修或施工中的废件、废料、污油要回收集中统一处理 (5) 就餐时，餐具、剩饭、剩菜应集中回收，不得乱扔 (6) 废水、废气、废渣的排放均应符合国家的“三废”排放标准
危害名称	**疾 病**
危害环节或地点	控制和削减措施
疾病	(1) 每个项目经理部应备有医药急救箱 (2) 有传染病的员工实行分餐制 (3) 有肝炎、结核、严重皮肤病等传染病者不得从事炊事工作 (4) 坚持食品卫生“四分开”原则 (5) 员工每年体检一次 (6) 生活用水必须检测达标 (7) 进入施工现场之前，调查了解当地的疫源、疫情，做好事先预防工作 (8) 充分发挥现场医生的作用，普及公共卫生和作用，普及公共卫生知识；落实各项卫生管理制度 (9) 加强仪器的采购管理工作保证仪器的安全卫生，杜绝变质的食品进入食堂

续表

危害名称	中　毒
危害环节或地点	控制和削减措施
食物中毒	(1) 生活用水必须符合国家生活用水标准 (2) 禁止采购超期和三无食品 (3) 必须遵守食品卫生"四分开"原则 (4) 副食品应到大型市场采购 (5) 生活区作好消灭四害工作 (6) 使用消毒剂、杀虫剂时，主食、蔬菜、餐具等要盖好
危害名称	中　暑
危害环节或地点	控制和削减措施
高温季节施工	(1) 建立合理的劳动休息制度和设立高温作业人员的临时宿舍等 (2) 改进工艺，提高机械化、自动化生产制度，以减轻体力劳动的强度，改善和避免高温或强热辐射对人体的影响 (3) 可搭设工地凉棚阻挡太阳的辐射 (4) 及时供应含盐的清凉饮料，并注意饮食的卫生
危害名称	雷　击
危害环节或地点	控制和削减措施
雷击	(1) 随时注意天气预报，雷雨天气禁止作业 (2) 加强 HSE 知识教育，雷雨天气不得在大树、高大建筑物下避雨、停留

第6章　文明施工的技术组织措施

严格按公司制定的《环境管理手册》和《质量管理体系和环境管理体系程序文件》操作执行。

6.1　现场管理规范化

(1) 施工现场门面大方、整洁、美观，出入口安排门卫，落实"门前三包"原则。

(2) 搭建统一、规范，广告牌标语醒目，门头"七牌一图二照"齐全。

(3) 施工现场地面硬化，浇筑150厚地面，并派专人负责道路保洁撒水工作，防止灰尘飞扬。

(4) 合理安排作业时间，在夜间避免进行噪声较大的工作。

散装运输物资，运输车厢须封闭，避免移散。各种不洁车辆离开现场之前，须对车辆进行冲洗。

(5) 设专职保洁人员，保持现场干净清洁。现场的厕所卫生设施、排水沟及阴暗潮湿地带，予以定期进行投药、消毒，以防蚊蝇、鼠害滋生。

(6) 施工现场设封闭垃圾堆放点，并定时清理。

(7) 施工现场安装设置安全监控系统，及时发现施工中各种安全隐患，杜绝各类事故的发生。

6.2 场容场貌管理长效化、制度化

(1) 场容、场貌管理制度健全，措施具体，落实责任，并定期检查评比，有活动记录，达到长效化、制度化。

(2) 施工现场经常保持清洁，道路、派水畅通，并划分容貌管理包干区，责任到人，措施落实。

(3) 施工现场平面布置应统一规划，精心设计，按现场平面布置图进行临时设施、机械设备、材料堆放等布置，并随施工进展适时调整。

(4) 施工现场的材料必须按品种、规格分类堆放整齐，并挂牌标识。

(5) 加强班组文明施工，并与经济挂钩，施工作业区域每天做好三清：谁做谁清、随做随清、工完料净场地清。

(6) 机具设备严格实行岗位责任制，操作员持证上岗，并及时做好机具设备的清洁、维护保养工作，保持机具设备、搅拌场所清洁、整齐，各种标牌、操作规程牌设置整齐、醒目。

(7) 建筑垃圾及时清理、集中堆放指定地点，适时外运。

(8) 施工现场应设置宣传标牌，大力营造质量、安全、文明卫生的浓厚气氛。

6.3 工作岗位标志化

(1) 为了便于施工现场的统一指挥和管理，有利于建立严格的岗位责任和值班制度，施工现场管理人员实行挂牌上岗制度，达到工作岗位标志化。

(2) 现场管理人员佩戴红色安全帽，操作工人佩戴黄色安全帽。

(3) 门卫着装保卫制服值勤。

(4) 炊事人员穿白色工作服、工作帽操作。

(5) 危险施工区域派专人值勤且挂警示灯或警示牌。

(6) 现场总电源和各配电箱、柜均设有醒目危险警示标志。

6.4 消防工作严肃化

(1) 现场消防管理实行项目经理负责制，防火工作的管理、教育、检查、落实、处理等工作由工程管理部全面负责，专职的消防安全员具体负责，各施工班组的工长负责施工过程中的防火工作检查，明确责任，做到消防工作严肃化。

(2) 建立现场防火组织，健全防火责任制，并制订相应防火措施。

(3) 对职工进行防火安全教育，自觉执行安全防火制度，发现火险火警立即报告并及时组织灭火。

(4) 仓库、木模板、成品、半成品分类堆放整齐。并设置足够的灭火器具，专人管理，不得它用。

(5) 严格施工现场动火制度，履行现场动火申请、审批手续，并采用相应的防火措施。

(6) 塔式起重机驾驶室及总电源箱(柜)处应设置相应的灭火器，以防电气失火。

(7) 重点防火部位设置明显的防火标志和足够的防火器材。

6.5 现场保卫严格化

(1) 认真贯彻落实市建委、市公安局颁发的各项保卫规章制度。

(2) 实行分级管理，分工负责，分区包干，预防各类案件的发生，杜绝恶性事件的出现。

(3) 对现场人员严格检查三证，进场人员须经公司保卫部门严格审查，并向工地保卫组上报职工花民册。

(4) 严格执行24h值班制度，值班保卫人员按时上班，交接班时做好值班记录，严禁值班保卫人员在岗时做其他无关保卫工作的事项，不擅自离岗，发现情况及时汇报。

(5) 施工人员进场前，由兼职的保安监督员进行安全保卫教育。

(6) 保安人员在岗时严禁喝酒、睡觉、聊天、嬉闹、赌博。

(7) 严禁保安人员随意放行任何没有批准手续的材料、设备、工具等出入施工场地。违反以上规定者轻则罚款、清退出场，重则移交公安机关处理。

(8) 办公、工具、仓库用房必须上锁，必要时做加固处理，重要的贵重仪器、财务资料等，设专人看管，以防被盗。

(9) 加大对职工的法律宣传、教育力度。

(10) 服从工地保安部(科)的安排。

6.6 减少噪音扰民措施

(1) 木工房采用封闭式临时设施，减少木工机械对外的噪音。

(2) 混凝土振捣器采用低噪音环保振捣棒，振捣棒严禁敲在钢筋上振捣，减少噪音。

(3) 噪音大的机械尽量按排在白天施工，晚上十点钟后尽量按排噪音小的工作。

(4) 场内道路做水泥硬化路面，场内并适当绿化，优美环境。

(5) 大风来临前，提前将砂石堆用密目网覆盖，以免引起扬尘。

(6) 进场汽车严禁鸣笛，塔式起重机配套使用对讲机，夜间物资进场时做到轻堆轻放。

6.7 环保措施

6.7.1 环境管理控制点

环境管理控制点见附表6-1。

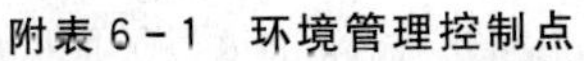

附表 6-1 环境管理控制点

序号	控制点名称	主要控制内容	工作依据	见证资料	主要负责及责任人
1	噪声排放	施工机械(混凝土搅拌机、振捣棒、电刨、电锯、翻斗车、打夯机、切割机)	建筑施工场界噪声限值	噪声监测报告表	项目经理 机操工
		钢筋脚手架拆除	建筑施工场界噪声限值	噪声监测报告表	施工员 架子工
		模板拆除、清理	建筑施工场界噪声限值	噪声监测报告表	项目经理 木　工
2	粉排放	罐装水泥、珍珠岩、施工砂堆、现场清扫、进出车辆车轮带泥砂、木工房锯木、混凝土搅拌	大气污染物综合排放标准	环保部门分析报告	项目副经理 施工员
3	1211 灭火器物质排放	现场仓库	大气污染物综合排放标准，维也纳公约		管理人员 各使用人
4	生产、生活污水排放	食堂、生活区、厕所、现场搅拌站、现场洗车处	污水综合排放标准	环保部门检验分析表	项目副经理包干区负责人
5	生产水、电消耗	办公区、生活区、现场	中华人民共和国节约能源法	能源使用统计表	预算员
6	运输遗洒	建筑生活垃圾、原材料运输现场渣土等	市容管理条例	市容及群众投诉	管理员 运输方
7	有毒有害弃物的排放	废电池、变压器油、油手套、含油纱布、油漆桶、灯泡、医药、棉球、废纱布、石棉、材料等	中华人民共和国固体废物污染环境防治法	废弃物处理统计表 废弃物清单	项目副经理 废弃物管理员
8	废气物排放	混凝土外加剂、二甲苯、油漆	大气污染物综合排放标准		项目副经理 施工员
9	光污染	施工现场夜间照明灯光		居民投诉	管理员电工
10	易燃易爆隐患	木工房、食堂液化汽瓶、氧气瓶、乙炔气瓶、电气焊割作业点、油漆工程作业	消防法操作规定	应急准备和响应报告书	保管员管理员及各区域责任人员

6.7.2 环境保护措施

(1) 严格按有关环保规定，本工程所投入的机械产生的噪声不高于BG 12523—90标准。

(2) 派专人进行现场洒水，防止灰尘飞扬，保护周边空气清洁，搞好现场卫生。

(3) 施工现场采用混凝土浇筑硬质地面，堆放体积大、用量较多的材料，防止灰尘飞扬。

(4) 施工过程中，用200目/100cm^{2}的安全密目网将建筑物全部密封，以防止施工灰尘的飞扬。

(5) 现场的建筑垃圾采用专门的垃圾通道由楼上运下，并及时运离现场，送到指定地点进行堆放；生活污水和施工污水采用专线管道流入城市污水管网。

第7章 季节性施工的技术措施

7.1 雨季施工措施

7.1.1 施工管理措施

施工管理措施见附表7-1。

附表7-1 施工管理措施

序号	施工措施
1	雨期前组织有关人员分析雨期施工计划，根据雨施项目编制雨期施工措施，准备好材料
2	成立防汛领导小组，制订防汛计划和紧急预防措施
3	夜间设专人值班，保证昼夜有人值班，同时设置天气预报员，负责收听和发布天气情况
4	组织相关人员进行一次全面检查，包括临设、临电，机械设备防雨、防护等工作
5	检查现场及生产生活区的排水设施，疏通排水渠道，清理雨水排水口，保证雨天排水通畅
6	雨期到来前，作好塔式起重机防雷装置，安全部门对避雷装置作全面检查，确保防雷

7.1.2 混凝土雨期施工措施

混凝土雨期施工措施见附表7-2。

附表7-2 混凝土雨期施工措施

序号	施工措施
1	混凝土应避免雨天进行浇筑，防水混凝土严禁雨天施工
2	大雨和暴雨天不得浇筑混凝土，小雨天气新浇混凝土应覆盖，以防雨水冲刷
3	雨期施工，在浇筑板、墙混凝土时，可根据实际情况调整坍落度
4	板浇筑时如遇大雨可停止施工，将施工缝留在板净跨1/3处
5	降雨后，在混凝土开盘前，必须测试砂石的含水率，及时调整混凝土的配比

7.1.3 钢筋工程雨期施工措施

钢筋工程雨期施工措施见附表7-3。

附表7-3 钢筋工程雨期施工措施

序号	施工措施
1	现场钢筋堆放应垫高，以防钢筋泡水锈蚀
2	有条件的应将钢筋堆放在钢筋骨架上
3	雨后钢筋视情况进行除锈处理，不得把锈蚀严重的钢筋用于结构上

7.1.4 模板工程雨期施工措施

模板工程雨期施工措施见附表7-4。

附表7-4 模板工程雨期施工措施

序号	施工措施
1	雨天使用的木模板拆下后应放平，以免变形
2	木模板拆下后及时清理，刷脱模剂，大雨过后应重新刷一遍
3	模板拼装后尽快浇筑混凝土，防止模板遇雨变形
4	若模板拼装后不能及时浇筑混凝土，又被雨水淋过，则浇筑混凝土前应重新检查、加固
5	大块模板落地时，地面应坚实，并支撑牢固

7.1.5 脚手架工程雨期施工措施

脚手架工程雨期施工措施见附表7-5。

附表7-5 脚手架工程雨期施工措施

序号	施工措施
1	雨期前对所有脚手架进行全面检查，脚手架立杆底座必须牢固，并加扫地杆，外用脚手架要与墙体拉接牢固
2	外架基础应随时观察，如有下陷或变形，应立即处理
3	检查并保证防雷措施完善

7.1.6 雨季施工安全技术措施

(1) 电源开关，控制箱等设施要加锁，并设专人定期检查漏电保护器是否灵敏有效。

(2) 大雨天气后必须组织机电、安全人员对施工用电、机械、脚手架、安全防护等各种设施进行全面检查，确实无安全隐患后方可进行施工。

(3) 做好电器设备的防雨工作，各种露天电器设备必备有防雨罩。

(4) 上人跑道必须设防滑条，雨后必须对上人跑道及操作平台等进行检查。

(5) 塔式起重机必须设有防雷装置，防止雷击。

(6) 做到整个施工现场的排水畅通，雨后及时清除积水，保持整个施工现场的整洁。

7.2 高温季节施工技术措施

(1) 高温期要适当调整露天作业人员的作息时间，避免中午从事焊接等高温工作，保证职工的茶水、清凉饮料的供应，及时发放防暑用品，做好职工防暑降温工作。

(2) 高温期间混凝土施工配合比要做适当的调整，浇筑混凝土前对模板充分浇水湿润，拆模后加强对混凝土的养护。

(3) 高温期间使用的水泥砂浆要随拌随用，在2h以内使用完，混凝土砌块使用前要适量浇水湿润。抹灰和装饰面的基层施工前提前浇水湿润，饰面的镶贴材料要充分泡水。室外抹灰面及装饰面施工完后再洒水养护。

第8章 新技术、新工艺的使用

8.1 先进的模板体系和脚手架应用技术

模板工程：采用覆膜竹胶板，该模板刚度大，结实耐用，表面平整光滑，混凝土成型质量较高。

以上模板体系可满足清水混凝土的质量要求，并减少二次抹灰，可降低工程成本，大大地节约工期。

支撑系统：采用高强扣件脚手架取代普通钢管脚手架，早拆支撑体系，具有功能多、效率高、承载力大，安装可靠、便于管理等特点。顶板搁栅用50mm×100mm木方，100mm×100mm木方作为搁栅托梁。采用早拆养护支撑，当混凝土强度达到设计强度75%时，即可拆去部分顶板模板和支撑，只保留养护支撑不动，直到混凝土强度完全达到设计强度后拆除。

8.2 采用轻型、环保墙体应用技术

本工程外围护墙、隔断墙采用轻质材料，节约了土地资源和能源，满足了环境保护的要求，由于其自重轻，具有很好的保温、隔热、隔音性能，结构上降低了地震作用和地震作用下破坏的可能性，提高了安全性和经济性。

8.3 计算机推广、应用和信息化管理技术

运用计算机技术现代化管理手段，对工程进行控制管理，极大地提高了工作效率，且具有准确性、可靠性、可变性、调整性和可追溯性。本工程运用现代信息技术，建立项目工程管理区域网，实现项目经理部内信息的横向交流和数据共享，为项目管理和工程实施提供支持和服务。计算机应用和开发综合技术包括如下。

1. 建立工程项目管理系统

运用计算机进行信息传递，资源调节、施工总体规划、施工网络计划控制、财务管理。

2. 特殊专业电子计算机技术应用

施工工程预结算、工程招投标、钢筋施工下料、结构方案计算。

8.4 标养室的应用

混凝土试块的养护管理和养护环境的温、湿度直接关系到混凝土强度及其对结构强度的代表性。

施工现场设立的标养室，有的存在问题较多。采用自动温湿度控制设备的标养室基本有温、湿度控制。有些采用火炉热源的标养室，存在温度忽高忽低，不能保持温度(20±3)℃形不成标准养护室。采用喷雾、花管、喷嘴、喷头浇水方式的标养室，管理好湿度基本满足标养要求，有的直接采用水管直接浇水、喷壶浇水管理跟不上更差。有的忽湿、忽干，甚至浇水时间无控制，也有的试块干燥缺水。有的标养室无排水系统，淌水入室等等。试块的养护管理应引起注意，需要建立养护责任制。

同条件养护试块，重在与结构工程部位同条件养护。要求同条件试块，拆除试模后，注明标识，要存放在用钢筋焊接的钢筋笼子内，并加锁保护，放置在与其代表结构部位的同环境处，防止碰撞和丢失，采用与结构同条件养护应防止暴晒、风吹脱水。过去，有的项目部对同条件试块管理重视不够，拆模后随意堆在结构旁或他处，任其风吹日晒，有的支模用其当垫块甚至有的试块丢失后，随意用其它工程试块顶替等等。

常温时制作28d标养试块及备用试块，同条件试块(梁、顶板各一组，用于控制拆模时间，积累经验)。同条件试块置于现场带篦加锁铁笼中做好标识同条件养护。抗渗混凝土留置两组28d试块，(一组标养，一组同条件)。

8.5 先进的施工机械设备的使用

该工程工期短，工程量较大，为了确保在业主所要求的工期内，保质保量的完成工作内容，我公司将投入整套的先进机械设备，以满足所需。

(1) 现场设1台HBT60A混凝土输送泵。

(2) 钢筋加工：设钢筋加工设备，包括1台调直机、2台切断机、2台弯曲机，同时配备5台电渣压力焊机及1台闪光对焊机。

(3) 水平、垂直运输：基础、主体结构施工，配备1座塔式起重机1台井架。~

第9章 施工现场平面布置

9.1 平面布置原则

平面布置应力求科学、合理，充分利用有限的场地资源，最大限度的满足施工需要，确保既定的“质量、工期、安全生产、文明施工”四大目标的实现。

9.2 临时用水、用电计算

9.2.1 现场临时用电量

本工程现场临时用电由变压器引入，由一根 3×160＋2×95 电缆埋设引入工地配电室。各固定用电部位设配电箱，施工现场设流动配电箱，严格按 TN-S 系统供电，执行“一机、一闸、一漏电保护”的规定，并设重复接地装置。

计算如下：

P＝1.05×(0.5×606/0.75＋0.5×345)

＝403.2(kW)

工地约照明用电 150kW。

总用量约 653kW。

配电导线截面选择：选用 BX 型铜芯橡皮电缆

$I_{线}=P/3^{1/2}$

$U_{线}\mathrm{COS}\phi$ ＝424.84×1 000/(1.732×380×0.75)

＝860.7(A)

主电缆选用导线截面为 $3\times160\mathrm{mm}^2+2\times95\mathrm{mm}^2$ 铜芯电缆。

9.2.2 现场临时用水计算

本工程生产、消防、生活用水均由甲方提供指定的外网管线引入，经计算采用 DN100 镀锌钢管焊接引入。根据提供的总体平面图，结合设计规范要求，用水总管自源头采用树枝状布置，分两路进行供水，一路临建用房内，用 Φ32 分流管供水；一路到施工场地，在二处设上水管，各上水管在每层留一 Φ25 阀门，作为混凝土养护及消防之用。另在管段中间设置 2 只 Φ50 消火栓，洗车用水设在大门处，同时卫生、搅拌等部位，做总管分流，分流管采用 Φ32 管径。同时在水原附近设一只增压泵，长期开启，确保管内水具有较高的水压。临时施工用水、消防用水如附图 9.1 所示。

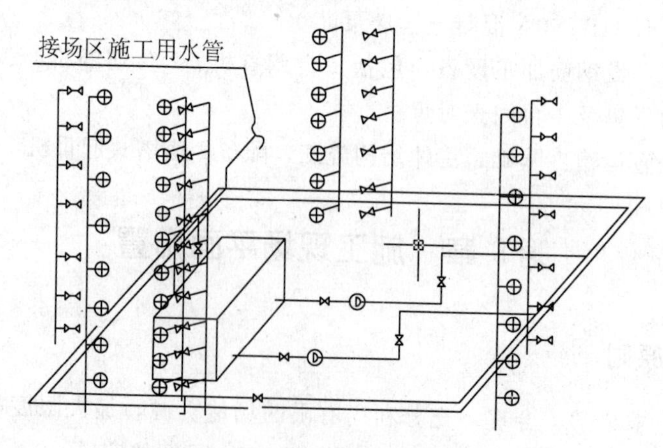

附图 9.1 临时施工用水、消防用水示意图

计算如下：

(1) 施工现场高峰期施工人数按 300 人考虑。

(2) 施工用水：按用水量较大的搅拌砂浆计算(每台班完成 $80m^3$ 计算共分二个班组)。

施工现场用水量 $q_{T1}=1.1\times2\times200\times1700\times1.5/(8\times3600)$

$=7.792(L/s)$

(3) 施工现场生活用水量计算(25L/人)

$q_{T2}=300\times25\times1.4/(2\times8\times3600)$

$=0.156(L/s)$

(4) 消防用水量

施工现场面积较小 $q_{T4}=10L/s$

(5) 施工现场总用水量

$Q=7.792+0.156=8.548L/s>q_{T4}=10L/s$

(6) 水管和管径的计算：取施工及生活用水流速 $V=1.5m/s$

$D=4Q/(\pi V\times1\ 000)=4\times(10/3.14\times1.5\times1\ 000)=0.092/m)$

选用 $\phi100$ 的主管。

9.3 施工道路

施工道路主道路为 6m 宽，次道路为 4m 宽，路面为 15cm 厚混凝土硬化路面，在基础工程核验合格后及时进行基槽回填，以保证施工道路的畅通。

9.4 材料堆放

为了保证现场材料堆放有序，堆放场地将进行硬化处理，即钢筋、模板、砂石料场、砖、周转料场等浇成一块面积较大的混凝土场地。材料尽可能按计划分期、分批、分层供应，以减少二次搬运。主要材料的堆放，应严格按照《施工现场平面布置图》确定的位置堆放整齐。

9.5 临时设施布置及临时用地表(见后附临时用地表)

(1) 食堂 $100m^2$，可供 300 位职工生活的场所。

(2) 暂设临时仓库：材料、设备及各种零配件等库房占地面积 $200m^2$。

(3) 职工宿舍 $1\ 000m^2$，宿舍应做到宽敞、明亮、通风、清洁卫生。

(4) 生活区临时用电用水到建设单位所提供的指定地点去接，在进户设置好临时总阀门及总配电箱，确保安全。

生活区临时设施，必须符合消防要求，院内配备消防器材等设施。

9.6 施工平面布置图

施工平面布置图如附图 9.2 所示。

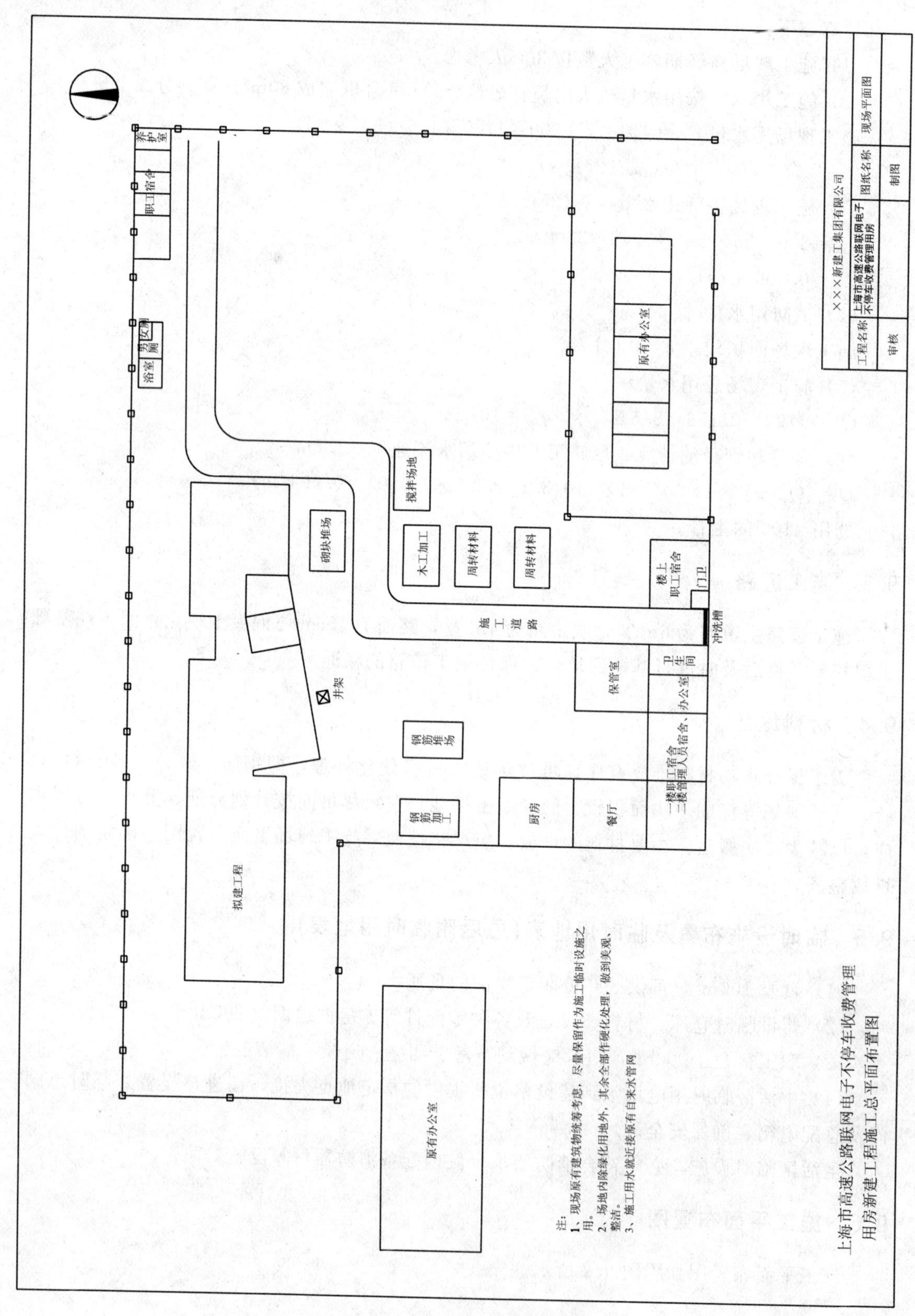

附图 9.2　施工平面布置图

第10章　总承包管理与协调

10.1　施工总承包概述

总承包管理是国际建筑市场的一种普遍的承包方式，它以其自身的经验和能力帮助投资者实现投资控制，质量保证和工期满足，使之尽快将投资转化为不动产，并力求使投资者满意和方便。

其次，制定并执行责任工程师制度。总承包方向各分包商派出责任工程师，责任工程师根据分包合同以及总承包方的计划、指示，对分包商的工期、质量、材料、安全等进行综合检查和考核，并赋予对分包商的付款签证权。

10.2　项目管理组织机构

项目管理网络如附图10.1所示。

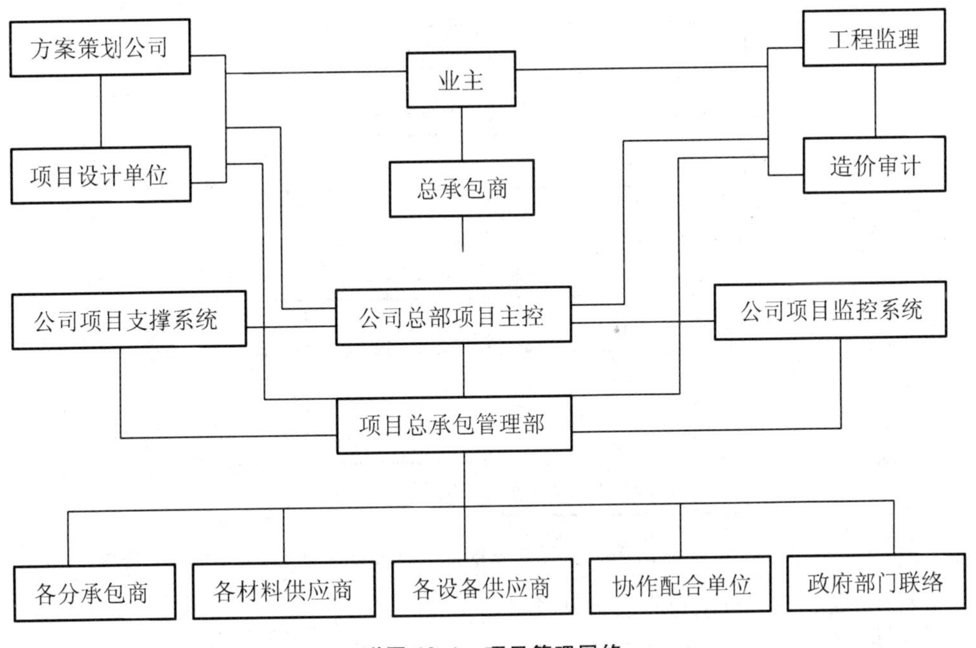

附图10.1　项目管理网络

10.3　总承包管理的主要内容及工程项目技术综合管理

1. 概述

总承包技术综合管理是总承包管理的重要组成部分和总承包管理所独特的任务和责任，体现了总承包自身优势。它对各分包的方案、工艺、程序进行全盘式技术综合，优化出最佳组合与最佳方案，维持工程建设的最佳状态与最佳秩序。技术综合管理水平是衡量总承包管理成果的重要标志之一。

2. 主管部门

在项目总工程师领导下具体由技术部负责实施技术管理。

3. 对图纸的管理及设计的协调

接到施工图纸以后，及时组织有关部门人员熟悉图纸，并进行深化设计和施工翻样和整合，同时将图纸中与实际施工存在的问题汇总整理，在图纸会审前提交设计。使得施工前将图纸上存在的问题及时解决。

及时向业主及设计单位就施工设计可能出现的疏漏缺陷提出修改意见和合理化建议。

由于技术要求高、各专业工种交叉施工频繁，对深化图纸会审实行分级负责制，如附图 10.2 所示。

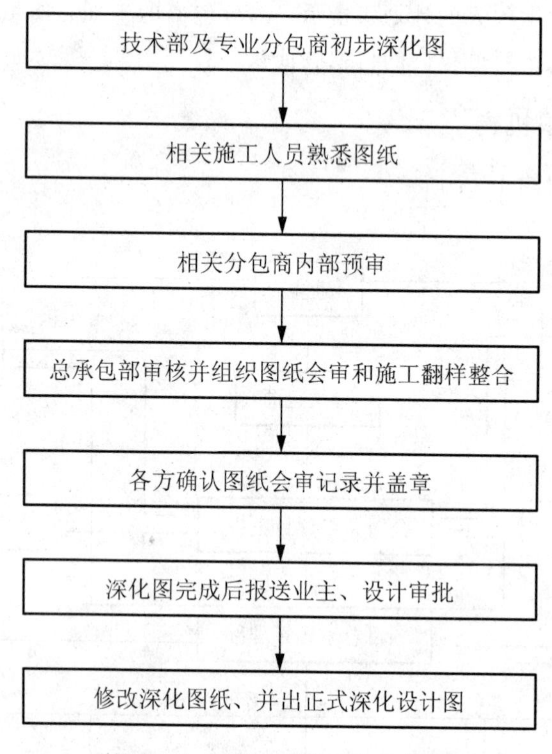

附图 10.2　深化图纸会审分级负责制

4. 设计变更、技术核定单管理方法

设计变更应由提出单位办理技术核定单，并经设计单位、总承包、监理和总包部共同签字认可。

施工过程中发生的材料代用，施工做法改变或施工条件变化而需要修改，提出单位应办理技术核定单。

一般的设计变更由技术部办理核定单，重要的由项目工程师办理。

5. 方案编制和管理

在图纸会审后，由总承包技术部编制详细的施工组织总设计，确定工程所设计的规范、规程及相关验收依据。并经公司总工程师审批同意后交业主、监理审核批准。

根据批准的总施工组织设计再按各单项工程、各阶段编制阶段施组，经公司总工程师批准后再报送甲方、监理。其中临时用电施组、脚手施组还需独立成册。

对经业主、监理批准的施工组织设计，总承包在项目经理带领下，由项目工程师组织进行认真学习讨论，并严格执行随时接受业主及监理的监督检查。

施工组织总设计应包括工程概况；工程总体布署；临时设施的规划；现场总平面布置；现场交通、消防规划；水源、电源需要及解决办法；主要施工方法及技术措施；特殊气候下施工措施；总承包、设计、监理、总包、分包的配合关系及分工负责范围；与总承包、设计共同签定的施工图纸分批供应计划；主要技术经济指标的测算等。

要求各分包商提供相应的单位工程施工组织设计，应包括工程概况；主要工作准备计划；施工流水段的划分；主要项目的施工顺序和施工方法；劳动组织；技术措施；工程进度；分期材料、半成品、劳动力、机具需要用量计划；分阶段的现场平面布置图；保证工程质量的措施；保证施工安全的措施；技术节约措施；经济技术指标的测算；施工组织任务分工表等。

6. 对工程测量控制的管理

工程施工前，对业主和勘测单位提供的基准点进行复核，确认无误后方能使用。定期对基准点进行一次复测。

对控制点采取必要的保护措施。工程施工中，对建筑物轴线、水准点、坐标控制点进行复测。

7. 技术复核

工程施工过程中，应按部位、按工序进行技术复核，未经检查验收的分项不得进入下一工序。技术复核流程如附图 10.3 所示。

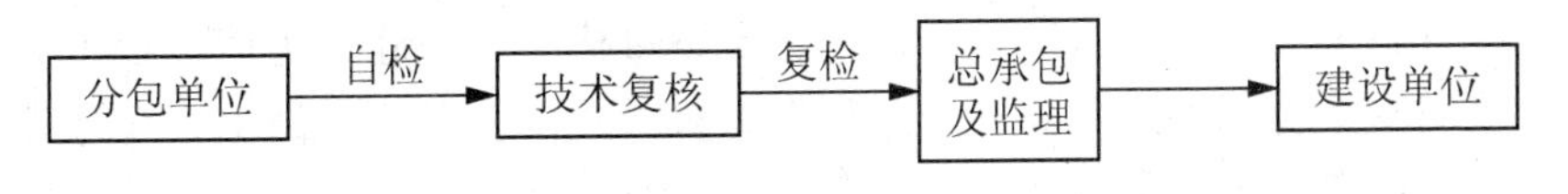

附图 10.3 技术复核流程

8. 工程计量管理：对分包进场后，对分包单位进行工程计量的专项技术交底工作。制定相应的工程计量工作制度。整个工程应用的文件、图纸、资料、报表应采用国家法定计量单位。建立计量仪器台帐，对各分包计量仪器进行监控。对关键工序所用到的计量器具进行全数的检查监督。各类工程测量、试验、质量评定等使用的计量器具，其种类、规格及精度应能满足国家施工规范和质量检测标准的要求。

9. 对规范标准的管理：由项目工程师根据施工图纸的要求确定工程所需要的规范、标准。总承包部应在现场备齐这些规范、标准。专业分包单位应备有相关专业的法规、规范、标准。对于过期、作废的规范、标准应撤离现场，并立即配备新的代用规范、标准。

10.4 工程项目劳务及民工工资管理

1. 概述

按有关用工部门、公安部门、工商部门、卫生部门和其他相关部门的规定，对进入施工现场的操作工人，进行统一登记教育，统一进行劳务合同备案，统一进行进出入证管理等，按照上海市政府规定每月发放民工工资，并建立分包单位民工工资发放备案制度，为民工办理综合保险。建立分包商民工工资信誉保证金制度。

2. 主管部门

由商务部、环保健康安全部按有关法规、法章和相关部门的要求，对劳务进行统筹管理。

3. 劳务管理的主要要点

分包单位将进入现场的施工人员名单及一张照片向总承包申报——由总承包统一教育、注册登记和发证，并按照施工专业统一着装，生活区统一管理。统一发放被套、床单和枕套(服装及生活员、保洁员、食堂人员工资、管理费由分包按合同金额比例支付)。

分包单位须提供劳务人员三证复印件及特殊工种相应的操作证和上岗证。

开展消防和治安的教育工作。特别是对本工程特殊要求加强教育、管理。

外来施工人中必须具有三证(居住证、务工证、健康证)。

分包单位专人管理外来劳动力的使用，开展必要的消防与治安方面的教育工作，特别是对在本工程中的特殊要求要加强教育。

所有进入现场的施工人员应接受政府职能部门和业主的有关监督检查工作。

总承包监督各分包商约束所属员工遵守政府部门发布的有关政策法令、法规及施工现场的各项有关规定，确保现场施工文明有序地进行。

10.5 施工现场质量工作管理

1. 总承包所承担的质量管理任务。

总承包所承担的质量管理任务主要是针对各分包商分别负责的系统功能质量的监控，以及由此而形成的最终产品而展开的。工程项目质量管理指综合运用管理技术、专业和科学方法，在项目施工的准备、施工组织设计、质量目标管理、施工生产过程中关键部位薄弱环节质量控制、交付施工后服务等全过程中，努力减少项目施工缺陷，合理控制质量成本，以尽可能少的资金投入创造业主的所满足的建筑产品。

2. 主管部门

在项目工程师领导下由质量部负责干部对项目工程质量进行全过程、全方位的监控管理。

3. 质量保证体系的建立

按贯标要求，建立质量保证体系，编制《项目质量保证计划》。

督促分包相应建立各自的质量保证体系，并纳入总包的质量保证体系。

根据质保体系的要求，落实质量责任制。

根据工程特点和质保体系要求，配合总承包的质量管理人员和专业质量管理人员。

4. 质量目标的分别落实

将总包的质量目标按照要素和各专业分包的特点进行分解，确立各分包、各供应商的质量目标。

以合同形式将各分包、各供应商的质量目标进行确认。

过程中定期对各分包质量目标责任制进行中间检查考核，以过程目标确保最终目标实现。

5. 质量考核制度的建立

在总质量目标的前提下，总承包制订出各分包单位的质量目标，可通过合约方式，制定质量考核制度。

各分包单位在各自质量目标的前提下，编制相应的质量保证措施。总承包部按质量保证措施，对各专业分包进行监督管理。

6. 作业人员素质控制

定期对项目施工人员进行规范、规程、工序工艺、标准计量、检查等质量管理基础知识培训，开展质量意识教育。

树立“为用户服务”和“下道工序就是用户”的思想，严格按照工艺规范。

对分包单位的人员进行技术等级复核，并对操作人员进行技能抽验。特殊工种必须持有相应的技术等级证书方能上岗操作。

7. 原材料质量控制

对采购材料、设备进行全面验证，包括对品牌、产地规划、技术参数全面对照作为合同附件的工程技术手册以及产品说明中质量保证书进行验证，拒收与规定要求不符的材料、物资，同时对相关的分包商予以警告。

关键原材料由总包组织专门驻厂小组对生产过程进行监控。

监督分包单位按照规范要求进行原材料厂的复试，并及时掌握复试结果。

合理进行现场布置，搭设必要临时设施，保证水泥、防水材料等的储存满足要求，保证钢构件等的存放满足受力要求。

10.6 工程项目公共关系协调

1. 概述

工程项目公共关系处理是指妥善协调与项目施工有关的各个方面的关系，保证项目施工尽可能地顺利进行，同时努力树立良好企业形象，争取社会理解和支持。

2. 工程项目公共关系对象图

工程项目公共关系如附图 10.4 所示。

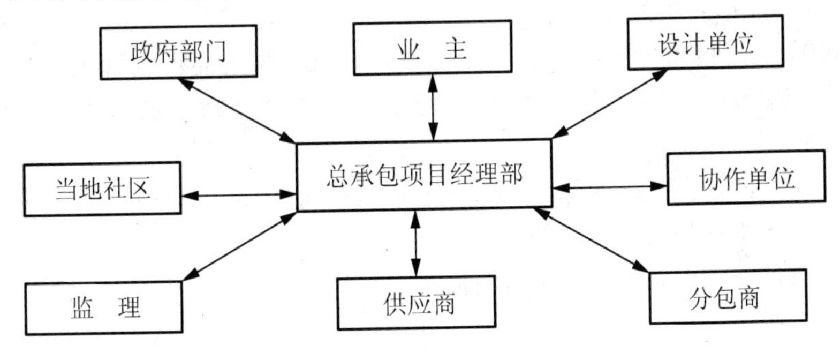

附图 10.4 工程项目公共关系

3. 与业主的配合、协调

以合同形式确保管理过程中业主权利地落实与保证。充分认识到业主选择项目管理总承包的模式是要使业主有更大精力集中在工程建设的重要环节上，从而进行更有效地管理、协调和控制。据此，通过合同的形式确保业主的权利得以落实。

4. 与设计、工程监理的配合、协调

施工总承包诚恳接受设计单位、监理公司的指导性意见和要求，相互紧密合作，确保工程顺利进行。

作为总承包商清楚地认识到，工程监理制度是有益于整个工程建设的。它也对业主有利：业主利用监理工程师丰富的工程管理经验和知识，可保障促进承包商提高管理水平和实物质量，如附图 10.5 所示。

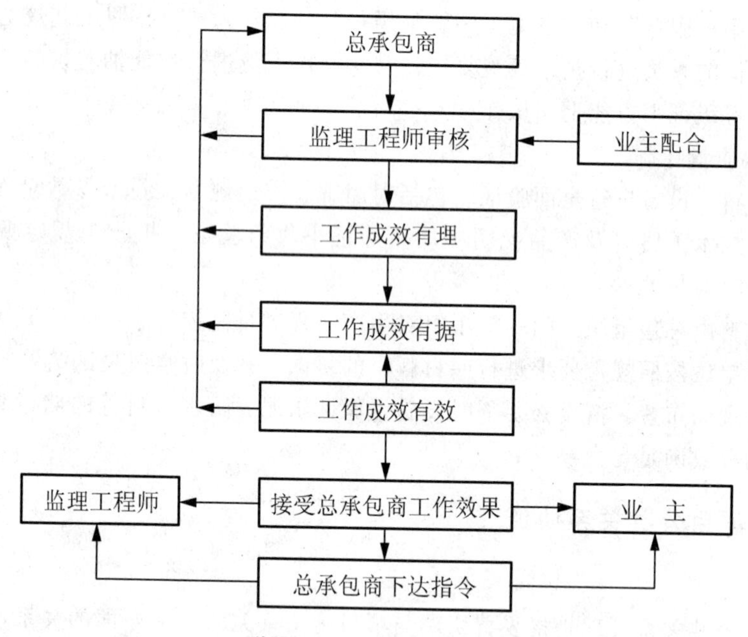

附图 10.5　协调配合工作

由项目部技术员、质量员、测量工程师按有关技术和质量标准、设计要求进行工程的测量定位、轴线、标高的复测和验收，并按要求及时通知监理方共同参与验收。

5. 与各部门的关系处理

这里的政府部门指当地的政府、工商行政管理机关、工商行政管理机关、市容监察部门、税收部门、公安交通部门、质量监督站、安全监督站、消防管理部门、劳动部门等。

自觉接受政府的依法监督的指导，随时了解国家和政府的有关方针、政策，掌握近期的市场信息，熟悉当地的法规和惯例。

主动与质监站、安监站联系，求得他们对于工程质量和施工安全的指导和认可。按竣工备案制进行验收。

10.7　总承包对各专业分包单位的管理

总承包对专业分包的管理、协调的配合如附图 10.6 所示。

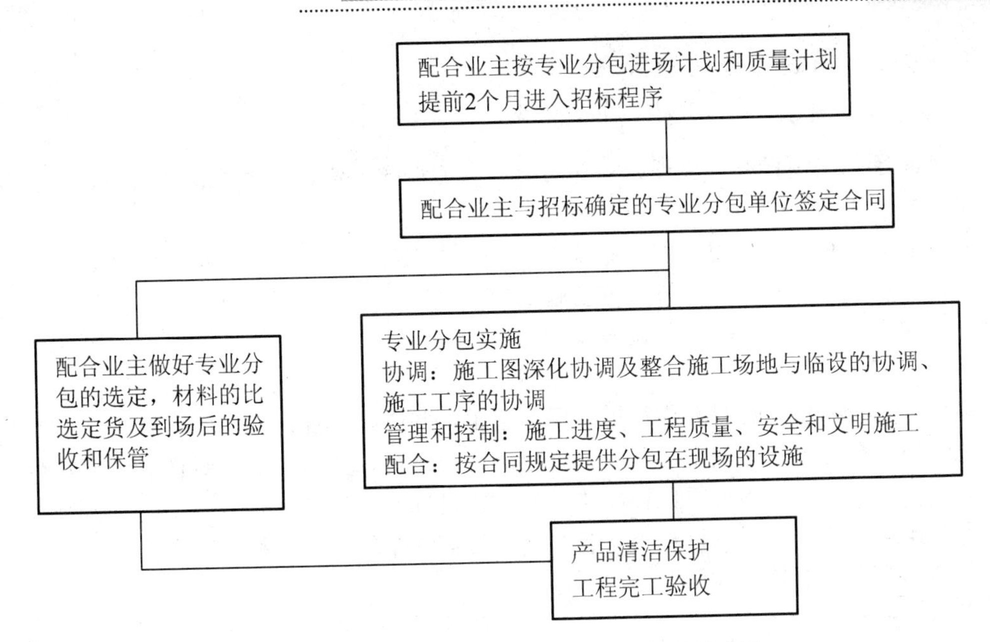

附图 10.6 总承包对专业分仓的管理、协调配合图

10.8 总承包对分包管理总体措施

总承包管理人员必须认真学习总承包与业主签订的合同文本，全面理解和掌握合同文本的要求。在工程实施中，以合同文本为依据，自始至终将其贯彻执行到整个总承包施工管理全过程中去，确保工程优质如期完成。

以合同规定的总工期要求，编制本工程施工总进度网络计划，以此有效地对工程进度计划进行总控制。

以总工期为依据，编制工程阶段实施计划(施工准备计划；劳动力进场计划；施工材料、设备、机具进场计划；进口设备、材料进场计划；各分包工程分包队伍进场计划等)。

将总合同的条款要求，分解纳入对应的分包合同中，使分包合同对质量、工期、安全、文明施工等完全处于总承包控制状态之中，确保工程如期完成。

各分包应按与总承包签定的合同要求，编制出分包工程分部分项详细的施工组织设计，报请总承包审批经同意后才能进行施工。

总承包工程每周定期与分包单位召开一次协调会，解决生产过程中发生的问题和存在和困难。按总承包周计划要求检查分包每周工作完成情况及布置下周施工生产任务。

总承包现场管理人员与分包管理人员，在施工高峰时，每天收工前开一次碰头会，协商解决当天及第二天生产过程中发生的问题，应由总承包负责解绝的问题决不推诿和拖延。

总承包诚恳接受业主监理对总承包分包管理工作的指导性意见和要求，相互紧密合作，确保工程顺利进行。

10.9 对二次精装饰分包的管理

1. 施工方案管理

施工总承包编制详细、合理、完善的精装饰工程施工管理和组织管理措施，并督促各分包商落实施工。

各分包商进行精装饰施工前，必须先行编制施工方案，待交施工总承包审定并报监理，管理总承包审阅通过后，方可进场施工。

总承包界面方案，对同一部位多专业方案组织协调。

2. 对装饰材料的管理

精装饰工程所用的材料，应按设计要求选用，并应符合现行材料标准的规定。

施工前，各分包商经业主、监理、总包认定的材料，采用样品“封样”制度，待大量施工材料进场后鉴别。不合乎原样品质量的材料退货处理。

总包组织对进场材料进行检查，各类装饰材料的品牌、规格和颜色等均应符合设计要求，不得有裂缝、缺棱和掉角。

总包对材料的储存在总平面场布中予以合理规划，精装饰材料在运输、保管和施工过程中，必须采取措施，防止损坏和变质。

各类装饰材料在进场时应向总包方提供材料的出厂合格证和相关的复试报告。

3. 装饰施工与其他专业施工的配合

施工总承包部每周召开一次分包协调会，及时解决土建、安装与精装饰施工之间的问题和矛盾，使工程顺利进行。视不同的精装饰工程，尽量做到与土建结构施工、安装工程施工立体交叉作业、穿插施工。

精装饰工程应在基体和基层的检验合格后方可进行施工。

室内吊顶、隔断的罩面板和花饰等工程，应待室内楼面湿作业完成后施工。

饰面、吊顶和隔断等工程应待隔墙、门窗、暗装管线，电线管和电器预埋件等完工后进行。

油漆、刷浆工程、以及吊顶的安装，应在地毯和明装电线施工前，以及管道设备试压后进行。

4. 装饰施工过程质量控制

精装饰各分项工程施工前，以“样板间”为引路，经建设单位、设计、监理、施工总承包检验合格后，再全面展开施工。

根据不同的精装饰，要求各分包做好产品保护工作，施工总承包负责监督、检查、管理各分包商做好各项工作，确保精装饰工程施工质量。

装饰工程由于其特殊性有相当多的隐蔽工程，总包及相关的装饰施工方应严格按相关规范、规程把关验收，采取分包方自检(互检)、总包方全数检查、监理方抽检监督的“三级”检查管理的体制，及时作好隐蔽验收工作，确保施工质量。

5. 工期管理要点

精装饰分包应根据施工总承包进度工期要求，安排具体进场施工计划交施工总承包审定才能实施。

精装饰工程要与土建安装工程穿插进行，每周要有，周计划控制施工进度表，每天要有“碰头会”制度，协调精装饰与土建安装施工之间的关系，施工顺序及相互间交叉流水施工安排。

如因特殊原因影响工期，总承包协调精装饰分包应按施工总承包进度要求调整资源投入，确保预定的节点工期不变。

总包及时了解对精装饰进度有影响的方案设计，材料订货、生产、运输等环节的进展情况，发现问题及时协调解决。

精装饰工程施工安全技术、劳动保护、防火、防毒等的要求，应按国家现行的有关规定进行，材料堆放应注意安全防火。

6. 对资料的管理

总包收集各类装饰材料的出厂合格证明书、相关的复试报告和材料报验单。

收集各类装饰施工的隐蔽工程验收单、质量评定单和工程报验单。

装饰工程的单位工程质量评定单。

工程结束后，审核由装饰施工单位绘制装饰施工竣工图和编制竣工资料。

7. 与土建、安装的协调

在土建未完成的部位，或未验收的部位不得进行装饰施工。

施工中，及时与安装施工协调，处理好与安装先后施工、平行的关系。

总包组织精装饰与土建、安装单位做好施工交接、移交场地工作。

10.10 对弱电、消防分包的管理

1. 管理总则

从全局出发，在场地布置、施工搭接等方面由业主和总承包单位统一指挥及调整，从整体上满足工程需要。

确保弱电、消防分包单位与其他专业分包单位的日常联络，相互通报施工情况与下步工序安排。

控制好工期，做好验收工作，保证工程质量为其他专业分包单位的按期进场提供良好的作业面。

施工过程中及时参阅施工图纸或其他技术资料，了解产品资料、技术性能，为下一工序的施工创造条件，同时也避免不必要的返工，造成浪费。

做好弱电、消防分包单位职工与其他分包单位职工的团结与协作工作，共同抓好项目的治安管理。

2. 对施工技术的管理要点

弱电、消防安装进行技术论证和施工协调。为此总承包需汇同土建、机电安装、幕墙分包召开专题协调会，明确各自职责，商讨技术方案，并亲临现场统一协调、督促，直到协调就位。

对弱电、消防分包单位施工班组进行详细的施工技术交底，做到施工工艺落实，施工程序明确。

检查分包单位对施工方案和质量标准的执行情况。要求施工人员严格按施工方案要求施工，遵循相应规范、标准施工工艺、操作堆积要求，并及时做好施工记录，强化自检、互检、专检的三检制，对特殊工种人员应按规定持证上岗。

应严格按照制定的工艺计量和质量计量网络图规定，进行工艺检测和质量检测，并及时做好检测记录。

落实有关施工人员精心做好图纸会审，设计交底等工作，及时编制施工预算和相应的施工方案，以便解决施工疑难问题。

3. 弱电、消防程质量控制要点

强化质保体系，应按质量保证手册要求，加强质量重要环节的控制点和停止点的检查，控制点处必须专人控制，停止点处必须经检查合格后，才能进入下一道工序。

必须严格按《弱电、消防工程质量保证手册》要求和相应程序文件规定施工，确保工程质量，满足用户要求。

必须严格按照现行的《建筑安装工程施工及验收规范》和其他有关的技术规程与规范的规定进行施工验收。

第11章 主要施工机械机具设备材料计划表

11.1 主要机械设备需要量计划

拟投入的主要机械设备见附表11-1。

11.2 主要检测计量器具

主要检测计量器具见附表11-1。

附表11-1 主要机械设备及计量器具

序号	名称	规格型号	单位	数量	进退场时间
1	水准仪	DSZ3	台	2	2009.8—2009.12
2	激光垂直仪	DZJ3	台	1	2009.8—2009.12
3	钢卷尺	50m	把	2	2009.8—2010.1
		5m	把	10	2009.8—2010.1
4	塔尺	5m	把	2	2009.8—2009.12
5	检测尺	JZC－2	把	2	2009.8—2009.12
6	坍落度筒	100×200×300	套	2	2009.8—2009.12
7	温湿度自控仪	SWMSZ	台	2	2009.8—2009.12
8	回弹仪	ZC3－A	套	1	2009.8—2009.12
9	环刀	$200cm^3$	套	1	2009.8—2009.12
10	磅称	XK－314	台	2	2009.8—2009.12
111	试模	100×100×100	组	6	2009.8—2009.12
12	试模	70.7×70.7×70.7	组	6	2009.8—2009.12
13	氧气、乙炔表	0～25MP、0～0.25MPa	组	1	2009.8—2009.12

11.3 周转材料进场计划

周转材料进场计划见附表 11－2。

附表 11－2 周转材料进场计划

名称	规格	数量	用途	进场时间
钢管	Φ48×3.5	1 000t	顶板支撑等	随进度安排，分批进场
木方	50×100	200m³	配置木模板	随进度安排，分批进场
高强扣件		260t	顶板支撑	随进度安排，分批进场
竹胶板、多层板		4 000m²	墙柱、梁板	随进度安排，分批进场

附 表

1）拟投入的主要施工机械设备表(附表 11－3)

附录 11－3 拟投入的主要施工机械设备表

序号	机械或设备名称	型号规格	数量	国别产地	制造年份	额定功率/kW	生产能力	用于施工部位	备注
1	塔式起重机	QTz40	1	江苏	2006	40	2－6T	全过程	
2	井架		1	上海	2006	33	1T	主体装修	
3	搅拌机	CZ350	2	南通	2005	15		主体装修	
4	木工刨床	ML－392	1	山东	2007	6		全过程	
5	圆盘锯	MJ225	1	山东	2007	6		全过程	
6	钢筋切断机	D－40	2	哈尔滨	2007	6		基础主体	
7	钢筋弯曲机	WJ40－1	2	山东	2004	5	最大弯曲直径 40mm	基础主体	
8	混凝土输送泵	HBT60A	1	山东	2006	60	50m³/h	基础主体	
9	卷扬机	JJKX1－A 型	2	沈阳	2001	5.5	最大载重量 1.5T	基础主体	
10	电渣压力焊机	DN－75	5	北京	2004	75	最大挤压直径 32mm	基础主体	
11	闪光对焊机	VN－150	1	北京	2004	100		基础主体	
12	振捣器	插入	10	江苏	2006	9		基础主体	
13	振捣器	平板	2	沈阳	2005	6		基础主体	
14	调直机	GJ6－4/8	1	上海	2003	3	直径 4～8mm	基础主体	
15	交流电焊机	BX3－2002	5	上海	2005	50		全过程	
16	打夯机	HW－60	4	上海	2005	8		基础	

续表

序号	机械或设备名称	型号规格	数量	国别产地	制造年份	额定功率/kW	生产能力	用于施工部位	备注
17	污水泵		4	上海	2002	4			
18	空压机	VV－06	2	常州	2006	4			
19	高压泵		4	南通	2006	42			
20	焊条烘干机		1	天津	2004	1			
21	挖掘机	Htz250	1	山东	2007		1.0 立方		
22	静压桩机	YZY－600	2	山东	2005		4 根/天．台	基础	
23	割机		2				切割桩		

2）劳动力计划表(附表 11－4)

附表 11－4 劳动力计划表 单位：人

工种	按工程施工阶段投入劳动力情况		
	主体	装饰装修	竣工
瓦 工	30	10	10
钢筋工	30	/	/
木 工	30	10	10
混凝土工	15	/	/
架子工	10	10	2
抹灰工	/	50	/
普 工	10	10	10
防水工	/	10	/
电 工	10	20	6
电焊工	3	3	/
机修工	1	1	/
塔式起重机工	2	/	/
其他工种	10	10	/

3）施工进度计划（附表 11－5）

附表11－5　施工总进度计划表

标识号	标识号	任务名称	工期	开始时间	完成时间
1	1	**总进度计划**	**114 工作日**	**2009年9月9日**	**2009年12月31日**
2	2	**基础工程**	**22 工作日**	**2009年9月9日**	**2009年9月30日**
3	3	基础开挖	2 工作日	2009年9月9日	2009年9月10日
4	4	承台、基础梁垫层模板	1 工作日	2009年9月11日	2009年9月11日
5	5	承台、基础梁垫层砼	1 工作日	2009年9月12日	2009年9月12日
6	6	测量放线、养护	1 工作日	2009年9月13日	2009年9月13日
7	7	承台、基础梁钢筋绑扎	4 工作日	2009年9月14日	2009年9月17日
8	8	承台、基础梁模板	6 工作日	2009年9月18日	2009年9月23日
9	9	承台、基础梁砼浇筑	1 工作日	2009年9月24日	2009年9月24日
10	10	测量、放线、模板拆除	2 工作日	2009年9月25日	2009年9月26日
11	11	回填土夯实、基础墙	4 工作日	2009年9月27日	2009年9月30日
12	12	**主体结构**	**45 工作日**	**2009年10月1日**	**2009年11月14日**
13	13	**一层结构**	**15 工作日**	**2009年10月1日**	**2009年10月15日**
14	14	一层柱钢筋	3 工作日	2009年10月1日	2009年10月3日
15	15	一层排架、模板	8 工作日	2009年10月1日	2009年10月8日
16	16	一层梁板筋	4 工作日	2009年10月9日	2009年10月12日
17	17	一层砼浇筑	1 工作日	2009年10月13日	2009年10月13日
18	18	养护、放线	2 工作日	2009年10月14日	2009年10月15日
19	19	**二层结构**	**15 工作日**	**2009年10月14日**	**2009年10月28日**
20	20	二层柱钢筋	2 工作日	2009年10月14日	2009年10月15日
21	21	二层排架、模板	8 工作日	2009年10月16日	2009年10月23日
22	22	二层梁板钢筋	4 工作日	2009年10月24日	2009年10月27日
23	23	二层砼	1 工作日	2009年10月28日	2009年10月28日
24	24	**一层墙体**	**16 工作日**	**2009年10月20日**	**2009年11月4日**
25	25	一层模板拆除（除梁）	2 工作日	2009年10月20日	2009年10月21日
26	26	一层梁底模板拆除	3 工作日	2009年10月23日	2009年10月25日
27	27	一层墙体砌筑	10 工作日	2009年10月26日	2009年11月4日
28	28	**二层墙体**	**10 工作日**	**2009年11月5日**	**2009年11月14日**
29	29	二层模板拆除	3 工作日	2009年11月5日	2009年11月7日
30	30	二层墙体	6 工作日	2009年11月9日	2009年11月14日
31	31	内墙抹灰	19 工作日	2009年11月8日	2009年11月26日
32	32	外墙装饰	25 工作日	2009年11月15日	2009年12月9日
33	33	屋面结构、女儿墙	8 工作日	2009年10月29日	2009年11月5日
34	34	屋面保温、防水	25 工作日	2009年11月6日	2009年11月30日
35	35	一、二层地坪	10 工作日	2009年11月15日	2009年11月24日
36	36	精装修及各种配大套	42 工作日	2009年11月9日	2009年12月20日
37	37	门窗工程	35 工作日	2009年11月6日	2009年12月10日
38	38	水电安装	95 工作日	2009年9月17日	2009年12月20日
39	39	**竣工扫尾**	**11 工作日**	**2009年12月21日**	**2009年12月31日**

参考文献

[1] 蔡雪峰. 建筑施工组织[M]. 武汉：武汉理工大学出版社，2008.
[2] 翟丽旻，姚玉娟. 建筑施工组织与管理[M]. 北京：北京大学出版社，2009.
[3] 郝永池. 建筑施工组织[M]. 北京：机械工业出版社，2008.
[4] 丛培经. 工程项目管理[M]. 北京：中国建筑工业出版社，2008.
[5] 范红岩，宋岩丽. 建筑工程项目管理[M]. 北京：北京大学出版社，2008.
[6] 张贵良，牛季收. 施工项目管理[M]. 北京：科学出版社，2008.
[7] 彭圣浩. 建筑工程施工组织设计实例应用手册[M]. 北京：中国建筑工业出版社，2006.
[8] 陆俊. 建筑施工组织[M]. 北京：化学工业出版社，2009.
[9] 本书编委会. 全国监理工程师执业资格考试案例分析100题[M]. 北京：中国建材工业出版社，2009.
[10] 全国二级建造师执业资格考试用书编写委员会. 建筑工程管理实务[M]. 3版. 北京：中国建筑工业出版社，2009.
[11] 李源清. 建筑工程施工组织设计[M]. 北京：北京大学出版社，2011.

北京大学出版社高职高专土建系列规划教材

序号	书名	书号	编著者	定价	出版时间	印次	配套情况	
基础课程								
1	工程建设法律与制度	978-7-301-14158-8	唐茂华	26.00	2011.7	5	ppt/pdf	
2	建设工程法规	978-7-301-16731-1	高玉兰	30.00	2011.9	7	ppt/pdf/答案	★
3	建筑工程法规实务	978-7-301-19321-1	杨陈慧等	43.00	2011.8	1	ppt/pdf	★
4	建筑法规	978-7-301-19371-6	董伟等	39.00	2011.8	1	ppt/pdf	★
5	AutoCAD 建筑制图教程	978-7-301-14468-8	郭　慧	32.00	2011.9	10	ppt/pdf/素材	★
6	AutoCAD 建筑绘图教程	978-7-301-19234-4	唐英敏等	41.00	2011.7	1	ppt/pdf	★
7	建筑工程专业英语	978-7-301-15376-5	吴承霞	20.00	2011.6	4	ppt/pdf	★
8	建筑工程制图与识图	978-7-301-15443-4	白丽红	25.00	2011.8	5	ppt/pdf/答案	★
9	建筑制图习题集	978-7-301-15404-5	白丽红	25.00	2011.8	5	pdf	
10	建筑制图	978-7-301-15405-2	高丽荣	21.00	2011.9	4	ppt/pdf	★
11	建筑制图习题集	978-7-301-15586-8	高丽荣	21.00	2011.8	3	pdf	
12	建筑工程制图	978-7-301-12337-9	肖明和	36.00	2011.7	3	ppt/pdf/答案	
13	建筑制图与识图	978-7-301-18806-4	曹雪梅等	24.00	2011.9	2	ppt/pdf	★
14	建筑制图与识图习题册	978-7-301-18652-7	曹雪梅等	30.00	2011.9	2	pdf	★
15	建筑构造与识图	978-7-301-14465-7	郑贵超等	45.00	2011.9	8	ppt/pdf	★
16	建筑工程应用文写作	978-7-301-18962-7	赵立等	40.00	2011.6	1	ppt/pdf	★
施工类								
17	建筑工程测量	978-7-301-16727-4	赵景利	30.00	2011.9	4	ppt/pdf /答案	★
18	建筑工程测量	978-7-301-15542-4	张敬伟	30.00	2011.7	6	ppt/pdf /答案	★
19	建筑工程测量实验与实习指导	978-7-301-15548-6	张敬伟	20.00	2011.9	6	pdf/答案	
20	建筑工程测量	978-7-301-13578-5	王金玲等	26.00	2011.8	3	pdf	
21	建筑工程测量实训	978-7-301-19329-7	杨凤华	27.00	2011.8	1	pdf	★
22	建筑工程测量（含实验指导手册）	978-7-301-19364-8	石　东等	43.00	2011.10	1	ppt/pdf	★
23	建筑施工技术	978-7-301-12336-2	朱永祥等	38.00	2011.8	6	ppt/pdf	
24	建筑施工技术	978-7-301-16726-7	叶　雯等	44.00	2011.7	3	ppt/pdf /素材	★
25	建筑施工技术	978-7-301-19499-7	董伟等	42.00	2011.9	1	ppt/pdf	★
26	建筑工程施工技术	978-7-301-14464-0	钟汉华等	35.00	2011.8	5	ppt/pdf	★
27	建筑施工技术实训	978-7-301-14477-0	周晓龙	21.00	2011.8	4	pdf	★
28	房屋建构造	978-7-301-19883-4	李少红	26.00	2012.1	1	ppt/pdf	★
29	建筑力学	978-7-301-13584-6	石立安	35.00	2011.11	5	ppt/pdf	★
30	土木工程实用力学	978-7-301-15598-1	马景善	30.00	2011.6	2	pdf	★
31	土木工程力学	978-7-301-16864-6	吴明军	38.00	2011.11	2	ppt/pdf	★
32	PKPM 软件的应用	978-7-301-15215-7	王　娜	27.00	2011.11	3	pdf	★
33	建筑结构	978-7-301-17086-1	徐锡权	62.00	2011.8	2	ppt/pdf /答案	★
34	建筑结构	978-7-301-19171-2	唐春平等	41.00	2011.7	1	ppt/pdf	
35	建筑力学与结构	978-7-301-15658-2	吴承霞	40.00	2012.1	7	ppt/pdf	★
36	建筑材料	978-7-301-13576-1	林祖宏	35.00	2011.11	8	ppt/pdf	★
37	建筑材料与检测	978-7-301-16728-1	梅　杨等	26.00	2011.9	5	ppt/pdf	★
38	建筑材料检测试验指导	978-7-301-16729-8	王美芬等	18.00	2011.1	2	pdf	
39	建筑材料与检测	978-7-301-19261-0	王　辉	35.00	2011.8	1	ppt/pdf	★
40	生态建筑材料	978-7-301-19588-8	陈剑峰等	38.00	2011.10	1	ppt/pdf	
41	建设工程监理概论	978-7-301-14283-7	徐锡权等	32.00	2011.8	5	ppt/pdf /答案	★
42	建设工程监理	978-7-301-15017-7	斯　庆	26.00	2011.7	3	ppt/pdf /答案	★
43	建设工程监理概论	978-7-301-15518-9	曾庆军等	24.00	2011.6	3	ppt/pdf	
44	工程建设监理案例分析教程	978-7-301-18984-9	刘志麟等	38.00	2011.7	1	ppt/pdf	★
45	地基与基础	978-7-301-14471-8	肖明和	39.00	2011.8	6	ppt/pdf	★
46	地基与基础	978-7-301-16130-2	孙平平等	26.00	2012.1	2	ppt/pdf	
47	建筑工程质量事故分析	978-7-301-16905-6	郑文新	25.00	2011.1	2	ppt/pdf	★
48	建筑工程施工组织设计	978-7-301-18512-4	李源清	26.00	2012.1	2	ppt/pdf	★
49	建筑工程施工组织实训	978-7-301-18961-0	李源清	40.00	2012.1	2	pdf	★
50	建筑施工组织项目式教程	978-7-301-19901-5	杨红玉	44.00	2012.1	1	ppt/pdf	
工程管理类								
51	建筑工程经济	978-7-301-15449-6	杨庆丰等	24.00	2011.8	7	ppt/pdf	★

序号	书名	书号	编著者	定价	出版时间	印次	配套情况	
52	施工企业会计	978-7-301-15614-8	辛艳红等	26.00	2011.7	3	ppt/pdf	★
53	建筑工程项目管理	978-7-301-12335-5	范红岩等	30.00	2011.11	7	ppt/pdf	★
54	建设工程项目管理	978-7-301-16730-4	王　辉	32.00	2011.6	2	ppt/pdf	★
55	建设工程项目管理	978-7-301-19335-8	冯松山等	38.00	2011.8	1	pdf	
56	建设工程招投标与合同管理	978-7-301-13581-5	宋春岩等	30.00	2012.1	10	ppt/pdf/答案/试题/教案	★
57	工程项目招投标与合同管理	978-7-301-15549-3	李洪军等	30.00	2011.8	4	ppt	★
58	工程项目招投标与合同管理	978-7-301-16732-8	杨庆丰	28.00	2011.7	3	ppt	★
59	工程招投标与合同管理实务	978-7-301-19035-7	杨甲奇等	48.00	2011.8	1	pdf	★
60	工程招投标与合同管理实务	978-7-301-19290-0	郑文新等	43.00	2011.8	1	pdf	★
61	建筑施工组织与管理	978-7-301-15359-8	翟丽旻等	32.00	2012.1	6	ppt/pdf	★
62	建筑工程安全管理	978-7-301-19455-3	宋　健等	36.00	2011.9	1	ppt/pdf	
63	建筑工程质量与安全管理	978-7-301-16070-1	周连起	35.00	2011.1	2	pdf	
64	工程造价控制	978-7-301-14466-4	斯　庆	26.00	2011.8	6	ppt/pdf	★
65	工程造价控制与管理	978-7-301-19366-2	胡新萍等	30.00	2012.1	1	ppt/pdf	
66	建筑工程造价管理	978-7-301-15517-2	李茂英等	24.00	2011.6	3	pdf	
67	建筑工程计量与计价	978-7-301-15406-9	肖明和等	39.00	2011.11	7	ppt/pdf	★
68	建筑工程计量与计价实训	978-7-301-15516-5	肖明和等	20.00	2011.7	4	pdf	
69	建筑工程计量与计价——透过案例学造价	978-7-301-16071-8	张　强	50.00	2011.8	2	ppt/pdf	★
70	安装工程计量与计价	978-7-301-15652-0	冯　钢等	38.00	2011.11	5	ppt/pdf	★
71	安装工程计量与计价实训	978-7-301-19336-5	景巧玲等	36.00	2011.9	1	pdf/素材	★
72	建筑与装饰装修工程工程量清单	978-7-301-17331-2	翟丽旻等	25.00	2011.5	2	pdf	
73	建筑工程清单编制	978-7-301-19387-7	叶晓容	24.00	2011.8	1	ppt/pdf	★
	建筑装饰类							
74	中外建筑史	978-7-301-15606-3	袁新华	30.00	2011.5	5	ppt/pdf	★
75	建筑室内空间历程	978-7-301-19338-9	张伟孝	53.00	2011.8	1	pdf	★
76	室内设计基础	978-7-301-15613-1	李书青	32.00	2011.1	2	pdf	
77	建筑装饰构造	978-7-301-15687-2	赵志文等	27.00	2011.9	3	ppt/pdf	★
78	建筑装饰材料	978-7-301-15136-5	高军林	25.00	2011.7	2	ppt/pdf	
79	建筑装饰施工技术	978-7-301-15439-7	王　军等	30.00	2011.7	3	ppt/pdf	★
80	装饰材料与施工	978-7-301-15677-3	宋志春等	30.00	2010.8	2	ppt/pdf	★
81	设计构成	978-7-301-15504-2	戴碧锋	30.00	2009.7	1	pdf	
82	基础色彩	978-7-301-16072-5	张　军	42.00	2011.9	2	pdf	★
83	建筑素描表现与创意	978-7-301-15541-7	于修国	25.00	2011.1	2	pdf	★
84	3ds Max 室内设计表现方法	978-7-301-17762-4	徐海军	32.00	2010.9	1	pdf	
85	3ds Max2011 室内设计案例教程(第2版)	978-7-301-15693-3	伍福军等	39.00	2011.9	1	ppt/pdf	
86	Photoshop 效果图后期制作	978-7-301-16073-2	脱忠伟等	52.00	2011.1	1	素材/pdf	★
87	建筑表现技法	978-7-301-19216-0	张　峰	32.00	2011.7	1	ppt/pdf	
	房地产与物业类							
88	房地产开发与经营	978-7-301-14467-1	张建中等	30.00	2011.11	4	ppt/pdf	★
89	房地产估价	978-7-301-15817-3	黄　晔等	30.00	2011.8	3	ppt/pdf	★
90	房地产估价理论与实务	978-7-301-19327-3	褚菁晶	35.00	2011.8	1	ppt/pdf	★
91	物业管理理论与实务	978-7-301-19354-9	裴艳慧	52.00	2011.9	1	pdf	★
	市政路桥类							
92	市政工程计量与计价	978-7-301-14915-7	王云江	38.00	2010.8	2	pdf	
93	市政桥梁工程	978-7-301-16688-8	刘　江等	42.00	2010.7	1	ppt/pdf	
94	路基路面工程	978-7-301-19299-3	偶昌宝等	34.00	2011.8	1	ppt/pdf/素材	
95	道路工程技术	978-7-301-19363-1	刘　雨等	33.00	2011.12	1	ppt/pdf	
	建筑设备类							
96	建筑设备基础知识与识图	978-7-301-16716-8	靳慧征	34.00	2011.7	5	ppt/pdf	★
97	建筑设备识图与施工工艺	978-7-301-19377-8	周业梅	38.00	2011.8	1	ppt/pdf	★
98	建筑施工机械	978-7-301-19365-5	吴志强	30.00	2011.10	1	pdf/ppt	★